ChatGPT 開發手冊 Turbo × Vision 進化版

ChatGPT 開發手冊 Turbo × Vision 進化版

ChatGPT 開發手冊 Turbo × Vision 進化版

感謝您購買旗標書，
記得到旗標網站
www.flag.com.tw
更多的加值內容等著您…

<請下載 QR Code App 來掃描>

- FB 官方粉絲專頁：旗標知識講堂
- 旗標「線上購買」專區：您不用出門就可選購旗標書！
- 如您對本書內容有不明瞭或建議改進之處，請連上旗標網站，點選首頁的 聯絡我們 專區。

若需線上即時詢問問題，可點選旗標官方粉絲專頁留言詢問，小編客服隨時待命，盡速回覆。

若是寄信聯絡旗標客服 email，我們收到您的訊息後，將由專業客服人員為您解答。

我們所提供的售後服務範圍僅限於書籍本身或內容表達不清楚的地方，至於軟硬體的問題，請直接連絡廠商。

學生團體　訂購專線：(02)2396-3257 轉 362
　　　　　傳真專線：(02)2321-2545

經銷商　服務專線：(02)2396-3257 轉 331
　　　　將派專人拜訪
　　　　傳真專線：(02)2321-2545

國家圖書館出版品預行編目資料

ChatGPT 開發手冊 turbo×vision 進化版—用 OpenAI Chat/Assistants API・Function calling 設計 GPTs action・Line/Discord bot・股市分析/自動助理 / 施威銘研究室著. -- 初版. -- 臺北市：旗標科技股份有限公司, 2024.01　面；　公分

ISBN 978-986-312-777-2(平裝)

1.CST: 人工智慧 2.CST: 機器學習 3.CST: 自然語言處理

312.83　　　112021745

作　　者／施威銘研究室 著

發 行 所／旗標科技股份有限公司

台北市杭州南路一段15-1號19樓

電　　話／(02)2396-3257(代表號)

傳　　真／(02)2321-2545

劃撥帳號／1332727-9

帳　　戶／旗標科技股份有限公司

監　　督／黃昕暐

執行企劃／黃昕暐

執行編輯／黃昕暐・蘇建華・陳省任

美術編輯／林美麗

封面設計／林美麗

校　　對／黃昕暐・陳省任・蘇建華

新台幣售價：820 元

西元 2024 年 1 月 初版

行政院新聞局核准登記-局版台業字第 4512 號

ISBN 978-986-312-777-2

ABOUT SAMPLES

範例檔案下載

本書各章實作使用 Colab 以及 Replit 兩個線上開發環境, 在各章講解時都會在需要用到的時候提供個別範例的短網址, 為了方便讀者, 我們也把所有的範例專案網址都整理在以下的頁面中：

https://www.flag.com.tw/bk/t/F4762

Colab 使用注意事項

Colab 在中文環境下雖然可以正確運作, 不過你可能會遇到開啟範例筆記本後, 程式碼縮排看起來有點零散的狀況, 例如：

```
if show:
    for token in tokens:
        print(color(encoder.decode([token]),
                    bg=color_pallet[idx]), end='')
        idx = (idx + 1) % len(color_pallet)
```

這是因為空格的字寬是中文全形字寬造成的, 建議可以設定編輯器使用等寬字, 例如在 Windows 可以設定為 Consolas 字型：

就會正常了：

```
if show:
    for token in tokens:
        print(color(encoder.decode([token]),
                    bg=color_pallet[idx]), end='')
        idx = (idx + 1) % len(color_pallet)
```

或者也可以執行『**說明/查看英文版本**』功能表指令改用英文版 Colab 也可以。

目錄

CONTENTS

CHAPTER 3

API 參數解析與錯誤處理

CHAPTER 4

打造自己的 ChatGPT

CHAPTER 10

設計 LINE AI 聊天機器人

CHAPTER 11

把 AI 帶到 Discord

CHAPTER 12 AI 客製化投資理財應用實戰

CHAPTER 13 自媒體業者必看！使用 AI 自動生成高品質字幕與旁白

CHAPTER 14 GPTs Action 開發

APPENDIX A 微軟 Azure OpenAI API 的差異與注意事項

CHAPTER 1

OpenAI API 入門

自從 ChatGPT 掀起了聊天助理 AI 狂潮後，每個人都在思考 ChatGPT 可以發揮什麼作用？對於程式開發人員來說，第一個想到的一定就是『我可不可以把 ChatGPT 和自己的應用程式整合在一起？』現在機會來了，雖然 ChatGPT 本身並不提供 API，但是 ChatGPT 背後的功臣 OpenAI 提供有付費的 API，能夠將 ChatGPT 底層的大型語言模型 (Large Language Model, LLM) 串接到你的應用程式中。

1-1 有了 ChatGPT / GPTs 為什麼還要寫程式？

許多人可能會想就直接上 ChatGPT 使用不是已經很方便？現在還有 GPTs 可以客製化 ChatGPT, 為什麼還需要寫程式串接 OpenAI API 呢？這有幾個不同的理由和目的, 以下我們分別說明。

流程自動化

透過撰寫程式串接 OpenAI API 可以把一連串的流程自動化, 例如原本要自己把 PDF 打開, 複製內容貼到 ChatGPT, 請它摘要後再將摘要內容複製出來, 貼到應用程式中。就像是在 ChatGPT 中啟用 **AskYourPDF** 外掛, 幫你讀取 PDF 檔再交給 ChatGPT 摘要內容：

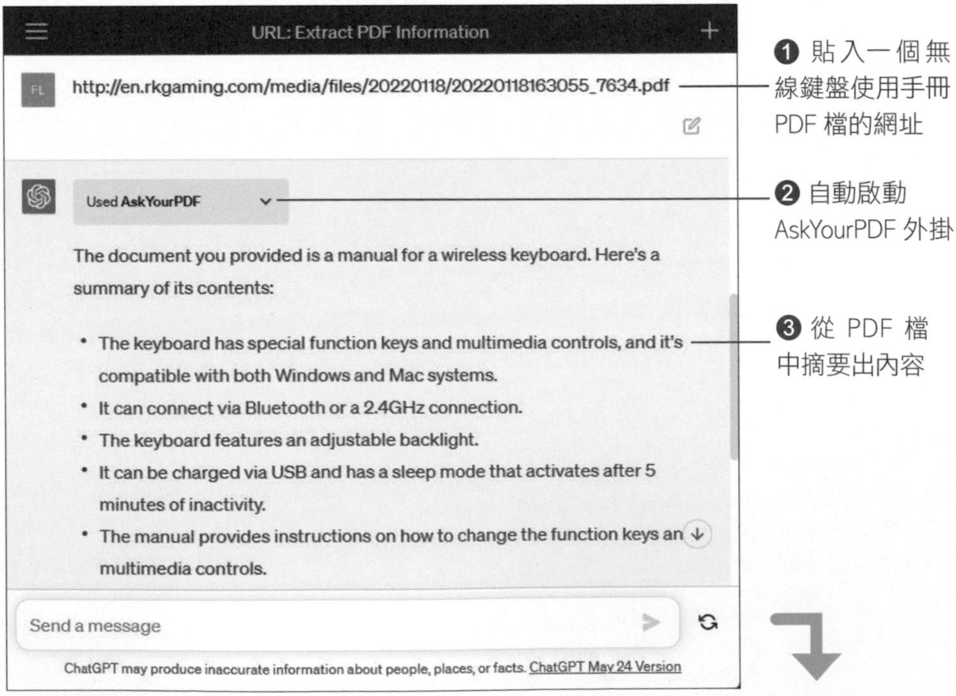

❹ 摘要內容說這個鍵盤可以藍牙或是 2.4GHz 無線連接

❺ 摘要內容說 5 分鐘不用會進入休眠模式

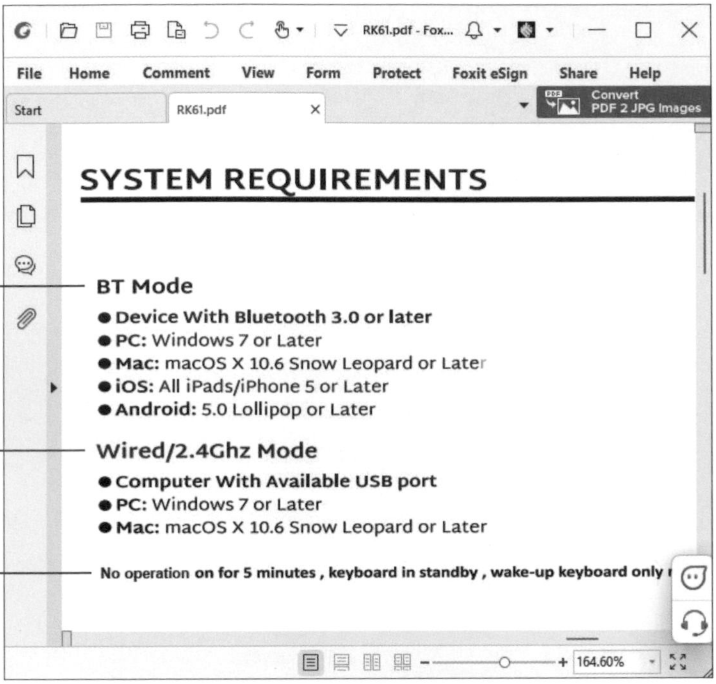

▲ 實際 PDF 檔內容

Tip

只有 ChatGPT Plus 付費用戶才能使用外掛功能。

如果改成串接 OpenAI API, 就可以把這樣的程序自動化, 只要選取 PDF 檔, 程式就可以完成後續的步驟, 不需要像是上面那樣由使用者一步步操作。甚至還可以根據摘要內容進一步自動由 AI 判斷處理方式, 完成更複雜的流程。

像是上面顯示 PDF 使用的 **Foxit PDF Reader** 軟體就已經整合了 AI 機器人, 只要啟用 **Chat about document** 功能, 就可以用對談方式瞭解文件內容：

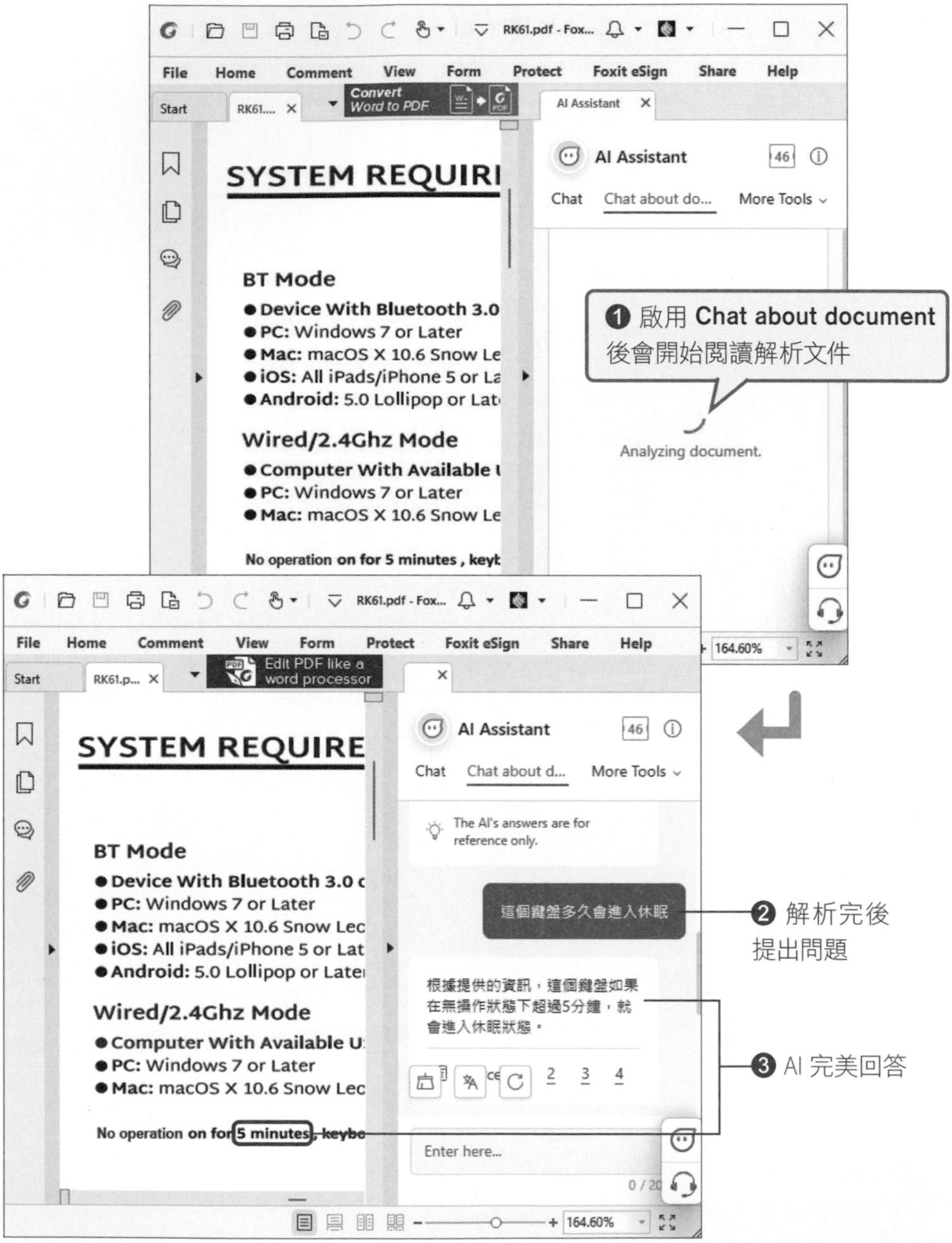

Tip

本書除了說明如何串接 OpenAI API 外, 也會在最後一章介紹 **ChatGPT 的外掛開發**, 讓你設計一款可以在 ChatGPT 中查詢台鐵火車時刻的外掛。

客製化聊天內容

一旦可以串接 OpenAI API, 程式就可以依據需要, 隨時下達適當的指令, 讓 AI 扮演不同的角色。比如說, 如果規定它回覆時一定要用英文, 就可以很快速地將它變成一個英文對談教學機器人, 完全不受限於一般英文教材的範圍, 你可以盡情變化談話內容, 宛如一個真實的英文家教。像是 Amazing Talker 的 **Bella AI 英會話**就是一個這樣的聊天機器人：

▲ 加好友就可以擁有專屬應與對話家教

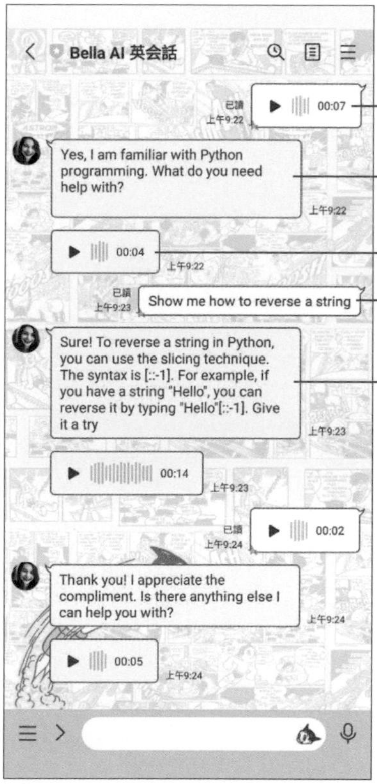

❶ 我用 LINE 語音輸入問了她 "Are you familiar with Python programming?"

❷ 英文家教居然還真的會寫 Python

❸ 還可以唸出來給你練聽力

❹ 考它一下是不是真的會

❺ 不唬人, 真的會

❻ 用中文也可以通

❼ 不只寫程式, 連種木瓜都會

你看，是不是很厲害，要去哪裡找一個像是這樣精通十八般武藝，聊什麼都可以，還超級有耐心的英文家教？

雖然你也可以透過 GPTs 完成類似的功能，不過卻只能讓使用者在網頁介面上使用，無法像是上例這樣跟既有的即時通訊軟體整合在一起。

延伸聊天範圍

ChatGPT 只知道訓練模型時餵入的資料，因此如果想要讓 ChatGPT 當公司或是產品的客服機器人，很顯然是做不到的。如果可以串接 OpenAI API，我們的客服機器人就可以餵給 AI 相關的資料，再請它依據這些資料回答問題，瞬間化身為專屬的客服機器人了。

ChatGPT 雖然已經內建了 Web Browse 的功能，可以自動幫我們查詢網路取得新知，不過有些事務是需要進一步進入網頁操作才能得知，有些查詢服務則是會員制，需要登入帳號才能查詢，這些 ChatGPT/GPTs 都無法直接代勞。舉例來說，如果你想要請 ChatGPT 幫你查詢台鐵的火車班次，會得到類似以下的結果：

ChatGPT 雖然已經透過 Web Browse 搜尋了台鐵官網, 但因為台鐵官網提供的是輸入起訖站等資訊的時刻表查詢介面, 無法直接取得時刻表。底下則是使用了旗標科技開發的 plugin 後得到的結果：

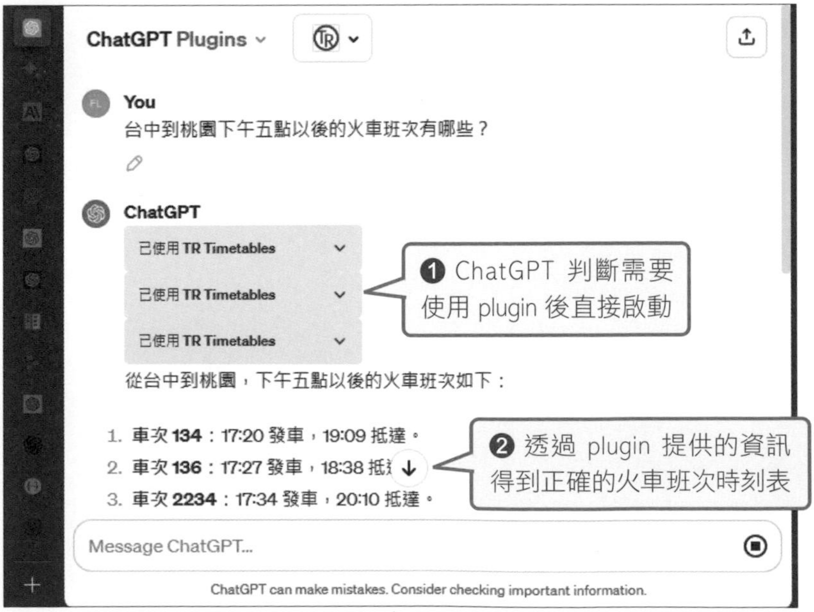

我們甚至也透過 GPTs 機制把它變成專屬的對話助理：

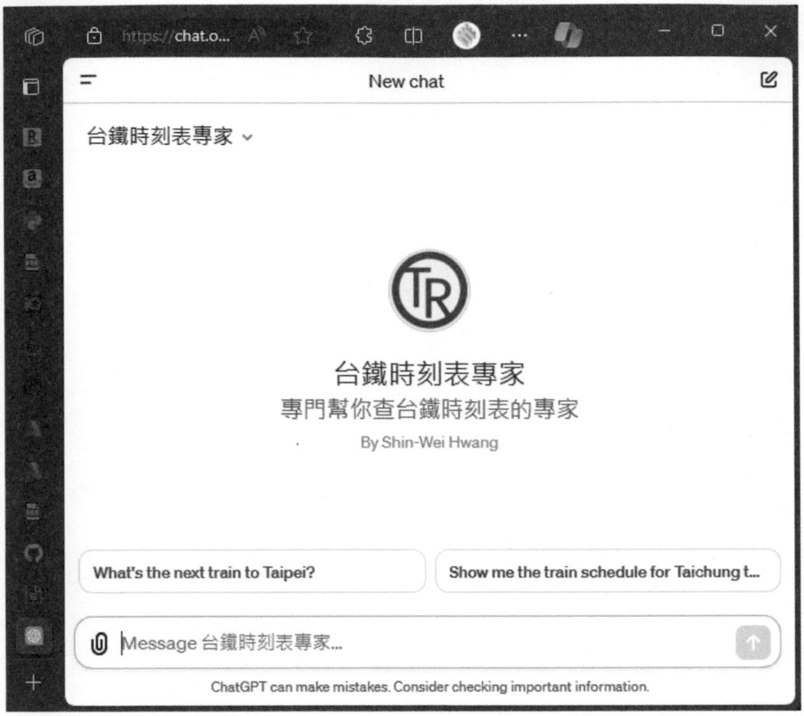

整合 AI 功能

使用應用程式的過程中，有時候會需要詢問 ChatGPT，如果能夠直接把 ChatGPT 整合到應用程式中，使用起來就更方便，不需要切換應用程式，而且還可以透過程式碼把目前操作的內容也一併餵給 ChatGPT，讓 ChatGPT 做出更適切的回覆。微軟就依據這樣的理念推出了 **Copilot** 產品，讓 AI 聊天機器人無所不在，不論是使用 Windows 或是 Office 軟體的時候，都可以借用 AI 的能力。

台大資工系的張傑帆老師也把這樣的功能放進了**批改娘**學生作業繳交系統，讓學生在繳交作業系統自動批改有錯誤時可以請求 AI 協助，讓 AI 擔負 24 小時永遠不累的助教：

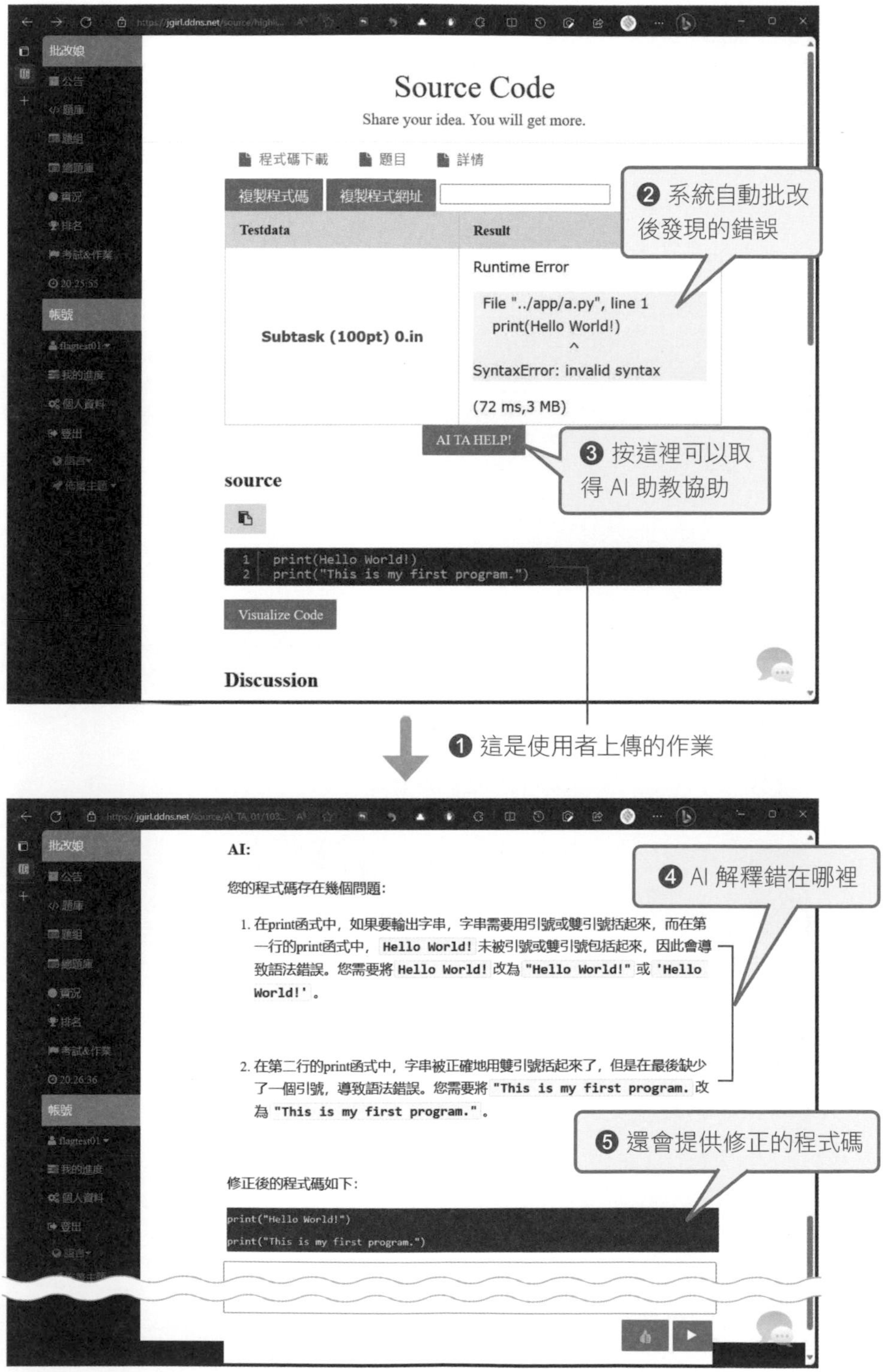
Source Code
Share your idea. You will get more.
程式碼下載
題目
詳情
複製程式碼
複製程式網址
Testdata
Result
Subtask (100pt) 0.in
Runtime Error
File "../app/a.py", line 1
print(Hello World!)
SyntaxError: invalid syntax
(72 ms,3 MB)
AI TA HELP!
source
print(Hello World!)
print("This is my first program.")
Visualize Code
Discussion
❷ 系統自動批改後發現的錯誤
❸ 按這裡可以取得 AI 助教協助
❶ 這是使用者上傳的作業
AI:
您的程式碼存在幾個問題:
1. 在print函式中，如果要輸出字串，字串需要用引號或雙引號括起來，而在第一行的print函式中，Hello World! 未被引號或雙引號包括起來，因此會導致語法錯誤。您需要將 Hello World! 改為 "Hello World!" 或 'Hello World!'。
2. 在第二行的print函式中，字串被正確地用雙引號括起來了，但是在最後缺少了一個引號，導致語法錯誤。您需要將 "This is my first program. 改為 "This is my first program."。
修正後的程式碼如下:
print("Hello World!")
print("This is my first program.")
❹ AI 解釋錯在哪裡
❺ 還會提供修正的程式碼

學生以後再也不會不知道錯在哪裡？或是找不到助教可以問了。

以上這些只是使用程式串接 OpenAI API 的幾個可能性, 您也可以根據需求玩出無窮變化。

1-2 註冊 OpenAI API 帳戶

要使用 OpenAI 的付費 API, 必須先註冊帳戶並**建立金鑰**, 實際使用 API 時都是以金鑰認證, 同一帳戶可以建立多個金鑰讓不同的應用程式使用, 便於追蹤個別應用程式的用量或是 API 使用行為模式。現階段我們只需要先建立一個金鑰即可。請先依照以下的步驟登入 OpenAI 開發者平台建立金鑰：

❶ 開啟瀏覽器連線至 http://platform.openai.com/login

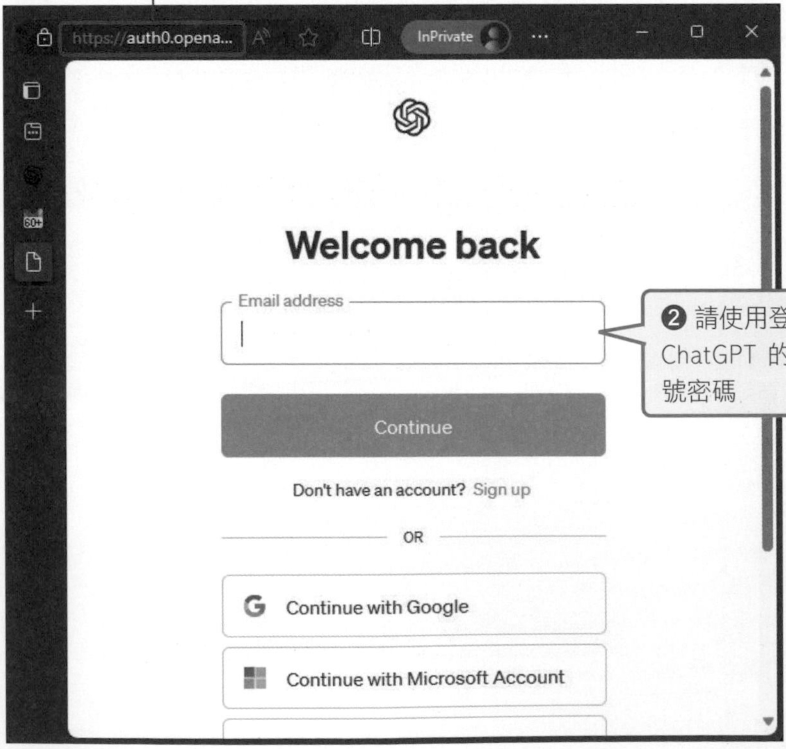

❷ 請使用登入 ChatGPT 的帳號密碼

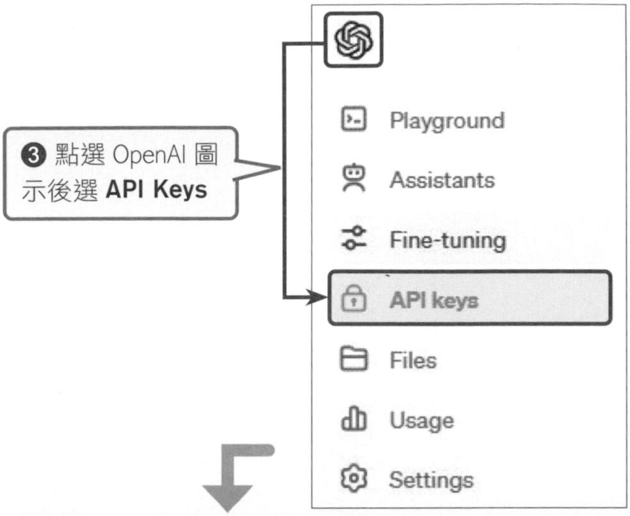
❸ 點選 OpenAI 圖示後選 API Keys
Playground
Assistants
Fine-tuning
API keys
Files
Usage
Settings

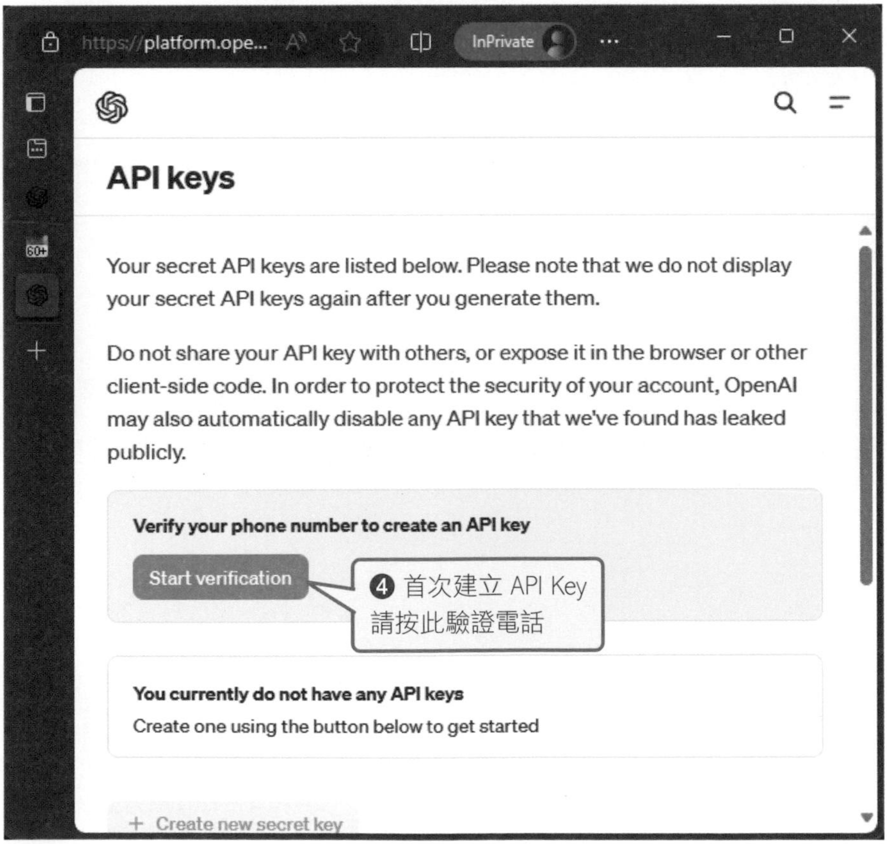
https://platform.ope...
InPrivate
API keys
Your secret API keys are listed below. Please note that we do not display your secret API keys again after you generate them.
Do not share your API key with others, or expose it in the browser or other client-side code. In order to protect the security of your account, OpenAI may also automatically disable any API key that we've found has leaked publicly.
Verify your phone number to create an API key
Start verification
❹ 首次建立 API Key 請按此驗證電話
You currently do not have any API keys
Create one using the button below to get started
+ Create new secret key

Tip

早期用戶在註冊 ChatGPT 時就會要求驗證電話, 這裡就不會出現驗證電話的選項, 可以直接按 **Create new secret key** 建立金鑰。ChatGPT 和 OpenAI API 雖然使用同樣的帳戶, 但卻是分開付費的兩項服務, 目前註冊 ChatGPT 不需要驗證電話, 只有使用 API 才需要驗證。

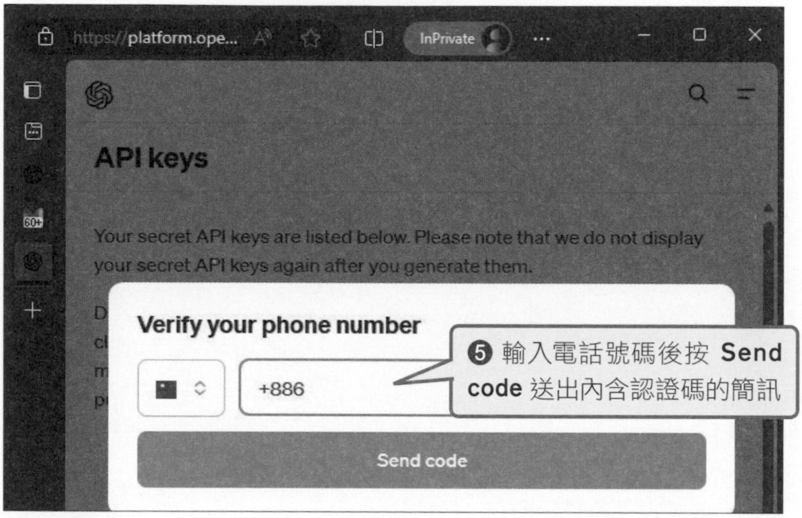

Tip

每個電話號碼只能驗證 3 個帳號, 若還需要驗證其他帳號, 就需要使用不同的電話號碼。

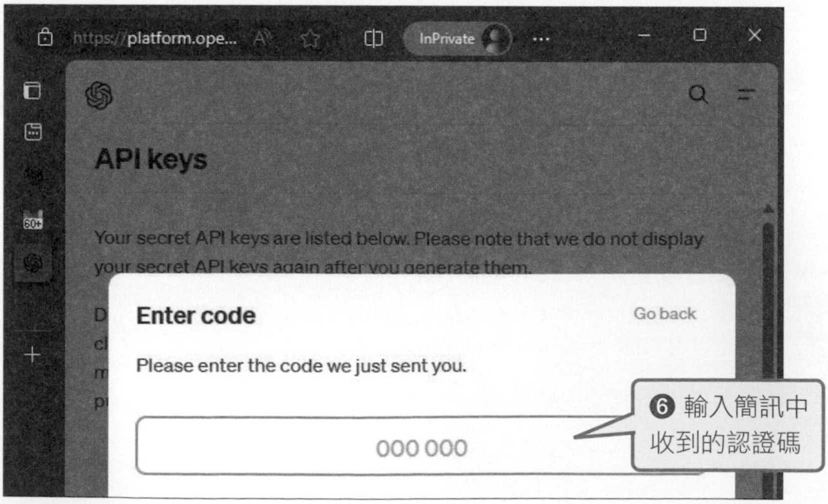

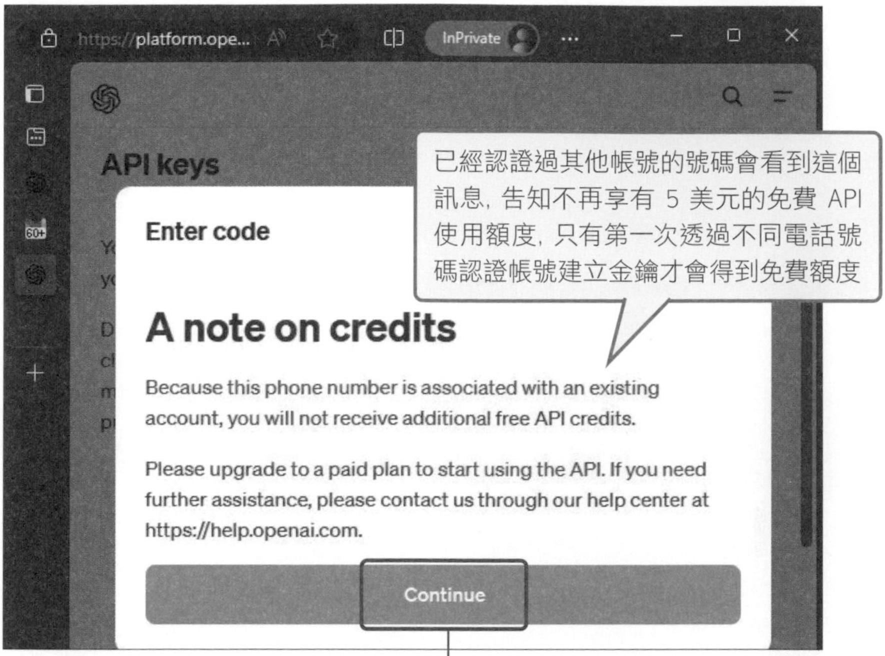

❼ 按此繼續

❾ 按此建立金鑰

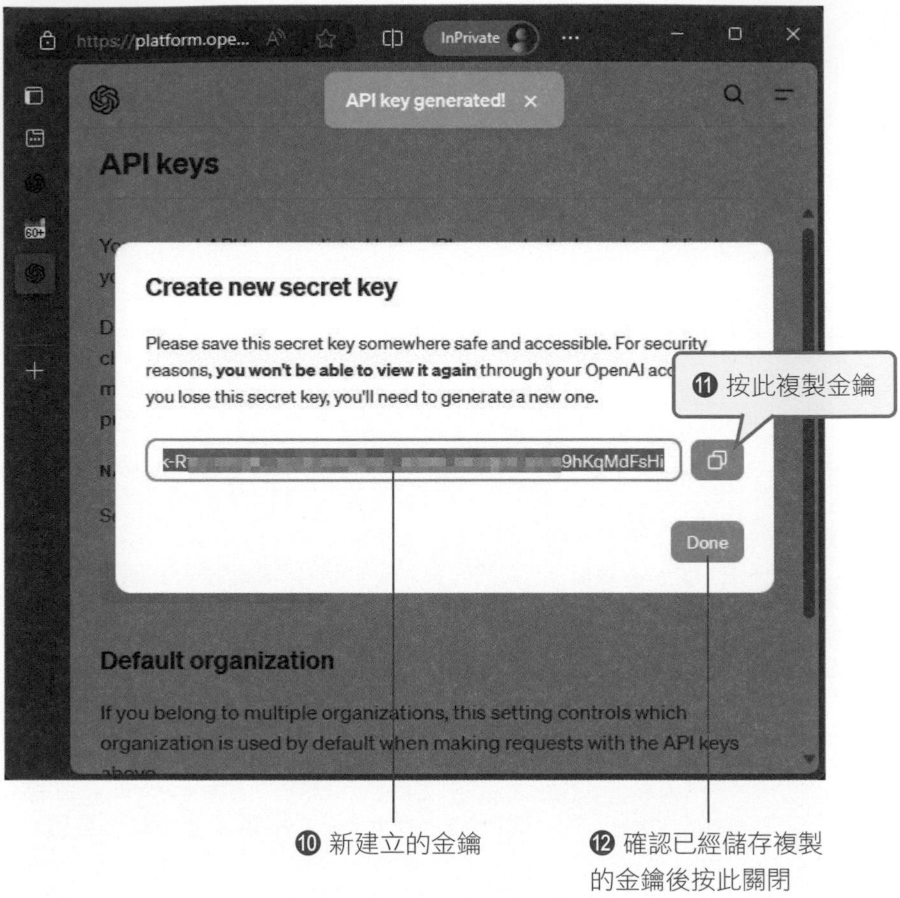

Tip

請特別留意, 確認金鑰複製存檔再關閉此交談窗, 關閉後就無法再顯示完整金鑰。

你可以隨時回到此頁面註銷金鑰或是建立新的金鑰, 如果剛剛的步驟沒有紀錄下金鑰, 因為無法重現完整的金鑰內容, 就只能建立新的金鑰使用了。

檢查目前用量

對於每一個電話號碼新註冊的 API 用戶，一開始都會贈送 5 美元的額度可以使用，你可以在網頁上查詢目前用量：

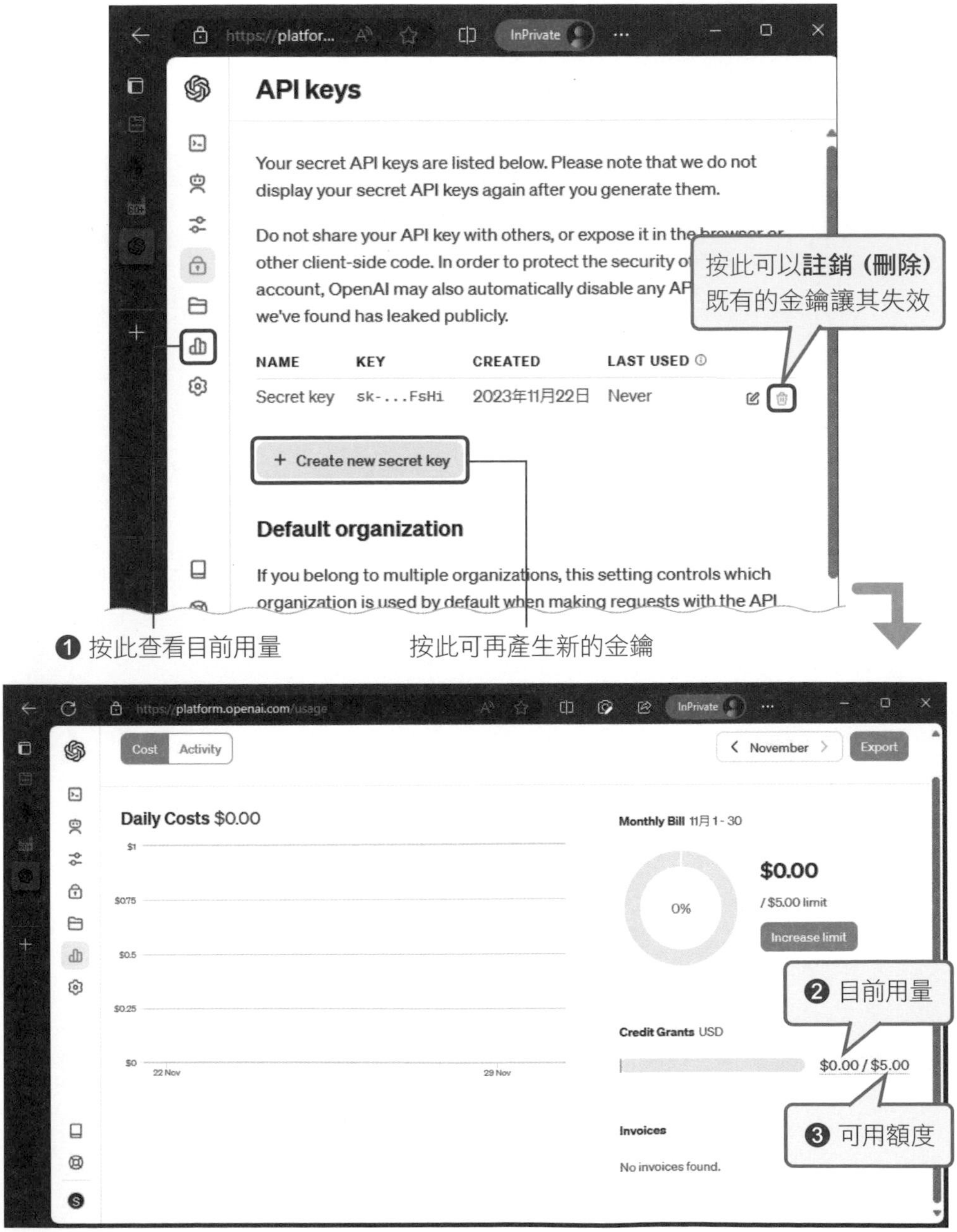

Tip

使用同一門號驗證的註冊帳戶，只有第一個帳戶會取得 5 美金額度，其餘帳戶就不會再有免費額度可用。

後續章節會詳細說明 OpenAI API 的計費方式，對於一般練習來說，5 美元其實很夠用了。

成為付費會員

如果你用完了免費額度，想要繼續使用 OpenAI 的 API，可以如下申請付費帳號：

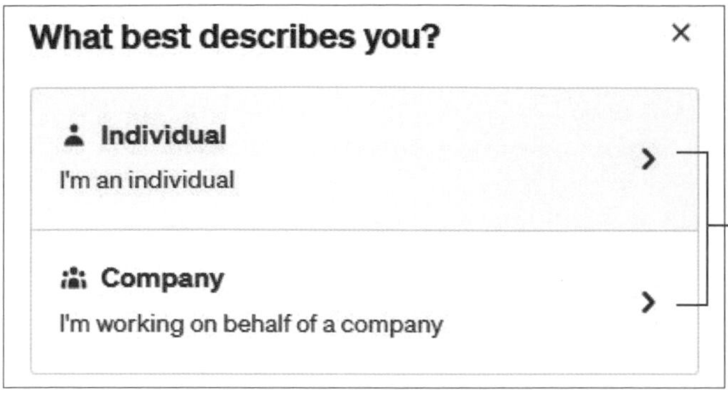

❸ 可依個人或是公司選擇

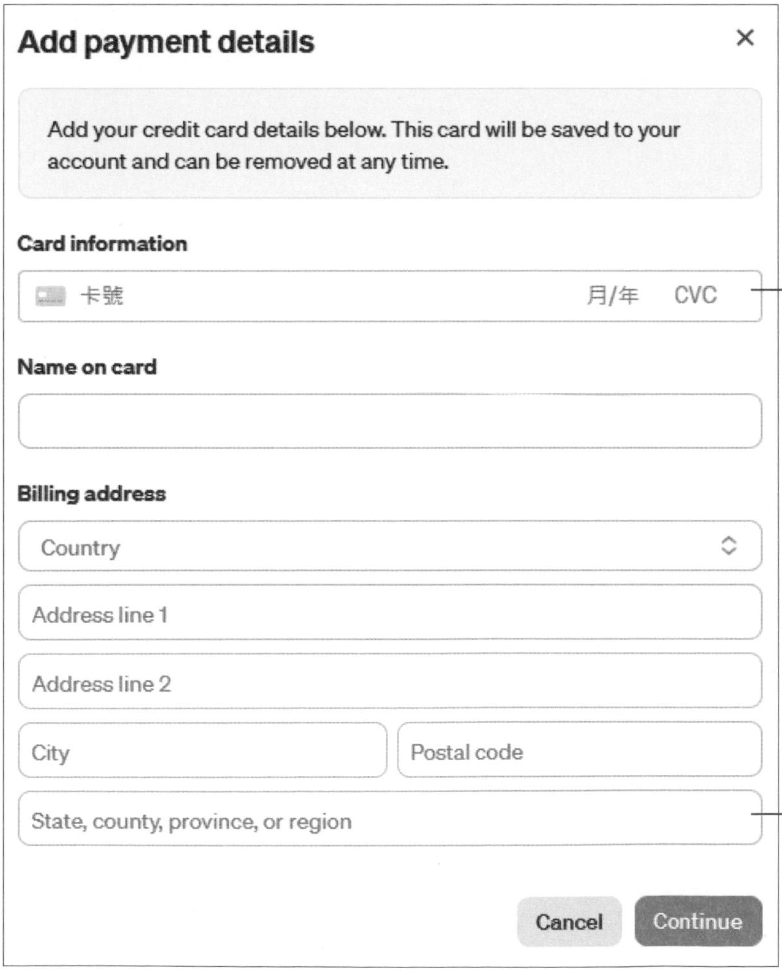

❹ 個人用戶填入信用卡資訊後按此繼續

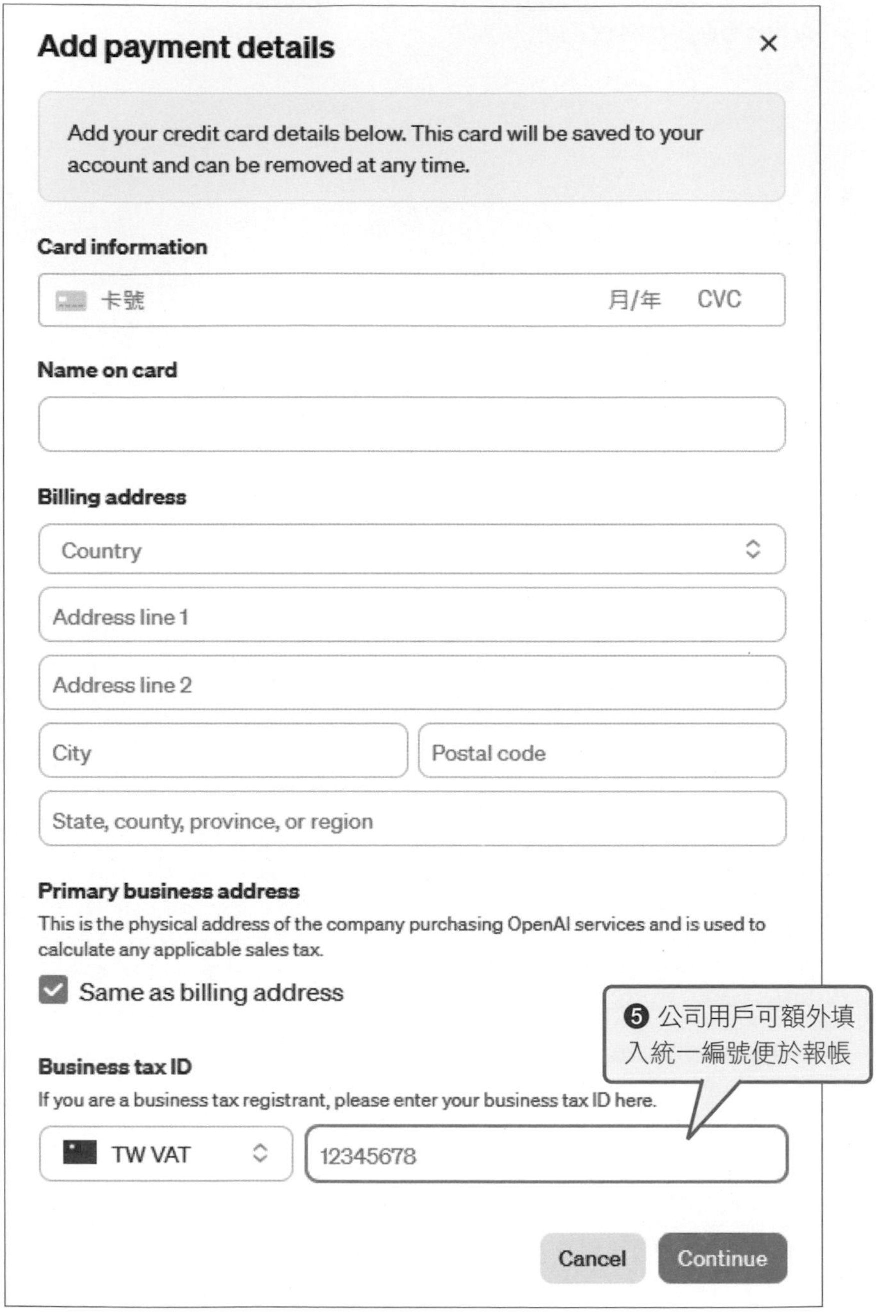
Add payment details
Add your credit card details below. This card will be saved to your account and can be removed at any time.
Card information
卡號
月/年
CVC
Name on card
Billing address
Country
Address line 1
Address line 2
City
Postal code
State, county, province, or region
Primary business address
This is the physical address of the company purchasing OpenAI services and is used to calculate any applicable sales tax.
Same as billing address
Business tax ID
If you are a business tax registrant, please enter your business tax ID here.
TW VAT
12345678
Cancel
Continue
❺ 公司用戶可額外填入統一編號便於報帳

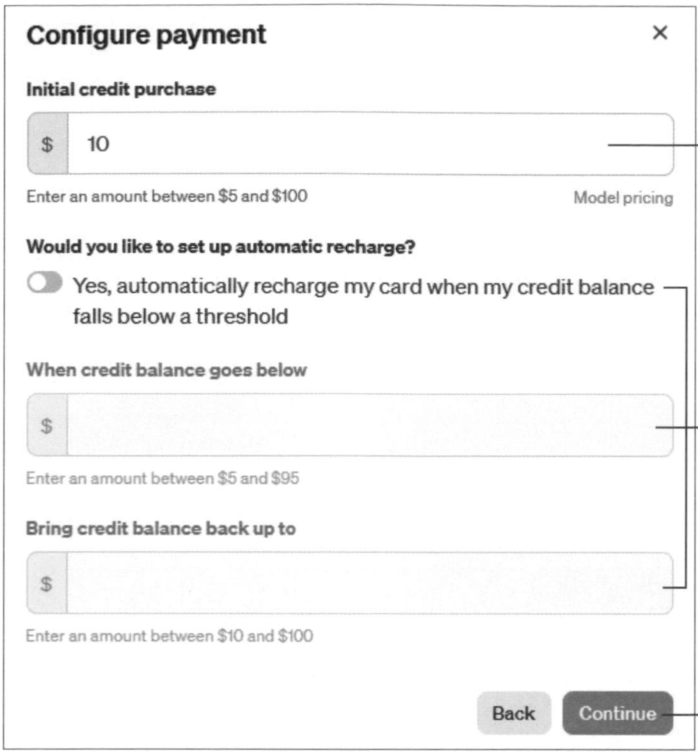

❻ 填入儲值金額(最少 5 美元)

❼ 這裡可以開啟自動儲值，每次儲值金額低於設定額度會自動儲值指定金額

❽ 按此完成

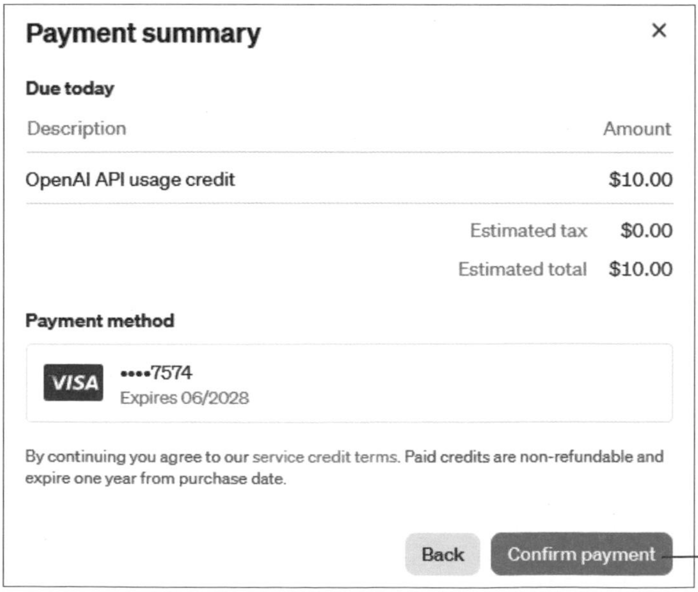

❾ 按此確認付款

Tip

注意！雖然你登入的是和 ChatGPT 同一個帳號，但是 API 的費用和 ChatGPT Plus 訂戶的費用是分開計算的兩筆費用，你會收到不同的扣款通知。

限制使用額度

你可以隨時透過前面檢視目前用量的說明查看目前費用，如果擔心費用過多，可以依照以下步驟限制可用額度：

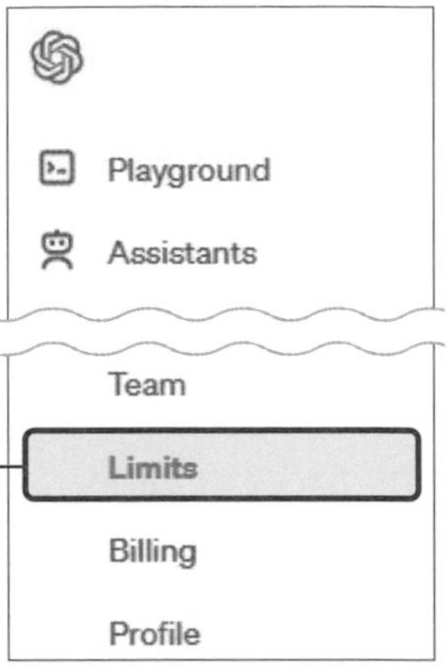

❶ 按一下 **Settings/Limits**

每月核可的最高額度 (使用達一定金額後會自動調高)

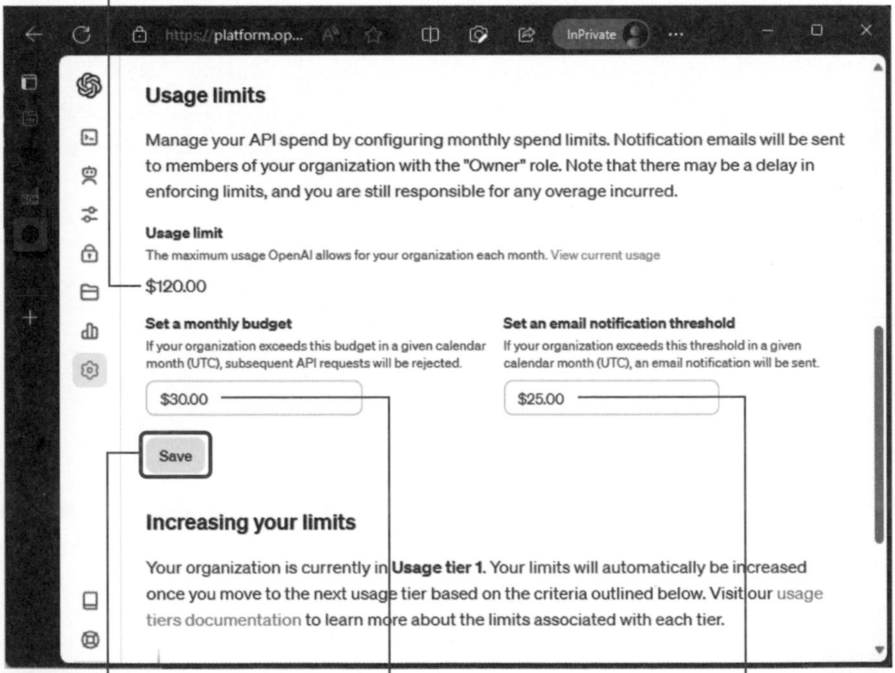

❷ 若有修改按此儲存即會生效

可自訂的每月額度上限，達此上限即會停用 API

可自訂的每月警告額度，達此上限即會發送警告信件

如果有設定警告上限，當使用到該限制時，會收到以下這樣的通知信：

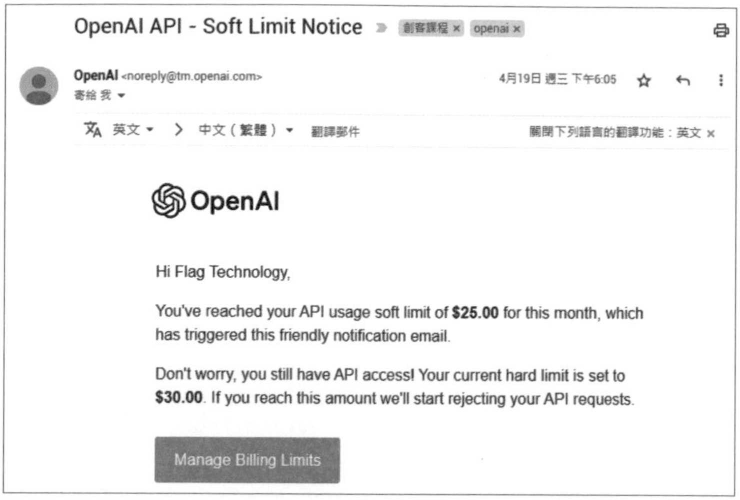

▲ 還未到達額度上限, 仍可使用 API

這時仍然可以使用 API, 一旦達到額度上限時, 就會再收到這樣的通知信：

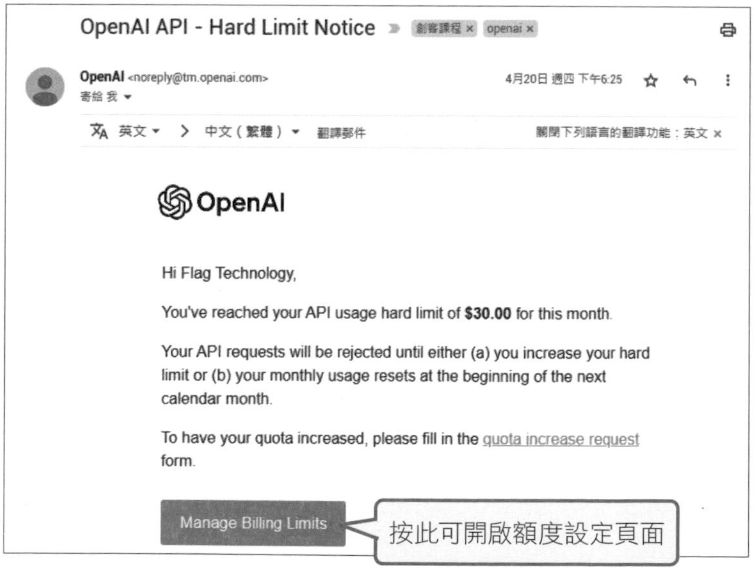

這時就必須回去調高額度上限才能繼續使用 API 。

不論你是免費用戶還是付費用戶, 產生完金鑰後, 就可以開始使用 API 了。

1-3 利用 Playground 熟悉 API

正式撰寫程式使用 API 之前, OpenAI 提供有 **Playground (遊樂園)** 頁面, 可以讓我們利用簡單的介面, 測試 API 所能提供的功能, 以下就先利用 Playground 熟悉 API 的基本知識。

可用的 API 模式與模型

現在就依照以下的步驟進入 Playground 頁面：

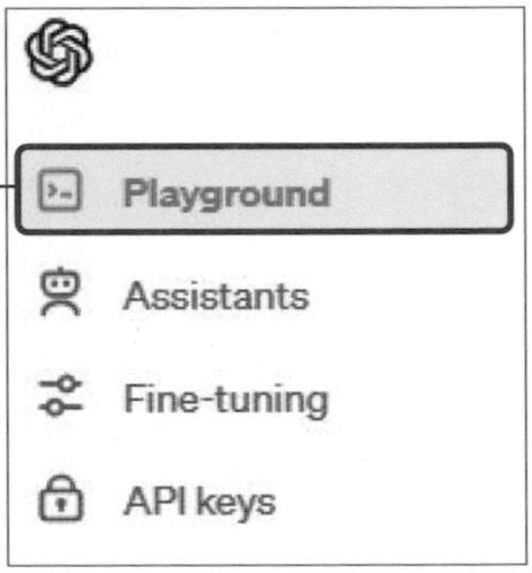

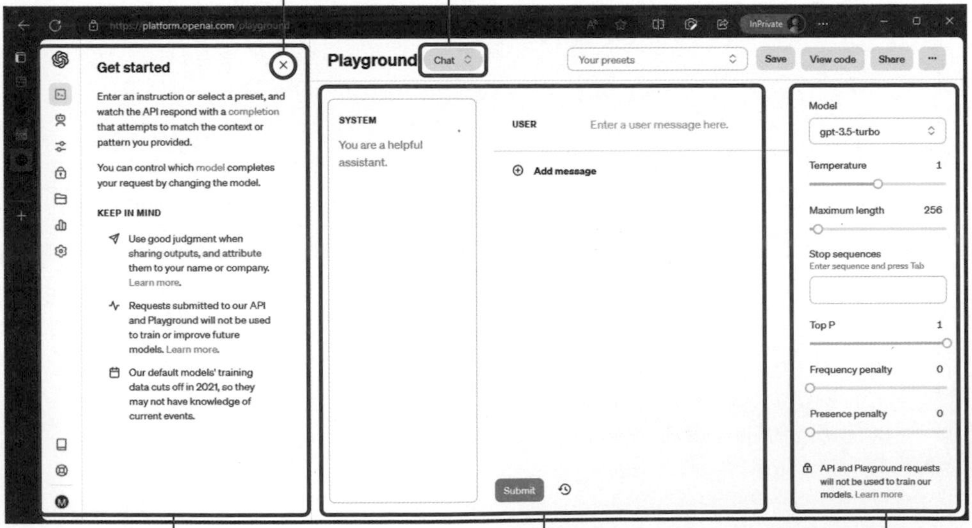

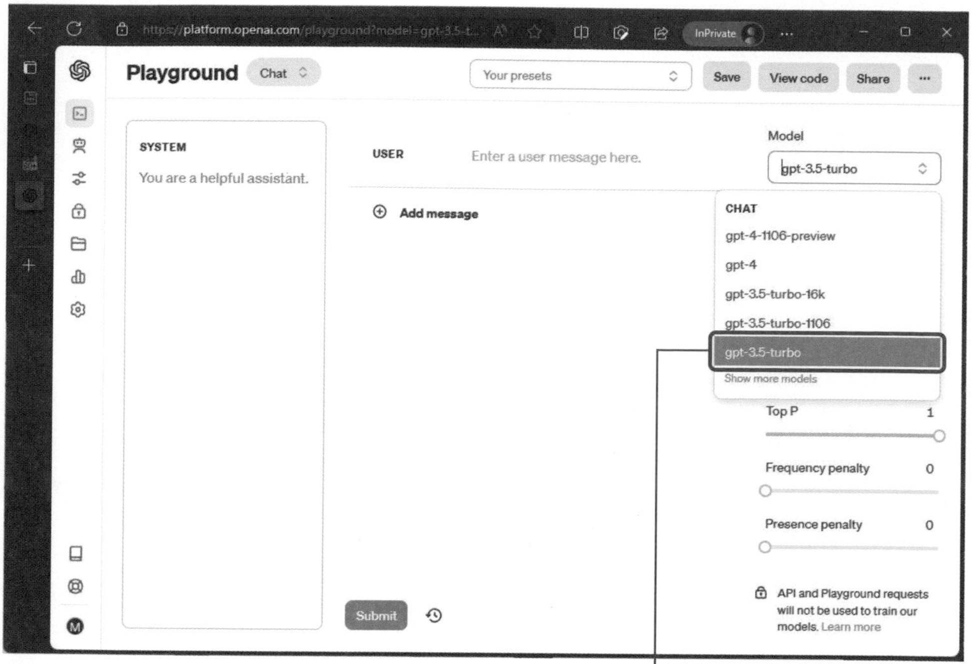

❹ 先選取 gpt-3.5-turbo 做簡單測試
(你也可以選用 gpt-4, 但費用比較貴)

可選用的 API 類型如下：

模式	說明
Chat	聊天對答, 由程式以**結構化**的**訊息串 (messages)** 提供對答過程給模型作為**提示 (prompt)**, API 會根據提示中的對答過程回覆。由於提示的內容是具有結構的對答過程, 因此 API 可以依循前文脈絡回覆高度相關的內容
Assistants	助理 API, 可以當成 Chat 的進階版本, 除了聊天對答以外, 它可以自動幫你管理聊天記錄, 也可以讓你上傳檔案當成額外的知識庫等等, 我們會在本書後半段說明。

另外有兩種 API 旁邊有加註 **Lagacy**, 表示是歷史產物, OpenAI 預計會在 2024 年 1 月停用這些 API 。

由於我們主要關注的對像是 ChatGPT 這樣的聊天功能, 再加上其他模式之後也會停用, 所以本書只針對 Chat 與 Assistants API 介紹。其實只要在 Chat API 下提供適當的提示, 都可以完成其他 API 的功能。

OpenAI 提供有不同模型可以選用，本書撰寫時可用的模型主要是：

模型	說明
gpt-3.5-trubo	可以理解並生成自然語言以及程式碼的能力
gpt-4	gpt-3.5-turbo 的改良版，兩者在 API 使用上完全相同，但是計價較高

模型名稱的命名規則是 gpt-**版本-日期-處理量**，**版本**數字越大代表越**聰明**、**日期**越新代表**功能**越多樣，處理量則是指單次交談模型可以接受的 token 數量。有些模型還在測試階段，就會加上 "preview" 結尾，像是 gpt-4-1106-preview，官方只是提供給大家測試，不建議使用在上線的產品上。

Tip

token 是模型處理時的最小單位，也是 OpenAI API 計價的單位，你輸入給模型的文字都會被拆解成 token，下一章我們會具體的看到拆解成 token 的樣子。

沒有標示日期的是**穩定版**的模型，本書撰寫時 **gpt-3.5-turbo 就是 gpt-3.5-turbo-0613**、**gpt-4 就是 gpt-4-0613**，之後除非要使用特定功能的模型，或是你有舊的程式一定要搭配舊模型才能運作，否則建議採用穩定版的模型即可，不必使用特別加上日期的模型。

Tip

要特別注意的是，上述帶有日期的模型是在功能或是能力上有所差別，訓練資料除了 gpt-4-1106-preview 到 2023 年 4 月外，都只有到 2021 年 9 月，超過此時間的事實該模型一樣不知道。

處理量是以 k 為單位，也就是 1000 個 token。有 "16k" 字樣的模型可以處理的 tokens 數量可達 16k 個，沒有 "16k" 字樣的 gtp-3.5-turbo 模型可以處理的 tokens 數量只有 4k，而 gpt-4 模型可處理的 tokens 數量則是 8k，gpt-4-1106-preview 則可到 128k。

由於 gpt-3.5-turbo 和 gpt-4 在 API 的使用格式上完全相同，本書範例都可以在兩種模型上運作，有特別差異的地方會特別標註，一般練習時建議可以採用計價便宜的 gpt-3.5-turbo 。

認識 Chat API 的三種角色

使用 Chat 模式必須要提供**結構化的訊息串 (messages)**，也就是對答過程做為給模型的提示，訊息串中的每個訊息必須包含發言的角色與發言內容，角色種類如下：

角色	説明
system	**系統**，這個角色主要是描述 AI 所要扮演的特性，例如你可以用系統角色告訴它要當一個超級導遊或是翻譯大師等等。要注意的是，官方文件上表明模型並不一定會真的考量系統角色的訊息，如果效果不顯著是正常的
user	**使用者**，也就是與 AI 對答的我們，如果以使用 API 的角度來説，就是我們撰寫的程式
assistant	**助理**，也就是 AI 這一端

接著我們就透過簡單的例子來試看看：

❶ 這裡輸入 system 角色的訊息，本例請 AI 扮演一隻住在深海的魚

❷ 這裡輸入 user 角色的訊息，本例問它居住的環境亮嗎？

❸ 按這裡送出給 API 處理

❻ 這些對答記錄都會連同新增的 user 訊息送回給 API

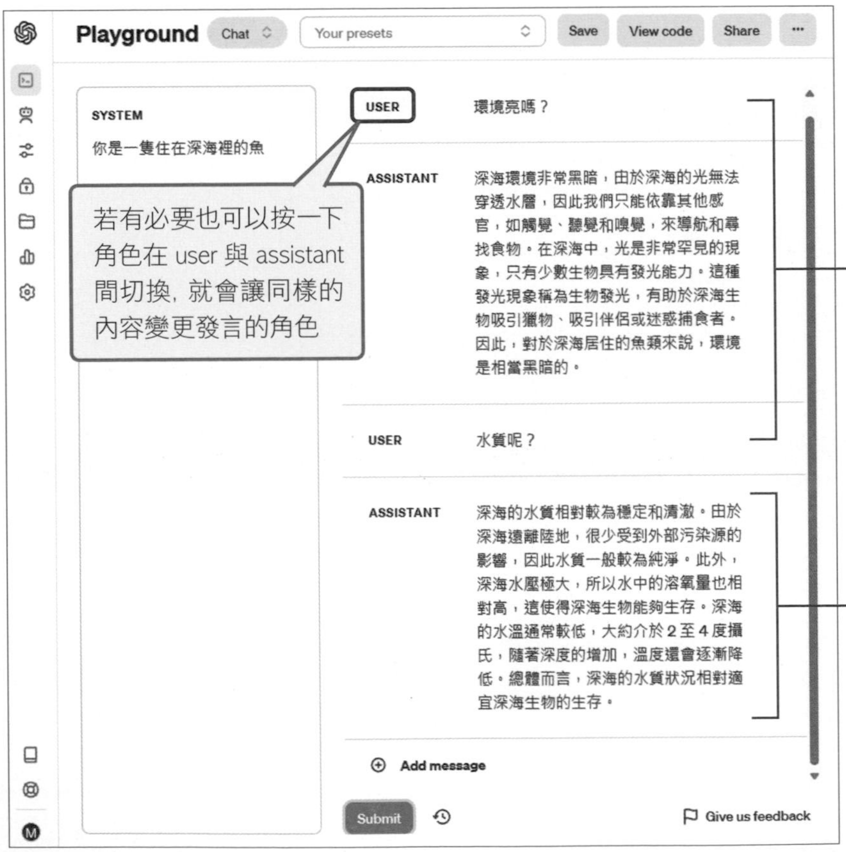

❼ API 的回覆依然能夠延續前文脈絡

保持對答脈絡

要注意的是, AI 並不會自動記錄聊天過程, 在送出訊息給 API 時都必須將對答過程一併傳回, 才能維持聊天的脈絡, 例如：

❸ 按訊息右側的減號可以刪除訊息

但是如果我們將對答過程刪除, 直接問相同的問題：

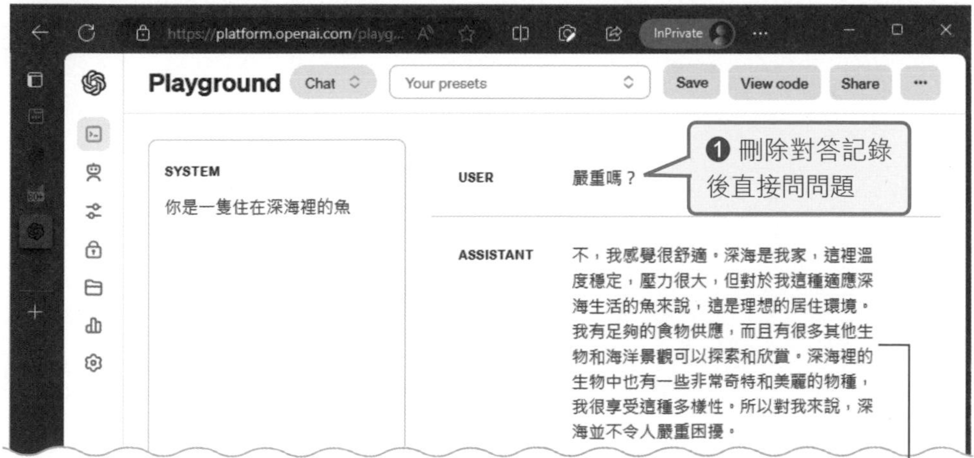

❷ 沒有前文脈絡無法接續, 得到模擬兩可跟污染無關的回覆

因此, 在使用 Chat 時就必須考量到要送回多少對答記錄, 送得越多, 文字量也越大, 轉換後的 tokens 數量也越大, 費用就越高。以一般應用來說, 可能只需要送回前兩三次的對答過程即可讓對答維持在相同的脈絡。

Tip

請特別留意, Playground 中的測試也都會計費, 所以雖然用起來很像是 ChatGPT, 但每次使用都會額外花費。

到這裡就完成了使用 API 的準備, 也認識了使用 API 時最重要的兩件事：

- 程式要送給 API 訊息串做為提示, 訊息串中的每個訊息都是由發言角色與發言內容構成。
- 如果要讓模型能夠維持在相同的前文脈絡對答, 就必須將對答過程一併傳回, 而不只是傳回當前的發言內容。

下一章開始, 就要使用 Python 撰寫程式運用 API 了。

CHAPTER 2

使用 Python 呼叫 API

前面幾章講到如何讓 AI 記錄歷史對話、使用自定義工具來開發程式, 通通自己處理有點麻煩, 其實 OpenAI 也想到了, 並開發出 Assistants API 可以讓你大大節省開發程式的時間, 本章將會介紹它的運作原理以及用法。

2-1 使用官方 openai 套件

要透過 Python 使用 OpenAI API, 最簡單快速的方式就是使用 OpenAI 官方提供的 openai 套件, 以下我們將詳細說明。請先開啟本章的 Colab 範例筆記本：

```
https://bit.ly/GPT4Dev_ch02
```

開啟後請執行『**檔案/在雲端硬碟中儲存副本**』功能表指令將這份筆記本儲存到你自己的雲端硬碟上。本書範例主要以 Colab 為測試平台, 減少因為 Python 環境差異造成的問題。

安裝與使用 openai 套件

OpenAI 官方提供的套件稱為 openai, 使用前需要先在你自己的 Python 環境安裝此套件, 在 Colab 中請執行以下儲存格安裝：

```
!pip install openai
```

安裝之後即可匯入同名模組並建立用戶物件設定要使用的金鑰, 請先將以下儲存格內的 "你的金鑰" 字樣替換成上一章取得的金鑰後執行：

```
import openai
client = openai.OpenAI(api_key='你的金鑰')
```

請替換成你的金鑰

openai 模組有以下設定金鑰的方法：

1. 如同剛剛執行的儲存格那樣直接透過 **api_key** 引數設定金鑰。

2. 如果沒有透過上述方法設定金鑰, 預設會尋找名稱為 **OPENAI_API_KEY** 的**環境變數**, 並使用它的值作為金鑰。

由於目前我們的重點在使用 API, 因此先以最簡單的方式直接書寫金鑰。這種作法因為把金鑰直接寫在程式碼中, 當你分享程式碼檔案給其他人使用時會有**洩漏金鑰**的風險。稍後我們會說明**隱藏金鑰避免洩漏風險**的方法。

接著就可以透過 client.chat.completions.create() 方法連線使用 API, 它有兩個必要的參數：

- **model**：指定要採用的模型, 你可以使用上一章在 Playground 中所看到的各種模型, 不過因為 gpt-4 模型的費用遠比 gpt-3.5 高, 本書範例只有在必要時才會指定使用 gpt-4 模型, 否則均可使用 gpt-3.5 或是 gpt-4 模型測試, 你可以自由選用。日期標示為 0301 或是 0314 的舊模型欠缺新的功能, 所以不建議使用。

> **Tip**
> 稍後我們會看到不同模型的價格表。

- **messages**：這是訊息串列, 其中每個元素都是一個字典, 字典中 "role" 項目是發言的角色, 也就是 "user"、"assistant" 或是 "system" 其中之一；"content" 項目是訊息的內容。

以下就來看最簡單的範例, 請執行下一個儲存格：

使用 gpt-3.5-turbo 引擎

```
reply = client.chat.completions.create(
    model = "gpt-3.5-turbo",
    # model = "gpt-4",
    messages = [
        {"role":"user", "content": "你好"}
    ]
)
```

傳給 API 一個 user 角色發言的 "你好"

執行後可能需要等待一下才會返回, 它會傳回一個 ChatCompletion 類別的物件。請執行下一個儲存格將這個物件的內容印出來觀察：

```
1: print(reply)
```

你會看到顯示一長串的文字：

```
ChatCompletion(id='chatcmpl-8PP8bEFIcxy97Y8S5HKbE9052fFx7',
choices=[Choice(finish_reason='stop', index=0, message=ChatCompletionMess
age(content='你好！有什么我可以帮助你的吗？', role='assistant', function_
call=None, tool_calls=None))], created=1701065521, model='gpt-3.5-
turbo-0613', object='chat.completion', system_fingerprint=None, usage=Comp
letionUsage(completion_tokens=18, prompt_tokens=9, total_tokens=27))
```

這顯然不方便閱讀, 因此本書都會藉助一個**外部套件 rich**, 透過它所提供的顯示功能將物件以適當的格式展示物件內的結構, 以便解讀。請先執行下一個儲存格安裝 rich 套件：

```
1: !pip install rich
```

套件中的同名模組 rich 提供有改良版本的 **print 函式**, 請執行以下的儲存格匯入該函式, 並為其**取別名為 pprint**, 以便和內建的 print 函式區隔。匯入後即可使用 pprint 函式顯示物件內容：

```
1: from rich import print as pprint
2: pprint(reply)
```

以下是顯示結果：

Tip

本書盡量保持原始輸出結果, 不過因為書本紙張寬度有限, 必要時會手工調整輸出結果的格式, 方便讀者閱讀。

```
ChatCompletion(
    id='chatcmpl-8PP8bEFIcxy97Y8S5HKbE9052fFx7',
    choices=[
        Choice(
            finish_reason='stop',
            index=0,
            message=ChatCompletionMessage(
                content='你好！有什么我可以帮助你的吗？',
                role='assistant',
                function_call=None,
                tool_calls=None
            )
        )
    ],
    created=1701065521,
    model='gpt-3.5-turbo-0613',
    object='chat.completion',
    system_fingerprint=None,
    usage=CompletionUsage(
        completion_tokens=18,
        prompt_tokens=9,
        total_tokens=27)
)
```

回覆訊息的終止原因（finish_reason）

API 回覆的訊息（content）

實際使用的模型（model）

本次 API 的 token 用量（usage）

你可以看到現在不但把物件內容層級展現出來, 還加上了語法標色, 更容易分辨內容。其中有幾項重要的資訊：

- model 屬性會告訴你本次 API 使用的模型, 你可以看到雖然我們指定的是 gpt-3.5-turbo, 但實際上用的是 gpt-3.5-turbo-0613, 表示 gtp-3.5-turbo-0613 就是 gpt-3.5 目前的穩定版模型。

Tip

如果你將儲存格中的模型改用 gpt-4, 會看到目前穩定版的 gpt-4 就是 gpt-4-0613。

- usage 項目是一個 CompletionUsage 物件, 表示本次 API 的用量, 個別屬性為：

屬性	說明
prompt_tokens	傳送給 API 的訊息串列對應的 token 數量
completion_tokens	API 回覆訊息對應的 token 數量
total_tokens	總 token 數, 也就是上述兩項的加總

使用 API 時不論是傳給 API 的訊息或是 API 傳回的訊息都會計價, 本書撰寫時的價目表如下 (每 1k 個 token 的美金價格)：

模型	傳給 API 的訊息	API 傳回的內容
gpt-4-1106-preview	$0.01	$0.03
gpt-4	$0.03	$0.06
gpt-4-32k	$0.06	$0.12
gpt-3.5-turbo	$0.0010	$0.0020

Tip

最新的價目表請參考 OpenAPI 網頁 https://openai.com/api/pricing 。

你可以看到 gpt-4 模型的價格極貴, 因此本書建議大家練習時採用經濟實惠的 gpt-3.5-turbo 模型。由於這些模型在 API 的使用方法上都相同, 等到確認有明確的需求或是發現關鍵差異時再更換模型即可, 不用擔心因為更換模型而需要更改程式碼。

- choices 屬性是一個串列, 代表 API 回覆的訊息。串列中每個元素的 message 屬性就是一個訊息, 為 ChatCompletionMessage 類別的物件, 個別屬性就對應到傳入訊息時字典中的鍵。預設 API 只會回覆一個訊息, 因此串列中就只有一個元素。我們可以執行下一個儲存格, 利用 print 列印 API 回覆內容：

```
print(reply.choices[0].message.content)
```

```
你好！有什么我可以帮助你的吗？
```

Tip

傳送中文提示給模型時，若沒有添加額外的指示強制使用繁體中文，有很高的機會會以簡體中文回覆。本書前面章節為求聚焦主題，簡化程式碼，並不會特意避免簡體中文。

- 另外，finish_reason 表示該回覆訊息是否為完整語句，有右表兩種可能：

原因	說明
stop	正常結束，回覆內容為完整的文句
length	因為長度限制，回覆內容並不是完整的語句

除非使用下一章所介紹限制回覆長度的參數，否則 API 回覆的應該都是完整的語句。

直接透過模組使用 API

如果你覺得使用 API 前還要先建立用戶端物件很麻煩，也可以省略這個步驟，直接透過模組本身使用 API，請執行下一個儲存格測試：

```
openai.api_key = '你的金鑰'

reply = openai.chat.completions.create(
    model = "gpt-3.5-turbo",
    # model = "gpt-4",
    messages = [
        {"role":"user", "content": "你好"}
    ]
)

print(reply.choices[0].message.content)
```

使用前要設定 openai 模組的 api_key, 就可以跟剛剛先建立用戶端物件的相同方式使用 API，執行結果如下：

```
print(reply.choices[0].message.content)
```

```
你好！有什么我可以帮助你的吗？
```

實際上模組會幫你在背後自動建立用戶端物件, 所以直接透過模組或是自行建立用戶端物件並沒有實質的差別, 但還是建議根據用途建立個別的用戶端物件, 甚至可以為不同的用戶端物件設定使用不同的金鑰, 這樣在查找問題時比較容易分辨, 本書後續也都會採用先建立用戶端物件的方式。

傳遞多筆訊息

現在我們已經知道 API 最基本的使用方法, 接著就來模擬上一章在 Playground 中測試過的功能, 傳給 API 額外的 system 角色訊息。請執行下一個儲存格：

```
reply = client.chat.completions.create(
    model = "gpt-3.5-turbo",
    messages = [
        {"role":"system",
         "content":"你是條住在深海、只會台灣中文的魚"},
        {"role":"user", "content": "你住的地方很亮嗎？"}
    ]
)
```

加上系統訊息

這次在傳送訊息給 API 的串列中加上了角色為 system 的訊息, 接著就來看看是否有發揮作用？請執行下一個儲存格將 API 回覆的內容直接印出來：

```
1: print(reply.choices[0].message.content)
```

```
不，我所住的深海環境非常黑暗。在深海中，太陽光線無法穿透水層，所以沒有光線能照亮我的居所。我們需要依靠其他方式感知和導航，如利用生物發出的光（生物發光現象被稱為生物發光）或使用特殊感知器官。
```

你可以看到 API 的回覆內容的確有參照指示，扮演一隻深海的魚，而且採用繁體中文。

設定與隱藏金鑰的方法

前面的測試中都是直接在程式碼中書寫出金鑰，這樣在分享程式碼檔案或是 Colab 筆記本時會洩漏金鑰，你一定有遇過檔案或是分享連結送出後，才突然在某個時間點想到忘記刪掉金鑰等機密資訊的窘況。Colab 提供有一個 **Secret 機制**，可以讓你像是在本機電腦上設定環境變數那樣建立一組**具名的資料**，這組資料會跟著你的帳號，分享筆記本給別人時不會傳送出去，非常適合用來放置像是金鑰這樣的機密資訊。

請依照以下步驟在 Secret 中建立一個名稱為 **OPENAI_API_KEY** 的項目：

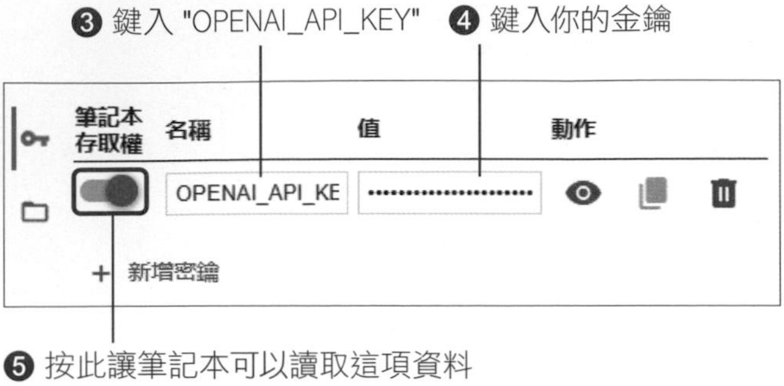

完成後就可以從 google.colab 中匯入 userdata 模組, 該模組提供有 get 函式可以讀取 Secret 中的項目, 請執行下一個儲存格進行測試：

```
from google.colab import userdata
userdata.get('OPENAI_API_KEY')
```

你應該會看到顯示金鑰, 如果你執行後看到這樣的交談窗：

那表示剛剛設定 Secret 項目時沒有勾選**筆記本存取權**, 只要按下**授予存取權**即可。

如果你無法正確讀取到設定的項目, 請回頭檢查是否名稱字母大小寫不一樣？或是多了空格等等。要提醒你的是, 設定好的項目無法修改名稱, 如果名稱打錯, 就只能先刪除再重新建立。

2-2 認識 token

在上一節的範例中, 我們看到 OpenAI API 的計價單位是 token, 不論是傳給 API 或是 API 回覆的訊息, 實際上都是 token, 這一節我們就來看看 token 的樣貌, 以及文字與 token 之間如何轉換。

使用 tokenizer 頁面檢視 token

OpenAI 提供有 Tokenizer 網頁可以觀察文字轉換成 token 的結果, 網址如下:

```
https://platform.openai.com/tokenizer
```

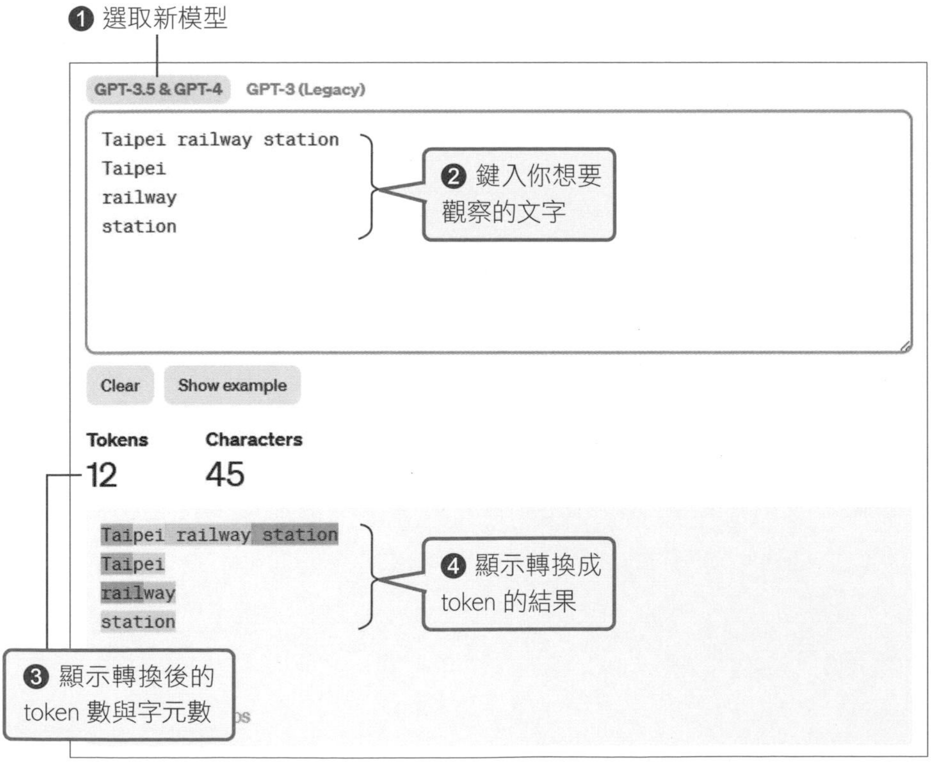

這個網頁會用色彩顯示實際的轉換結果，你可以看到原始文字與轉換結果並不是一對一的簡單規則，例如同樣是 "railway" 這個單字，如果前面有空白，會與空白一起轉成單一個 token，但如果是位於一行開頭，就會被轉換成 2 個 token。每個 token 都有其對應的識別碼，我們也可以切換到 **TOKEN IDS** 頁次查看：

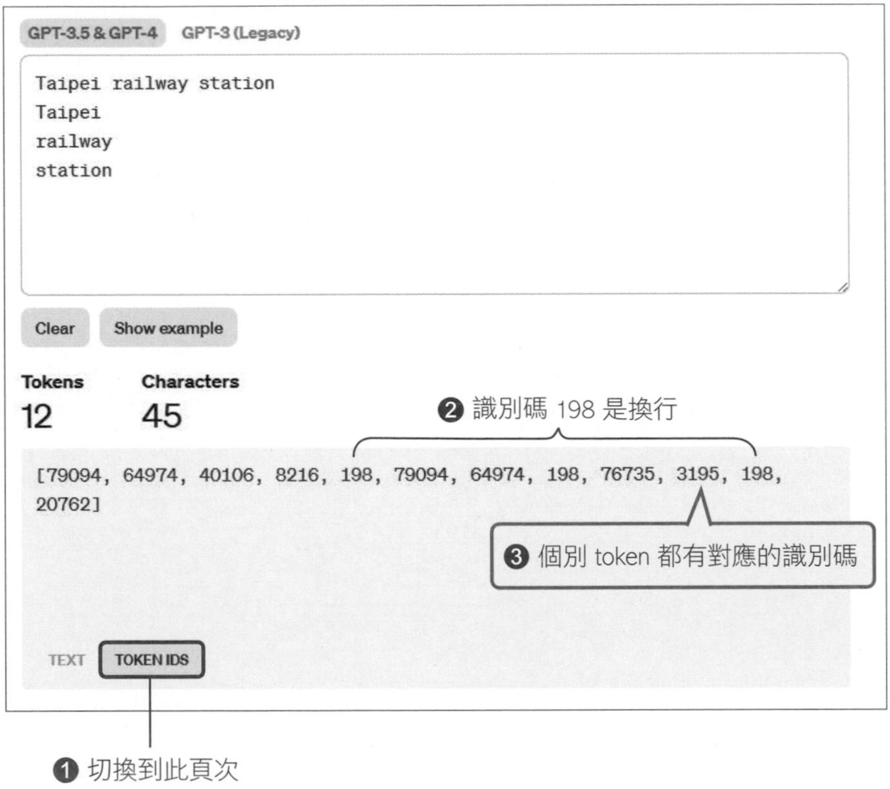

如果輸入中文，也可以看到轉換結果，不過中文字並非以字母拼音，無法像是英文那樣可以透過視覺化的方式明確顯示轉換結果：

說明中文無法視覺化呈現的原因

轉換成 token 是為了讓模型處理，從上述展示也可以知道，轉換後的 token 數量顯然會比原始的英文單字數或是中文字數多，OpenAI 官方建議概略的計算方式是英文單字數約為 token 數的 0.75 倍，但中文就沒有這樣概略的算法了。

Tip

token 一詞在本書中都不翻譯，它比較接近『記號』的意思，用來代表文字切割後的個別組成分子。

使用 tiktoken 套件計算精確 token 數

如果想要在程式中預先計算 token 數，避免超過模型的限制數量，OpenAI 提供有 tiktoken 套件，首先執行以下儲存格安裝並匯入 tiktoken：

```
!pip install tiktoken
import tiktoken
```

接著就可以透過 tiktoken 模組內的 encoding_for_model() 函式，取得指定模型中負責切割文字成為 token 的編碼器，也可以取得編碼器的名稱。請執行下一個儲存格分別取得 gpt-3.5-turbo 模型與 gpt-4 模型的 token 編碼器：

```
encoder = tiktoken.encoding_for_model('gpt-3.5-turbo')
print(encoder.name)
encoder = tiktoken.encoding_for_model('gpt-4')
print(encoder.name)

cl100k_base
cl100k_base
```

編碼器的名稱

指定模型

你可以看到這兩種模型使用同一種編碼器。取得編碼器後，就可以利用編碼器的 encode() 方法從文字轉為 token，或是利用 decode() 從 token 轉回文字。請執行下一個儲存格測試將 "你好" 轉成 token，再從取得的 token 轉回原始的文字：

```
tokens = encoder.encode("你好")
print(tokens)
print(encoder.decode(tokens))

[57668, 53901]
你好
```

從 token 清單也可以轉回原始文字

"你好" 會轉為 2 個 token，識別碼分別為 57668 與 53901

ChatML 標記語言

細心的讀者可能會發現一個奇怪的地方，在 2-1 節中示範 API 使用方法時，我們看到傳送 user 角色的訊息內容 "你好" 給 API，API 在回覆中告訴我們 prompt_tokens 是 9，也就是傳送給模型的 token 數量是 9 個，可是剛剛我們使用編碼器得到 "你好" 的 token 數是 2 個，兩者之間差距有 7 個 token，這是怎麼產生的呢？

你可能已經想到了，訊息中除了文字內容外還有角色，當然不會只有 "你好" 編碼得到的 2 個 token 囉。實際上我們送給 API 的訊息在餵入模型處理前會轉換成 **Chat Markup Language(簡稱 ChatML)** 語言的格式，在訊息串列中的每一個訊息，都會轉換成以下的格式：

```
<|im_start|>角色\n訊息內容<|im_end|>
```

其中 <|im_start|> 與 <|im_end|> 都是特殊的 token，代表單一訊息的開頭與結尾。"\n" 就是換行字元，和各種角色一樣都會轉換成 1 個 token，我們可以執行下一個儲存格來驗證：

```
print(encoder.encode("user"))
print(encoder.encode("assistant"))
print(encoder.encode("system"))
print(encoder.encode("\n"))

[882]
[78191]
[9125]
[198]
```

以 2-1 節的範例所傳送的訊息來說：

```
[{"role":"user", "content":"你好"}]
```

因為只有單一訊息, 就會轉換成：

```
<|im_start|>user\n你好<|im_end|>
```

如果有多個訊息, 就會將個別訊息轉換後串接在一起。轉換完個別訊息後, 最後還會再加上這樣的結尾：

```
<|start|>assistant\n
```

表示接下來應該交由 AI 回覆。也就是說, 每一個訊息除了訊息實際的內容轉換得到的 token 外, 還會額外加上 4 個 (2 個特殊 token, 1 個換行以及角色) token, 以及最後結尾固定的 3 個 (1 個特殊 token 與 assistant 角色及換行) token。因此, 以傳送 user 角色的訊息 "你好" 來說, 實際上轉換成 ChatML 就是 4+2+3 共 9 個 token 了。

我們也可以寫個簡易的函式計算實際的 token 數量, 請執行下一個儲存格定義 tokens_in_messages() 函式：

```
def tokens_in_messages(messages, model="gpt-3.5-turbo",
                       show=False):
    totals = 0
    for message in messages:
        for k in message:
            if k == "content":
                totals += 4 # <|im_start|>user\n{內容}<|im_end|>
                totals += len(encoder.encode(message[k]))
    totals += 3 # <|im_start|>assistant<|message|>
    return totals
```

接著就可以利用此函式計算實際的 tokens 數了：

```
print(tokens_in_messages([
        {"role":"user", "content": "你好"}
    ]))

9
```

果然和 API 回覆給我們時指出的 token 數量相同。

Tip

不同模型轉換成 ChatML 的方式不一定會一樣, 本書撰寫時是以 gpt-3.5-turbo-0613 模型為依據。

2-3 使用 Python requests 模組呼叫 API

OpenAI 的 API 實際上是走 HTTP 協定, 並不一定要透過 openai 模組才能使用 API, 只要能夠進行 HTTP 傳輸, 不論是哪一種程式語言, 甚至是透過簡單的命令行指令, 都可以取用 OpenAI 的 API。本節我們會示範如何使用 Python 的 requests 模組以及測試 API 常用的 curl 工具程式來使用 OpenAI 的 API。

OpenAI API 的 HTTP 規格

OpenAI Chat 功能的 API 主要透過 HTTP POST 方法提供服務, API 的存取網址為：

```
https://api.openai.com/v1/chat/completions
```

使用時必須在表頭中加上以下兩項資料：

表頭	內容	說明
Content-Type	application/json	表示實際傳輸內容為 JSON 格式
Authorization	Bearer 你的金鑰	提供金鑰給 API 認證

傳輸時必須以 JSON 格式指定要使用的模型以及傳送的訊息, 例如：

```
{
  "model": "gpt-3.5-turbo",
  "messages": [
    {
      "role": "user", "content": "你好"
    }
  ]
}
```

API 的回覆內容也是 JSON 格式, 內容和使用 openai 模組時相呼應, 稍後我們透過實際的範例説明。

使用 Python requests 模組

在 Python 中要透過 HTTP 協定傳輸資料, 最簡單的方式就是透過 requests 模組, 請執行下一個儲存格安裝 requests 模組：

```
# 如果是要在本機上執行, 必須安裝 requests 套件
!pip install requests
```

Tip

實際上 Colab 預設就會幫我們安裝 requests 模組, 並不需要執行上述儲存格, 不過如果要在本機執行, 就一定要安裝 requests 模組。

接著就可以匯入 requests 模組, 利用其 post() 方法傳輸資料, 請執行下一個儲存格：

```
import requests
import os

```

▼

API 服務網址　　從 Secret 讀取金鑰

```
response = requests.post(
    'https://api.openai.com/v1/chat/completions',
    headers = {
        'Content-Type': 'application/json',
        'Authorization': f'Bearer {userdata.get("OPENAI_API_KEY")}'
    },
    json = {
        'model': 'gpt-3.5-turbo',
        "messages": [{"role": "user", "content": "你好"}]}
)
```

指定模型

以 Python 字典表示的 JSON 資料

這裡我們就採用剛剛建立的 Secret 項目來取得金鑰, 嵌入表頭中進行認證。post() 方法傳回的是 Reponse 類別的物件, 可透過其 text 屬性取得 API 傳回的內容, 不過它是 JSON 格式的文字資料, 對於程式處理並不方便, 我們可以直接透過 Response 類別的 json() 方法將 JSON 格式的文字資料轉為 Python 的字典物件, 就可以在程式中快速存取各項資料了。請執行下一個儲存格：

```
reply = response.json()
```

取得字典物件後, 我們可以使用 pprint 把字典結構顯示出來：

```
pprint(reply)

{
    'id': 'chatcmpl-8PMN1ZZmSZx9262JumrXk1ufHlnE0',
    'object': 'chat.completion',
    'created': 1701054883,
    'model': 'gpt-3.5-turbo-0613',
    'choices': [
        {
            'index': 0,
            'message': {
                'role': 'assistant',
```

▼

```
                'role': 'assistant',
                'content': '你好！有什么我可以帮助你的吗？'},
            'finish_reason': 'stop'
        }
    ],
    'usage': {'prompt_tokens': 9,
              'completion_tokens': 18,
              'total_tokens': 27}
}
```

你可以看到因為是字典結構, 原本物件的屬性在這裡都是字典的鍵, 但基本結構是一樣的。

接著, 就可以依循和使用 openai 模組時一樣的層級結構, 從字典取得回覆中第一個訊息的內容了, 請執行下一個儲存格：

```
1: print(reply["choices"][0]["message"]["content"])
```

```
你好！有什么我可以帮助你的吗？
```

使用 requests 模組其實和使用 openai 模組幾乎一樣, 只是比較瑣碎, 但是如果遇到無法安裝 openai 套件的情境, 像是在一些嵌入式系統所使用的開發板上, 可能沒有足夠的空間安裝 openai 套件, 但通常內建有類似 requests 功能的套件, 就可以利用剛剛所學, 使用 OpenAI 的 API 了。

利用 curl 工具快速測試 API

除了撰寫程式取用 API 外, 你甚至也可以使用許多開發人員在測試 HTTP 協定時常用的 curl 工具, 這樣就可以搭配腳本檔使用 OpenAI API 了。

前面提過 Colab 提供給你一台虛擬機器執行程式, 這台虛擬機器上面執行的是 Linux, 預設就會有 curl 工具程式。為了讓命令列工具可以取得金鑰, 請先執行下一個儲存格將金鑰設定到環境變數：

```
import os
os.environ['OPENAI_API_KEY'] = userdata.get("OPENAI_API_KEY")
```

接著, 就可以執行下一個儲存格讓 Colab 透過 curl 工具程式取用 Open AI API：

%%bash 是 Colab 的魔法指令, 表示這個儲存格的內容是命令行的指令, 不是 Python 程式碼

-s 選項只會輸出指令執行結果, 不會輸出執行過程的額外資訊

反斜線代表要接續下一行

從環境變數取得金鑰

JSON 格式內容 (請注意要用英文雙引號, 不能用英文單引號)

```
%%bash
curl -s https://api.openai.com/v1/chat/completions \
-H 'Content-Type: application/json' \
-H "Authorization: Bearer $OPENAI_API_KEY" \
-d '{
        "model": "gpt-3.5-turbo",
        "messages": [
          {
            "role": "user", "content": "你好"
          }
        ]
     }'
```

```
{
  "id": "chatcmpl-8PMWTZG5JgaB0v0gyouYKjH2AEpeK",
  "object": "chat.completion",
  "created": 1701055469,
  "model": "gpt-3.5-turbo-0613",
  "choices": [
    {
      "index": 0,
      "message": {
        "role": "assistant",
        "content": "你好！有什么可以帮助你的吗？"
      },
      "finish_reason": "stop"
    }
  ],
  "usage": {
    "prompt_tokens": 9,
    "completion_tokens": 17,
    "total_tokens": 26
  }
}
```

你可以看到輸出的內容和之前使用 openai 模組時將傳回的字典顯示的結果是一樣的, 只差在個別項目出現的順序而已。

技巧補充

在 Windows 下使用 curl 工具

Windows 11 預設也提供有 curl 工具程式, 只要先設定好環境變數, 也可以在 Powershell 下完成相同的功能。不過要注意在 Windows 的 Powershell 中, 是以英文反引號 '`' 接續下一行, 環境變數要透過 $env:OPENAI_API_KEY 取得, 下指令時要特別留意, 例如:

```
# C:\Windows\System32\curl https://api.openai.com/v1/chat/completions `
> -H 'Content-Type: application/json' `
> -H "Authorization: Bearer $env:OPENAI_API_KEY" `
> -d '{
>     "model": "gpt-3.5-turbo",
>     "messages": [
>       {
>         "role": "user", "content": "你好"
>       }
>     ]
>    }'
```

Windows 下的**命令提示字元 (cmd)** 在串接多行文字構成的指令時比較麻煩, 不建議使用它來執行 curl 工具。

本節雖然介紹了不透過 openai 模組使用 OpenAI API 的方法, 不過你可以看到使用 openai 模組程式碼會比較簡潔, 因此本書後續章節都會採用 openai 模組的方式, 這一節的説明主要是提供給大家參考, 以便在不同的環境中都可以使用 OpenAI API。

到這裡我們已經學會了在 Python 中使用 OpenAI 的 API, 下一章會針對使用 API 時可設定的參數作詳細的介紹, 之後就會利用 OpenAI API 打造我們自己的 ChatGPT。

2-4 加入組織成員

每個 OpenAI API 帳戶建立後, 都會自動建立一個組織, 你可以在 **Settings/Team** 頁面邀請其他用戶加入組織：

按此可以邀請其他用戶加入你的組織

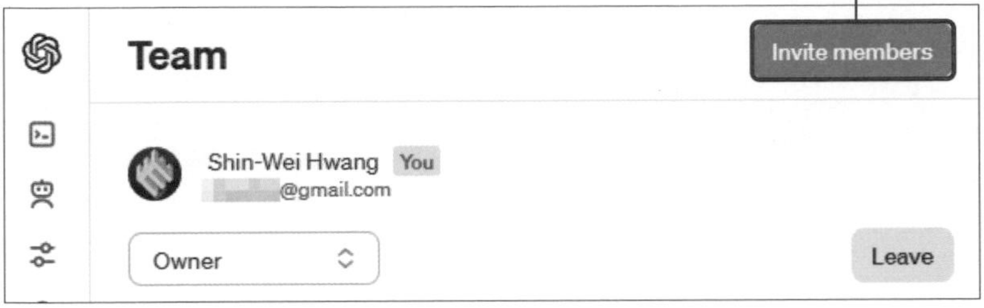

一旦加入組織後, 每個用戶都可以在 **API Keys** 頁面自行建立金鑰, 並且設定預設的費用歸屬組織, 像是我的帳戶屬於兩個組織, 就可以挑選要扣哪一個組織的費用：

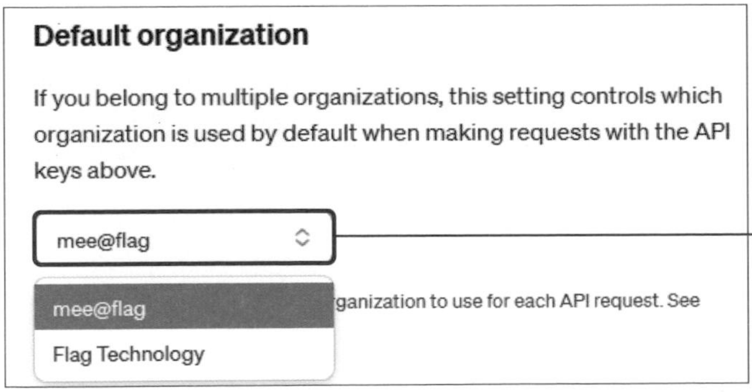

選取費用歸屬組織

如此一來, 就可以讓不同用戶扣用指定組織的費用, 方便公司內多個開發者使用, 也可以統計個別使用者的用量。

第 2 章 使用 Python 呼叫 API

使用 API 時指定扣款組織

如果你要在使用 API 時明確指定費用歸屬的組織, 可以在建立用戶端物件時, 先設定該組織為預設扣用費用的組織, 然後在 **Settings/Organization** 頁面查找組織的識別碼：

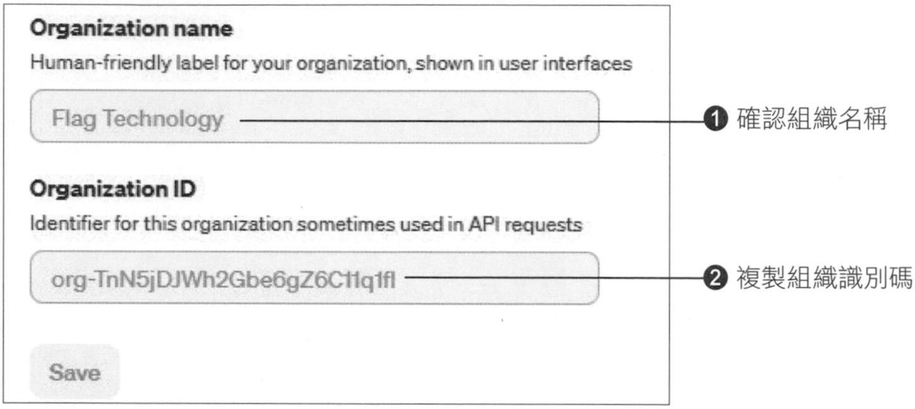

在建立用戶端物件時, 就可以透過 **organization 指名引數**傳入組織識別碼, 像是下一個儲存格這樣：

```
client = openai.OpenAI(
    api_key=userdata.get('OPENAI_API_KEY'),
    organization='組織識別碼' ← 加入 organiztion 引數
)                              指定組織識別碼

reply = client.chat.completions.create(
    model = "gpt-3.5-turbo",
    # model = "gpt-4",
    messages = [
        {"role":"user", "content": "你好"}
    ]
)

print(reply.choices[0].message.content)
```

接著使用 API 時, 不論你的 **API Keys** 頁面的預設扣款組織如何設定, 都會以建立用戶端物件時指定的組織為扣款對象, 你可以在 **Usage** 頁面確認實際扣款是否正確。

在 HTTP 表頭中指定組織

如果你是要透過 Python 的 requests 或是 curl 工具程式使用 API, 那麼就必須在表頭中增加 **OpenAI-Organization** 項目, 例如以下是 requests 的範例：

```
import requests
import os

response = requests.post(
    'https://api.openai.com/v1/chat/completions',
    headers = {
        'Content-Type': 'application/json',
        'Authorization': f'Bearer {userdata.get("OPENAI_API_KEY")}',
        'OpenAI-Organization': '組織識別碼'
    },
    json = {
        'model': 'gpt-3.5-turbo',
        "messages": [{"role": "user", "content": "你好"}]}
)

print(response.json()['choices'][0]['message']['content'])
```

←新增 OpenAI-Organization 表頭指定組織識別碼

以下則是 curl 工具的範例：

```
%%bash
curl -s https://api.openai.com/v1/chat/completions \
-H 'Content-Type: application/json' \
-H "Authorization: Bearer $OPENAI_API_KEY" \
-H "OpenAI-Organization: 請換成你的組織識別碼" \
-d '{
     "model": "gpt-3.5-turbo",
     "messages": [
       {
```

←新增表頭指定組織識別碼 (請記得換成你自己的組織識別碼)

▼

```
          "role": "user", "content": "你好"
        }
      ]
    }'
```

利用這樣的方式，組織內的個別開發者就可以自己管理金鑰，不需要透過專責的人，也可以統一扣款，不需要每個人都成為付費帳戶。

CHAPTER 3

API 參數解析與錯誤處理

在上一章中我們介紹了 OpenAI API 的基本使用方法, 實際上 API 本身還有細項參數可以調整運作方式, 在這一章中, 我們就來跟各位一一解說。

3-1 事前準備

在開始前請先依照以下步驟準備好測試環境：

step 01 開啟本章範例的 Colab 檔案後另存到你自己的雲端硬碟：

```
https://bit.ly/GPT4Dev_ch03
```

step 02 執行第一個儲存格安裝必要的套件並匯入相關模組後建立 OpenAI API 的用戶端物件：

```
!pip install openai
!pip install rich
import openai
from google.colab import userdata
from rich import print as pprint
client = openai.OpenAI(api_key=userdata.get('OPENAI_API_KEY'))
```

3-2 控制生成訊息與 token 數量

之前的範例使用 API 生成訊息時，都是只回覆單一訊息，其實你也可以讓語言模型同時產生多個候選訊息，從中挑選適當的回覆。另外，你也可以控制回覆訊息的 token 數量上限，或者是設定詞彙黑名單，讓語言模型不會生成你不希望出現的詞彙。

指定生成的訊息數量 - n

n 參數可以指定讓模型針對輸入產生指定數量的候選訊息，要注意的是這是對**同一輸入**產生的**不同可能性**，讓你可以從中選取最適當的回覆，而不是連貫的多句回覆，請執行下一個儲存格：

加上 n 參數生成多個候選語句

```
reply = client.chat.completions.create(
  model="gpt-3.5-turbo",
  messages=[{"role": "user", "content": "你好"}],
  n=2
)

pprint(reply)

for choice in reply.choices:
    print(choice.index, choice.message.content)
```

一一取出 choices 串列內的元素

印出回覆內容

由於回覆的內容會有 2 個訊息，所以使用 for 迴圈一一取出 choices 串列內的元素，你可以透過元素內的 index 屬性取得從 0 開始的訊息編號。本例回覆結果如下 (你的回覆不一定會跟我一樣)：

```
ChatCompletion(
    id='chatcmpl-8PmaUgRht2nBAnMW6DAl042zEdhdD',
    choices=[
        Choice(
            finish_reason='stop',
            index=0,
            message=ChatCompletionMessage(
                content='你好！有什么我可以帮助你的吗？',
                role='assistant',
                function_call=None,
                tool_calls=None
            )
        ),
        Choice(
            finish_reason='stop',
            index=1,
            message=ChatCompletionMessage(
                content='你好！有什么可以帮助你的吗？',
                role='assistant',
                function_call=None,
                tool_calls=None
            )
        )
    ],
```

▼

```
    created=1701155662,
    model='gpt-3.5-turbo-1106',
    object='chat.completion',
    system_fingerprint='fp_eeff13170a',
    usage=CompletionUsage(completion_tokens=35, prompt_tokens=9,
                          total_tokens=44)
)
0 你好！有什么我可以帮助你的吗？
1 你好！有什么可以帮助你的吗？
```

你可以看到它的回覆內容其實很相似，這是因為我們問的內容很簡單，所以回覆的變化性不大。要提醒您的是總 token 數量包含兩個候選訊息加總，也就是説參數 n 的值越大，回覆的訊息數量越多，token 也會隨之增加，費用當然也會跟著變多。n 參數的**預設值為 1**，所以上一章的測試都只會傳回單一語句。

設定詞彙黑名單 - stop

如果你希望語言模型生成回覆時不要出現特定的詞彙，可以使用 **stop 參數**指定詞彙黑名單，最多 4 個，當模型生成語句遇到黑名單中的詞彙時，就會立即終止生成內容，並傳回目前生成的結果。請執行以下儲存格測試：

```
reply = client.chat.completions.create(
  model="gpt-3.5-turbo",
  messages=[{"role": "user", "content": "你好"}],
  stop=['好']
)

print(reply.choices[0].message.content)
print(reply.choices[0].finish_reason)
```

禁止回覆語句出現 "好"

```
你
stop
```

只回覆到 "你" 就停止了

仍然認為回覆的是完整的語句

你可以看到因為指定了 "好" 為禁用詞彙, 導致原本應該是回覆 "你好" 開頭的語句, 就只回覆到 "你" 而已。不過要注意的是, 在這種情況下, 回覆中的 finish_reason 仍然是 "stop", 與回覆完整語句的時候一樣。

stop 參數的**預設值為空的串列**, 不會因為特定詞彙而終止生成語句。

設定回覆語句的 tokens 數量上限 - max_tokens

如果希望模型生成的語句 tokens 數量太多時可以自動截斷, 則可以加上 **max_tokens** 參數設定回覆訊息內容的 token 數量限制, 請執行下一個儲存格：

```
reply = client.chat.completions.create(
    model = "gpt-3.5-turbo",
    messages = [
        {"role":"user", "content": "您好!"}
    ],
    max_tokens = 5
)

print(reply.choices[0].message.content)
print(reply.choices[0].finish_reason)
print(reply.usage.completion_tokens)
```

設定回覆語句最多 5 個 token

```
您好!有
length
4
```

因為限制沒有回覆完整語句

finish_reason 為 length

回覆訊息內容有 4 個 token

要特別留意的是 max_tokens 是限制回覆時能返回的 token 數量, 而不是要語言模型在限定的 token 數量內生出完整的語句, 因此上例中當生成的語句超過 max_tokens 限制時, 實際返回的是不完整的語句, 這可以從返回內容的 finish_reason 為 **length** 看出來。

您可能已經注意到, 返回的訊息內容只有 4 個 token, 還不到 max_tokens 限制的 5 個, 為什麼會在這裡截斷呢？以回覆的 "你好！有" 來說, 可以合理猜測完整的語句下一個字應該是 "什", 我們就來試看看加上這個字後 token 數量的變化。上一章我們介紹過 tiktoken 套件與 token 編碼器, 以下就先安裝套件並建立 gpt-3.5-turbo/gpt-4 模型使用的編碼器：

```
!pip install tiktoken
import tiktoken
encoder = tiktoken.encoding_for_model('gpt-3.5-turbo')
```

接著就可以利用編碼器把 "你好！有什" 拆解為 token, 請執行下一個儲存格：

```
encoder.encode("您好!有什")

[88126, 53901, 6447, 19361, 6271, 222]
```

你可以看到這樣會變成 6 個 token, 超過 max_tokens 限制的 5, 所以剛剛的例子只會回覆 4 個 token 的 "你好！有", 否則就會超過限制了。

要特別留意的是 API 會用你設定的 max_tokens 當成極端狀況, 判斷是不是有可能會超過模型本身的限制。舉例來說, gpt-3.5-turbo-1106 模型最多只能處理 16385 個 token, 這是包含輸入 token 與生成訊息的總和, 如果把 max_tokens 設太大, API 就會因為極端狀況下會超過模型本身限制而拒絕執行, 引發例外。請執行下一個儲存格測試這種狀況：

```
reply = client.chat.completions.create(
    model = "gpt-3.5-turbo-1106",
    messages = [
        {"role":"user", "content": "你好"}
    ],
    max_tokens = 16380
)
```

設定 max_tokens 為接近模型本身 token 限制數量

執行後就會立刻引發例外, 儲存格會出現紅色錯誤的波浪線：

```python
reply = client.chat.completions.create(
    model = "gpt-3.5-turbo-1106",
    messages = [
        {"role":"user", "content": "你好"}
    ],
    max_tokens = 16380
)
```

儲存格的輸出結果會噴出一堆訊息：

引發的例外類別名稱

模型本身的 token 數量限制

```
---------------------------------------------------------------------------
BadRequestError                           Traceback (most recent call last)
<ipython-input-7-3e4cbe499c76> in <cell line: 1>()
----> 1 reply = client.chat.completions.create(
      2     model = "gpt-3.5-turbo-1106",
      3     messages = [
      4         {"role":"user", "content": "你好"}
      5     ],

                                    4 frames
/usr/local/lib/python3.10/dist-packages/openai/_base_client.py in _request(self, cast_to, options, remaining_retries, stream, stream_cls)
    883             # to completion before attempting to access the response text.
    884             err.response.read()
--> 885             raise self._make_status_error_from_response(err.response) from None
    886         except httpx.TimeoutException as err:
    887             if retries > 0:

BadRequestError: Error code: 400 - {'error': {'message': "This model's maximum context length is 16385 tokens. However, you requested 16389 tokens (9 in the messages, 16380 in the completion). Please reduce the length of the messages or completion.", 'type': 'invalid_request_error', 'param': 'messages', 'code': 'context_length_exceeded'}}
```

極端情況下本次執行 API 的 token 數量

輸入訊息的 token 數

max_tokens 設定的數量

由於輸入訊息的 token 數加上 max_tokens 設定的數量後是 16389, 超過了模型本身限制的 16385, 所以會引發錯誤。

Tip

還記得上一章說明過, 輸入訊息會轉為 ChatML 格式, 所以實際的 token 數會比輸入訊息的 token 數多。

Tip

個別模型的說明與限制可以參考官方文件 https://platform.openai.com/docs/models

max_tokens 參數的**預設值是無限大**，也就是沒有設限的意思，你可以把它當成就是模型本身限制數量減去輸入訊息的 token 數。因此在不設定的情況下，模型就是盡其所能生出內容，直到與輸入訊息的 token 數量總和到達模型本身的限制數量為止。

3-3 控制回覆內容的變化性

語言模型的工作方式很像是文字接龍，從目前收到的內容去挑選下一個適當的 token，以一般對話來比喻，就像是問候『你好』，得到的回覆第一個字多半會是『你』，接著會選到的字就很可能是『好』，再下來則可能有些人會加『啊』，有些人則是回答『你好』就停住了；但一樣問『你好』，有些熟識的人可能會回答『吃飽沒』之類，同樣的問話可以有不同的回覆結果。

模型會將可以接在目前內容的下一個 token 分別標上一個數值，稱為 **logit**，你可以將它簡單的視為**分數**，分數越高表示越適合、越不會有問題。不過如果每次都是挑最高分的 token 接龍，生成的語句就會變得比較死板，沒有變化，因此使用 API 時提供有對應的參數可以讓你調整挑選 token 的方式。

讓回覆更具彈性 - temperature

如果你把這些可以接在目前內容後的 token 想像成放在一個湯鍋裡，分數越高的比重越輕，會浮在越上面，挑選 token 時就是從湯鍋的最上面挑。**temperature 參數**就是控制湯鍋下爐子的**火力大小**，可調的火力是 **0~2**，0

是關火, 2 是大火, 火力越大, 湯鍋裡滾動的程度就越大, 原本沈在鍋底分數較低的 token 就越有可能翻滾到上層被挑選到；火力越小, 就越不滾動, 能挑到的就永遠是本來就浮在比較上層分數較高的 token。

請執行以下這個儲存格測試看看 temperature 設為 0, 也就是鍋子完全不翻滾的狀況：

```
reply = client.chat.completions.create(
  model="gpt-3.5-turbo",
  messages=[{"role": "user", "content": "嗨！"}],
  temperature=0,
  n=2
)

for choice in reply.choices:
    print(choice.index, choice.message.content)
```

temperature 設為 0

讓模型生成 2 句

```
0 嗨！有什么我可以帮助你的吗？
1 嗨！有什么我可以帮助你的吗？
```

生成 2 句一模一樣的語句

你可以看到爐子關火後完全不翻滾, 所以雖然生成 2 句, 但內容完全一樣。接著再執行以下儲存格將爐火全開：

Tip

注意！temperature 設為 2 的時候 API 可能會執行很久才返回, 但只要調低一點點就不會, 測試時請多留意。這是因為調成極端值時, 模型可能會選到一些不適當的 token, 導致接續在原來已經生成的內容後沒辦法正常結束文句, 所以只好一路往下再找接續的 token, 最後甚至可能會超過模型限制才結束。

```
reply = client.chat.completions.create(
  model="gpt-3.5-turbo-1106",
  messages=[{"role": "user", "content": "嗨！"}],
  temperature=2,
  n=2
)

for choice in reply.choices:
    print(choice.index, choice.message.content)
```

temperature 設為 2

爐火全開的時候顯然有點過頭，以下是我測試時的結果之一：

```
0 你好！有什么我可以帮助你的吗？
1 您好！ 这里随时为您服务，有任何问题都可以向我咨询。  让我知道是否有什么方法可以
  在和米setContent""". Dialog.manage.setContent(entry.collider.
getSession[key : permiteiapuremakergistentar[newhttps_exclude_);
:message shores data missile explore moo'o <![orget/mediasetVisibility
```

很顯然因為過於彈性，後面那句後段挑選了很多奇怪的字，有點不知所云了。以下則是將 temperature 調成 1.9 的結果：

```
0 嗨  !你好!有什么我可以帮助你的吗?
1  你好!有什么可以帮助你的吗?
```

結果正常多了，也可以明顯看出來生成的 2 個訊息內容明顯有差異，而且你也可以發現 temperature 比較大時，越會出現比較不嚴肅或者用字較輕浮的語句，這是另外一次的結果：

```
0 嗨!需要什么帮助吗?我可以回答关于身体健康、科学问答范围内的问题。
1 嗨!你好!有什么我可以帮您理解或者解笛注吗?
```

temperature 的**預設值為 1**，因此回覆的內容不會過於死板，但是也不會像是設為 2 那樣失控。

控制詞彙的豐富度 - top_p

另外一種控制選用 token 的方式是 **top_p 參數**，它是一個 **0~1 的數值**，代表依照分數高低排序，前面多少百分比的 token 有機會被選用。你可以把 top_p 參數當成控制哪些 token 會被放入湯鍋裡，若是設為 0.1，就只有前 10% 的 token 會放到湯鍋裡。請執行以下儲存格，測試 top_p 設為 0 的時候，相當於只有最高分的 token 才有可能被選到：

```
reply = client.chat.completions.create(
  model="gpt-3.5-turbo-1106",
  messages=[{"role": "user", "content": "嗨! "}],
  top_p=0,
  n=2
)

for choice in reply.choices:
    print(choice.index, choice.message.content)

0 嗨!有什么我可以帮助你的吗?
1 嗨!有什么我可以帮助你的吗?
```

你可以看到因為只會選用最高分的 token, 所以挑選結果跟 temperature 設為 0 的時候一樣, 完全沒有變化。

這個參數的**預設值為 1**, 也就是不論分數高低, 所有可用的 token 都是候選, 主要就由 temperature 控制的爐火來決定會挑到誰了。

Tip

建議 temperature 和 top_p 兩者擇一調動, 不要同時變動, 不然很難分辨效果。

控制詞彙的重複性 - presence_penalty 與 frequency_penalty

API 還提供有兩個參數可以降低已經選用過的 token 重複出現的機會, 這兩個參數都可以設定為 **-2~2** 之間的值, 說明如下：

參數名稱	用途
presence_penalty	有出現過的 token 就直接將它的分數扣掉這個參數值
frequency_penalty	有出現過的 token 將其分數依據出現頻率再照比例扣掉這個參數值

計算公式如下：

```
實際分數 = 原始分數 - 出現頻率 * frequency_penalty - (出現與否) *
        presence_penalty
```

其中出現與否為 1 或 0 的值, 出現就是 1、沒出現就是 0。這兩個參數設為正值會幫 token 扣分, 降低出現過的 token 再被選取的可能性；但若設為負值, 則會幫出現過的 token 加分, 提高出現過的 token 被選到的機會。

請執行以下這個儲存格, 看看將 presence_penalty 設為 -2 的狀況：

```
reply = client.chat.completions.create(
  model="gpt-3.5-turbo-1106",
  messages=[{
    "role": "user",
    "content": "台北是什麼樣的城市？"
  }],
  temperature=1,
  presence_penalty=-2,
)

print(reply.choices[0].message.content)
```

我們把它的回覆內容列在底下：

```
台北是台灣的首都和最大的城市，是一個現代化、繁華、多元文化和繁忙的城市。它是一個高度發達的都市，擁有現代化的建築、繁榮的商業和文化活動。台北也是一個擁有豐富歷史和文化遺產的城市，有許多古老的寺廟、歷史建築和傳統市場。台北也以其美食文化而聞名，有許多美食小吃和高檔餐廳。總而言之，台北是一個充滿活力、多元和魅力的城市。
```

你可以看到因為負值會鼓勵重複, 所以像是 "台北", "文化", "繁榮", "現代化" 都重複了好幾次。如果改 2, 結果如下：

```
台北是一個現代化‧繁華且多元文化的城市。它被認為是亞洲最具活力和有吸引力的都市之一，不僅有繁忙的商業區和高樓大廈，還有許多古老的寺廟和傳統市場。這座城市還充滿了美食、藝術和夜生活。台北也以其便捷的交通系統和友好的社會氛圍而聞名。总之，台北可以說是一個兼具現代化和傳統風情的城市。
```

重複詞彙的狀況相對較少, 大致上可以看出來這個參數的作用。下一個儲存格則是 frequency_penalty 的測試：

```
reply = client.chat.completions.create(
  model="gpt-3.5-turbo",
  messages=[{
      "role": "user",
      "content": "台北是什麼樣的城市？"}],
  temperature=1,
  frequency_penalty=-2,
)

print(reply.choices[0].message.content)
```

以下是回覆內容，看起來似乎因為重複頻率不斷提升分數，導致最後進入死胡同，不斷選用同樣的字，最後超過模型限制：

```
台北是一個繁華、多元、現代化、具有活力、具有豐富文化、美食、藝術
、、、、、、、、、、、、、、、、、、、、、、、、、、、、、、(略)
```

Tip

設為 -2 會和 temperature 設為 2 時類似執行時間較久，不過卻是另外一種狀況。如果觀察上述回覆內容，可以發現這應該是太鼓勵選用已經用過的字，導致模型不斷選取同一個字，無法正常結束文句，一直到超過模型 token 數量限制為止，所以才會執行比較久。如果遇到這種狀況，可以改用接近 -2 的值即可。

以下則是設為 2 的情況：

```
台北是一個現代化、繁榮和多元文化的城市。它是台灣的政治、經濟和文化中心，同時也是
一個充滿活力、便利且安全的城市。在台北，你可以找到高樓大廈和摩天輪，也可以品嚐各
種美食或參觀歷史建築和寺廟。這座城市還以其先進的科技產業而聞名，在國際上有許多重
要影響力。
总之，台北是一个现代与传统相结合、丰富多彩并拥有国际影响力的大都会。
```

產生的內容看起來蠻正常的。

這兩個參數的**預設值都是 0**, 也就是不會對出現過的 token 進行額外的分數調整, 不去影響這些 token 被選取的機會。

調整特定 token 的分數 - logi-bias

前面我們解說過 stop 參數, 會讓模型生成回覆內容時遇到特定詞彙就停止, 但如果只是希望不要出現特定詞彙, 但還是要把訊息內容完整生成, 就不適用了。API 提供有另外一個 logi-bias 參數, 可以直接針對特定的 token 調分數, 範圍在 100~-100 之間, 最極端的 100 相當於強迫選用, 反過來 -100 就等於強制排除不選用。請執行下一個儲存格先查出 "你好" 編碼後的 token id：

```
encoder.encode('你好')

[57668, 53901]
```

接著我們進行極端值的測試。這個參數需要傳給它一個字典, 裡面每一個項目就是以 token id 為索引鍵對應調整值, 請執行下一個儲存格以排除 "你"、"好" 兩字的方式呼叫 API：

```
reply = client.chat.completions.create(
  model="gpt-3.5-turbo",
  messages=[{"role": "user", "content": "你好"}],
  temperature=1,
  logit_bias={
      53901: -100,
      57668: -100
  },
)

print(reply.choices[0].message.content)

您想问些什么问题呢？
```

你可以看到本來一定會出現在開頭的 "你好" 現在不見了, "你" 改用 "您", "好" 字沒有適當的替代品, 就不見了。多執行幾次, 還會出現像是以下這些奇特的回答：

```
大家早上/下午/晚上/衷心地问候您。有什么我可以帮助您的吗?
哈喽!有什么我可以帮助您的吗?
```

反過來的極端狀況, 我們先查詢了 "哈" 字編碼後的 token id：

```
encoder.encode('哈')
```

然後測試極端值：

Tip

這個儲存格也會執行到超過模型限制才會停止, 耗時也耗 token 數, 你可以不用實驗, 看書上的執行結果即可。

```
reply = client.chat.completions.create(
  model="gpt-3.5-turbo",
  messages=[{"role": "user", "content": "你好"}],
  temperature=1,
  logit_bias={
      99771: 100,
  },
)

print(reply.choices[0].message.content)
```

```
哈哈哈哈哈哈哈哈哈哈哈哈哈哈哈哈哈哈哈哈哈哈哈哈哈哈哈哈哈哈哈哈哈哈哈哈哈哈哈哈
哈哈哈哈哈哈哈哈哈哈哈哈哈哈哈哈哈哈哈哈哈哈哈哈哈.....
```

你會看到因為 "哈" 字被調到強迫選取的極端值, 所以回覆時就一路 "哈" 下去了！其實只要設定成大概 10 以上的數值, 就接近強迫被選的狀態了。

固定可預測的輸出 - seed

如果你希望送出同樣的訊息時會產生固定的輸出，就可以使用 **seed 參數**。這是一個自訂的數值，它的功用就像是亂數種子一樣，只要指定相同的種子，相同的輸入訊息與參數設定就可能會產生同樣的結果。要注意的是 API 並不保證一定會有相同的結果，你必須自行檢查回覆物件內的 **system_fingerprint 屬性**是否相同來判斷。在我們實測的時候，只有標註為 1106 日期的模型在回覆時的 system_fingerprint 屬性才有內容，以下是使用 gpt-3.5-turbo-0613 舊模型的測試結果如下：

```
replies = client.chat.completions.create(
  model="gpt-3.5-turbo-0613",
  messages=[{
    "role": "user",
    "content": "請用兩句話介紹台北市"
  }],
  seed=1
)

print(replies.system_fingerprint)
print(replies.choices[0].message.content)

None
台北市是台灣的首都，也是一個現代化且充滿活力的國際大都會，擁有繁榮的商業區、豐富
的文化藝術場所以及美食多元的夜市文化。
```

你可以看到 system_fingerprint 屬性是 None，雖然如此，但實測結果 seed 是有效用的，重複執行多次，結果都相同。

如果改用新的模型，結果如下：

```
replies = client.chat.completions.create(
  model="gpt-3.5-turbo-1106",
  messages=[{
    "role": "user",
    "content": "請用兩句話介紹台北市"
```

▼

```
    }],
    seed=1
)

print(replies.system_fingerprint)
print(replies.choices[0].message.content)
```

```
fp_eeff13170a
台北市是台灣的首都，具有繁華的都市氛圍和豐富的人文歷史。這個城市擁有許多國際知名的景點和美食，吸引著來自世界各地的遊客。
```

你可以看到回覆結果中包含有 system_fingerprint 內容, 不過實際測試執行多次, 發現即使 finger_print 沒變, 但是生成的結果還是會有一點點差異, 像是以下就是另外一種結果：

```
fp_eeff13170a
台北市是台灣的首都，具有繁華的都市氛圍和豐富的歷史文化。這個城市擁有許多國際知名的建築景點和美食文化，吸引著來自世界各地的遊客前來探索。
```

你可以看到前面完全相同, 但後半段雖然幾乎一樣, 但多了一些贅字, 不過至少整體結果文意幾乎都一模一樣, 還算是在可預測的範圍。

3-4 串流輸出

目前為止使用 API 時都要等到模型生成訊息完成, 才會返回看到結果, 在等待的時候, 完全沒有回饋, 並不是理想的運作方式。API 提供有 **stream 參數**, 可以讓我們以串流的方式循序取得已經生成的片段結果。

可循序傳回結果的迭代器 (iterator) - stream

使用 API 時, 若把 stream 參數設為 True, API 會傳回給你一個 Python 的迭代器物件, 它會循序生成一個個 ChatCompletionChunk 物件, 依序傳回模型生成的片段內容, 請執行以下儲存格觀察執行結果：

```
replies = client.chat.completions.create(
  model="gpt-3.5-turbo",
  messages=[{
    "role": "user",
    "content": "你好"
  }],
  stream=True,
)

for reply in replies:
    pprint(reply)
```

串流方式回覆

執行結果如下：

傳回的物件是 ChatCompletionChunk

```
ChatCompletionChunk(
    id='chatcmpl-8PW2pyKPFaApvKX8vFqSsfJAqNUma',
    choices=[
        Choice(
            delta=ChoiceDelta(content='', function_call=None,
                              role='assistant', tool_calls=None),
            finish_reason=None,
            index=0
        )
    ],
    created=1701092071,
    model='gpt-3.5-turbo-0613',
    object='chat.completion.chunk',
    system_fingerprint=None
)
```

第 1 個片段是專門用來指出角色, 沒有內容

串流方式用 delta 屬性傳回片段內容

```
ChatCompletionChunk(
    id='chatcmpl-8PW2pyKPFaApvKX8vFqSsfJAqNUma',
    choices=[
        Choice(
            delta=ChoiceDelta(content='你', function_call=None,
                              role=None, tool_calls=None),
            finish_reason=None,
            index=0
        )
    ],
    created=1701092071,
    model='gpt-3.5-turbo-0613',
    object='chat.completion.chunk',
    system_fingerprint=None
)
```

第 2 個片段開始才有內容

finish_reason 都是 None

```
ChatCompletionChunk(
    id='chatcmpl-8PW2pyKPFaApvKX8vFqSsfJAqNUma',
    choices=[
        Choice(
            delta=ChoiceDelta(content=None, function_call=None,
                              role=None, tool_calls=None),
            finish_reason='stop',
            index=0
        )
    ],
    created=1701092071,
    model='gpt-3.5-turbo-0613',
    object='chat.completion.chunk',
    system_fingerprint=None
)
```

最後一個區塊的 delta 內沒有內容

真正的 finish_reason

你可以看到串流的方式就是透過一個個物件將構成完整內容的片段依序傳回, 只要依序將 delta 內的 content 印出來, 就可以看到完整的結果了。請執行下一個儲存格進行測試：

```
replies = client.chat.completions.create(
  model="gpt-3.5-turbo",
  messages=[{
    "role": "user",
    "content": "台北是什麼樣的城市？"
  }],
  stream=True
)

for reply in replies:
    print(reply.choices[0].delta.content or '', end='')
```

••• 台北是台灣的首都，是一個現代化、繁華的大都市。它擁有高聳的摩天大樓、繁忙 ← 印出部分內容

程式還沒有執行完

▲ 可以讓最後一個內容為 None 的片段印出空字串

你應該可以看到回覆內容不是等到最後才印出來，而是一部分一部分印出來的，這就是串流的功能，可以讓使用者明確知道程式有在運作，不用傻傻的等。

這個參數的**預設是 False**，也就是不採取串流模式。

串流多個語句

如果你將 stream 參數與 n 參數並用，模型會交錯送回多個回覆的片段內容，你可以執行下一個儲存格進行測試：

```
replies = client.chat.completions.create(
  model="gpt-3.5-turbo",
  messages=[{
    "role": "user",
    "content": "你好"
  }],
  stream=True,
  n=2
)

for reply in replies:
    print(reply.choices[0].delta.content or '', end='')
```

指定傳回 2 句

你你好好！！有有什什么么我可以可以帮帮助助你你的的吗吗？？

兩個語句的內容交錯出現

在這種情況下，你必須依據 index 屬性的數值判斷是屬於哪一個回覆的內容，才能正確組成個別的完整內容。

3-5 進階控制

除了前面幾節介紹過的參數以外，還有一些關鍵的參數以及 API 的用法我們在這一節統一說明。

控制輸出格式 - response_format

在整合 API 到自己的應用程式時，常會遇到模型生成的純文字結果還得再寫程式碼從中切割字串或是比對樣式取得關鍵資料的狀況，如果可以讓 API 生出 JSON 格式的資料，就會方便許多。舉例來說，如果我們希望分別取得台灣最高的山的名稱以及高度，單純如下送出訊息只會取得一段文字：

```
reply = client.chat.completions.create(
    model = "gpt-3.5-turbo-1106",
    messages = [{
        "role":"user",
        "content": "台灣最高的山高度是多少？"
                   "請分別告訴我山名和高度"
        }
    ]
)

print(reply.choices[0].message.content)
```

```
台灣最高的山是玉山，海拔高度 3,952 公尺。
```

我們必須從生成的文字中取得山名以及高度。你可能遇過要求模型生成 JSON 格式結果，但是卻生出不符合標準格式或是除了 JSON 資料外，額外加上了說明等其他內容的狀況。為了解決這個問題，在標註日期為 1106 的新模型中, 可以使用 **response_format 參數**, 它是一個字典, 只有 "type" 這個鍵, 值只能是 "text" 或是 "json_object", 預設值為 "text"。要注意的是, 如果指定格式為 "json_object", 一定要在送給模型的訊息中提及 "JSON" 字樣, 否則會出錯。以下就測試看看 JSON 格式輸出：

```
 1: reply = client.chat.completions.create(
 2:     model = "gpt-3.5-turbo-1106",
 3:     messages = [
 4:         {"role":"user",
 5:          "content": "台灣最高的山高度是多少？"
 6:          "請分別告訴我山名和高度"},
 7:         {"role":"system", "content": "請用 json 格式回覆"}
 8:     ],
 9:     response_format={'type': 'json_object'} # or 'text'
10: )
11:
12: print(reply.choices[0].message.content)
```

```
{
  "山名": "玉山",
  "高度": "3,952 公尺"
}
```

現在輸出結果就會是 JSON 格式了。

如果把程式碼中第 8 行的系統訊息註解掉, 就會因為訊息中沒有提到要轉成 JSON 格式而出錯：

```
BadRequestError: Error code: 400 - {'error': {'message':
"'messages' must contain the word 'json' in some form, to
use 'response_format' of type 'json_object'.", 'type':
'invalid_request_error', 'param': 'messages', 'code':
 None}}
```

錯誤訊息中明確告知要使用 "json_object" 格式, 就一定要在訊息中提到 "JSON" 字樣。

Tip

如果使用標註日期為 1106 之前的舊模型執行此範例, 會出現錯誤訊息, 表示不認識 response_format 參數。

取得底層 HTTP 回應內容

如果你想像是上一章使用 requests 模組或是 curl 程式直接取得最原始的 HTTP 回應內容, 用戶端物件也提供有對應的 with_raw_response 方法可以取得 CompletionsWithRawResponse 類別的物件, 它就會傳回原始回應, 而不是以 ChatCompetion 物件包裝的結果。以下就是測試的程式碼：

```
# 取得原始 HTTP 回覆內容
reply = client.chat.completions.with_raw_response.create(
    model = "gpt-3.5-turbo-1106",
    # model = "gpt-4",
    messages = [
        {"role":"user", "content": "你好"}
    ]
)
```

轉換成 Python 字典

你可以透過以下儲存格顯示回覆中原始的 JSON 格式文字內容, 並且可以透過 json 模組轉換成 Python 的字典：

```
import json
print(reply.status_code)
print('------')
print(reply.text) # JSON 格式文字
print('------')
reply_dic = json.loads(reply.text) # 轉成 Python 字典
pprint(reply_dic)
```

結果如下：

```
200
------
{
  "id": "chatcmpl-8PrP4FrNG666MFSIRFYrmlSIkETpo",
  "object": "chat.completion",
  "created": 1701174174,
  "model": "gpt-3.5-turbo-1106",
  "choices": [
    {
      "index": 0,
      "message": {
        "role": "assistant",
        "content": "你好！有什么可以帮助你的吗？"
      },
      "finish_reason": "stop"
    }
  ],
  "usage": {
    "prompt_tokens": 9,
    "completion_tokens": 17,
    "total_tokens": 26
  },
  "system_fingerprint": "fp_eeff13170a"
}

------
{
    'id': 'chatcmpl-8PrP4FrNG666MFSIRFYrmlSIkETpo',
    'object': 'chat.completion',
    'created': 1701174174,
    'model': 'gpt-3.5-turbo-1106',
    'choices': [
        {
            'index': 0,
            'message': {'role': 'assistant',
                        'content': '你好！有什么可以帮助你的吗？'},
            'finish_reason': 'stop'
        }
    ],
    'usage': {'prompt_tokens': 9, 'completion_tokens': 17,
              'total_tokens': 26},
    'system_fingerprint': 'fp_eeff13170a'
}
```

最開頭顯示的狀態碼 200, 就是 HTTP 請求成功, 之後是 JSON 格式的回覆內容, 最後是轉換好的 Python 字典。不論是其中的哪一種形式, 其實內容都是一致的。

直接取得字典

如果你是想要取得最後轉換好的字典, 那麼透過原本用戶端物件傳回的 ChatCompletion 物件就可以做到, 它提供有 model_dump() 方法可以將回應內容以 Python 字典呈現:

```
reply = client.chat.completions.create(
    model = "gpt-3.5-turbo",
    # model = "gpt-4",
    messages = [
        {"role":"user", "content": "你好"}
    ]
)

pprint(reply.model_dump())
```

```
{
    'id': 'chatcmpl-8Prhcqn9qvmBxI3CvxxXhMu6Ojm4H',
    'choices': [
        {
            'finish_reason': 'stop',
            'index': 0,
            'message': {
                'content': '你好!我是一个AI助手，有什么我可以帮助到你的吗？',
                'role': 'assistant',
                'function_call': None,
                'tool_calls': None
            }
        }
    ],
    'created': 1701175324,
    'model': 'gpt-3.5-turbo-0613',
    'object': 'chat.completion',
    'system_fingerprint': None,
    'usage': {'completion_tokens': 27, 'prompt_tokens': 9, 'total_tokens': 36}
}
```

有眼睛的模型 - gpt-4-vision (GPT-4V)

眾所周知, 1106 版本的模型最大的突破就是它具備視覺功能, 你可以提供給它圖像, 它可以幫你『看』圖像內容。不過要注意的是, 這只適用於 **gpt-4-vision-preview 模型** (以下簡稱 **GTP-4V**)。要使用這個模型, 傳遞給 API 的訊息中 content 項目必須改成串列, 分別提供文字訊息以及圖像。

查看網路上的圖像

以下先以網路上的圖像為例, 請執行下一個儲存格進行測試：

```
 1: response = client.chat.completions.create(
 2:     model="gpt-4-vision-preview",
 3:     messages=[
 4:         {
 5:             "role": "user",
 6:             "content": [
 7:                 {"type": "text", "text": "圖片裡有什麼？"},
 8:                 {
 9:                     "type": "image_url",
10:                     "image_url": {
11:                         "url": "https://flagtech.github.io/F3762/"
12:                                "images/cat1.jpg",
13:                         'detail': 'high'
14:                     },
15:                 },
16:             ],
17:         }
18:     ],
19:     max_tokens=1000,
20: )
21:
22: pprint(response.choices[0])
```

1. 你可以看到第 6 行的 content 項目並不是單純的字串, 而是一個內含字典的串列, 個別字典都以 "type" 項目設定內容類型, 本例中第 1 個項目就以 "text" 表示為文字內容, 並另以 "text" 項目指定要送給模型的文字；串列中第 2 個字典則以 "image_url" 表示內容為網路上的圖檔，並以 "url" 項目指定圖檔的網址，該網址為以下圖檔：

另外，也以 "detail" 項目指定為高解析模式，可以較多像素的圖像版本分辨內容。

2. GPT-4V 模型預設會**限制在很小的 max_tokens 數**，導致描述內容不完整，因此在第 19 行特別加上 max_tokens 參數。

以下是執行結果：

```
這張圖片裡有一隻橘色帶白色的貓坐在某物上，它戴著一個藍色的項圈，旁邊有一張告示牌，上面有插畫和文字，可能是關於貓咪的信息或者指引。告示牌顶部写着 "Cats rule the street, Beware!"，也就是提醒人們注意街上的貓。這裡似乎是一個貓咪較為集中出沒的區域，所以有專門的警告標誌。背景中可以看到樹木和山丘，顯示該地點可能是在郊外或者自然環境中。
```

你可以看到 GPT-4V 解析圖檔的能力非常強，也包含文字辨識，以及整體推論的能力。

計價方式

GPT-4V 的計價方式如下：

解析模式	計價單位	換算 tokens	說明
low	512×512 像素方塊	85 tokens	會將圖像保持常寬比例縮到 512×512 像素內才處理, 費用固定
high	512×512 像素方塊	85×2 tokens/方塊	會先將圖像保持常寬比例縮到 2048×2048 像素以內, 再以短邊為準, 保持常寬比例縮到 768 像素內才處理。並以 512×512像素方塊為基準切割最後的圖像, 每個方塊耗用 170 tokens, 再外加 85 tokens

換算為 tokens 後, 就會以 gpt-4-1106-preview 模型計價圖像的部分。舉例來說, 如果你送入的是 1000×1000 像素的圖檔, 高解析模式的計價如下：

1. 保持常寬比例縮放到 2048×2048 像素內：已符合條件, 不需要縮放, 維持 1000×1000 像素
2. 保持常寬比例將短邊縮到 768 像素內：768×768 像素
3. 切割為 512×512 像素方塊：2×2 共 4 塊
4. 總 tokens 數：4×170 + 85 = 765 tokens

如果 detail 項目設為 "auto", 就會由模型依據輸入的圖檔自行選用適當的模式。

由於模型會幫你調整圖檔大小, 所以送入的圖檔解析度太高只是**浪費時間傳輸**, 並不會提高模型的識別結果。如果圖檔小於 512×512, 其實**使用低解析模式**會比較省錢, 使用高解析模式反而會多花費兩倍的費用。

以 data URI 傳送圖像

如果你要解析的是本機上的檔案, 就必須以 data URI 形式傳送透過 base64 編碼後的圖像內容。請先執行下一個儲存格從網路上下載我們事先預備好的一張圖片：

```python
import requests
r = requests.get(
    'https://flagtech.github.io/F3762/images/cat2.jpg'
)

with open('cat2.jpg', 'wb') as f:
    f.write(r.content)
```

這會幫你將圖片 cat2.jpg 下載到 Colab 的虛擬機器上變成本機檔案, 圖片內容如下：

再執行下一個儲存格建立利用內建的 base64 模組將檔案編碼的函式：

```python
import base64

def encode_image(image_path):
    with open(image_path, "rb") as image_file:
        return base64.b64encode(image_file.read()).decode('utf-8')
```

接著就可以利用此函式將圖檔內容編碼後送給模型處理了, 請執行下一個儲存格測試：

```
1: img = encode_image('cat2.jpg')
2:
3: response = client.chat.completions.create(
4:     model="gpt-4-vision-preview",
5:     messages=[
6:         {
7:             "role": "user",
8:             "content": [
9:                 {"type": "text", "text": "圖片裡有什麼？"},
10:                {
11:                    "type": "image_url",
12:                    "image_url": {
13:                        "url": f"data:image/jpeg;base64,{img}",
14:                        'detail': 'high'
15:                    },
16:                },
17:            ],
18:        }
19:    ],
20:    max_tokens=300,
21: )
22:
23: print(response.choices[0].message.content)
```

這張圖片顯示了一隻橘色的貓坐在一幅黑色的屋頂上。貓的表情似乎有些不悅。在背景中，你可以看到一些植被、山丘和一些遠處的建築物。天空是多雲的，整體給人一種平靜的鄉村或小鎮感覺。屋頂的紋理以及周圍的自然環境構成了一個舒適而寧靜的場景。

第 13 行就標示此為 data URI jpg 格式的資料，這樣就可以將本機檔案內容送給模型了。

同時送出多張圖片

你也可以同時送入多張圖片，並且詢問與所有圖片相關的問題，請執行下一個儲存格測試：

```
response = client.chat.completions.create(
    model="gpt-4-vision-preview",
    messages=[
        {
            "role": "user",
```

▼

```
            "content": [
                {"type": "text", "text": "這些圖片裡相同的是什麼？"},
                {
                    "type": "image_url",
                    "image_url": {
                        "url": "https://flagtech.github.io/F3762/"
                               "images/cat1.jpg",
                        'detail': 'high'
                    },
                },
                {
                    "type": "image_url",
                    "image_url": {
                        "url": "https://flagtech.github.io/F3762/"
                               "images/cat2.jpg",
                        'detail': 'high'
                    },
                },
            ],
        }
    ],
    max_tokens=1000,
)

pprint(response.choices[0].message.content)
```

```
這兩張圖片中相同的是一隻橘色的貓。在兩個不同的場景中，貓都戴著一個藍色的項圈。
```

你看, GPT-4V 是不是很厲害！

GPT-4V 的限制

GPT-4V 因為很強, 為了避免濫用, OpenAI 特意加上了一些限制, 比較重要的如下：

- 不會識別醫學影像, 所以不要拿 X 片問它有沒有腫瘤。
- 不會幫你處理 CAPCHA, 不過我們實測時它有時還是會辨識 CAPCHA 上的文字, 如果它很確認這涉及安全, 就會噴出以下的錯誤訊息：

```
BadRequestError: Error code: 400 - {'error': {'message': 'Your input image may contain content that is not allowed by our safety system.', 'type': 'invalid_request_error', 'param': None, 'code': 'content_policy_violation'}}
```

- 非英文的文字辨識、轉向的圖像、計算圖像中的物件數量、空間位置、全景或是魚眼鏡頭拍攝的照片等都不專精。
- 模型也不會管圖檔的檔名以及 metadata, 所以不會識別定位資訊。

另外, 雖然 GTP-4V 模型的基本功能跟 gpt-4-1106-preview 一樣, 不過它並不提供部分功能, 我們會在後續使用到時特別提醒, 基本上不需要視覺能力的情境, 並不建議使用 GPT-4V 模型。

3-6 錯誤處理與使用限制

如同在 3-2 節所看到, API 發生錯誤時會引發特定的例外, 如果沒有適當處理, 就會讓程式意外中斷。

使用例外機制處理錯誤

所有 openai 模組的例外都是 openai.OpenAIError 類別的衍生類別, 以下是最主要的三大分類：

例外類別	說明
APIConnectionError	網路連線問題, API 請求無法送達伺服端
APIStatusError	API 請求有送到伺服端, 但是處理上發生問題
APIResponseValidationError	API 請求有完成, 但是回覆的內容有問題

完整的例外架構如下所示：

```
Exception
+--OpenAIError
   +--APIError
      |  ◆ message: str
      |  ◆ request: httpx.Request
      +--APIResponseValidationError (回覆內容格式有誤)
      |     ◆ response: httpx.Response
      |     ◆ status_code: int
      +--APIStatusError
      |  |  ◆ response: httpx.Response
      |  |  ◆ status_code: int
      |  +--BadRequestError (請求參數或是格式錯誤)
      |  +--AuthenticationError (金鑰認證有問題)
      |  +--PermissionDeniedError (權限錯誤, 例如組織歸屬錯誤)
      |  +--NotFoundError (無法找到請求所要的資源)
      |  +--ConflictError (不同請求存取發生衝突)
      |  +--UnprocessableEntityError
      |  +--RateLimitError (超過次數限制)
      |  +--InternalServerError (伺服端內部問題)
      +--APIConnectionError (無法連線)
         +--APITimeoutError (連線逾時)
```

以 '◆' 標記的是該類別才加上的屬性, 例如 APIError 並沒有 status_code 屬性, 但是 APIStatusError 有。

Tip

詳細錯誤說明可參考官方文件 https://bit.ly/gpt_py_err

如果只是要單純捕捉例外讓程式可以繼續執行下去, 可以依照以下儲存格的作法, 直接捕捉 openai.APIError 類別：

加上 try..catch

捕捉 openai.APIError 例外類別

```
try:
    reply = client.chat.completions.create(
        model = "gpt-3.5-turbo-1106",
        messages = [
            {"role":"user", "content": "你好"}
        ],
        max_tokens = 20000
    )
    print(reply.choices[0].message.content)

except openai.APIError as err:
    print(err.message)
```

印出錯誤訊息

```
Error code: 400 - {'error': {'message': "This model's maximum context
length is 16385 tokens. However, you requested 20009 tokens (9 in the
messages, 20000 in the completion). Please reduce the length of the
messages or completion.", 'type': 'invalid_request_error', 'param':
'messages', 'code': 'context_length_exceeded'}}
```

你可以看到在 message 中，狀態碼後面的內容顯然是 JSON 格式，本例是發生 APIStatusError 時 API 的回應內容，你也可以透過例外物件的 response 屬性取得回應物件，並透過它的 json 方法轉換成字典，即可取得其中的各項資訊，請執行下一個儲存格測試：

```
try:
    reply = client.chat.completions.create(
        model = "gpt-3.5-turbo-1106",
        messages = [
            {"role":"user", "content": "你好"}
        ],
        max_tokens = 20000
    )
    print(reply.choices[0].message.content)

except openai.APIStatusError as err:
    err_json = err.response.json()
    print(f"錯誤類型：{err_json['error']['type']}")
```

```
14:        print(f"錯誤碼:{err_json['error']['code']}")
15:        print(f"錯誤訊息:{err_json['error']['message']}")

錯誤類型:invalid_request_error
錯誤碼:context_length_exceeded
錯誤訊息:This model's maximum context length is 16385 tokens. However,
you requested 20009 tokens (9 in the messages, 20000 in the completion).
Please reduce the length of the messages or completion.
```

本書之後的程式, 都會採用這樣的方式處理錯誤。

API 存取限制

本書撰寫的時候 OpenAI API 在使用上有以下的限制：

API	每分鐘次數	每日次數	每分鐘 token 數	每日 token 數
gpt-4	500	10,000	10,000	
gpt-4-1106-preview	500	10,000	150,000	500,000
gpt-4-vision-preview	80	100	10,000	
gpt-3.5-turbo	3,500	10,000	40,000	

以上僅列出 Chat 的部分, 其他 API 的限制會在本書使用到個別服務時說明。另外, 如果你是免費額度的使用者, 限制會更嚴格, 甚至無法使用像是 gpt-4 等較先進的模型。如果你的儲值金額已經超過 5 美元, 就會放鬆限制, 實際限制仍以 OpenAI 官網為準, 網址在：

```
https://platform.openai.com/docs/guides/rate-limits/overview
```

要注意免費用戶以及付費用戶初期的限制較多, 在測試時要注意不要超過限制, 為避免問題, 建議採用付費方案。

本章利用簡短的篇幅, 將 API 中比較重要的參數透過實際的範例介紹一遍, 有些參數還沒有介紹到, 會在實際使用到的時候說明。從下一章開始, 就要利用 API 打造我們自己的聊天應用程式。

MEMO

CHAPTER 4

打造自己的 ChatGPT

現在我們已經學會 OpenAI API 的用法, 接著就可以利用 OpenAI API 製作一個簡易的 ChatGPT 程式, 除了建構對答流程外, 也會設計簡易的聊天歷史紀錄機制, 以及仿效 ChatGPT 的串流式輸出效果。

開始前請先開啟本章的範例程式 https://bit.ly/GPT4Dev_ch04, 儲存副本後執行範例中的第 1 個儲存格：

```
!pip install openai
!pip install rich
import openai
from google.colab import userdata
from rich import print as pprint
client = openai.OpenAI(api_key=userdata.get('OPENAI_API_KEY'))
```

4-1 文字模式簡易聊天程式

這一章我們會專注在聊天程式的流程, 因此請先執行以下儲存格將與 openai 模組互動的部分獨立成 get_reply() 函式, 方便稍後撰寫程式：

```
def get_reply(messages):
    try:
        response = client.chat.completions.create(
            model = "gpt-3.5-turbo-1106",
            messages = messages
        )
        reply = response.choices[0].message.content
    except openai.APIError as err:
        reply = f"發生錯誤\n{err.error.message}"
    return reply
```

這個函式很簡單, 只要傳入訊息串列, 它就會送給模型, 並且從模型的回覆中取得文字內容後返回。它同時也加上了簡易的錯誤處理, 在發生錯誤時傳回錯誤訊息。

接著我們就可以利用簡單的迴圈, 設計一個文字模式的聊天程式, 請執行下一個儲存格：

輸入為空白時結束對答迴圈

```
while True:
    msg = input("你說:")
    if not msg.strip(): break
    messages = [{"role":"user", "content":msg}]
    reply = get_reply(messages)
    print(f"ㄟ唉:{reply}\n")
```

••• 你說：

你可在這裡輸入語句　　將輸入資料填入訊息串列

這個程式利用 input() 函式接收輸入語句, 並且會在直接按 Enter 或是輸入資料是空白時跳出迴圈停止聊天。你可以跟它聊聊看：

程式中幫 AI 模型取了個暱稱叫『ㄟ唉』

```
你說：什麼是藍眼淚?
ㄟ唉：藍眼淚是一種珊瑚洞穴內發光的現象，當水波動時，藍色的光會隨之波動，看起來就像是淚水一樣。這種發光的現象主要是由於海洋微生物所產生的螢光蛋白在水中自然發光，因此形成了藍眼淚的景觀。這種現象通常在夜晚或黃昏時分較容易看到，並且只有在特定的地點才會出現。

你說：哪裡看得到?
ㄟ唉：這需要更多的背景信息才能回答您的問題。能否提供更多的內容或者上下文信息?這樣我才能更好地幫助您。

你說：
```

你可能已經發現到, 雖然可以對答聊天, 不過因為模型並沒有對答過程的資料, 所以每次問答都是獨立的, 像是在本例中, 雖然一開始問它有關藍眼淚的主題, 但是第二次詢問時, 它並沒有依循前面的脈絡, 完全不知道我們問的是哪裏可以看到藍眼淚。

為了讓聊天程式可以保持脈絡, 就要如同第 1 章在 Playground 測試時所說明, 必須將對答過程也送回去給模型, 才能讓模型擁有記憶適當的回答。

4-2 加入聊天記錄維持聊天脈絡

以下我們預計簡單地使用串列來記錄對答過程。我們在原本的 get_reply() 函式外再包裝一層, 加上記錄對答過程的功能。請執行以下的儲存格定義這個新函式 chat():

```
 1: hist = []          # 歷史對話紀錄
 2: backtrace = 2     # 記錄幾組對話
 3:
 4: def chat(sys_msg, user_msg):
 5:     global hist
 6:     hist.append({"role":"user", "content":user_msg})
 7:     reply = get_reply(hist
 8:                       + [{"role":"system", "content":sys_msg}])
 9:     hist.append({"role":"assistant", "content":reply})
10:     hist = hist[-2 * backtrace:] # 保留新的對話
11:     return reply
```

- 第 1 行使用串列記錄對答過程。
- 第 2 行這裡假設只會記錄 2 組對答過程, 也就是問答兩次的內容, 如果你希望模型可以記得更多, 可自行修改這個數字。
- 第 4 行多加了一個參數, 可以指定系統訊息的內容。
- 第 5 行明確指定要使用全域的 hist 名稱。
- 第 6 行會把最新輸入的使用者訊息加入歷史紀錄。
- 第 7~8 行將目前的歷史紀錄加上系統訊息後送給模型並取得回覆。
- 第 9~10 行將剛剛取得的回覆加入歷史紀錄中, 必要時會把最舊的訊息從歷史紀錄中移除。

定義好這個函式後, 我們也順便修改一下聊天程式, 請執行下一個儲存格使用會記錄對答過程的聊天程式:

請使用者輸入要讓 AI 扮演的角色

```
sys_msg = input("你希望ㄟ唉扮演:")
if not sys_msg.strip(): sys_msg = '小助理'
print()
while True:
    msg = input("你說:")
    if not msg.strip(): break
    reply = chat(sys_msg, msg)
    print(f"{sys_msg}:{reply}\n")
hist = []
```

若沒有輸入角色預設為『小助理』

結束時清空記錄　顯示扮演的角色　改用記錄聊天過程的 chat() 函式

利用這個簡單的機制, 我們的聊天程式就不再是金魚腦, 會記得剛剛聊過什麼了。現在讓我們再試看看：

```
你希望ㄟ唉扮演:超級導遊

你說:什麼是藍眼淚?
超級導遊:藍眼淚是一種自然現象,指的是海洋中一種發光的生物,又稱為海洋螢光現象。這種生物名為藍色發光藻,當海水受到激發時,這些微小的藍色發光藻就會發光,形成美麗的藍色光芒,看起來就像是藍色的眼淚一樣。這種現象通常在夜晚或暗淡的水域中出現,為海洋帶來了一種神秘的美麗景觀。

你說:台灣看得到嗎?
超級導遊:藍眼淚現象在台灣的一些海域是可以看得到的,尤其是在夏天和秋天的晚上或天黑後,例如東北角海域、蘭嶼、綠島和金門等地都有機會觀察到藍眼淚的美麗現象。這些地方的海洋環境和浮游生物提供了理想的條件,使藍眼淚得以在當地繁盛。因此,前往這些地方的遊客,在適當的時間和地點,有機會目睹藍眼淚的迷人景觀。

你說:馬祖呢?
超級導遊:馬祖群島也是一個可以觀察藍眼淚現象的地方。這些島嶼周圍的海域,尤其是在夏秋季節的夜晚,時常可以看到這種美麗的自然景觀。前往馬祖時,如果運氣好,也許可以在海灘或港口附近看到藍眼淚。這種神秘的光芒總是吸引遊客的目光,帶來不一樣的美麗體驗。因此,如果你計畫去馬祖,不妨留意這種特別的自然現象,也許會成為旅程中的一大亮點。

你說:
```

我們請 AI 扮演超級導遊

這次它知道我們是在詢問台灣哪裡可以觀賞藍眼淚了

利用這樣簡單的作法, 就可以讓模型擁有記憶, 不過還是要提醒的是, 想要記得多, 可以調整 backtrace 的數值, 但相對的傳送的提示內容也會變多, 費用自然會提高。

4-3 串流版本的聊天程式

雖然目前我們已經完成了擁有記憶、可以維持脈絡的聊天程式，不過在測試時您可能已經發現等待的時間有點久。這裡我們準備套用上一章最後學到的串流方式, 讓使用者很快就可以看到 AI 的回應。

上一章已經介紹過, 使用串流方式時, 會以**迭代器 (iterator)** 的方式循序傳回片段內容給我們, 因此就必須搭配同樣的方式, 讓剛剛的 get_reply() 函式也採用迭代器來傳回內容, 請執行下一個儲存格定義串流版本的 get_reply_s() 函式：

```
 1: def get_reply_s(messages):
 2:     try:
 3:         response = client.chat.completions.create(
 4:             model = "gpt-3.5-turbo-1106",
 5:             messages = messages,
 6:             stream = True
 7:         )
 8:         for chunk in response:
 9:             yield chunk.choices[0].delta.content or ''
10:     except openai.APIError as err:
11:         reply = f"發生錯誤\n{err.error.message}"
```

加上 stream 參數以串流方式回覆

一一取出片段內容以 yield 傳回

設計迭代器最簡單的方法就是**使用 yield** 建立**生成器函式**, 就可以透過呼叫函式取得生成器。第 9 行的 yield 會讓 get_reply_s 變成生成器函式, 之後呼叫這個函式會取得生成器, **走訪**該生成器就會**依序吐出**模型產生的片段回覆內容。

Tip

如果你對生成器感到陌生, 可以參考旗標科技出版的《**Python 教學手冊**》第 6 章。

由於更改成生成器的方式, 因此函式的使用方式也要跟著改, 請執行下一個儲存格進行測試：

以 for 迴圈一一取得生成的內容

```
for reply in get_reply_s([{
    "role":"user",
    "content":"請介紹台北市"
}]):
    print(reply, end='')
print('')
```

因為要將生成片段串接在一起, 所以列印片段後不換行

列印完整內容後才加上換行

結果如下：

儲存格還在執行中

```
1 for reply in get_reply_s([{
2     "role":"user",
3     "content":"請介紹台北市"
4 }]):
5     print(reply, end='')
6 print('')
```

台北市位於台灣的北部，是台灣的政治、經濟和文化中心。這座城市擁有豐富的歷史和文化遺產，同時也擁有現代化的都會風貌。

已經開始出現回覆內容

上圖中你可以看到雖然儲存格的執行鈕還呈現轉圈圈的狀態 但是已經開始顯示出模型的回覆內容了, 讓使用者在交談過程中可以有比較好的體驗。

利用同樣的方式, 也將剛剛的 chat() 函式更改成以下的 chat_s() 函式：

```
hist = []           # 歷史對話紀錄
backtrace = 2       # 記錄幾組對話

def chat_s(sys_msg, user_msg):
    global hist
    hist.append({"role":"user", "content":user_msg})
    reply_full = ""
    for reply in get_reply_s(            # 使用串流版的函式
        hist + [{"role":"system", "content":sys_msg}]):
        reply_full += reply              # 記錄到目前為止收到的訊息
        yield reply                      # 傳回本次收到的片段訊息
    hist.append({"role":"assistant", "content":reply_full})
    hist = hist[-2 * backtrace:]         # 保留最新紀錄
```

累積收到的片段內容

將最後的完整內容加入歷史紀錄

一樣以生成器方式傳回片段內容

最後再將對答流程改為使用上述生成器版本的 chat_s() 函式：

```
sys_msg = input("你希望ㄟ唉扮演：")
if not sys_msg.strip(): sys_msg = '小助理'
print()
while True:
    msg = input("你說：")
    if not msg.strip(): break
    print(f"{sys_msg}：", end = "")
    for reply in chat_s(sys_msg, msg):
        print(reply, end = "")
    print('\n')
hist = []
```

以 for 迴圈持續接收片段內容

全部內容顯示完才換行　顯示片段內容不換行

這樣就可以設計出不讓使用者癡癡等候的聊天程式了。

4-4 儲存歷史紀錄下次繼續聊

現在我們已經有了聊天程式的基本雛形, 唯一還欠缺的就是聊天歷史紀錄在程式結束後就消失了。以 Colab 環境來說, 如果中斷執行階段重新執行, 就無法接續前一次聊天的脈絡。不過由於我們的聊天歷史資料結構相當簡單, 所以也可以利用 Python 的 pickle 模組, 把記錄聊天歷史的串列與系統訊息儲存到檔案中, 下次執行時就可以從檔案讀取復原成 Python 中的物件了。

掛接 Google 雲端硬碟

在第 2 章曾經提過, Colab 中儲存的檔案會在執行階段結束後消失, 就像是使用還原系統一樣, 下次重新啟動執行階段執行筆記本時就看不到了。為了讓歷史紀錄存檔後在新的執行階段也可以取用, 我們採取的方式是存檔到 Google 雲端硬碟上。要讓 Colab 中的 Python 程式可以取用 Google 雲端硬碟, 必須先將雲端硬碟掛接到目前的虛擬機器, 請執行下一個儲存格掛接 Google 雲端硬碟：

```
from google.colab import drive
drive.mount('/content/drive')
```

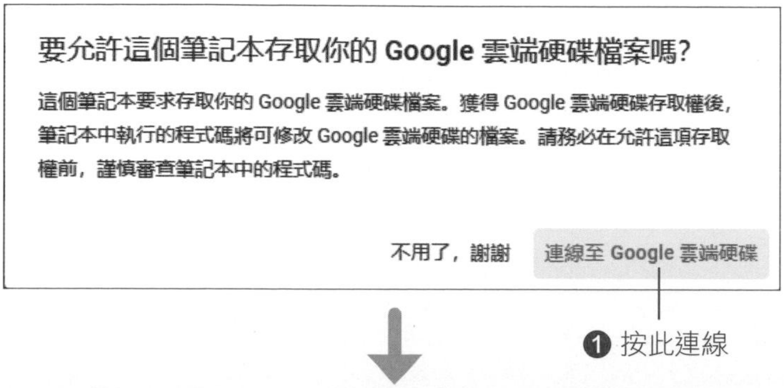
要允許這個筆記本存取你的 Google 雲端硬碟檔案嗎?
這個筆記本要求存取你的 Google 雲端硬碟檔案。獲得 Google 雲端硬碟存取權後，筆記本中執行的程式碼將可修改 Google 雲端硬碟的檔案。請務必在允許這項存取權前，謹慎審查筆記本中的程式碼。
不用了，謝謝
連線至 Google 雲端硬碟
❶ 按此連線

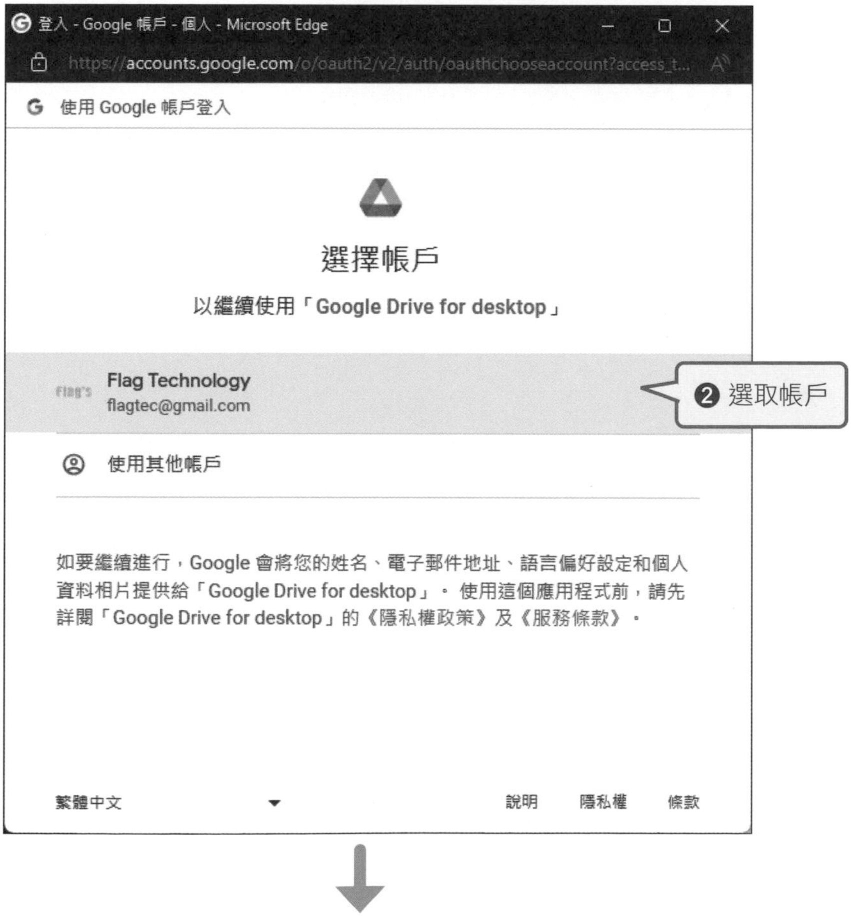
登入 - Google 帳戶 - 個人 - Microsoft Edge
https://accounts.google.com/o/oauth2/v2/auth/oauthchooseaccount?access_t...
使用 Google 帳戶登入
選擇帳戶
以繼續使用「Google Drive for desktop」
Flag Technology
flagtec@gmail.com
❷ 選取帳戶
使用其他帳戶
如要繼續進行，Google 會將您的姓名、電子郵件地址、語言偏好設定和個人資料相片提供給「Google Drive for desktop」。使用這個應用程式前，請先詳閱「Google Drive for desktop」的《隱私權政策》及《服務條款》。
繁體中文
說明
隱私權
條款

❸ 按此允許存取權限

```
Mounted at /content/drive
```

❹ 顯示已將雲端硬碟掛接在 /content/drive 路徑下

要注意的是，雲端硬碟會出現在上述掛接路徑下的 MyDrive 資料夾內，這個資料夾才是你的雲端硬碟的根資料夾。稍後我們就會把歷史紀錄存檔到 /content/drive/MyDrive/hist.dat。

製作復原/儲存歷史紀錄的函式

現在就可以存取雲端硬碟中的檔案了，首先執行以下儲存格匯入 pickle 模組：

```
import pickle
```

接著執行下一個儲存格定義將歷史紀錄與系統訊息組成一個字典後儲存到檔案中的 save_hist() 函式：

指定檔案路徑

```
def save_hist(hist, sys_msg):
    try:
        with open('/content/drive/MyDrive/hist.dat', 'wb') as f:
            db = {
                'hist': hist,
                'sys_msg': sys_msg
            }
            pickle.dump(db, f)
    except:
        # 歷史檔開啟錯誤
        print('無法寫入歷史檔')
```

以 'hist' 及 'sys_msg' 為索引鍵整合成一個字典

使用 pickle 模組將字典存檔

接著再執行下一個儲存格定義從檔案讀取內容復原成歷史紀錄串列以及系統訊息的 load_hist() 函式：

指定檔案路徑

```
def load_hist():
    try:
        with open('/content/drive/MyDrive/hist.dat', 'rb') as f:
            db = pickle.load(f)
            return db['hist'], db['sys_msg']
    except:
        # 歷史檔不存在
        print('無法開啟歷史檔')
        return [], ''
```

從檔案復原成字典

開檔出錯則傳回空的歷史紀錄與系統訊息

傳回字典中的歷史紀錄與系統訊息

有了這兩個函式後，就可以在聊天流程的前後加上復原歷史紀錄以及儲存歷史紀錄的動作了，請執行下一個儲存格測試：

開始聊天前先從檔案復原歷史紀錄

```
hist, sys_msg = load_hist()
sys_msg_new = input(f"你希望ㄟ唉扮演[{sys_msg}]：")
if sys_msg_new: sys_msg = sys_msg_new
print()
while True:
    msg = input("你說：")
    if not msg.strip(): break
    print(f"{sys_msg}：", end = "")
    for reply in chat_s(sys_msg, msg):
        print(reply, end = "")
    print('\n')
save_hist(hist, sys_msg)
```

結束聊天時會將歷史紀錄存檔

接著就可以來試看看歷史紀錄存檔的功能：

```
無法開啟歷史檔
你希望ㄟ唉扮演[]：超級導遊
```

目前沒有歷史紀錄檔

▼

```
你說：哪裡可以看到藍眼淚？
超級導遊：藍眼淚（也稱為海上藍眼淚）通常在特定海域的夜晚出現，最知名的地方之一是在台灣的蘭嶼。在蘭嶼的特定海域，當海水中的某種微生物（稱為藻類）受到外界刺激時，會釋放出藍色的生物光，形成美麗的藍眼淚景觀。

此外，藍眼淚也可以在其他地方的海域中出現，如馬爾地夫、波多黎各、馬爾他等地，但不同地區的藍眼淚現象可能會略有不同。

想要親眼見識藍眼淚的美麗，可以參加專門的海上觀光行程或水上活動，或是在當地導遊的帶領下前往觀賞。當然，也可以通過觀看特定地區的影片或照片來欣賞藍眼淚的奇妙景觀。

你說：
```

這裡直接按 Enter 結束對話

結束對話後, 如果重新執行這個儲存格, 就可以接續剛剛的對話：

重新執行會填入前次的系統訊息

直接按 Enter 沿用前次的系統訊息

因為從檔案復原歷史紀錄的關係, 所以可以延續前一次聊天的脈絡討論藍眼淚

```
你希望ㄟ唉扮演 [ 超級導遊 ]：

你說：那台灣呢？
超級導遊：在台灣，藍眼淚最著名的觀賞地點是在蘭嶼附近的海域。蘭嶼是位於台灣東南方的一個小島，距離台灣本島約 33 公里。夏天時，蘭嶼附近的海域常常出現藍眼淚的現象，因此吸引許多遊客前往欣賞這美麗的自然景觀。

想要親眼看到藍眼淚，最好是參加由當地的觀光業者所提供的夜間船上觀光行程，通常在晚上海域中航行，欣賞藍眼淚的美麗景觀。當然，也可以選擇住宿在蘭嶼並等待夜間自行前往海邊觀賞藍眼淚。

另外，台灣的東北角、東部沿海以及澎湖群島等地區也偶爾會出現藍眼淚的現象，但蘭嶼的藍眼淚最為有名且頻繁出現。

你說：
```

你也可以試看看執行『**執行階段/中斷連線並刪除執行階段**』功能表指令, 等於是進入還原系統重新開機, 再重新執行聊天程式, 看看聊天程式是不是還記得之前聊過的內容。

Tip

記得刪除執行階段後，剛剛執行的內容就全部不見了，所以要從頭執行讀取金鑰、匯入 openai 等模組、定義相關函式以及連線雲端硬碟的儲存格，否則一執行應該就會因為用到沒有定義的函式或名稱而出錯了。

如果想要把聊天記錄檔案刪除，可以在檔案窗格中展開 /drive/MyDrive/ 路徑，在 hist.dat 按右鍵執行『**刪除檔案**』功能表指令：

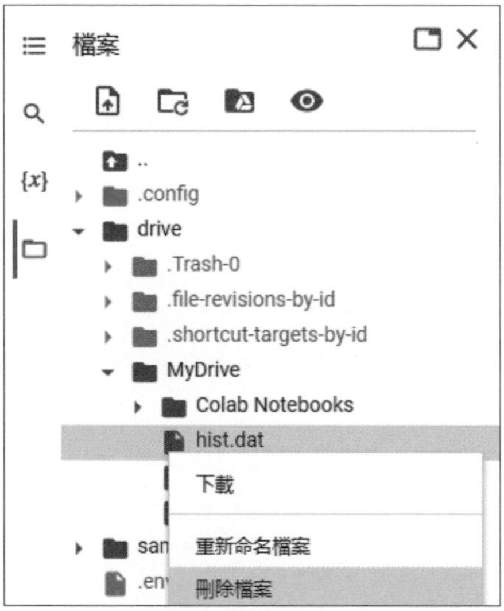

本章我們用最簡易的方式帶著大家實作文字版本的 ChatGPT，在下一章中我們還要挑戰 ChatGPT 的時空限制，讓 AI 發揮更大的效能。

Tip

在後續的章節中，為了簡化程式，都不會將聊天記錄存檔，你可以自行嘗試將這個功能整合到之後的範例中。

CHAPTER 5

突破時空限制 - 整合搜尋功能

眾所周知，OpenAI 的語言模型在訓練時的事實資料有時間限制，因此它並不知道最新發生的事情，這正是撰寫程式可以發揮的地方，只要善用相關技術，我們就可以讓 OpenAI 的語言模型突破時空限制。

請開啟本章的範例：

```
https://bit.ly/GPT4Dev_ch05
```

執行第 2 個儲存格安裝必要的模組，並建立用戶端物件。

5-1 用搜尋網頁幫 AI 補充知識

如果使用上一章製作完成的聊天程式，詢問較新發生的事，例如以下這樣：

```
你希望ㄟ唉扮演：使用繁體中文的小助理

你說：2023 金馬獎女主角是誰？
使用繁體中文的小助理：抱歉，我目前無法提供 2023 年金馬獎女主角的名單，因為該獎項尚未舉辦。如果您有其他問題或需要協助，請隨時告訴我！
```

由於語言模型訓練時送入的事實資料只到特定的時間點，本書撰寫時 gpt-4-1106-preview 模型是到 2023 年 4 月，其他模型則是僅到 2021 年 9 月，所以上例中詢問它 2023 年 11 月才舉行的金馬獎自然回答不知道，而且以它的角度來說，2023 年 11 月尚未來到，所以它還明確告訴你該獎項尚未舉辦，因此這樣的回答是非常正常的。這同時也帶出了一般大眾使用 ChatGPT 時的誤解，語言模型擁有以下兩個最關鍵的特色：

- **理解文意**：對於輸入的文字，它可以理解文字內含的意義，聽得懂我們在說什麼。
- **能言善道**：它可以編出語意通順的回覆內容，甚至於可以把錯誤的內容回覆得像是對的一樣，稍不注意，就可能會被瞎矇過去。

以上這兩個特點因為太過突出，使得一般大眾很自然地過渡延伸認為它**通曉古今、無所不知**，但這其實是最大的謬誤，因為訓練時餵入的資料就缺乏新的事實，所以它不可能通曉古今，沒有讀過的就是不知道。既然我們是撰寫程式使用 OpanAI API，就可以在程式中幫它一把，這一章我們就要把 Google 搜尋的功能整合到上一章製作的聊天程式中。

使用 Google 搜尋

為了在程式中進行 Google 搜尋，我們會使用 googlesearch-python 套件，它會以網頁爬蟲的方式幫我們擷取 Google 搜尋的結果，並且整理成簡易的格式。首先執行下一個儲存格安裝此套件：

```
!pip install googlesearch-python
```

接著，請執行下一個儲存格從 googlesearch 模組中匯入 search() 函式：

```
from googlesearch import search
```

只要傳入搜尋關鍵字叫用 search()，就可以取得 10 個搜尋結果的個別連結，請執行下一個儲存格進行測試：

```
for item in search("2023 金馬獎影后"):
    print(item)
```

傳入關鍵字

預設只會傳回連結，執行結果如下：

```
https://www.vogue.com.tw/article/2023-golden-horse-awards-nominees
https://www.cw.com.tw/article/5127601
https://www.cosmopolitan.com/tw/entertainment/movies/g45941720/2023-gha-60/
...(略)
https://www.thenewslens.com/article/195127
https://news.agentm.tw/268528/
```

如果要取得每一筆搜尋結果的標題和摘要內容，就要加上額外的參數，請執行下一個儲存格：

```python
for item in search(
    "2023 金馬獎影后", advanced=True, num_results=3):
    print(item.title)
    print(item.description)
    print(item.url)
    print()
```

啟用進階模式

指定搜尋筆數

傳回擁有標題、摘要、連結屬性的物件

啟用進階模式就不是單純傳回連結，而是傳回物件，該物件擁有 tilte、description、url 等三個屬性，分別對應到一筆搜尋結果的標題、摘要與連結。以下是執行結果：

```
金馬獎 2023》金馬 60 得獎名單：影帝吳慷仁、12 歲影后林品彤
4 days ago — 2023 第 60 屆金馬獎得獎名單揭曉！12 歲的林品彤以《小曉》成金馬
史上最年輕影后，吳慷仁以《富都青年》首次入圍就獲得金馬影帝。一起看看金馬 60 得獎
的有 ...
https://www.cw.com.tw/article/5127601

【2023 金馬獎】金馬 60 得獎名單一覽！12 歲林品彤成史上 ...
6 days ago — 2023金馬獎頒獎典禮11 月25 日在國父紀念館盛大舉行60 屆金馬獎 ...
12 歲林品彤成史上年紀最小金馬影后、吳慷仁奪金馬影帝. 2023 金馬獎得獎 ...
https://www.vogue.com.tw/article/2023-golden-horse-awards-nominees

【金馬 60】2023 金馬獎亮點！12 歲林品彤成「史上最年輕影后」
7 days ago — 金馬獎歷經一甲子的淬鍊、累積，在 2023 年 11 月 25 日盛大登場，許多海
外嘉賓都前來共襄盛舉。包括新科坎城影帝役所廣司、日本影帝妻夫木聰、影后滿島光，都
來 ...
https://www.cosmopolitan.com/tw/entertainment/movies/g45941720/2023-gha-60/

【2023 金馬獎】金馬 60 最新得獎名單一次看：吳慷仁首次入圍 ...
7 days ago —【2023 金馬獎】金馬 60 最新得獎名單一次看：吳慷仁首次入圍就奪影帝、
12 歲林品彤成最年輕影后！ · 黃美清、涂碩峯《疫起》(得獎) · 王誌成、尤麗雯《 ...
https://www.gq.com.tw/article/2023-%E9%87%91%E9%A6%AC%E7%8D%8E-%E5%BE%97%E
7%8D%8E%E5%90%8D%E5%96%AE
```

Tip

本書撰寫時，googlesearch-python 模組 1.2.3 版有個小 bug，可能會傳回比你指定筆數多幾筆的結果，根據該套件 github 上的紀錄，已經有修正版本，只是還沒有發行到 PyPi。

5-2 整合搜尋結果讓 AI 跟上時代

有了上一節介紹的 Google 搜尋功能，我們就可以把搜尋結果整理成適當的格式，和使用者輸入的訊息一起送給模型，這樣模型就有更新的事實資料可以判斷回覆了。請執行下一個儲存格定義上一章寫好的 get_reply_s() 函式：

```
def get_reply_s(messages):
    try:
        response = client.chat.completions.create(
            model = "gpt-4-1106-preview",
            messages = messages,
            stream = True
        )
        for chunk in response:
            yield chunk.choices[0].delta.content or ''
    except openai.APIError as err:
        reply = f"發生錯誤\n{err.error.message}"
```

我們刻意改成使用 gpt-4-1106-preview 模型，以便能明確看出模型是否整合搜尋功能的差異。

接著，在下一個儲存格中，改寫了上一章定義的 chat_s() 函式，根據輸入的內容開頭是否包含有 "/w " 字樣決定要不要進行 Google 搜尋，請執行儲存格定義新的 chat_w() 函式：

```
 1: hist = []          # 歷史對話紀錄
 2: backtrace = 2      # 記錄幾組對話
 3:
 4: def chat_w(sys_msg, user_msg):
 5:     global hist
 6:     web_res = []
 7:     if user_msg[:3].lower() == '/w ':      # /w 代表要搜尋網路
 8:         user_msg = user_msg[3:]            # 移除指令留下實際的訊息
 9:         content = "以下為已發生的事實：\n"
10:         for res in search(user_msg, advanced=True,
11:                           num_results=5, lang='zh-TW'):
12:             content += f"標題：{res.title}\n" \
13:                        f"摘要：{res.description}\n\n"
14:         content += "請依照上述事實回答以下問題：\n"
15:         web_res = [{"role": "user", "content": content}]
16:     web_res.append({"role": "user", "content": user_msg})
17:     reply_full = ""
18:     for reply in get_reply_s(              # 使用串流版的函式
19:         hist                               # 先提供歷史紀錄
20:         + web_res                          # 再提供搜尋結果及目前訊息
21:         + [{"role": "system", "content": sys_msg}]):
22:         reply_full += reply                # 記錄到目前為止收到的訊息
23:         yield reply                        # 傳回本次收到的片段訊息
24:     hist.append({"role": "user", "content": user_msg})
25:     hist.append({"role":"assistant", "content":reply_full})
26:     hist = hist[-2 * backtrace:]           # 保留最新對話
```

- 第 6 行定義了一個新的串列 web_res, 用來放置稍後從搜尋結果整理好的訊息。
- 第 7 行會判斷輸入內容是否以 "/w " 開頭，決定要不要加入 Google 搜尋的結果。
- 第 8 行將開頭的 "/w " 移除，留下真正的訊息內容。
- 第 9~14 行會以使用者輸入的內容當關鍵字、指定搜尋 3 筆結果，再特意加上 lang 指名引數指定搜尋繁體中文網頁，並依照以下的格式整理搜尋結果：

```
以下為已發生的事實:
第一筆搜尋結果的標題
第一筆搜尋結果的摘要
空白行
第二筆搜尋結果的標題
...
請依照上述事實回答以下問題:
```

這裡在搜尋結果特意加上強調提供的資料為事實的命令語句，讓語言模型依照提供的資料作答，這個動作很重要，可以避免模型自作聰明，忽略資料。

- 第 15 行會把剛剛整理好的搜尋結果變成一筆 user 角色的訊息。
- 第 16 行會把使用者的輸入內容加入搜尋結果結合成兩筆 user 角色的訊息。
- 第 19~21 行就會依照歷史紀錄、搜尋結果、使用者輸入、系統訊息的順序送給 API 處理。這個順序也很重要，因為越久遠的訊息權重越低，調動順序的話，就可能會發生搜尋結果不受重視，無法正確回覆的狀況。

現在就可以執行下一個儲存格進行測試：

```
sys_msg = input("你希望ㄟ唉扮演:")
if not sys_msg.strip(): sys_msg = '使用繁體中文的小助理'
print()
while True:
    msg = input("你說:")
    if not msg.strip(): break
    print(f"{sys_msg}:", end = "")
    for reply in chat_w(sys_msg, msg):
        print(reply, end = "")
    print('\n')
hist = []
```

執行結果如下：

```
你希望ㄟ唉扮演:

你說:2022 年金馬獎的影后是誰?
使用繁體中文的小助理:2022 年金馬獎（第 59 屆金馬獎）的影后是賈靜雯，憑藉電影《緝魂》中的演出獲得該獎項肯定。

你說:2023 年金馬獎的影后是誰?
使用繁體中文的小助理:很抱歉，我現在無法提供即時的新聞更新或未來的事件結果。由於我的知識截至到 2023 年初，所以無法得知 2023 年金馬獎的結果。通常金馬獎會在每年的 11 月舉行，如果您在詢問的時間點已經超過 2023 年的金馬獎舉辦時間，請查詢最新的消息來源以獲取 2023 年金馬獎影后的相關資訊。

你說:/w 2023 年金馬獎的影后是誰?
使用繁體中文的小助理:2023 年金馬獎的影后是 12 歲的林品彤，憑藉在電影《小曉》的演出獲得該獎項，成為金馬獎史上最年輕的影后。

你說:
```

❶ 因為 gpt-4-1106-preview 的訓練資料到 2023 年 4 月，所以它以為它知道答案，但其實錯了，影后是張艾嘉

❷ 問 2023 年它就謙虛多了，明確表示不知道

❸ 加上 '/w' 強制搜尋，就可以得到正確的答案了

你可以看到沒有指定 "/w" 指令時，還是不知道答案，但是指定了 "/w" 指令後因為會先進行網頁搜尋，所以可以得到正確的答案。

利用上述作法，AI 不知道的我們就可以補給它知，突破原本的時空限制了。

5-3 使用 Google Search JSON API

前面兩節使用的 googlesearch-python 套件是採用網頁爬蟲的方式，從 Google 傳回的搜尋結果網頁中爬取所需要的內容。不過 Google 搜尋原本是假設使用者透過瀏覽器操作，網頁爬蟲方式並不是 Google 認可的正式用法，如果 Google 檢測出你的程式在短時間內頻繁送出搜尋請求，不是正常使用者會出現的操作方式，會依據 IP 位址封鎖一小段時間，從該 IP 送出的搜尋請求會直接送回 HTTP 錯誤狀態碼 429：

```
429 Client Error: Too Many Requests for url: https://www.google.
com/sorry/index?continue=https://www.google.com/search....
```

就無法取得所需要的搜尋結果。

Google 自己其實提供有付費的 API 可以進行搜尋，稱為 **Google Search JSON API**，雖然是付費服務，但是未付費也能夠使用，只是會有每天 100 次請求的限制，如果程式真的要上線發布，建議付費使用，才能得到比較穩定的結果。這一節我們就帶大家使用 Google Search JSON API，讓你可以用它來替換剛剛的 googlesearch-python 套件。

建立搜尋引擎 ID

要使用 Google Search JSON API，第一步就是要建立搜尋引擎 ID，請依照以下步驟建立：

step 01 連線到 https://bit.ly/customsearchapi：

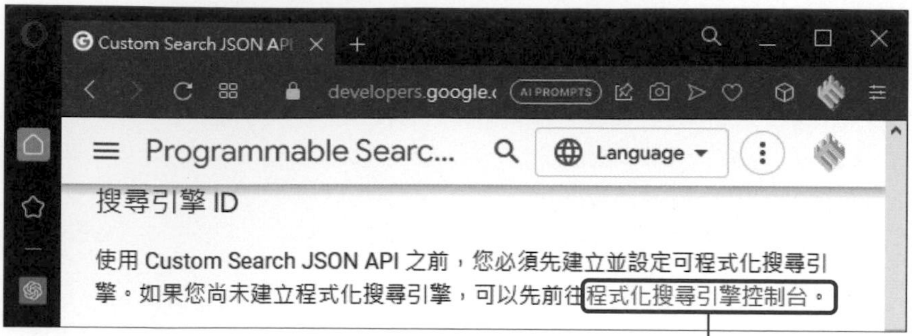

❷ 按此進入**程式化搜尋引擎控制台**

step 02 新增程式化搜尋引擎：

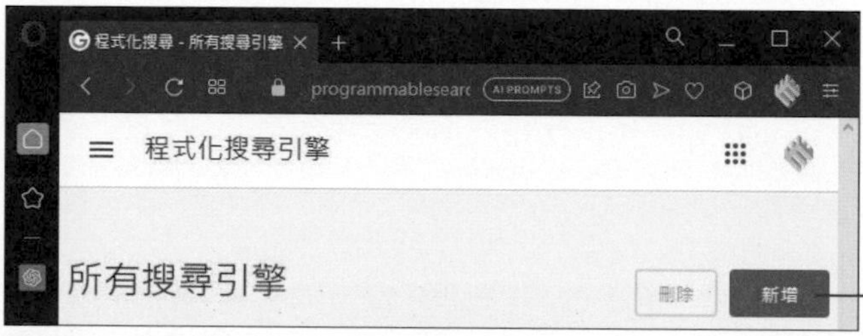

❶ 按此新增

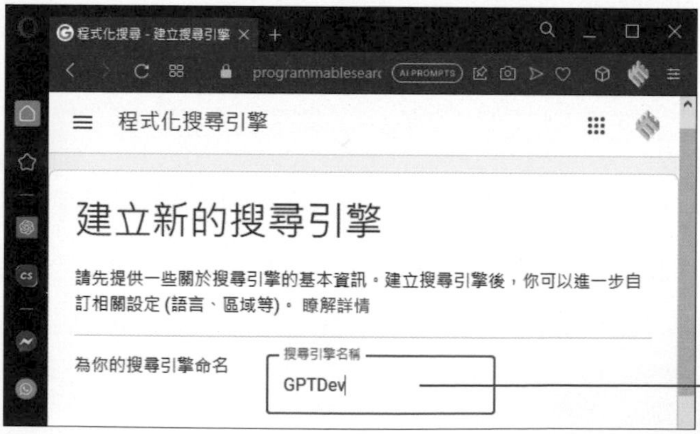

❷ 填入你自訂的名稱

❸ 往下捲動勾選**搜尋整個網路**

❹ 勾選**我不是機器人**

❺ 按此建立

step 03 取得搜尋引擎 ID：

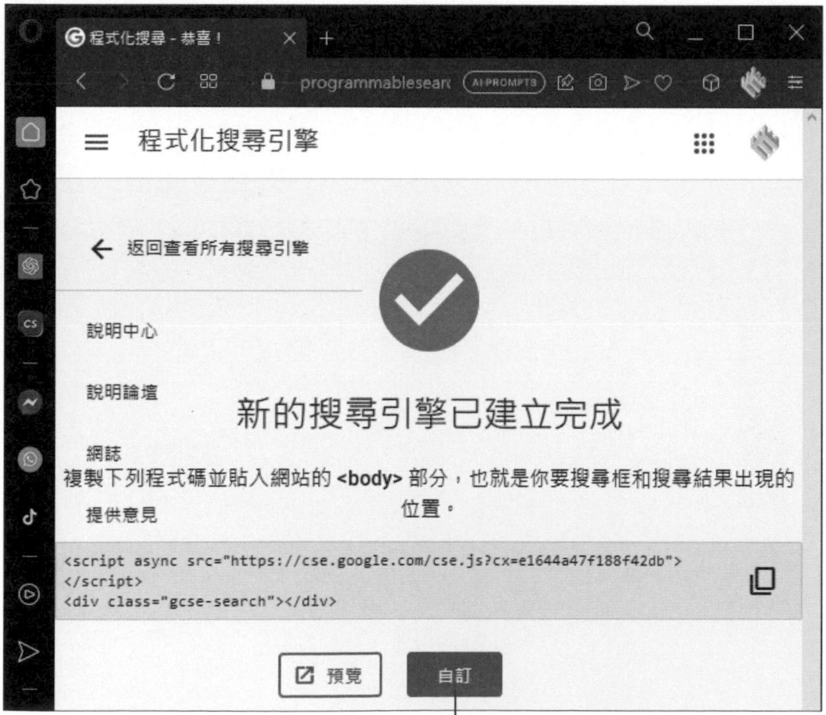

❶ 按此進入**自訂**頁面

❷ 往下捲動找到並按此複製搜尋引擎 ID 後貼到其他地方記錄下來

取得 API 金鑰

使用 Google Search JSON API 也是依靠 API 金鑰驗證身分，請依照以下步驟取得 API 金鑰：

step 01 重新連回 Custom Search JSON API 頁面：

❶ 連回 https://bit.ly/customsearchapi

❷ 往下捲找到 **API 金鑰**段落

❸ 按此進入 API 金鑰頁面

step 02 啟用搜尋 API：

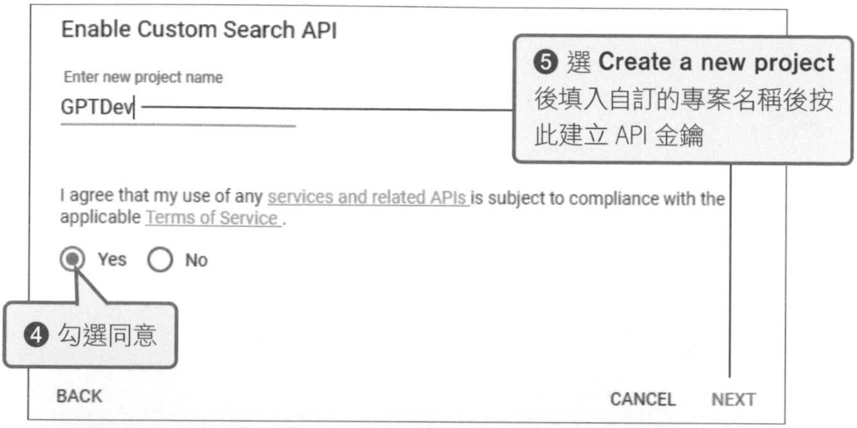
Enable Custom Search API
Enter new project name
GPTDev
❺ 選 Create a new project 後填入自訂的專案名稱後按此建立 API 金鑰
I agree that my use of any services and related APIs is subject to compliance with the applicable Terms of Service .
Yes
No
❹ 勾選同意
BACK
CANCEL
NEXT

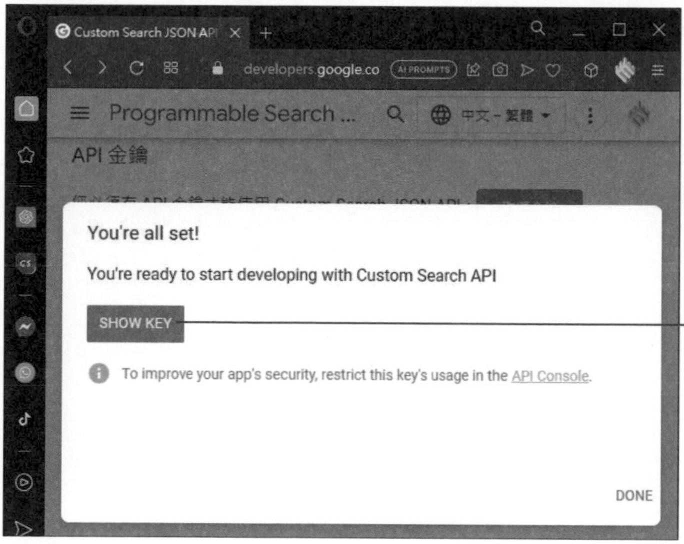
Custom Search JSON API
developers.google.co
AI PROMPTS
Programmable Search ...
中文 - 繁體
API 金鑰
You're all set!
You're ready to start developing with Custom Search API
SHOW KEY
To improve your app's security, restrict this key's usage in the API Console.
DONE

❻ 按此顯示 API 金鑰

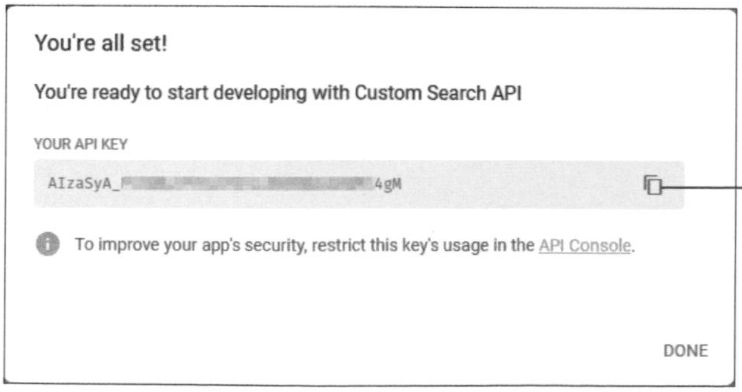
You're all set!
You're ready to start developing with Custom Search API
YOUR API KEY
AIzaSyA_
4gM
To improve your app's security, restrict this key's usage in the API Console.
DONE

❼ 按此複製後貼到其他地方記錄下來

使用 HTTP API 取得搜尋結果

Google Search JSON API 採用 HTTP GET, 必須在查詢參數中提供下表必要資訊：

參數	說明
key	剛剛取得的 API 金鑰
ctx	剛剛取得的搜尋引擎 ID
q	要查詢的關鍵字

以下列出幾個常用的選用查詢參數：

參數	說明
num	傳回的筆數, 最多 10 筆
start	從搜尋結果中的第幾筆開始傳回, 由於搜尋結果最多只有 100 筆, 所以 start+num 不能大於 100
siteSearch	指定搜尋網站
lr	限定搜尋語言, 例如 "lang_zh-TW" 是繁體中文

詳細查詢參數說明可參考 API 網頁：

```
https://bit.ly/gsjsonapi
```

請執行以下儲存格先匯入 requests 模組：

```
import requests
```

再執行下一個儲存格進行測試：

```
r = requests.get(
    'https://www.googleapis.com/customsearch/v1?' \
    'key={}&' \
    'cx={}&' \
```

▼

```
        'num={}&' \
        'q={}'.format(
            '你的 Google API 金鑰',
            '你的搜尋引擎 ID',
            2,
            '2023 金馬獎影后是誰？'
        )
)
```

執行結果會傳回 JSON 格式資料，請執行以下儲存格轉成 Python 字典後印出：

```
pprint(r.json())
```

它傳回的內容繁雜，最重要的結構如下：

```
{
    ...
    "items":[
        {
            ...
            "title": "標題"
            "link": "連結"
            "snippet": "摘要"
            ...
        }
    ]
    ...
}
```

只要利用字典依照上述結構就可以取得搜尋結果的各筆內容，請執行下一個儲存格將標題、摘要、連結三項資料印出：

```
for item in r.json()['items']:
    print(item['title'])
    print(item['snippet'])
    print(item['link'])
    print()
```

執行結果如下：

```
【金馬 60】2023 金馬獎亮點！12 歲林品彤成「史上最年輕影后」
7 days ago ... 今年拿下影帝 影后大獎的幸運兒是誰？典禮表演有哪些精采十足的看點？
現在就跟著COSMO一起來看看你不能錯過的金馬獎亮點吧！
https://www.cosmopolitan.com/tw/entertainment/movies/g45941720/2023-gha-60/

【2023 金馬獎】聞天祥回顧金馬史上 10 大關鍵時刻！獲獎最多的影帝 ...
6 days ago ... ... 獎戲劇節目男主角獎封「視帝」的吳慷仁，憑電影《富都青年》首次
入圍金馬獎就封「影帝」最佳男主角；而在得獎數量方面，則是 ... 獲獎最多的影帝影后是
誰？
https://www.gq.com.tw/article/%E9%87%91%E9%A6%AC%E7%8D%8E-%E9%97%9C%E9%8D%
B5%E6%99%82%E5%88%BB
```

使用客製模組

為了簡化 Google Search JSON API 的使用，我們設計了一個與 googlesearch-python 相容的模組，稱為 customsearchapi，提供 search() 函式，用法與 googlesearch-python 中的 search() 函式類似。請先執行以下儲存格安裝此套件：

```
!git clone https://github.com/codemee/customsearchapi.git \
customsearchapi
```

從 github 上複製套件到 Colab

cutomsearchapi 模組預設會在匯入時從 GOOGLE_API_KEY 和 GOOGLE_CSE_ID 這兩個環境變數讀取 API Key 和搜尋引擎 ID，我們這裡仍然採用從 Colab 的 Secret 讀取的方式，請先在 Secret 中增加以下兩項機密資料：

```
GOOGLE_API_KEY：你的 Google API 金鑰
GOOGLE_CSE_ID：你的搜尋引擎識別碼
```

執行下一個儲存格匯入模組設定 API 金鑰與搜尋引擎 ID：

```
# 預設會在匯入時從環境變數 GOOGLE_API_KEY 與 GOOGLE_CSE_ID
# 讀取你的 Google API 金鑰與搜尋引擎 ID,
# 如果沒有設定，也可以直接透過模組內的變數設定:
import customsearchapi
customsearchapi.GOOGLE_API_KEY = userdata.get('GOOGLE_API_KEY')
customsearchapi.GOOGLE_CSE_ID = userdata.get('GOOGLE_CSE_ID')
```

接著執行以下儲存格從 customsearchapi 模組中匯入 search() 函式：

```
from customsearchapi import search
```

再執行下一個儲存格測試 search() 函式：

```
for item in search("2023 金馬獎影后是誰？",
                   advanced=True,
                   num_results=3,
                   lang='zhTW'):
    print(item.url)
    print(item.title)
    print(item.description)
    print()
```

指定搜尋繁體中文的網頁（lang='zhTW'）

執行結果如下：

```
https://www.cosmopolitan.com/tw/entertainment/movies/g45941720/2023-gha-60/
【金馬 60】2023 金馬獎亮點！12 歲林品彤成「史上最年輕影后」
7 days ago ... 今年拿下影帝 影后大獎的幸運兒是誰？典禮表演有哪些精采十足的看點？現在就跟著COSMO一起來看看你不能錯過的金馬獎亮點吧！

https://www.gq.com.tw/article/%E9%87%91%E9%A6%AC%E7%8D%8E-%E9%97%9C%E9%8D%B5%E6%99%82%E5%88%BB
【2023 金馬獎】聞天祥回顧金馬史上 10 大關鍵時刻！獲獎最多的影帝 ...
6 days ago ... ... 獎戲劇節目男主角獎封「視帝」的吳慷仁，憑電影《富都青年》首次入圍金馬獎就封「影帝」最佳男主角；而在得獎數量方面，則是 ... 獲獎最多的影帝影后是誰？
```

▼

```
https://hk.news.yahoo.com/2023%E9%87%91%E9%A6%AC%E7%8D%8E%E5%BE%97%E7%8D%8
E%E5%90%8D%E5%96%AE-%E8%A6%BD-%E5%90%B3%E6%85%B7%E4%B
B%81%E6%98%AF%E6%9C%80%E4%BD%B3%E7%94%B7%E4%B8%BB%E8%A7%92-%E5%A4%A9%E6%8
9%8D%E5%B0%91%E5%A5%B3-%E6%9E%97%E5%93%81%E5%BD%A4-025512131.html
2023 金馬獎得獎名單一覽！吳慷仁是最佳男主角、天才少女「林品彤 ...
5 days ago ... 60 屆金馬獎在週六（25 日）盛大落幕了♡雖然你知道影帝影后是誰，但
其他的你也知道嗎？想要跟上話題就不能沒有金馬，趕快來看看 2023 金馬獎得獎名單吧♡
...
```

這樣就可以直接替換 googlesearch-python 模組，不會受到 Google 的封鎖。不過要記得的是，沒有付費的情況下，Google Search JSON API 有每天 100 次的限制，你可以啟用付費帳戶，就可以用每 1000 次搜尋 5 美元的價格放寬限制，但是仍然有每天 10,000 次的限制。之後的範例會在非 Colab 的環境下使用 Custom Search API，在 Colab 上則仍沿用 googlesearch-python 套件。

在這一章中，我們利用網頁搜尋幫 OpenAI 的語言模型突破時空限制，在下一章中，我們要更進一步，讓 AI 自己判斷選用適當的工具，延伸語言模型的能力。

CHAPTER 6

讓 AI 幫 AI - 自動串接流程

上一章我們已經知道如何透過外部工具，像是網路搜尋讓 OpenAI 的語言模型突破時空限制，不過在使用上仍有點不夠智慧，必須明確下達指令才能透過網頁搜尋結果幫 AI 補充知識，這一章我們就準備把相關動作由 AI 自己判斷串接起來。

6-1 從 ChatGPT 外掛得到的啟示

ChatGPT Plus 付費用戶除了可以使用 GTP-4 模型外，還有一個最棒的功能，就是**外掛 (plugin)**。你可以啟用需要的外掛，ChatGPT 會自行依據你的輸入判斷是否需要透過特定的外掛才能回答你的問題，甚至 ChatGPT 自己內建了一個以微軟 Bing 搜尋引擎建構的外掛，可以在必要時自動搜尋網路，以下就以這個內建外掛為例：

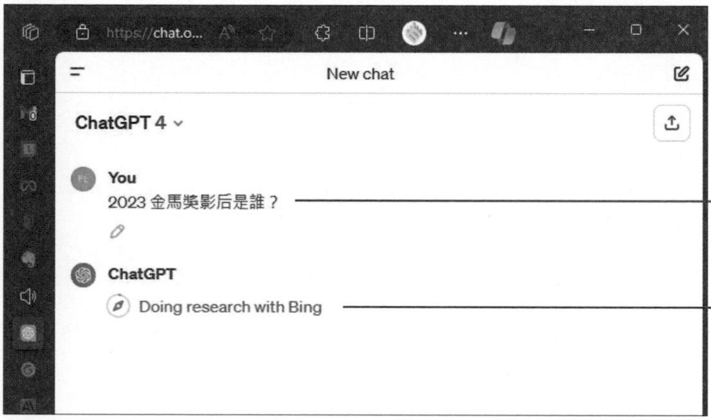

❶ 詢問 2023 年 4 月後發生的事

❷ ChatGPT 判斷需要搜尋而啟動內建的 Bing 外掛

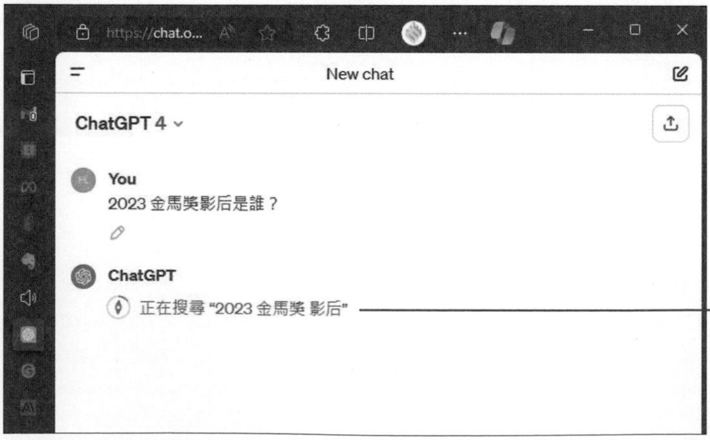

❸ Bing 以 ChatGPT 判斷出的關鍵字開始搜尋

❹ 根據搜尋結果回覆正確的答案

❺ 點選這裡可以看到回覆內容根據的資料來源網頁

你可以看到在這個過程中，並不需要指示 ChatGPT 該使用哪一個外掛，也不需要明確要求它進行網頁搜尋，它自己會根據你輸入的文句以及目前啟用的外掛，判斷應該尋求哪一個外掛的協助，執行該外掛後取得執行結果，然後再回覆。

這個過程其實和我們上一章做的事情很類似，唯一的差別就是上一章的程式必須主動要求搜尋網路，否則就還是會受限於時空，無法回答較新的事實。這一章我們就準備模擬 ChatGPT 外掛的功能，讓使用 OpenAI API 的程式也可以讓 AI 自己串接額外的功能。

準備工作

開始撰寫程式前，請依照慣例開啟本章範例檔案：

```
https://bit.ly/GPT4Dev_ch06
```

執行第 1 個儲存格完成安裝套件及匯入模組建立用戶端物件的準備工作：

```
!pip install openai
!pip install rich
!pip install googlesearch-python
import openai
from googlesearch import search
from google.colab import userdata
from rich import print as pprint
client = openai.OpenAI(api_key=userdata.get('OPENAI_API_KEY'))
```

搭配串流/非串流模式的工具函式

前面的章節中，我們設計了一個負責與 OpenAI API 溝通的函式 get_reply() 以及串流版本的 get_reply_s()，這一節先把這兩個分開的版本整合成單一函式，並透過參數來指定要以串流還是非串流模式取得 API 的回覆，這樣可以增加稍後撰寫程式時的彈性，在需要串流的地方再開啟串流功能即可。

不過因為非串流的方式是傳回字串，而串流的方式是傳回生成器一一取得片段內容，為了簡化程式，我們準備將兩種方式都統一成以生成器的方式傳回結果，這樣程式中就不需要再依據串流或是非串流模式撰寫不同的邏輯。請執行下一個儲存格，定義統一介面傳回生成器的 get_reply_g() 函式：

```
def get_reply_g(messages, stream=False, json_format=False):
    try:
        json_msg = [{
            'role': 'system', 'content': '請用 JSON 回覆'
        }] if json_format else []
        response = client.chat.completions.create(
            model = "gpt-4-1106-preview",
            messages = messages + json_msg,
            stream = stream,
            response_format = {
                'type': "json_object" if json_format else 'text'
            }
        )
        if stream: # 串留模式下交給輔助函式取得完整文字
            for res in response:
                yield res.choices[0].delta.content or ''
        else:      # 非串流模式下可直接取得完整回覆文字
            yield response.choices[0].message.content
    except openai.APIError as err:
        reply = f"發生錯誤\n{err.message}"
        print(reply)
        yield reply
```

這個函式可傳入預設為 False 的 stream 參數，指定要以串流或是非串流模式使用 OpenAI API，並且在即使是非串流模式時也將完整回覆的內容以生成器傳回。另外，也加上了 json_format 參數，可以指定叫用 API 時是否要使用 response_format，並會自動加上有 'JSON' 字樣的系統訊息以符合規定。你可以執行以下的儲存格先測試非串流模式：

```
# 測試非串流模式的情況
for reply in get_reply_g([{'role':'user', 'content':'你好'}]):
    print(reply)
```

注意到因為我們已經統一介面為傳回生成器，所以雖然非串流模式會直接取得完整的回覆，還是要以 for 迴圈取得回覆內容。請再執行以下儲存格測試串流模式的結果：

```
# 測試串流模式的情況
for msg in get_reply_g([{'role':'user', 'content':'你好'}], True):
    print(msg, end='')
```

下一個儲存格則是測試以 JSON 格式輸出：

```
# 測試 JSON 格式輸出
for reply in get_reply_g(
    [{'role':'user', 'content':'你好'}],
    json_format=True
):
    print(reply)

{"message": "嗨！有什麼我可以幫您的嗎？"}
```

你可以看到統一函式的傳回方式後，使用該函式時就可以用一致的方式取得傳回值，簡化流程。

6-2 由 AI 自動判斷要額外進行的工作

上一章的網路搜尋功能除了必須由我們明確下達指令才會搜尋外，其實還有另外一個問題，由於我們採簡易的作法，直接使用輸入內容搜尋，如果實際要搜尋的關鍵字並不完全包含在輸入內容中，需要額外的推論，甚至必須考量對談歷史時，就沒有辦法派上用場，以下就是一個簡單的例子：

```
你希望ㄟ唉扮演：

你說：/w 2023 年的金曲歌后是誰？
使用繁體中文的小助理：2023 年的金曲歌后是A-Lin。

你說：/w 那歌王呢？
使用繁體中文的小助理：根據提供的事實，無法確定具體是誰成為了「跨界歌王」的歌王。
請提供更多相關信息以便進一步確認。感謝！
```

由於下達 /w 搜尋指令時的輸入是 "那歌王呢？"，所以就是以 "那歌王呢？" 作為關鍵字去搜尋，搜尋的結果自然就失去了 2023 年金曲獎的脈絡，回覆內容變成莫名其妙的跨界歌王主題了。理想的作法應該是藉由對談記錄與目前輸入去推演出搜尋關鍵字，才能得到最適當的結果，這個推演搜尋關鍵字的工作正是語言模型的強項，交給它處理就可以解決搜尋不當關鍵字的問題。

讓 AI 自行決定是否需要搜尋

接著我們就先以 ChatGPT 來試看看，讓 AI 自己判斷不同的輸入是否需要搜尋，並要求它以制式的 JSON 格式回覆，除了回答是否需要搜尋外，也要求它一併提供建議搜尋的關鍵字：

ChatGPT 4

You

如果我想知道以下這件事，請確認是否需要網路搜尋才做得到？

```
2023 年金馬獎影后是誰？
```

如果需要，請以下列 JSON 格式回答我，除了 JSON 格式資料外，不要加上額外資訊，就算你知道答案，也不要回覆：

```
{{
  "search":"Y",
  "keyword":"你建議的搜尋關鍵字"
}}
```

如果不需要，請以下列 JSON 格式回答我：

```
{{
  "search":"N",
  "keyword":""
}}
```

ChatGPT

json　Copy code

```json
{
    "search":"Y",
    "keyword":"2023 金馬獎影后得主"
}
```

You

如果我想知道以下這件事，請確認是否需要網路搜尋才做得到？

```
幫我翻譯為中文：I'll be back.
```

ChatGPT

json　Copy code

```json
{
    "search":"N",
    "keyword":""
}
```

你可以看到 ChatGPT 很乖的依照指定推斷是否需要搜尋網路才能回覆內容，而且也會從問句中篩選出必要的搜尋關鍵字。由於回覆的內容為 JSON 格式，也很方便在 Python 中轉換成字典，方便程式處理。

撰寫判斷是否需要搜尋的工具函式

以下我們就把剛剛在 ChatGPT 的測試寫成工具函式。首先請執行下一個儲存格，把剛剛在 ChatGPT 中的提問設計為可替換實際問題的樣板：

```
1: # 用來詢問是否需要搜尋才能回覆問題的樣板
2: # 要求 AI 以 JSON 格式回覆 Y/N 以及建議的搜尋關鍵字
3: template_google = '''
4: 如果我想知道以下這件事，請確認是否需要網路搜尋才做得到？
5:
6: ```
7: {}
8: ```
9:
10: 如果需要，請以下列 JSON 格式回答我，除了 JSON 格式資料外，
11: 不要加上額外資訊，就算你知道答案，也不要回覆：
12:
13: ```
14: {{
15:     "search":"Y",
16:     "keyword":"你建議的搜尋關鍵字"
17: }}
18: ```
19: 如果不需要，請以下列 JSON 格式回答我：
20:
21: ```
22: {{
23:     "search":"N",
24:     "keyword":""
25: }}
26: '''
```

第 7 行就是要替換成實際問題的地方。接著再執行下一個儲存格定義請語言模型判斷是否需要搜尋網路的 check_google() 函式：

```python
# 利用目前歷史紀錄以及樣板內容詢問是否需要搜尋才能回覆問題
# 如果需要回覆，也同時取得 AI 推薦的搜尋關鍵字
def check_google(hist, msg, verbose=False):
    reply = get_reply_g(
        hist + [{  # 加入歷史紀錄 AI 才能推薦正確的關鍵字
            "role": "user",
            "content": template_google.format(msg)
        }], json_format=True)
    for ans in reply:pass
    if verbose: print(ans)
    return ans
```

由於這個函式就是要直接取得語言模型的回覆內容，因此採用非串流方式叫用 get_reply_g()。為了方便我們自己觀察，所以多加了一個 verbose 參數，傳入 True 時可讓此函式顯示語言模型的回覆。

你可以執行下一個儲存格測試看看不同問句語言模型的回覆狀況：

```python
# 測試需要搜尋的狀況
ans = check_google(
    [], '2023 金馬影后是誰？', True
)
# 測試可能不需要搜尋的狀況
ans = check_google(
    [], '新冠疫情是哪一年開始的？', True
)
# 測試沒有前文脈絡的狀況
ans = check_google(
    [], '那台灣呢？', True
)
# 測試包含前文脈絡的狀況
ans = check_google(
    [{'role':'assistant', 'content': '印度空污好嚴重'}],
    '那台灣呢？', True
)
```

實際的執行結果如下：

```
{
    "search":"Y",
    "keyword":"2023 金馬影后"
}
{
    "search":"N",
    "keyword":""
}
{
    "search":"Y",
    "keyword":"台灣 目前情況"
}
{
    "search":"Y",
    "keyword":"台灣 空氣品質"
}
```

你可以看到在最後一個測試中，因為有提供前文，所以語言模型建議的搜尋關鍵字就可以保持討論空汙的脈絡，而不會像是第 3 個測試那樣建議單純搜尋 " 台灣 "。

請再執行以下的儲存格，定義搜尋網路並將搜尋結果組合成適當命令語句的工具函式 google_res()：

```
def google_res(user_msg, num_results=5, verbose=False):
    content = "以下為已發生的事實：\n"                # 強調資料可信度
    for res in search(user_msg, advanced=True,     # 一一串接搜尋結果
                      num_results=num_results,
                      lang='zh-TW'):
        content += f"標題：{res.title}\n" \
                   f"摘要：{res.description}\n\n"
    content += "請依照上述事實回答以下問題：\n"       # 下達明確指令
    if verbose:
        print('------------')
        print(content)
        print('------------')
    return content
```

這個工具函式一樣具有 verbose 參數可以設定是否要顯示實際的搜尋結果，你可以執行下一個儲存格進行測試：

```
res = google_res('2023 金馬獎影后是誰？', 2, verbose=True)
```

執行結果如下：

```
------------
以下為已發生的事實：
標題：【2023 金馬獎】金馬 60 最新得獎名單一次看：吳慷仁首次入圍 ...
摘要：7 天前 — 【2023 金馬獎】金馬 60 最新得獎名單一次看：吳慷仁首次入圍就奪影帝、
12 歲林品彤成最年輕影后！ ‧《夏夢迴》(得獎) ‧《鷺鷥河》‧《白雲蒼狗》‧《 ...

標題：【2023 金馬獎】金馬 60 得獎名單一覽！12 歲林品彤成史上 ...
摘要：7 天前 — 2023金馬獎頒獎典禮11 月25 日在國父紀念館盛大舉行60 屆金馬獎 ...
12 歲林品彤成史上年紀最小金馬影后、吳慷仁奪金馬影帝. 2023 金馬獎得獎 ...

標題：【2023 金馬獎】聞天祥回顧金馬史上 10 大關鍵時刻！獲獎最多 ...
摘要：6 天前 — 4. 四座影后史上紀錄：張曼玉｜2000 ... 金馬獎到目前為止拿過最多女
主角獎的是張曼玉，從《三個女人的故事》開始拿獎、還包括了她的《阮玲玉》、《甜蜜蜜》 ...

標題：【金馬 60】2023 金馬獎亮點！12 歲林品彤成「史上最年輕影后」
摘要：7 天前 — 今年拿下影帝、影后大獎的幸運兒是誰？典禮表演有哪些精采十足的看點？
現在就跟著COSMO一起來看看你不能錯過的金馬獎亮點吧！

請依照上述事實回答以下問題：

------------
```

可自行判斷是否進行網路搜尋的聊天程式

有了以上的工具程式輔助，就可以設計讓 AI 自己判斷是否要搜尋網路的聊天程式了。請執行下一個儲存格，定義 chat_g() 函式：

```
import json
hist = []          # 歷史對話紀錄
backtrace = 2      # 記錄幾組對話

def chat_g(sys_msg, user_msg, stream=False, verbose=False):
    global hist
    messages = [{'role':'user', 'content':user_msg}]
    ans = json.loads(check_google(hist, user_msg,
                                  verbose=verbose))
```
▼

```
10:     if ans['search'] == 'Y':
11:         print(f'嘗試透過網路搜尋:{ans["keyword"]}....')
12:         res = google_res(ans['keyword'], verbose=verbose)
13:         messages = [{'role':'user', 'content': res + user_msg}]
14:
15:     replies = get_reply_g(              # 使用搜尋版的函式
16:         hist          # 先提供歷史紀錄
17:         + messages  # 再提供搜尋結果及目前訊息
18:         + [{"role": "system", "content": sys_msg}],
19:         stream)
20:     reply_full = ''
21:     for reply in replies:
22:         reply_full += reply
23:         yield reply
24:
25:     hist.append({"role":"user", "content":user_msg})
26:     hist.append({"role":"assistant", "content":reply_full})
27:     hist = hist[-2 * backtrace:] # 保留最新對話
```

- 第 5 行的 stream 參數可指定是否要以串流方式顯示回覆內容;verbose 參數可控制是否要讓前面介紹的工具函式顯示詳細內容,協助我們瞭解語言模型的判斷結果。
- 第 8 行取得 check_google() 的判斷結果並轉換成字典。要注意的是傳送給 check_google() 的除了輸入的內容外,同時也會把歷史紀錄傳入,以便讓語言模型可以根據對答脈絡推演出適當的搜尋關鍵字。
- 第 10~13 行在需要搜尋的情況下利用 google_res() 取得尋結果,再和輸入的問題結合成單一訊息。第 11 行會把語言模型建議的搜尋關鍵字印出來,讓使用者可以辨別此次回答是否有參考網路搜尋的資料,以及搜尋的關鍵字是什麼。
- 第 15~23 行會取得模型回覆的內容,並一樣統一以生成器的方式傳回。
- 第 25~27 行將本次問答加入歷史紀錄中,並且把超過記錄長度的舊問答移除。

請再執行下一個儲存格，測試實際的聊天程式：

```
sys_msg = input("你希望ㄟ唉扮演:")
if not sys_msg.strip(): sys_msg = '使用繁體中文的小助理'
print()

while True:
    msg = input("你說:")
    if not msg.strip(): break
    print(f"{sys_msg}:", end = "")
    # 不論是字串或是生成器，都可以適用 for...in 迴圈
    for reply in chat_g(sys_msg, msg, stream=False):
        print(reply, end = "")
    print('\n')
hist = []
```

這個聊天程式除了改用 chat_g() 以外，跟前一章的是一樣的，我們就不再贅述，以下是實際執行的結果：

```
你希望ㄟ唉扮演:

你說:2023 金馬獎影后是誰？
使用繁體中文的小助理:嘗試透過網路搜尋:2023 金馬獎 最佳女主角....
2023 金馬獎影后是林品彤。

你說:那影帝呢？
使用繁體中文的小助理:嘗試透過網路搜尋:2023 金馬獎影帝....
根據您提供的信息，2023 年金馬獎影帝是吳慷仁。他憑藉在電影《富都青年》中的表演首次
入圍就獲得了這一榮譽。

你說:幫我翻譯為中文:I'll be back.
使用繁體中文的小助理:"I'll be back." 翻譯成中文是:「我會回來的。」这句话特别有名，
因为它经常与阿诺德·施瓦辛格在电影《终结者》中的台词联系在一起。

你說:
```

你可以看到語言模型幫我們判斷出來前兩個問句需要搜尋網路，並且提供了建議的搜尋關鍵字。第 2 個問句中更可以看到語言模型根據前文脈絡，判斷這應該是詢問同一年的金馬獎影帝，所以推薦搜尋 "2023 金馬獎影帝"。最後一個搜尋也可以看到翻譯任務並不需要搜尋網路，直接就可以完成。

透過這樣的方式，使用者就只需要發問，不必額外下達指令，語言模型自己就會判斷是否需要搜尋網路，看起來就像是個無所不知的超級助理了。只要延續這樣的作法，甚至可以加入其他的工具，發展成像是 ChatGPT 的外掛系統，例如加入一個協助語言模型擷取網頁內容的工具函式，這樣當問句中提及某個網址時，就可以根據該網頁的內容回答問題。不過其實針對這樣的需求，OpenAI API 提供有一個制式的功能，稱為 **function calling**，可以讓我們用簡潔的方式建構外掛系統。

6-3 可建構外掛系統的 Function Calling 機制

上一節的作法雖然可以讓語言模型自主判斷，但是有幾個問題：

- 我們必須為個別工具設計適當的問句樣板，也就是前一節例子中詢問是否需要搜尋的問句，讓語言模型做出適當的判斷。如果問句模版設計不當，可能會導致判斷結果錯誤，或者是語言模型沒有依照我們期望的格式回答，讓後續處理的程式出錯。舉例來說，如果語言模型沒有依照我們在前一節的例子中規定的 JSON 格式回覆，在將 JSON 資料轉成 Python 字典時就會出錯。
- 不同人提供的工具可能會採用不同的回覆格式，導致程式寫起來過於複雜容易出錯。

為了幫助我們開發協助語言模型藉助**外部工具**的能力，OpenAI API 推出了 **function calling** 的機制。簡單的來說，function calling 就是指程式可以告訴語言模型有哪些提供各式功能的**外部工具函式**可以使用，然後由語言模型判斷並告知是否要使用某一個函式，程式再去叫用該函式並傳回執行結果給語言模型，語言模型再做最後的回覆。整體流程如下：

step 01 使用 API 傳送訊息時透過 **tools** 參數以統一的語法告訴語言模型有哪些外部工具函式可以使用，傳遞的內容包含函式的**名稱**、**功用說明**、個別參數的**資料型別**以及**用途**。

step 02 語言模型會根據訊息內容以及所提供的外部工具函式說明，判斷是否需要藉助外部工具函式的協助？如果需要，就會在回覆的訊息中以 **"tools_calls"** 項目告知要叫用的**函式**以及**參數值**。

step 03 由程式自行依據回覆內容叫用對應的函式，並且將函式的執行結果以 **tool 角色**的訊息傳回給語言模型。

step 04 語言模型綜合 tool 角色以及 user 角色的訊息回覆。

以下我們就透過實際的例子演練上述流程，讓大家明確瞭解 function calling 的用法。

Tip

Function calling 是 2023/6 月新增到模型的功能，本書撰寫的時候，gpt-3.5-turbo 與 gpt-4 都已經具備 function calling 功能。如果你有之前撰寫的程式，使用較舊版本的模型，就無法使用 function calling 機制，建議可以更新使用新版的模型。

告知語言模型可用的外部工具函式

這一節我們就以上一節設計的 google_res() 函式為例，說明如何讓語言模型可以使用該函式增加網路搜尋的能力。請執行下一個儲存格詢問 2023 年的金曲獎歌后，同時讓語言模型知道有提供 googe 搜尋的外部工具函式可以使用：

```
response = client.chat.completions.create(
    model = "gpt-4-1106-preview",
    messages = [{"role":"user", "content":"2023 金馬獎影后是誰？"}],
```
▼

```
    tools = [{ # 可用的函式清單
        "type":"function",
        "function": {
            "name": "google_res",                           # 函式名稱
            "description": "取得 Google 搜尋結果",          # 函式說明
            "parameters": {
                "type": "object",
                "properties": {
                    "user_msg": {                           # 參數名稱
                        "type": "string",                   # 資料型別
                        "description": "要搜尋的關鍵字",    # 參數說明
                    }
                },
                "required": ["user_msg"],                   # 必要參數
            },
        }
    }],
    tool_choice = "auto")        # 請 AI 判斷是否需要叫用函式
```

1. tools 參數必須傳入串列，每個項目對應單一個函式的描述，必須符合 JSON Schema 的規範。

Tip

JSON Schema 規範可參考 https://json-schema.org/understanding-json-schema/

本例表示有一個名稱為 google_res 可進行 Google 搜尋的函式，叫用時需要名稱為 user_msg 的參數，傳入要搜尋的關鍵字。

2. 在描述參數的資料型別時，可用的型別如下：

型別	對應的 Python 型別	說明
string	str	字串
number	int/float	數值
object	dict	字典
array	list	串列
boolean	bool	布林值
null	None	未設值

3. 搭配 tools 參數還要傳入 **tools_choice** 參數，用來指定要如何使用外部工具函式。指定為 "none" 表示不要使用外部工具函式；"auto" 表示由語言模型自行判斷是否需要使用外部函式；如果想要強制語言模型使用特定外部工具函式，就要指定為以下格式的字典：

```
{ "name": "函式名稱"}
```

一般來說，設定為 "auto" 是比較恰當的作法。

取得語言模型的建議

語言模型會在取得傳入的訊息與外部工具函式的描述後，判斷是否要使用特定的工具函式。以此例來說，因為詢問的是超過語言模型訓練時事實資料時間的問題，而且提供的是可以搜尋網路的工具函式，所以語言模型會回覆要使用該函式，請執行下一個儲存格將回覆內容印出來：

```
1: pprint(response)
```

印出的內容如下：

```
ChatCompletion(
    id='chatcmpl-8RGTqYixYjmR1TvLq3jmtbDdka4L9',
    choices=[
        Choice(
            finish_reason='tool_calls',
            index=0,
            message=ChatCompletionMessage(
                content=None,
                role='assistant',
                function_call=None,
                tool_calls=[
                    ChatCompletionMessageToolCall(
                        id='call_PVXmf0VrY7YSAsde0TOtWHcY',
                        function=Function(
                            arguments='{"user_msg":"2023 金馬獎影后"}',
```

▼

```
                        name='google_res'),
                    type='function'
                )
            ]
        )
    )
],
created=1701508898,
model='gpt-4-1106-preview',
object='chat.completion',
system_fingerprint='fp_2eb0b038f6',
usage=CompletionUsage(completion_tokens=33, prompt_tokens=83,
                     total_tokens=116)
)
```

你可以看到：

1. 在 message 內的 content 是 None, 表示這並不是實際回覆內容。
2. 在 message 中多了一個 tool_calls 串列，它的內容就是語言模型建議使用的工具函式。其中每個項目是一個 Function 物件，代表要叫用的一個函式，其中 id 屬性是該次函式叫用的識別碼，name 屬性是函式名稱，arguments 屬性就是要傳入的參數名稱以及參數值。
3. 在 finish_reason 項目中可以看到既不是一般的 "stop", 也不是超過 token 數量限制的 "length", 而是代表建議使用工具函式的 "tool_calls"。

Tip

在我們的測試中，有時會遇到 function calling 訊息中中文引數是亂碼的情況，像是 "user_msg": "2023 \x87\x91\x8d\x8e± \x90\x8e", 原因不明，但通常改用不同版本的模型就好了。例如使用 gpt-3.5-1106 會有問題，但是 gpt-3.5-turbo-0613 或是 gpt-4-1106-preview 則沒有問題。由於本章示範的部分功能必須仰賴日期為 1106 的模型，因此都以 gpt-4-1106-preview 為主，如果遇到類似的狀況，請自行改以 gpt-3.5-1106 模型測試。

請執行下一個儲存格將各項資訊取出再印出最後要執行的函式內容：

```
tool_call = response.choices[0].message.tool_calls[0]
func_name = tool_call.function.name
import json
args = json.loads(tool_call.function.arguments)
arg_val = args.popitem()[1]
print(f'{func_name}("{arg_val}")')
```

印出的結果如下：

```
google_res("2023 金馬獎影后")
```

這樣就可以知道根據語言模型的判斷，只要執行 google_res('2023 金馬獎影后')，並傳回執行結果，它就可以回覆 "2023 金馬獎影后是誰？" 了。

執行函式並傳回結果

模型並不會也無法幫我們叫用它所建議的函式，我們必須自行叫用後再將函式結果跟原本的訊息一併傳回讓模型重新參考後再回覆。不過要注意的是，傳回時也要把剛剛模型回覆的 function calling 訊息傳回去，所以下一個儲存格先建立一個輔助函式，把回覆中以 ChatCompletionMessage 物件包裝的訊息內容轉成 API 接受的 Python 字典形式：

```
1: # 用來過濾掉訊息中 function_call 欄位的函式
2: # 由於 function_call 在請求中和 tool_choice 是同樣的功能
3: # 如果一併傳回會造成錯誤, 所以我們這裡特別濾掉
4: def make_tool_back_msg(tool_msg):
5:     msg_json = tool_msg.model_dump()
6:     del msg_json['function_call']
7:     return msg_json
```

- 第 5 行先使用 model_dump 方法把訊息物件整個轉成 Python 字典。

- 轉出來的字典有些內容是不需要傳回的，所以第 6 行刪除 function_call 屬性。

Tip

原本模型回覆的 function calling 訊息中有一個值為 None 的 function_call 屬性，這個屬性不能原封不動傳回。因為在舊版本的 function calling 中，傳給模型的訊息裡 tool_choice 參數的名稱是 function_call，這個參數雖然已經棄用，但仍然有效，可傳入的值同 tool_choice，傳給模型的訊息如果 function_call 設為 None 就會出錯，這也是為什麼我們需要另外設計函式來建立訊息，而不是使用 model_dump 方法把回覆訊息轉成字典就直接傳回的原因。

有了這個輔助函式的幫忙，就可以執行下一個儲存格依照模型的建議叫用函式，再送回給模型處理了：

```
 1: response = client.chat.completions.create(
 2:     model='gpt-4-1106-preview',
 3:     messages=[
 4:         {"role":"user", "content":"2023 金馬獎影后是誰？"},
 5:         # 傳回 AI 傳給我們的 function calling 結果
 6:         make_tool_back_msg(response.choices[0].message),
 7:         {   # 以 function 角色加上 name 屬性指定函式名稱傳回執行結果
 8:             "tool_call_id": tool_call.id, # 叫用函式的識別碼
 9:             "role": "tool", # 以工具角色送出回覆
10:             "name": func_name, # 叫用的函式名稱
11:             "content": eval(f'{func_name}("{arg_val}")') # 函式傳回值
12:         }
13:     ]
14: )
```

- 第 6 行利用剛剛建立的輔助函式將原本語言模型回覆外部工具函式建議的訊息一併傳回。
- 第 8 行為訊息增加了 tool_call_id 項目，放入剛剛在訊息中看到的函式叫用識別碼，這樣模型才知道這個訊息是該函式的執行結果。
- 第 9 行建立一個 tool 角色的訊息，這是除了 user、system、assistant 以外的第 4 種角色。

- 第 10 行要幫這個訊息加上額外的 **name** 項目，註明函式名稱。
- 第 11 行 content 內容就是函式的執行結果，這裡使用 eval 函式幫我們執行由模型指示內容組成的程式碼，即可取得函式傳回值。

語言模型收到後，就會根據 tool 角色的訊息內容回覆 user 角色的訊息了，請執行下一個儲存格將回覆內容印出來：

```
print(response.choices[0].message.content)
```

執行結果如下：

```
2023 年金馬獎影后是林品彤。
```

你可以看到外部函式的確發揮了效用，讓語言模型可以回覆最新發生 的事情了。

同時叫用多個函式 (parallel function calling)

如果需要，模型的回覆中可能會包含多個叫用函式的建議，我們必須自己從 tool_calls 串列中一一取出個別項目後叫用對應的函式，再將執行結果加上函式叫用識別碼整理成訊息後傳回給模型，請執行下一個儲存格測試：

> **Tip**
> 這樣功能必須搭配標示有 1106 日期的模型才能使用，否則每次就只會建議叫用單一個函式。

```
response = client.chat.completions.create(
    model = "gpt-4-1106-preview",
    messages = [{
        "role":"user",
        "content":"2023 金曲獎歌后和金馬獎影后各是誰？"}],
    tools = [{ # 可用的函式清單
        "type":"function",
        "function": {
```

```
            "name": "google_res",                          # 函式名稱
            "description": "取得 Google 搜尋結果",         # 函式說明
            "parameters": {
                "type": "object",
                "properties": {
                    "user_msg": {                          # 參數名稱
                        "type": "string",                  # 資料類型
                        "description": "要搜尋的關鍵字",   # 參數說明
                    }
                },
                "required": ["user_msg"],                  # 必要參數
            },
        }
    }],
    tool_choice = "auto")        # 請 AI 判斷是否需要叫用函式
```

再執行下一個儲存格將結果顯示出來：

```
pprint(response)

ChatCompletion(
    id='chatcmpl-8RYITDyctMAbSYBCHz1zwVVzgjSFw',
    choices=[
        Choice(
            finish_reason='tool_calls',
            index=0,
            message=ChatCompletionMessage(
                content=None,
                role='assistant',
                function_call=None,
                tool_calls=[
                    ChatCompletionMessageToolCall(
                        id='call_tabIdc5FJnwUV1Z5LLebyBtI',
                        function=Function(
                            arguments='{"user_msg": "2023 金曲獎歌后獲獎者"}',
                            name='google_res'),
                        type='function'
                    ),
                    ChatCompletionMessageToolCall(
                        id='call_X6SvX0q9R67opqwR2SUCorGs',
                        function=Function(
                            arguments='{"user_msg": "2023 金馬獎影后獲獎者"}',
                            name='google_res'),
                        type='function'                                  ▼
```

```
                    )
                ]
            )
        )
    ],
    created=1701577385,
    model='gpt-4-1106-preview',
    object='chat.completion',
    system_fingerprint='fp_a24b4d720c',
    usage=CompletionUsage(completion_tokens=135, prompt_tokens=95,
                          total_tokens=230)
```

Tip

在測試這種會執行多個函式的 function calling 時，偶而也遇到過和使用 gpt-3.5-turbo-1106 模型時回覆訊息中中文引數是亂碼的同樣問題，不過多半重新執行一次就可以得到正確的回覆。

你可以看到在 tool_calls 裡面有兩個項目，都是叫用 google_res 函式，但傳入不同的關鍵字，函式叫用識別碼也不一樣。模型把原本的問題分解開成兩個問題，希望個別查詢後再整合起來回答。

為了方便之後的程式碼處理 tool_calls 串列，以下先建立一個由 tool_calls 串列一一叫用函式，並且把函式執行結果跟函式叫用識別碼整合成訊息串列的輔助函式：

```
def make_func_messages(tool_calls):
    messages = []
    for tool_call in tool_calls:
        func = tool_call.function
        func_name = func.name
        args_val = json.loads(func.arguments).popitem()[1]
        print(f'{func.name}("{args_val}")')
        messages.append({
            "tool_call_id": tool_call.id, # 叫用函式的識別碼
            "role": "tool", # 以工具角色送出回覆
            "name": func.name, # 叫用的函式名稱
            "content": eval(f'{func_name}("{args_val}")') # 傳回值
        })
    return messages
```

這個函式只是把之前針對單一函式叫用時的程式碼整合在一個迴圈中而以，請執行下一個儲存格利用剛剛的輔助函式取得結果：

```
msges = make_func_messages(response.choices[0].message.tool_calls)
pprint(msges)
```

顯示結果如下（以下只顯示第 1 筆搜尋結果，節省版面）

```
google_res("2023 金曲獎歌后獲獎者")
google_res("2023 金馬獎影后獲獎者")
[
    {
        'tool_call_id': 'call_tabIdc5FJnwUV1Z5LLebyBtI',
        'role': 'tool',
        'name': 'google_res',
        'content': '以下為已發生的事實：\n 標題：【金曲 34】2023 金曲獎得獎名單！\
        n 摘要：2023 年 7 月 1 日 — 連續三年抱回金曲獎！金曲歌后由 A-Lin 抱回，已六
        度入圍金曲的 A-Lin 終於美夢成真！2023 金曲得獎人完整揭曉，快跟上第 34 屆
        金曲獎的得獎名單！ ... 者：JADE\xa0...\n\n...(略)... 請依照上述事實回答以
        下問題：\n'
    },
    {
        'tool_call_id': 'call_X6SvX0q9R67opqwR2SUCorGs',
        'role': 'tool',
        'name': 'google_res',
        'content': '以下為已發生的事實：\n 標題：金馬獎 2023》金馬 60 得獎名單：
        影帝吳慷仁、12 歲影后林品彤 \n 摘要：5 天前 — 2023 第 60 屆金馬獎得獎名單
        揭曉！12 歲的林品彤以《小曉》成金馬史上最年輕影后，吳慷仁以《富都青年》首
        次入圍就獲得金馬影帝。一起看看金馬 60 得獎的 \xa0...\n\n...(略)...\n\n 請
        依照上述事實回答以下問題：\n'
    }
]
```

接著就可以執行下一個儲存格整合所有資訊重新請模型回覆了：

```
response = client.chat.completions.create(
    model='gpt-4-1106-preview',
    messages=[{
        "role":"user",
        "content":"2023 金曲獎歌后和金馬獎影后各是誰？"},
```

▼

```
        # 傳回 AI 傳給我們的 function calling 結果
        make_tool_back_msg(response.choices[0].message),
    ] + msges
)
```

再執行下一個儲存顯示結果：

```
print(response.choices[0].message.content)
```

2023 年金曲獎最佳女歌手 (歌后) 是 A-Lin，而金馬獎最佳女主角 (影后) 則是 12 歲的林品如。

Tip

你可能已經注意到模型的回覆中似乎不大對，如果你比對前面搜尋結果，會看到金馬獎影后的名字是林品**彤**，但是這裡卻是林品**如**，在我們的測試中，目前執行多個函式的 function calling 常會發生模型的回覆中亂改字的狀況，原因不明，使用上要多加小心。

以串流方式使用 function calling

Function calling 也可以搭配串流方式運作，請執行下一個儲存格：

```
response = client.chat.completions.create(
    model = "gpt-4-1106-preview",
    messages = [{"role":"user",
                 "content":"2023 金曲獎歌后和金馬獎影后各是誰？"}],
    tools = [{
        "type": "function",                            # 工具類型
        "function": {
            "name": "google_res",                      # 函式名稱
            "description": "取得 Google 搜尋結果",       # 函式說明
            "parameters": {
                "type": "object",
                "properties": {
                    "user_msg": {                      # 參數名稱
                        "type": "string",
                        "description": "要搜尋的關鍵字", # 參數說明
                    }
```

```
                    },
                    "required": ["user_msg"],
                },
            }
        }],
        tool_choice = "auto", # 請 AI 判斷是否需要使用工具
        stream=True
)
```

API 回覆的方式和之前回覆訊息一樣，都是以迭代器回覆片段內容，請執行下一個儲存格將個別片段印出來：

```
for chunk in response:
    pprint(chunk)
```

和串流方式的一般回覆一樣，串流方式的 function calling 也是透過 delta 屬性以 ChoiceDelta 類別的物件傳回片段內容，以下是第一個片段：

```
ChatCompletionChunk(
    id='chatcmpl-8RXEmWadLD6om3efE4unFas2LuPoa',
    choices=[
        Choice(
            delta=ChoiceDelta(content=None, function_call=None,
                              role='assistant', tool_calls=None),
            finish_reason=None,
            index=0
        )
    ],
    ...(略)
)
```

其餘都沒有內容

只有 role 表示為助理訊息

第一個片段沒有任何內容，只有 role 屬性顯示是助理角色的訊息，接下來遇到第一個 tool_calls 屬性有內容的片段就會指出函式的名稱，像是以下就是建議叫用 google_res 函式的開頭片段：

```
ChatCompletionChunk(
    id='chatcmpl-8RXEmWadLD6om3efE4unFas2LuPoa',
    choices=[
        Choice(
            delta=ChoiceDelta(
                content=None,
                function_call=None,
                role=None,
                tool_calls=[
                    ChoiceDeltaToolCall(
                        index=0,
                        id='call_JphOD4rqiwg4Q3kXEo0jUEjY',
                        function=ChoiceDeltaToolCallFunction(
                            arguments='', name='google_res'),
                        type='function'
                    )
                ]                                   表示要叫用此函式
            ),
            finish_reason=None,
            index=0
        )
    ],
    ...(略)
)
```

注意到這個片段裡面 arguments 屬性是空字串，只有 name 屬性才有函式名稱。之後陸續生成的片段才是引數的部分內容：

```
ChatCompletionChunk(
    id='chatcmpl-8RXEmWadLD6om3efE4unFas2LuPoa',
    choices=[
        Choice(
            delta=ChoiceDelta(
                content=None,
                function_call=None,
                role=None,
                tool_calls=[
                    ChoiceDeltaToolCall(
                        index=0,
                        id=None,
```

```
                        function=ChoiceDeltaToolCallFunction(
                            arguments='{"us', name=None),
                        type=None
                    )
                ]
            ),
            finish_reason=None,
            index=0
        )
    ],
    ...(略)
)
...(略)
```

表示要傳給函式
的引數片段內容

一直到遇到下一個 name 屬性有函式名稱的片段，或是結束生成片段，就是函式的結尾，你必須自行從生成片段中組合出完整的引數。如果模型建議叫用多個函式，就會重複上述生成過程。

到這裡我們就掌握了 function calling 機制的用法，在下一節中，就會利用 function calling 機制建立一個簡易的外掛系統，方便隨時增添外部工具函式給模型使用。

6-4 建立 API 外掛系統

上一節我們演練了 function calling 的個別步驟，在這一節中我們要將這些步驟自動化串接起來，建立一個簡易的外掛系統，往後就可以依據需要加入額外的外部工具函式，快速提升語言模型的功能。

建立外部工具函式參考表

為了把外部工具函式的描述制式化，請執行下一個儲存格建立參考表：

```
tools_table = [                     # 可用工具表
    {                               # 每個元素代表一個工具
        "chain": True,              # 工具執行結果是否要再傳回給 API
        "func": google_res,         # 工具對應的函式
        "spec": {                   # function calling 需要的工具規格
            "type": "function",
            "function": {
                "name": "google_res",
                "description": "取得 Google 搜尋結果",
                "parameters": {
                    "type": "object",
                    "properties": {
                        "user_msg": {
                            "type": "string",
                            "description": "要搜尋的關鍵字",
                        }
                    },
                    "required": ["user_msg"],
                },
            }
        }
    }
]
```

這個表格也是一個串列，每個元素就是一個外部工具函式，其中：

- chain 項目表示是否需要在執行函式後，再叫用一次 API 傳回函式執行結果。像是 google_res()，使用它就是要取得搜尋結果，就要設定為 True，再次叫用 API 並傳回搜尋結果讓模型參考。在下一章中，我們會介紹文字生圖的功能，這時就只是請模型判斷是否需要繪圖，並且提供描述繪圖的文字，後續就只是交給外部函式處理，並不需要將執行結果再送回給模型，那就要設定為 False。
- spec 項目就是實際要透過 functions 參數傳給模型的函式描述內容。

建立協助 function calling 的工具函式

為了簡化後續撰寫程式的複雜度，這裡先建立幾個與 function calling 機制相關的輔助函式，請執行下一個儲存格定義 call_tools() 函式，它可以從 API 回覆建議使用函式的 tool_calls 項目內取出資訊，並直接叫用函式：

```
 1: def call_tools(tool_calls, tools_table):
 2:     res = ''
 3:     msg = []
 4:     for tool_call in tool_calls:
 5:         func = tool_call.function
 6:         func_name = func.name
 7:         args = json.loads(func.arguments)
 8:         for f in tools_table:  # 找出包含此函式的項目
 9:             if func_name == f['spec']['function']['name']:
10:                 print(f"嘗試叫用：{func_name}(**{args})")
11:                 val = f['func'](**args)
12:                 if f['chain']: # 要將結果送回模型
13:                     msg.append({
14:                         'tool_call_id': tool_call.id,
15:                         'role': 'tool',
16:                         'name': 'func_name',
17:                         'content': val
18:                     })
19:                 else:
20:                     res += str(val)
21:                 break
22:     return msg, res
```

- 第 4 行利用迴圈一一從 tool_calls 串列中取出個別叫用函式的建議。
- 第 6 行取出函式名稱。
- 第 7 行取得參數內容，這是 JSON 格式 的物件。
- 第 8~9 行從參考表中找尋相同函式名稱的元素，找到後執行該函式，並將執行結果與該函式的 chain 項目值傳回。
- 由於 args 是 Python 字典，因此在第 11 行中就在前面加上 "**" 展開字典的內容，變成是具名參數。

- 第 12~18 在該函式執行結果需要送回模型時依照格式建立 tool 角色的訊息新增到 msg 串列中；如果函式結果不需要送回模型，就將執行結果轉為文字加入 res 字串中。

有了這個函式，就可以自動依據模型的建議內容，確認參考表中有該函式並自動執行函式了。

請再執行下一個儲存格，定義 get_tools_calls() 函式，它會從 API 的回覆中，判斷是否為建議叫用函式還是一般的回覆訊息，如果是建議叫用函式，就會取出其中 tools_calls 的部分傳回：

```
def get_tool_calls(messages, stream=False, tools_table=None,
                   **kwargs):
    model = 'gpt-4-1106-preview' # 設定模型
    if 'model' in kwargs: model = kwargs['model']

    tools = {}
    if tools_table: # 加入工具表
        tools = {'tools':[tool['spec'] for tool in tools_table]}

    response = client.chat.completions.create(
        model = model,
        messages = messages,
        stream = stream,
        **tools
    )

    if not stream: # 非串流模式
        msg = response.choices[0].message
        if msg.content == None: # function calling 的回覆
            return msg.tool_calls, None # 取出叫用資訊
        return None, response # 一般回覆

    tool_calls = [] # 要叫用的函式清單
    prev = None
    for chunk in response:
        delta = chunk.choices[0].delta
        if delta.content != None:  # 一般回覆 (非 function calling)
            return None, response # 直接返回結果
        if delta.tool_calls:       # 不是頭/尾的 chunk
```

```
30:             curr = delta.tool_calls[0]
31:             if curr.function.name:       # 單一 call 開始
32:                 prev = curr               # 取得工具名稱
33:                 tool_calls.append(curr)  # 加入串列
34:             else: # 串接引數內容
35:                 prev.function.arguments += curr.function.arguments
36:     return tool_calls, None
```

- 這個函式會傳回一個元組，分別是 tool_calls 部分與一般的回覆。
- 這裡預留了小小的彈性，預設使用 gpt-4-1106-preview 模型，如果有使用具名參數 model，就改用該參數指定的模型。這樣可以方便我們觀察不同模型的差異。
- 第 7,8 行會在 func_table 參數有傳入工具函式參考表時蒐集所有函式的 spec 項目，並在第 14 行展開成為 tools 參數傳送給 API。如果沒有傳入工具函式參考表，因為 tools 的初值為空的字典，所以在叫用函式時展開並不會產生 tools 參數，就不會因為使用 API 時有 tools 參數，但該參數內容卻沒有函式描述而出錯了。
- 第 17~21 行處理非串流模式，如果回覆訊息中 tool_calls 有內容，就將之傳回，否則就將回覆內容傳回。
- 第 25 行利用迴圈一一取得生成的片段，在第 27 行先確認若 content 屬性有內容，表示為一般回覆，就直接將回應內容傳回即可。
- 第 29~35 行從生成訊息的 tool_calls 屬性內取得函式名稱以及引數內容，組合出完整的 tool_calls 串列。
- 最後第 36 行傳回組好的 tool_calls 串列以及一般回覆內容。

你可以執行接續的兩個儲存格測試剛剛寫好的輔助函式：

```
tool_calls, reply = get_tool_calls(
    messages = [{'role':'user', 'content':'2023 金曲歌王是哪位？'}]
)

print(tool_calls)
print(reply and reply.choices[0].message.content)
```

```
None
很抱歉，我無法提供 2023 年金曲獎（Golden Melody Awards）最佳男歌手得主的訊息。金曲獎是臺灣的一個年度音樂獎項，旨在表彰過去一年內傑出的華語音樂製作。但由於我的知識截止日期是 2023 年，我無法知道當年的獲獎情況。

为了獲得最新的資訊，建議查閱最近的新闻更新或者是金曲獎的官方網站。
```

由於沒有傳入工具函式表格，顯示結果一開始的 None 表示模型認為不需要叫用函式，而 reply 含有模型的回覆。

下個儲存格則是測試串列方式的結果：

```
tool_calls, response = get_tool_calls(
    messages = [{'role':'user', 'content':'2023 金曲歌王是哪位？'}],
    stream=True
)

for chunk in response:
    print(chunk.choices[0].delta.content or '', end='')
```

結果類似，只是以串流方式生成結果。

建立 function_calling 版的 get_reply_f() 函式

有了剛剛建立的工具程式後，就可以修改 get_reply_g() 函式變成具備 function calling 的版本了，請執行下一個儲存格，定義 get_reply_f() 函式：

```
 1: def get_reply_f(messages, stream=False, tools_table=None, **kwargs):
 2:     try:
 3:         tool_calls, response = get_tool_calls(
 4:             messages, stream, tools_table, **kwargs)
 5:         if tool_calls:
 6:             tool_messages, res = call_tools(tool_calls, tools_table)
 7:             tool_calls_messeges = []
 8:             for tool_call in tool_calls:
 9:                 tool_calls_messeges.append(tool_call.model_dump())
10:             if tool_messages:  # 如果需要將函式執行結果送回給 AI 再回覆
11:                 messages += [ # 必須傳回原本 function_calling 的內容
12:                     {
13:                         "role": "assistant", "content": None,
14:                         "tool_calls": tool_calls_messeges
15:                     }]
16:                 messages += tool_messages
17:                 # pprint(messages)
18:                 yield from get_reply_f(messages, stream,
19:                                        tools_table, **kwargs)
20:             else:       # chain 為 False, 以函式叫用結果當成模型生成內容
21:                 yield res
22:         elif stream:    # 不需叫用函式但使用串流模式
23:             for chunk in response:
24:                 yield chunk.choices[0].delta.content or ''
25:         else:           # 不需叫用函式也沒有使用串流模式
26:             yield response.choices[0].message.content
27:     except openai.APIError as err:
28:         reply = f"發生錯誤\n{err.message}"
29:         print(reply)
30:         yield reply
```

- 第 3 行會透過 get_tool_calls() 從 API 回覆中取出有關使用工具函式的資訊。
- 第 6 行會在模型建議使用工具函式時透過 call_tools() 直接執行指定的函式，並在第 10 行判斷該函式需要再串接 API 的情況下，自動傳回函式執行結果再呼叫一次 API。

其餘部分都跟原始的版本類似，就不再贅述。請執行下一個儲存格確認上述函式都可正常運作：

```
# 測試非串流方式 function_calling 功能
for chunk in get_reply_f(
    [{"role":"user", "content":"2023 金馬獎影后是誰？"}],
    tools_table=tools_table):
    print(chunk)
```

執行結果如下：

```
嘗試叫用：google_res(**{'user_msg': '2023 金馬影后獲獎者'})
2023 年金馬影后獲得者是林品彤。
```

你可以看到模型建議使用 google_res() 工具函式，並且傳入搜尋關鍵字 "2023 金馬獎影后是誰？"。請再執行下一個儲存格測試啟用串流是否也可正常運作：

```
# 測試串流方式 function_calling 功能
for chunk in get_reply_f(
    [{"role":"user", "content":"2023 金馬獎影后是誰？"}],
    stream=True,
    tools_table=tools_table):
    print(chunk, end='')
```

執行結果與前一個儲存格類似，只是輸出採串流方式，這裡不再重複。請再執行下一個儲存格，測試沒有傳入工具函式參考表的情況：

```
# 測試非串流、無 function calling 功能
for chunk in get_reply_f(
    [{"role":"user", "content":"2023 金馬獎影后是誰？"}]):
    print(chunk)
```

由於沒有外部工具函式的幫助，所以你會看到熟悉的執行結果：

截至我知識的更新時間點 (2023 年)，關於 2023 年金馬獎的相關信息包括獲獎者名單尚未公布。金馬獎是華語電影界重要的獎項，屆時會有正式的典禮和公告來宣布各個獎項的得主。由於我的知識可能不是最新的，如果你想獲得最新的金馬獎得主資訊，建議搜索最新的新聞報道或訪問金馬獎的官方網站，這樣可以得到最準確的結果。

你也可以執行下一個儲存格，測試啟用串流的結果是否正確：

```
# 測試串流、無 function calling 功能
for chunk in get_reply_f(
    [{"role":"user", "content":"2023 金馬獎影后是誰？"}],
    stream=True):
    print(chunk, end='')
```

最後測試看看詢問需要叫用多個函式的問題，請執行下一個儲存格：

```
# 測試串流方式 function_calling 功能
for chunk in get_reply_f(
    [{"role":"user", "content":"2023 金曲獎歌后和金馬獎影后各是誰？"}],
    stream=True,
    tools_table=tools_table):
    print(chunk, end='')
```

執行結果如下：

```
嘗試叫用：google_res(**{'user_msg': '2023 金曲獎歌后'})
嘗試叫用：google_res(**{'user_msg': '2023 金馬獎影后'})
2023 年的金曲獎歌后是 A-Lin，而金馬獎影后是 12 歲的林品如。
```

Tip

這裡仍然有前面提到的模型回覆亂改字的問題，測試時請特別留意。

建立 function calling 版本的 chat_f() 函式

有了 get_reply_f() 函式後，事情就變得很簡單了，以下是修改過的 chat_f() 函式：

```
hist = []          # 歷史對話紀錄
backtrace = 2      # 記錄幾組對話

def chat_f(sys_msg, user_msg, stream=False, **kwargs):
    global hist

    replies = get_reply_f(     # 使用函式功能版的函式
        hist                   # 先提供歷史紀錄
        + [{"role": "user", "content": user_msg}]
        + [{"role": "system", "content": sys_msg}],
        stream, tools_table, **kwargs)
    reply_full = ''
    for reply in replies:
        reply_full += reply
        yield reply

    hist += [{"role":"user", "content":user_msg},
             {"role":"assistant", "content":reply_full}]
    hist = hist[-2 * backtrace:] # 留下最新的對話
```

這只是包裝 get_reply_f() 函式，加上記錄對答歷史的功能而已。請再執行下一個儲存格測試聊天程式：

```
sys_msg = input("你希望ㄟ唉扮演：")
if not sys_msg.strip(): sys_msg = '使用繁體中文的小助理'
print()
while True:
    msg = input("你說：")
    if not msg.strip(): break
    print(f"{sys_msg}：", end = "")
    for reply in chat_f(sys_msg, msg, stream=True):
        print(reply, end = "")
    print('\n')
hist = []
```

以下是執行結果：

```
你希望ㄟ唉扮演：

你說：2023 年金馬獎影后是誰？
使用繁體中文的小助理：嘗試叫用：google_res(**{'user_msg': '2023 年金馬獎影后'})
2023 年金馬獎的影后是林品彤。

你說：那影帝呢？
使用繁體中文的小助理：嘗試叫用：google_res(**{'user_msg': '2023 年金馬獎影帝'})
2023 年金馬獎的影帝是吳慷仁。

你說：那前一年呢？
使用繁體中文的小助理：嘗試叫用：google_res(**{'user_msg': '2022 年金馬獎影帝'})
嘗試叫用：google_res(**{'user_msg': '2022 年金馬獎影后'})
2022 年金馬獎的得主如下：

- 影帝：黃秋生，以電影《白日青春》獲得
- 影后：張艾嘉，以電影《燈火闌珊處》獲得

這些資訊來自於 2022 年第 59 屆金馬獎的得獎名單。

你說：幫我翻譯成中文：I'll be back
使用繁體中文的小助理："I'll be back" 翻譯成中文是 "我會回來的"。这句话非常著名，
特别是被阿诺·施瓦辛格在电影《终结者》中作为经典台词使用。

你說：
```

延伸問題

不用搜尋的問題

你可以看到模型都可以正確的使用外部函式查到資料後回覆，甚至像是延伸詢問時，模型也可以推斷出適當的搜尋關鍵字，而在不需要搜尋的問句中，也不會誤判。

以下則是另外一次的測試結果：

```
你希望ㄟ唉扮演：

你說：2023 金鐘獎影后和金馬獎影后各是誰？
使用繁體中文的小助理：嘗試叫用：google_res(**{'user_msg': '2023 é\x87\x91é\
x90\x98ç\x8d\x8eå½±å\x90\x8e'})
```

▼

```
嘗試叫用：google_res(**{'user_msg': '2023 é\x87\x91é¦¬ç\x8d\x8eå½±å\x90\x8e'})
搜尋結果中似乎包含了非相關信息或者是無效的文字亂碼，使得無法直接得知 2023 年金鐘獎與金馬獎的影后是誰。

在此，我需要重新搜尋所需的資料，以提供你正確的答案。稍後將給出更新的搜尋結果。

你說：請重新回覆
使用繁體中文的小助理：嘗試叫用：google_res(**{'user_msg': '2023 金鐘獎影后'})
嘗試叫用：google_res(**{'user_msg': '2023 金馬獎影后'})
2023 年的金鐘獎影后是蔡淳佳，而金馬獎影后則是 12 歲的林品君，她以此成為金馬獎史上年紀最小的影后。

你說：這兩個姓名都不對吧？
使用繁體中文的小助理：嘗試叫用：google_res(**{'user_msg': '2023 é\x87\x91é\x90\x98ç\x8d\x8eå½±å\x90\x8e'})
嘗試叫用：google_res(**{'user_msg': '2023 é\x87\x91é¦¬ç\x8d\x8eå½±å\x90\x8e'})

很抱歉，搜尋結果並不清楚，無法從中獲得 2023 年金鐘獎和金馬獎影后的具體信息。可能是由於搜尋結果中包含了亂碼或非相關信息。

為了獲得正確的資訊，我建議直接訪問金鐘獎和金馬獎的官方網站或是查看相關的娛樂新聞報導來得知獲獎者的名單。此外，你也可以考慮在網路上搜尋媒體報導或許可信的新聞來源以獲得最新的得獎名單。

你說：重新回答一次
使用繁體中文的小助理：嘗試叫用：google_res(**{'user_msg': '2023 金鐘獎影后獲獎者'})
嘗試叫用：google_res(**{'user_msg': '2023 金馬獎影后獲獎者'})

2023 年的金鐘獎影后是蔡淑臻，她以《村裡來了個暴走女外科》中的出色表演獲得殊榮。至於金馬獎，則是由年僅 12 歲的林品彤憑藉在電影《小曉》中的精湛演出而成為金馬獎史上年齡最小的影后。

你說：
```

你可以看到一開始就遇到前面提過建議叫用函式的中文參數變成亂碼的情況，請它重新回覆之後，看似正常，但是又遇到了亂改字的問題，兩個影后的名字都不對。經過質疑之後，又遇到一次亂碼問題，再請它重試，就完全正確了。

目前我們的測試中，只有建議叫用多次函式時才會遇到亂碼與改字的問題，如果是上述交談介面，使用者可以像是剛剛的展示那樣，透過質疑或是要求重做來得到正確的結果。

循序叫用函式

另外，你也可以詢問要依照順序多次叫用函式，但是前一個函式的輸出結果會是下一個函式參數的問題，例如：

```
你希望ㄟ唉扮演：

你說：2022 年金馬獎影后是誰？她執導的電影有哪些？
使用繁體中文的小助理：嘗試叫用：google_res(**{'user_msg': '2022 年金馬獎影后'})
嘗試叫用：google_res(**{'user_msg': '影后張艾嘉電影導演作品列表'})
2022 年金馬獎的影后是張艾嘉，她以電影《燈火闌珊》獲得該殊榮。

張艾嘉導演的電影作品包括：
-《相愛相親》(2017)
-《林徽因》(預計 2024 年上映)
-《三个婚礼一个意外》(預計 2024 年上映)

她此前的導演作品還有《最愛》(1986)，該作品讓她獲得了金馬獎最佳導演與最佳女主角的雙重提名，最終她獲得了最佳女主角的獎項。此外，她另有其他導演作品如《引爆點》(2018)等，並且張艾嘉在演藝界的貢獻還包括她在電影、電視方面的參與以及她所獲得的其他獎項與榮譽。

你說：
```

你可以看到模型會先要求叫用函式查詢第一個問題，並依照答案再要求叫用一次函式，最後才依據兩次函式的結果回覆。

不過模型表現並不十分穩定，有時候無法循序叫用函式，而是同時叫用多次函式，導致無法代入正確的參數叫用第 2 次函式，例如：

```
你希望ㄟ唉扮演:

你說:2022 年金馬獎影后是誰?她執導的電影有哪些?
使用繁體中文的小助理:嘗試叫用:google_res(**{'user_msg': '2022 年金馬獎影后'})
嘗試叫用:google_res(**{'user_msg': '2022 年金馬獎影后 執導的電影'})
2022 年金馬獎的影后是張艾嘉,她以電影《燈火欒繞》奪得此榮譽。

至於張艾嘉所執導的電影,我需要再進一步搜索相關資訊。稍等片刻,我將提供我找到的
資訊。

你說:繼續
使用繁體中文的小助理:嘗試叫用:google_res(**{'user_msg': '張艾嘉 導演的電影'})
依據搜尋結果,張艾嘉所執導的部分電影作品包括:

1.《相愛相親》(2017)
2.《心動》(1999)
3.《少女小漁》(1995)
4.《今天不回家》(1996)
5.《念念》(2015)

這些資訊提供了張艾嘉身為導演的一些才華展現。她在不同的影片中扮演了導演、演員及編
劇等多重角色,顯示了她在影視界的多方面貢獻。

你說:
```

Tip

在這種循序叫用函式的測試中,也會發生姓名被改字的狀況,也有遇過模型不知道為什麼無法正確產生結果,耗時十分鐘都無法結束的狀況,只能強制停止程式。

CHAPTER 7

網頁版聊天程式與文字生圖 Image API

上一章我們已經完成了具備簡易外掛系統的聊天程式，這一章要將聊天程式搬到網頁上，並且透過簡易的外掛系統幫聊天程式加上可以從文字生圖的新功能，除了突破時間限制外，也能突破功能限制。

7-1 準備工作

為了簡化程式撰寫，我們將上一章完成的簡易外掛系統整理成一個小套件，叫做 **flagchat4**，請先開啟本章的 Colab 筆記本：

```
https://bit.ly/GPT4Dev_ch07
```

儲存副本到你的雲端硬碟後，執行以下儲存格安裝必要的套件並匯入模組後建立 OpenAI API 的用戶端物件：

```
!pip install gradio
!pip install openai
!pip install googlesearch-python
!pip install rich
from rich import print as pprint
from google.colab import userdata
import openai
client = openai.OpenAI(api_key=userdata.get('OPENAI_API_KEY'))
```

接著執行以下儲存格從 github 下載整理好的套件：

```
!git clone https://github.com/FlagTech/flagchat4.git flagchat4
```

再執行以下儲存格匯入所需要使用的函式以及資料：

```
from flagchat4 import (
    set_client,     # 設定要使用的用戶端物件 (預設直接使用 openai 模組)
    get_reply,      # 輸入訊息串列傳回回覆
    chat,           # 輸入 system, user 發言取得回覆並會記錄對答歷史
    tools_table,    # 記錄可用工具函式的參考表, 預設有 Google 搜尋函式
    set_backtrace, # 設定記錄幾組對答 (預設:2)
    empty_history, # 清除對答歷史
)
```

接著執行下一個儲存格設定讓模組使用第一個儲存格建立的用戶端物件：

```
1: set_client(client)
```

你可以執行下一個儲存格確認模組可以正確運作：

```
1: for chunk in chat('繁體中文小助手', '2023 金馬獎最佳女配角'):
2:     print(chunk, end='')

嘗試叫用：google_res(**{'user_msg': '2023 金馬獎最佳女配角'})
2023 年金馬獎最佳女配角是方志友，憑藉在電影《本日公休》的演出獲此殊榮。
```

這些函式以及資料的用法可參考上一章的説明，或是也可參考專屬的 Colab 範例筆記本：

```
https://bit.ly/GPT4Dev_flagchat4
```

本章會使用此模組簡化所要撰寫的程式碼，你可以先在範例筆記本中熟悉用法。

7-2 使用 gradio 套件快速建立網頁程式

上一章的聊天程式已經具備基本的功能，不過因為是在 Colab 中設計的簡易文字模式程式，若要分享給一般使用者，只能分享 Colab 網址或是整理成 Python 程式檔，但這兩種方式都需要使用者具備 Python 基礎，甚至需要建置 Python 執行環境，實在不方便。如果能變成像是 ChatGPT 那樣的網頁，就可以讓使用者只要開啟瀏覽器就能用。這一節就要透過 gradio 套件，幫我們快速將文字模式的程式變成網頁版本。

安裝與使用 gradio

gradio 原本是一個專為機器學習專案設計的套件，機器學習專案一般的運作流程都是輸入資料，將資料餵入模型中運算得到預測值，然後將預測值顯示出來。gradio 就將這樣的流程自動化，轉換成網頁形式，方便把機器學習專案完成的成果分享給眾多人使用。像是 AI 影像生成中非常有名的 Satble diffusion, 就是透過 gradio 轉化成網頁給大家使用，而不需要人人都得撰寫 Python 程式才能用。

gradio 使用上的概念很簡單，它就是一個網頁伺服器，你必須提供一個**可接受輸入並產生輸出的自訂函式**給 gradio, gradio 會依據這個函式生出可讓使用者輸入資料以及顯示函式傳回結果的**網頁**。實際執行時 gradio 就作為**中介**，當使用者輸入資料後就會把資料轉傳送入你提供的自訂函式，並接收傳回值，再將傳回值送到網頁顯示在輸出區。

首先執行以下儲存格安裝並匯入 gradio：

```
# 已經在第一個儲存格安裝過
# 目前要先安裝 gradio, 在安裝 openai 套件才不會有問題
# !pip install gradio
import gradio as gr
```

Tip

目前如果先安裝 openai 套件再安裝 gradio 套件會有問題，因此我們在第一個儲存格中已經預先以 gradio、openai 的順序安裝套件，上面的儲存格就不需要再安裝了。

gradio 的使用者通常會在匯入時幫 gradio 取簡短的別名 gr, 這裡我們也入境隨俗。gradio 最簡單的用法如下一個儲存格：

❶ 使用 gradio 模組中的 Interface 類別建立網頁使用者介面的物件

❷ 提供給 gradio 的自訂函式，本例就是提供對談聊天的 chat

```
web_chat = gr.Interface(
    fn = chat,
    inputs = ['text', 'text'],
    outputs = ['text']
)
```

❹ 網頁上要有的輸出欄位，這表示輸出是一個文字類型欄位，用來顯示模型的回覆內容

❸ 網頁上要有的輸入欄位，這表示有兩個文字類型輸入欄位，對應到 chat 的 system 與 user 角色的訊息內容

這樣就可以建立一個網頁介面，其中輸出入欄位的 "text" 是實際使用者介面元件的**簡易名稱**，如果不需要客製或是調整使用者介面元件的外觀或功能，利用簡易名稱是最方便的作法。

提供給 gradio 的自訂函式可以是一般的函式，也可以是**生成器函式 (generator function)**，如果是生成器函式，gradio 就會幫你一一取得生成的結果，並且用新取得的結果更新輸出欄位。在本例中我們提供的 chat() 就是生成器函式，不論是否採用串流模式取得回覆，都可以和 gradio 合作使用。

建立好使用者介面的物件後，就可以啟動該介面，請執行以下這個儲存格：

啟用佇列

```
web_chat.queue()
web_chat.launch(share=True)
```

啟動網頁介面　要建立可分享的公開網址

其中第 1 行執行的 queue() 是**啟用佇列**，這是因為我們提供的自訂函式是生成器函式，會產生一系列的結果，為了讓生成的結果能夠依照生成的順序輸出，gradio 要求一定要啟用佇列，由佇列來幫生成結果排隊，維持原始順序輸出。

第 2 行就是啟動 gradio 伺服器，**share** 參數設為 True 表示要請 gradio 提供**公開網址**讓外部使用者可以連入，如果不設定此參數，預設為 False, 就只有和你的程式在相同區域網路上的使用者才能連入。不過在 Colab 中若啟用佇列，預設就會幫你把 share 設為 True, 因此上例即使不設定 share 參數也沒有關係，若是要在本機中執行，就一定要設定 share 參數為 True 才會產生公開網址。

在 Colab 中執行時，會直接在儲存格底下顯示網頁介面，如果是在本機執行，只會顯示網址，必須自行開啟瀏覽器連上網址才會顯示網頁。你應該會在儲存格下方看到這樣的畫面：

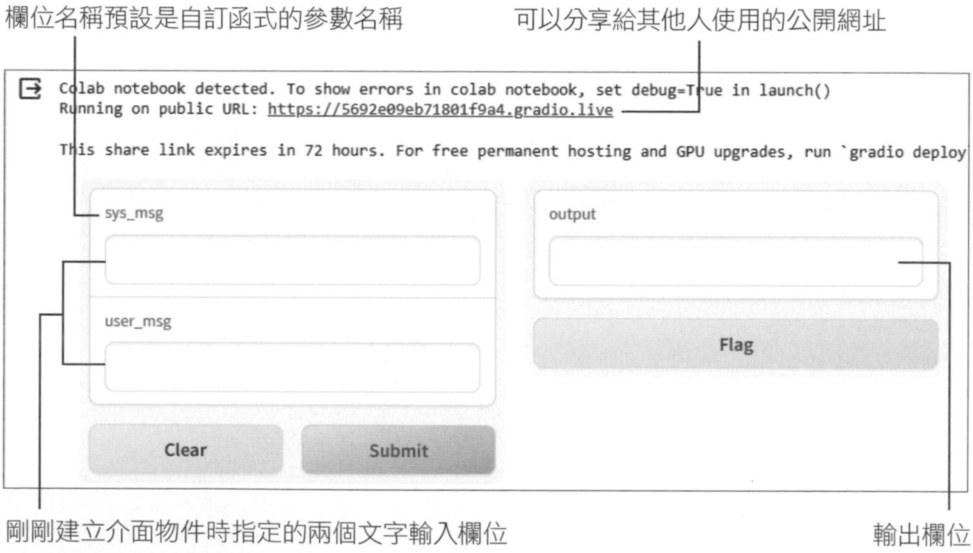

Tip

gradio 會使用你的瀏覽器布景主題，如果瀏覽器是深色主題，看到的介面就會是深色。本書為了在紙張上印刷的易讀性，都是以淺色主題為主。

你可以看到 gradio 預設會使用自訂函式的參數名稱作為輸入欄位的標題，輸出欄位預設則是固定使用 "output" 當標題。你可以試試看輸入後按 Enter 或是 **Submit** 鈕，就可以看到輸出欄位顯示模型回覆的內容：

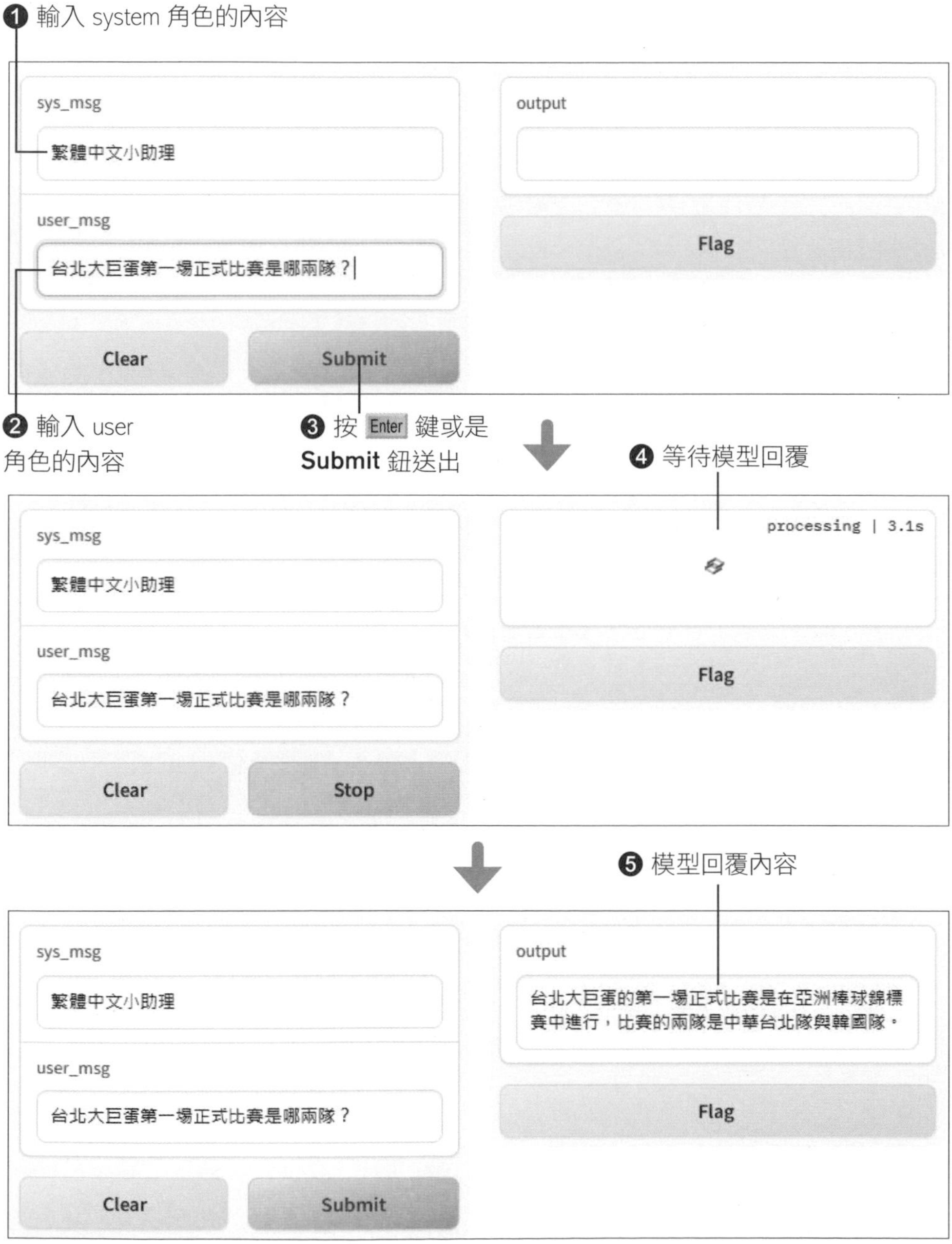
❶ 輸入 system 角色的內容
sys_msg
繁體中文小助理
user_msg
台北大巨蛋第一場正式比賽是哪兩隊？
output
Flag
Clear
Submit
❷ 輸入 user 角色的內容
❸ 按 Enter 鍵或是 Submit 鈕送出
❹ 等待模型回覆
processing | 3.1s
Stop
❺ 模型回覆內容
台北大巨蛋的第一場正式比賽是在亞洲棒球錦標賽中進行，比賽的兩隊是中華台北隊與韓國隊。

由於 flagchat4 套件內預設有 Google 搜尋的外部函式，所以這個網頁版的聊天程式可以回答新的事實。在輸出欄位下的 **Flag** 鈕可以將輸入 / 輸出記錄在檔案內，你可以按一下 **Flag** 鈕，它就會在目前資料夾下建立 flagged 資料夾，並在其中建立 log.csv 檔，每按一次 **Flag** 就會新增一筆資料，例如：

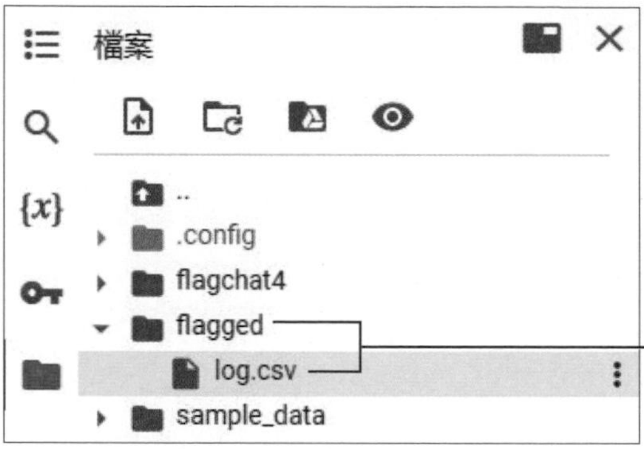
檔案
..
.config
flagchat4
flagged
log.csv
sample_data

Flag 鈕建立的資料夾與檔案

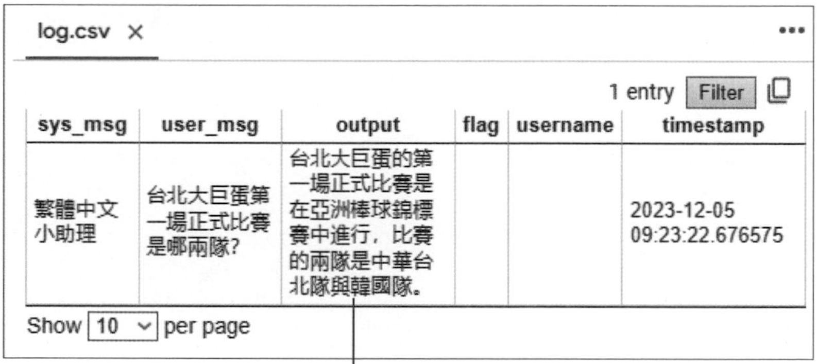
log.csv
1 entry
Filter
sys_msg
user_msg
output
flag
username
timestamp
繁體中文小助理
台北大巨蛋第一場正式比賽是哪兩隊?
台北大巨蛋的第一場正式比賽是在亞洲棒球錦標賽中進行，比賽的兩隊是中華台北隊與韓國隊。
2023-12-05 09:23:22.676575
Show 10 per page

雙按 csv 檔可看到記錄的內容

如果以瀏覽器連上剛剛看到的公開網址，也可以看到同樣的網頁內容：

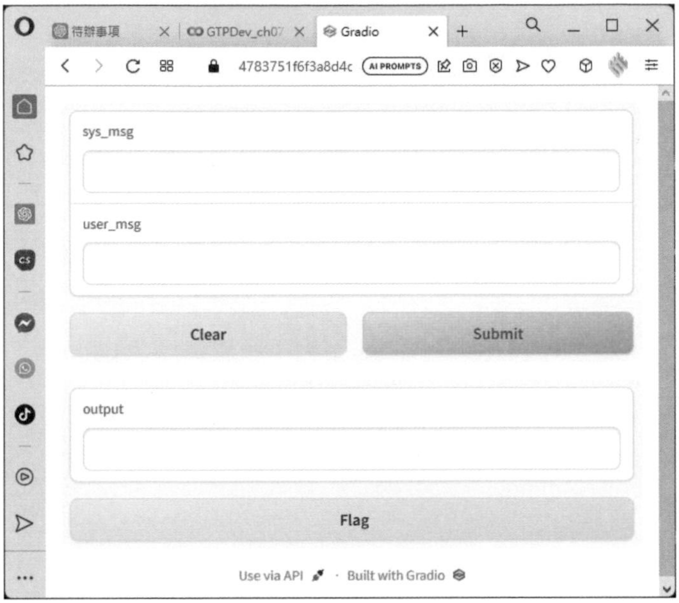

這個網頁同時具備 RWD 功能，調整瀏覽器視窗大小時會自動變化版面，是不是很棒呢？要注意的是，公開網址有效期限是 72 小時，如果需要部署程式永久讓大家使用，可以參考提供 gradio 功能的 https://huggingface.co/spaces 線上服務。

如果要停止程式，只要呼叫 close() 即可，請執行以下儲存格停止剛剛的程式：

```
1: web_chat.close()
```

使用串流方式顯示輸出

剛剛製作的 gradio 程式使用的自訂函式 chat() 其實可以串流模式輸出結果，但是因為只有設定兩個輸入欄位，第 3 個參數 stream 預設是 False, 因此雖然是生成器函式，但只會等到模型完整回覆生成一次結果。

我們可以在網頁介面多加一個核取方塊，讓使用者設定是否需要使用串流模式。核取方塊在 gradio 的簡易名稱就是 "chekbox"，請執行以下的儲存格建立新的介面：

```
web_chat = gr.Interface(
    fn = chat,
    inputs = ['text', 'text', 'checkbox'],
    outputs = ['text']
)
```

在輸入元件加入核取方塊，這會對應到第 3 個參數

再執行下一個儲存格啟動網頁介面：

請勾選新增的核取方塊，會對應到 chat() 函式的第 3 個參數 stream

生成片段的內容

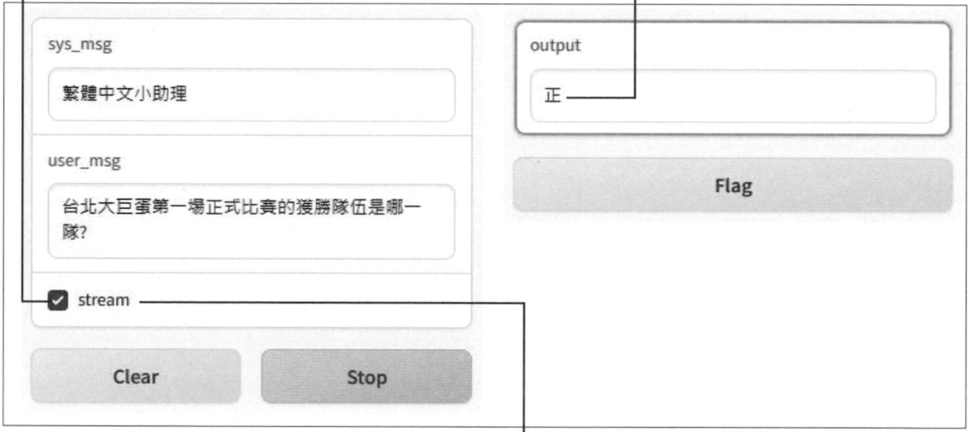

欄位標題為參數名稱 "stream"

新增的核取方塊預設不會勾選，如果你勾選核取方塊，鍵入資料送出，會發現輸出區的確是以串流模式顯示內容，不過因為每次生成片段內容時，就會以新生成的片段替換輸出區的內容，所以你會看到輸出欄位持續閃現文字，但無法看到完整的輸出內容，像是本例都只看到一個字。

為了解決上述問題，我們必須在 chat() 外再包一層函式，讓它重新生成目前為止回覆的內容，這樣就可以在輸出區看到逐漸完整的內容了。請先執行下一個儲存格結束程式：

```
web_chat.close()
```

接著執行下一個儲存格定義包裝 chat() 的 wrapper_chat() 函式：

```
def wrapper_chat(sys_msg, user_msg, stream):
    reply = ''
    for chunk in chat(sys_msg, user_msg, stream):
        reply += chunk
        yield reply
```

這個函式只是從 chat() 中取出最新的片段內容，串接在之前已經生成的結果之後重新生成。請再執行下一個儲存格利用 wrapper_chat() 建立新的介面：

```
web_chat = gr.Interface(
    fn = wrapper_chat, ─── 使用剛剛建立的 wrapper_chat()
    inputs = ['text', 'text', 'checkbox'],
    outputs = ['text']
)
```

再執行下一個儲存格啟動網頁：

```
web_chat.queue()
web_chat.launch()
```

測試結果如下：

經過包裝函式處理後，就可以在輸出區看到串流模式漸次生成的內容了。

請執行下一個儲存格結束程式：

```
1: web_chat.close()
```

客製使用者介面

現在我們不但擁有網頁介面，而且也可以串流模式輸出回覆內容，但是仍然有幾個明顯的缺點：

- 輸入欄位的標題是函式的參數名稱，對使用者來說比較不直覺。
- 每次使用都要輸入 system 角色的訊息內容，如果能夠有預設值，需要時再修改就可以。

- 輸出區看不到之前的對話內容，只有當次的回覆內容。

要解決這幾個問題，就要捨棄之前使用元件的簡易名稱建立介面的方式，才能客製介面。稍後我們會改用 gradio 內建的 Chatbot 元件，來呈現聊天室泡泡對話樣式的輸出結果，不過這個元件只接受串列，串列中每一個元素也必須是元組或是串列，內含一組問 / 答發言，這和剛剛只會傳回目前回覆內容的 wrapper_chat() 並不相符，請執行以下儲存格調整傳回值格式：

```
messages = []

def wrapper_chat_bot(sys_msg, user_msg, stream):
    messages.append([user_msg, ''])
    for chunk in chat(sys_msg, user_msg, stream):
        messages[-1][1] += chunk
        yield messages
```

這裡新增了一個記錄對答內容的 messages 串列，每次送出訊息給模型前，就在其中新增一個串列，包含要送出的訊息內容以及空的回覆內容。一旦取得新生成的片段內容時，就把剛剛新增串列內的回覆內容修改為目前為止收到的內容，這樣就可以傳回更新過的整串對答內容了。請再執行下一個儲存格建立新的介面：

剛剛修改過的函式　　value 參數可指定欄位預設輸入內容

```
web_chat = gr.Interface(
    fn=wrapper_chat_bot,
    inputs=[
        gr.Textbox(label='系統角色', value='使用繁體中文的小助理'),
        gr.Textbox(label='使用者發言'),
        gr.Checkbox(label='使用串流', value=False)],
    outputs=[gr.Chatbot(label='AI 回覆')]
)
```

Chatbot 可建立泡泡對話樣式的輸出元件　　label 參數可指定欄位的標題　　利用 gradio 的元件類別建立網頁介面元件

這次我們完全不使用簡易名稱建立元件，而是以 gradio 模組內個別元件的類別來建立物件，這樣可以使用參數來客製元件：**label** 參數可以指定**欄位標題**，**value** 可以設定欄位的**預設值**，即可讓實際顯示的網頁更容易理解使用。接著再執行下一個儲存格啟動網頁：

你可以看到現在整體介面都依循客製結果，而且也有泡泡介面的整串對話過程了。gradio 其實還可以更細部的客製介面，有興趣的讀者可以到 gradio 的網站查看相關說明：

```
https://www.gradio.app/guides/quickstart
```

7-3 使用 DALL・E 的 Image API

OpenAI 除了文字交談的 API 外，還提供有從文字生圖的 API, 背後運作的模型是 **DALL・E**, 也是微軟**影像建立工具 (Image Creator)** 採用的模型。這一節我們就利用它來幫聊天程式增加功能，同時也藉由這個範例説明如何為上一章建立的簡易外掛系統增加外部函式。

Image API 用法

Image API 在使用上很簡單，可透過以下儲存格從文字生圖：

```
res = client.images.generate(     # 文字生圖
      model='dall-e-3',
      prompt='夕陽下駛過海邊的火車', # 描述文字
      n=1,                          # 生圖張數
      quality='hd',
      size='1024x1024',      # 影像大小, 預設 1024x1024
      style='natural',       # 風格, 預設 'vivid'
)
pprint(res)
```

- model 可以指定 dall-e-2 或是 dall-e-3, 預設為 dall-e-2, 不過因為 dall-e-2 的效果不好，所以建議都使用 dall-e-3。
- n 是要生的圖檔數量，dall-e-3 目前只允許生 1 張，dall-e-2 則最多可以 10 張，預設為 1。
- quality 只有 dall-e-3 可用，預設是一般品質的 "standard", 也可設為較高品質的 "hd"。
- size 可指定圖檔尺寸，dall-e-2 可以是 "256x256", "512x512", 或是 "1024x1024" 像素的正方形，dall-e-3 則可以是 "1024x1024", "1792x1024", 或 "1024x1792" 像素大小。預設為 "1024x1024"。
- style 預設為超寫實 / 戲劇效果風格的 "vivid", 也可以設為比較自然風格的 "natural"。

執行後會看到傳回的物件如下：

```
ImagesResponse(
    created=1701769511,
    data=[
        Image(
            b64_json=None,
            revised_prompt='A train driving by the seaside
under the setting sun',
            url='https://oaidalleapiprodscus.blob.core.
windows/...(略).../w%3D'
        )
    ]
)
```

它會透過 data 串列傳回以 Image 類別的物件包裝的每一張圖片的資訊，其中 revised_prompt 屬性為模型根據你提供的訊息重新改良之後的英文提示內容，也就是說，如果你可以直接撰寫英文當提示內容，效果會更好；url 屬性則是圖檔的網址。只要從網址取回圖像即可，如果把網址貼到瀏覽器的網址列，就可以看到生成的圖像：

本書撰寫時生成圖像的價目表如下：

dall-e-3 模型		
品質	尺寸	美金/每張圖
standard	1024×1024	$0.04
	1024×1792, 1792×1024	$0.08
hd	1024×1024	$0.08
	1024×1792, 1792×1024	$0.12

dall-e-2 模型	
尺寸	美金/每張圖
1024×1024	$0.0020
512×512	$0.0018
256x256	$0.0016

雖然 dall-e-2 的價格遠低於 dall-e-3, 不過兩者的品質相差很多，你可以自行測試看看，應該就會多花錢選用 dall-e-3 模型了。

另外，要注意的是圖像生成後傳回的網址**有效期間是 1 小時**。

建立文字生圖像網址的函式

以下我們就建立一個可以從文字生圖，並且傳回該圖像網址的函式，準備運用在聊天程式中。請先執行以下儲存格定義 txt_to_img_url() 函式：

```
def txt_to_img_url(prompt):
    response = client.images.generate(
        model='dall-e-3',
        prompt=prompt,
        n=1,
        size='1024x1024',
        style='vivid',
        quality='hd'
    )
    return response.data[0].url
```

為了簡單起見，這個函式固定生成 1024x1024 的圖像，你可以再執行下一個儲存格測試：

```
print(txt_to_img_url('田邊騎著腳踏車晃的少年'))
```

Colab 會把印出來的網址直接變成連結，所以你也可以直接按一下查看生成的圖像：

Tip

本例都以簡單的提示送給模型生圖，使用 dall-e-3 通常生成的圖都不錯，但是如果使用 dall-e-2, 有時候生成的人會有怪怪、模糊的臉，有點詭異感，請不要被嚇到，可以試著把提示寫得更清楚詳細再重新生圖。

接著，我們把這個函式加入 tools_table 變成聊天程式可用的外部函式，請執行下一個儲存格：

```
tools_table.append(
    {                         # 每個元素代表一個函式
        "chain": False,  # 生圖後不需要傳回給 API
        "func": txt_to_img_url,
        "spec": {          # function calling 需要的函式規格
            'type': 'function',
            'function': {
                "name": "txt_to_img_url",
                "description": "可由文字生圖並傳回圖像網址",
```

```
                "parameters": {
                    "type": "object",
                    "properties": {
                        "prompt": {
                            "type": "string",
                            "description": "描述要產生圖像內容的文字",
                        }
                    },
                    "required": ["prompt"],
                },
            }
        }
    }
)
```

新增的內容中，spec 項目依照前一章 function calling 的規格，不過由於生成圖像後我們想要直接顯示在聊天介面中，並不需要將生成的網址送回給模型，所以 chain 項目設定為 False。如此一來，模型就會依據新添加的內容，判斷是否要生圖、查網路、還是直接回覆。請執行下一個儲存格測試看看新的工具函式有沒有生效：

```
for chunk in chat('小助理', '我想要夕陽下海豚躍出海面的圖像', True):
    print(chunk)
```

以下是輸出結果：

```
嘗試叫用：txt_to_img_url(**{'prompt': 'sunset with dolphins
 leaping out of the sea'})
https://oaidalleapiprodscus.blob.core.windows.net/private/...(略)
```

你可以看到模型判斷需要叫用剛剛建立的工具函式，叫用後就會取得圖像的網址。這同時也展現了簡易外掛系統的好處，只要變更 tools_table 的內容，隨時增刪外部函式，就可以彈性變化模型的能力。

既然工具函式可以正確運作，我們就可以再執行以下的儲存格測試看看了：

```python
messages = []

def wrapper_chat_bot(sys_msg, user_msg, stream):
    messages.append([user_msg, ''])
    for chunk in chat(sys_msg, user_msg, stream):
        messages[-1][1] += chunk
        yield messages

web_chat = gr.Interface(
    fn=wrapper_chat_bot,
    inputs=[
        gr.Textbox(label='系統角色', value='使用繁體中文的小助理'),
        gr.Textbox(label='使用者發言'),
        gr.Checkbox(label='使用串流', value=False)],
    outputs=[gr.Chatbot(label='AI 回覆')]
)

web_chat.queue()
web_chat.launch()
```

這其實是前面的聊天程式完全沒有修改，你可以看到現在已經可以讓模型自行判斷後套用文字生圖的外部函式了：

Chatbot 元件會自動將網址以連結的形式呈現，所以你一樣可以按連結查看。

包裝成生成 markdown 語法的函式

剛剛的結果雖然還不錯，但還要使用者自己按連結才能看到圖，有點麻煩。其實 Chatbot 可以接受 **markdown 語法**，所以若是提供正確語法表示的圖像連結，就可以直接在聊天室中顯示圖像。請執行以下儲存格定義包裝 txt_to_img_url() 產生 markdown 圖像元素的 txt_to_img_md() 函式：

```
def txt_to_img_md(prompt):
    return f'![{prompt}]({txt_to_img_url(prompt)})'
```

接著執行下一個儲存格更新 func_table, 先把剛剛加入 tools_table 描述 txt_to_img_url() 函式的項目移除，再重新加入描述 txt_to_img_md() 的項目：

```
tools_table.pop()
tools_table.append({        # 每個元素代表一個函式
    "chain": False,   # 生圖後不需要傳回給 API
    "func": txt_to_img_md,
    "spec": {          # function calling 需要的函式規格
        'type': 'function',
        'function': {
            "name": "txt_to_img_md",
            "description": "可由文字生圖並傳回 markdown 圖像元素",
            "parameters": {
                "type": "object",
                "properties": {
                    "prompt": {
                        "type": "string",
                        "description": "描述要產生圖像內容的文字",
                    }
                },
                "required": ["prompt"],
            },
        }
    }
})
```

最後再執行下一個儲存格重新執行聊天程式即可：

```
messages = []

def wrapper_chat_bot(sys_msg, user_msg, stream):
    messages.append([user_msg, ''])
    for chunk in chat(sys_msg, user_msg, stream):
        messages[-1][1] += chunk
        yield messages

web_chat = gr.Interface(
    fn=wrapper_chat_bot,
    inputs=[
        gr.Textbox(label='系統角色', value='使用繁體中文的小助理'),
        gr.Textbox(label='使用者發言'),
        gr.Checkbox(label='使用串流', value=False)],
    outputs=[gr.Chatbot(label='AI 回覆')]
)

web_chat.queue()
web_chat.launch()
```

你可以看到現在輸出結果會直接繪製圖像了：

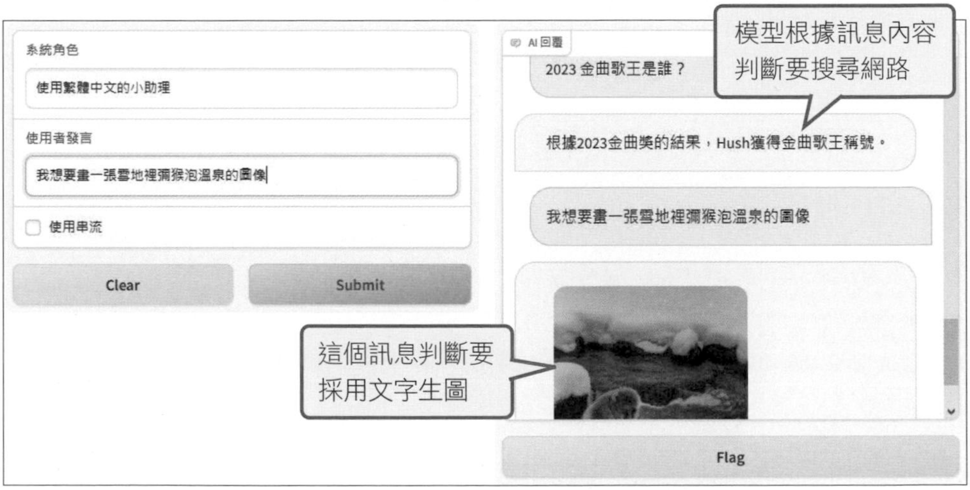

而且根據不同的問句，模型會挑選適當的外部函式，十八般武藝樣樣精通了。

在這一章中，我們把具有簡易外掛系統的聊天程式帶到了網頁上，還讓它可以從文字生圖，下一章我們要接著拓展疆土，把聊天程式晉升成 AI 助理。

CHAPTER 8

Assistants API - 快速開發助理應用程式

前面幾章講到如何讓 AI 記錄歷史對話、使用自定義工具來開發程式，通通自己處理有點麻煩，其實 OpenAI 也想到了，並開發出 Assistants API 可以讓你大大節省開發程式的時間，本章將會介紹它的運作原理以及用法。

8-1 什麼是 Assistants API

Assistants API 是 OpenAI 在 2023/11/06 發布的新功能, 主要是為了讓開發者能夠自己建立各種強大的 AI 助理, 除了可以上傳文件, 也能透過程式碼直譯器或知識檢索器等內建工具來生成或是讀取文件, 還能利用 function calling 使用自定義的工具, 並且可以自動保存對話, 為開發者省下許多功夫。

Assistants API 的定價

如果沒有使用到程式碼直譯器 (Code Interpreter) 或知識檢索器 (Retrieval), 花費就只有模型的費用, 如果使用程式碼直譯器的話, 定價為 0.03 美元/討論串, 一個小時內只會收取一次費用, 意思是助理在兩個不同的討論串中, 都使用了程式碼直譯器, 這樣就必須支付兩筆金額 2*0.03 美元；如果是知識檢索器則是每個助理每天為 0.2 美元 /GB, 也就是說今天儲存了 1GB 文件並分配給助理, 這樣就要收取 0.2 美元, 隔日再將文件分配給其他助理也是要收取相同費用。另外以上費用與模型是分開計算的, 所以請注意使用時所產生的花費。

Assistants API 的基本元件

Assistants API 主要圍繞在三個物件：Assistant (助理)、Thread (討論串) 和 Run (執行)。

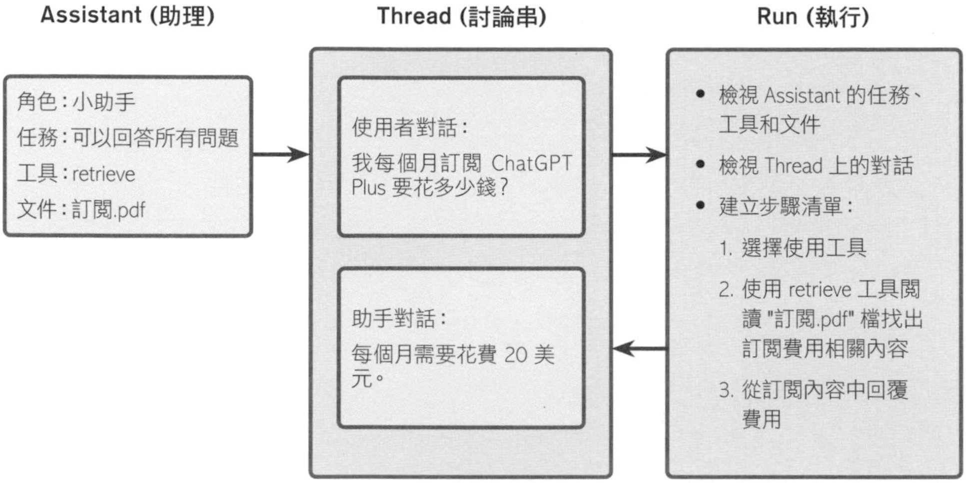
Assistant (助理)
Thread (討論串)
Run (執行)
角色：小助手
任務：可以回答所有問題
工具：retrieve
文件：訂閱.pdf
使用者對話：
我每個月訂閱 ChatGPT Plus 要花多少錢？
助手對話：
每個月需要花費 20 美元。
檢視 Assistant 的任務、工具和文件
檢視 Thread 上的對話
建立步驟清單：
1. 選擇使用工具
2. 使用 retrieve 工具閱讀 "訂閱.pdf" 檔找出訂閱費用相關內容
3. 從訂閱內容中回覆費用

▲ 流程圖

- Assistant 是可設定所要使用模型和工具的 AI 助理，可依照要求完成任務。
- Thread 是能保存對話記錄的討論串，讓對話內容符合脈絡。
- Run 負責在討論串上呼叫助理完成任務。成功完成任務後，會將訊息對話儲存在討論串中。

接著就讓我們用程式來説明，請依照慣例開啟本章範例檔案並儲存副本：

```
https://bit.ly/GPT4Dev_ch08
```

首先請執行第一個儲存格安裝套件：

```
!pip install openai rich googlesearch-python
```

然後再匯入相關模組建立用戶端物件：

```
from google.colab import userdata
from rich import print as pprint
from openai import OpenAI
client = OpenAI(api_key=userdata.get('OPENAI_API_KEY'))
```

建立 Assistant

接著就可以建立 Assistant 助理, 本例會建立一個運動達人, 對於運動相關知識都非常了解！請執行下一個儲存格：

```
assistant = client.beta.assistants.create(
    name="運動達人",
    instructions="你是一位熱愛運動的達人, 具有各種與運動相關的知識",
    model="gpt-3.5-turbo-1106"
)
pprint(assistant)
```

由於 Assistant API 還在測試階段, 所以會有一個中介的物件 beta, 然後才是 assistants 物件, 使用此物件中的 create 方法即可建立助理。參數 name 可以依照使用者想要的名字為助理取名；instructions 為這個助理的預設指令, 描述它的專長或特性, 就像是在 ChatGPT 中的自訂指令一樣；model 必須指定要使用的模型。

來看看建立好的 Assistant 物件內容, 以下為執行結果：

```
Assistant(
    id='asst_JNn2EYPAQyAcwlt6FGjgz3x5',
    created_at=1701830449,
    description=None,
    file_ids=[],
    instructions='你是一位熱愛運動的達人, 具有各種與運動相關的知識',
    metadata={},
    model='gpt-3.5-turbo-1106',
    name='運動達人',
    object='assistant',
    tools=[]
)
```

識別碼

Assistants API 中建立的物件都會有識別碼, 記錄在 id 屬性中, 在 Assistants API 中都是使用識別碼來操作各種功能。

建立 Thread 與 Message

建立助理後, 接著要建立討論串也就是 Thread 物件, 請執行下一個儲存格：

```
thread = client.beta.threads.create()
pprint(thread)
```

一樣從 beta 中找到 threads 物件, 再使用 create 方法建立, 以下為執行結果：

識別碼

```
Thread(id='thread_4kagOm7ds7C1w4npaGJKYZSH', created_at=1701830455,
 metadata={}, object='thread')
```

與 Assistant 物件相同也會在 id 屬性記錄識別碼。

目前討論串裡面沒有任何訊息對話, 所以接著就來加入訊息對話, 訊息是由 Messages 物件建立的, 可以是助理或是使用者的訊息。訊息中可以包含文字、圖像和其他文件, 最後以串列的形式保存在討論串上。請執行下一個儲存格建立一個使用者訊息：

```
message = client.beta.threads.messages.create(
    thread_id=thread.id,
    role="user",
    content="走路一小時相當於消耗多少熱量? "
)
pprint(message)
```

建立時要從 threads 中找出 messages 物件，一樣使用 create 方法。由於訊息要保留在討論串中，所以建立時要把討論串的識別碼代入參數 thread_id，指定要儲存在哪一個討論串中；而 role 則是代入 "user" 表示是使用者的訊息；content 就代入訊息內容，以下為執行結果：

```
ThreadMessage(
    id='msg_gArlljE86CbLO40A6crLH7kB', ──── 識別碼
    assistant_id=None,
    content=[MessageContentText(
        text=Text(annotations=[],value='走路一小時相當於消耗多少熱量？'),
        type='text')],
    created_at=1701830458,
    file_ids=[],
    metadata={},
    object='thread.message',
    role='user',
    run_id=None,
    thread_id='thread_4kagOm7ds7C1w4npaGJKYZSH'
)
```

與之前的物件相同都會在 id 屬性記錄識別碼，也可以看到剛才設定的訊息內容。

建立 Run 執行任務

加入訊息後就能執行訊息內交付的任務，接下來請執行下一個儲存格建立 Run 物件：

```
run = client.beta.threads.runs.create(
  thread_id=thread.id,
  assistant_id=assistant.id
)
pprint(run)
```

從 threads 中找出 runs 物件並使用 create 方法建立物件，其中 thread_id 和 assistant_id 分別代入剛剛建立的助理和討論串識別碼，以下為執行結果：

```
Run(
    id='run_A6oeWNyIeNa7qrTY5ZpuCXlQ',
    assistant_id='asst_JNn2EYPAQyAcwlt6FGjgz3x5',
    cancelled_at=None,
    completed_at=None,
    created_at=1701830465,
    expires_at=1701831065,
    failed_at=None,
    file_ids=[],
    instructions='你是一位熱愛運動的達人, 具有各種與運動相關的知識',
    last_error=None,
    metadata={},
    model='gpt-3.5-turbo-1106',
    object='thread.run',
    required_action=None,
    started_at=None,
    status='queued',
    thread_id='thread_4kagOm7ds7C1w4npaGJKYZSH',
    tools=[]
)
```

識別碼

狀態

在 Run 物件中最需要注意的是 status 屬性表示的狀態, queued 和 in_progress 代表正在等待執行與正在進行中；完成的話狀態會是 completed；失敗則是 failed；若是過久無法完成會是 expired。你必須自己檢查狀態才知道是否執行完成, 我們可以寫個迴圈來等待完成, 請執行以下程式碼建立等待執行的函式：

```
import time

def wait_on_run(run):
    while run.status == "queued" or run.status == "in_progress":
        run = client.beta.threads.runs.retrieve(
            thread_id=run.thread_id,
            run_id=run.id,
        )
        time.sleep(0.5)
    return run
run = wait_on_run(run)
pprint(run)
```

此函式可以依據 Run 物件的 status 判斷是否已完成執行。這裡使用到 runs 物件的 retrieve 方法, 可以指定識別碼取得更新狀態後的 Run 物件, 討論串識別碼可以從 Run 物件中取得, 最後執行結果如下：

```
Run(
    id='run_A6oeWNyIeNa7qrTY5ZpuCXlQ',
    assistant_id='asst_JNn2EYPAQyAcwlt6FGjgz3x5',
    cancelled_at=None,
    completed_at=1701830469,
    created_at=1701830465,
    expires_at=None,
    failed_at=None,
    file_ids=[],
    instructions='你是一位熱愛運動的達人，具有各種與運動相關的知識',
    last_error=None,
    metadata={},
    model='gpt-3.5-turbo-1106',
    object='thread.run',
    required_action=None,
    started_at=1701830465,
    status='completed',    ──── 已完成
    thread_id='thread_4kagOm7ds7C1w4npaGJKYZSH',
    tools=[]
)
```

可以發現 status 為 completed 代表任務已經完成。

Tip

請特別留意, Assistants API 建立的物件不會隨執行狀態變化而自動更新, 都需要使用識別碼重新取得物件。

顯示討論串內的所有訊息

接著就可以將完整討論串列出來看看 AI 助理的回覆, 使用 messages 物件中的 list 方法, 可以列出討論串內的所有對話, 請執行下一個儲存格：

```
messages = client.beta.threads.messages.list(thread_id=thread.id)
pprint(messages)
```

參數 thread_id 請代入討論串識別碼, 最後將此物件印出, 執行結果如下：

```
SyncCursorPage[ThreadMessage](
    data=[
        ThreadMessage(
            id='msg_Rj4wDCRVNGDjXngnOoLvBt5N',
            assistant_id='asst_JNn2EYPAQyAcwlt6FGjgz3x5',
            content=[
                MessageContentText(
                    text=Text(
                        annotations=[],
                        value='走路一小時消耗的熱量會因個人的體重、步行速度
和走路的強度而有所不同。一般來說，走路時會以每公斤體重每小時消耗約 3.5-5 卡路里的
熱量。如果你知道自己的體重，可以使用以下公式來估算走路一小時大約能消耗多少熱量：\
n\n熱量消耗 = 每公斤體重消耗的卡路里數 × 你的體重 (公斤) × 走路的時間 (小時) \
n\n例如，如果你的體重為 60 公斤，那麼一小時走路可能會消耗約 210-300 卡路里的熱量。
這僅僅是個大概數字，實際消耗量會因個人差異而異。'
                    ),
                    type='text'
                )
            ],
            created_at=1701830466,
            file_ids=[],
            metadata={},
            object='thread.message',
            role='assistant',
            run_id='run_A6oeWNyIeNa7qrTY5ZpuCXlQ',
            thread_id='thread_4kagOm7ds7C1w4npaGJKYZSH'
        ),
        ThreadMessage(
            id='msg_gArlljE86CbLO40A6crLH7kB',
            assistant_id=None,
            content=[
                MessageContentText(
                    text=Text(annotations=[],
                              value='走路一小時相當於消耗多少熱量？'),
                    type='text'
                )
            ],
```

```
            created_at=1701830458,
            file_ids=[],
            metadata={},
            object='thread.message',
            role='user',
            run_id=None,
            thread_id='thread_4kagOm7ds7C1w4npaGJKYZSH'
        )
    ],
    object='list',
    first_id='msg_Rj4wDCRVNGDjXngnOoLvBt5N',
    last_id='msg_gArlljE86CbLO40A6crLH7kB',
    has_more=False
)
```

可以看到兩個訊息, 一個是剛才加入的問題, 另一個是助理回覆的答案。顯示整個 Message 物件會太過複雜, 可以只取出 value 屬性即可, 請執行下一個儲存格取得完整對話：。

```
for part in messages:
    print(f'{part.role}: {part.content[0].text.value}')
```

執行結果如下：

```
assistant：走路一小時消耗的熱量會因個人的體重、步行速度和走路的強度而有所不同。一般來說，走路時會以每公斤體重每小時消耗約 3.5-5 卡路里的熱量。如果你知道自己的體重，可以使用以下公式來估算走路一小時大約能消耗多少熱量：

熱量消耗 = 每公斤體重消耗的卡路里數 × 你的體重（公斤） × 走路的時間（小時）

例如，如果你的體重為 60 公斤，那麼一小時走路可能會消耗約 210-300 卡路里的熱量。這僅僅是個大概數字，實際消耗量會因個人差異而異。
user：走路一小時相當於消耗多少熱量？
```

最新的對話在上面, 越往下則是越舊的對話。

以上就是 Assistants API 的基本流程, 雖然一開始使用會比 Chat API 複雜, 但熟悉之後其實很方便, 而且也不用自己記錄歷史對話, 方便很多。

8-2 Assistants API 物件用法

Assistants API 每一種物件都有差不多用途的方法, 像是 create (建立)、retrieve (取得指定識別碼的物件) 和 modify (修改), 還有其他的方法像是 list、delete 和 cancel 等, 下面將會介紹一些實用的方法。

建立新討論串直接執行

接續前一節建立好的 Assistant 物件, 如果想要快速建立並執行任務, 可以使用 threads 中的 create_and_run() 方法, 快速建立新討論串的同時, 也把訊息一併加入, 並且立刻執行, 請執行下一個儲存格實際操作一次：

```
run = client.beta.threads.create_and_run(
  assistant_id=assistant.id,
  thread={
    "messages": [
      {"role": "user",
       "content": "當小腿抽筋時最適當的處理是?, 用繁體中文回答"}
    ],
  }
)
pprint(run)
run = wait_on_run(run)
messages = client.beta.threads.messages.list(thread_id=run.thread_id)
for part in messages:
    print(f'{part.role}: {part.content[0].text.value}')
```

沿用前一小節的運動達人助理, 快速建立並執行新對話。create_and_run() 方法需要使用兩個參數, assistant_id 代入助理識別碼；thread 則以字典格式代入訊息對話, 最後等待執行結果並印出, 以下為執行結果：

```
Run(
    id='run_Sc2zfQaZ3DnW45CDirFsbYJ8',
    assistant_id='asst_JNn2EYPAQyAcwlt6FGjgz3x5',
    cancelled_at=None,
```

▼

```
    completed_at=None,
    created_at=1701830505,
    expires_at=1701831105,
    failed_at=None,
    file_ids=[],
    instructions='你是一位熱愛運動的達人, 具有各種與運動相關的知識',
    last_error=None,
    metadata={},
    model='gpt-3.5-turbo-1106',
    object='thread.run',
    required_action=None,
    started_at=None,
    status='queued',
    thread_id='thread_5DUSoCGFL4j3AzN6Ned4KV69',
    tools=[]
)
assistant：小腿抽筋時，最適當的處理方式是暫停運動，輕輕按摩受影響的肌肉，並且進
行輕微的伸展。同時可以輕輕地拉動腿部肌肉來緩解抽筋的情況。確保你有充分的水分補充，
也可以應用熱敷或冷敷來幫助肌肉放鬆。如果情況持續或頻繁發生，建議尋求醫療專業的
幫助。
user：當小腿抽筋時最適當的處理是?, 用繁體中文回答
```

新討論串識別碼

Run 物件中除了自身的識別碼之外, 也可以看到 thread_id 代表新建立的討論串。

接著我們也可以傳入討論串識別碼使用 retrieve 方法取得討論串物件, 請執行下一個儲存格：

```
new_thread = client.beta.threads.retrieve(run.thread_id)
pprint(new_thread)
```

執行結果：

```
Thread(id='thread_5DUSoCGFL4j3AzN6Ned4KV69', created_at=1701830504,
 metadata={}, object='thread')
```

建立對話函式

由於接下來會反覆加入對話與執行討論串的動作，所以可以先將兩者整合成函式，這樣待會兒執行時比較方便操作，請先執行下一個儲存格建立函式：

```
def input_and_run(input, thread_id, assistant_id):
    message = client.beta.threads.messages.create(
        thread_id=thread_id,
        role="user",
        content=input
    )
    run = client.beta.threads.runs.create(
        thread_id=thread_id,
        assistant_id=assistant_id,
    )

    return message, run
```

這個函式使用上非常方便，只需代入問題要求、Thread 和 Assistant 物件的識別碼。再搭配 wait_on_run 函式一起使用，就能順利完成整個執行程序。下面就來呼叫對話函式，請執行下一個儲存格：

```
message, run = input_and_run("燙傷時第一步該怎麼做？",
                              new_thread.id, assistant.id)
wait_on_run(run)
messages = client.beta.threads.messages.list(thread_id=run.thread_id)
for part in messages:
    print(f'{part.role}: {part.content[0].text.value}')
```

呼叫對話函式後取得對話物件和執行物件，並使用 wait_on_run 函式等待助理完成回覆，最後列出所有對話就完成，執行結果如下：

```
assistant：當你受到燙傷時，第一步是立即將受傷部位放入冷水中，持續冷卻約 10 到
 20 分鐘，以減輕燙傷的嚴重程度。切記不要使用冰塊或冰水，這可能造成更多的傷害。
然後輕輕覆蓋受傷部位以保持乾燥和保護。如果受傷嚴重，或是燙傷占用大面積，請尋求醫
療專業幫助。
```
▼

```
user：燙傷時第一步該怎麼做？
assistant：小腿抽筋時，最適當的處理方式是暫停運動，輕輕按摩受影響的肌肉，並且進行輕微的伸展。同時可以輕輕地拉動腿部肌肉來緩解抽筋的情況。確保你有充分的水分補充，也可以應用熱敷或冷敷來幫助肌肉放鬆。如果情況持續或頻繁發生，建議尋求醫療專業的幫助。
user：當小腿抽筋時最適當的處理是?, 用繁體中文回答
```

取消執行

如果執行任務後需要取消,可以使用 runs 物件的 cancel 方法。下面以詢問了和運動無關的錯誤問題為例, 說明在助理回覆之前使用 cancel 方法取消執行的方法。請執行下一個儲存格：

```
message, run = input_and_run('蒙娜麗莎是誰的作品? ',
                             new_thread.id, assistant.id)

run = client.beta.threads.runs.cancel(
  thread_id=new_thread.id,
  run_id=run.id
)
print(f"取消中: {run.status}")
while run.status == "cancelling":
    run = client.beta.threads.runs.retrieve(
            thread_id=new_thread.id,
            run_id=run.id,
    )
    if run.status != "cancelling":
        print(f"已取消: {run.status}")
        break
```

cancel 方法只需要執行中的 Run 物件識別碼, 執行 cancel 後的 Run 狀態為 cancelling, 可以使用 retrieve 方法等待 status 變為 cancelled , 這樣才算是完成取消, 以下為執行結果：

```
取消中：cancelling
已取消：cancelled
```

Run 物件剛被取消執行時, status 為 cancelling 代表正在取消, 等到 status 值為 cancelled 後才完成取消執行。

Tip

由於目前 Assistants API 還不是很穩定, 執行時可能會發生無法結束迴圈的情形, 如果等待 1 分鐘以上, 請取消儲存格並往下接續執行。

檢視執行記錄

我們還可以查看同一個討論串中所有的執行紀錄, 使用 list 方法可以列出所有在該討論串執行過的 Run 物件, 請執行下一個儲存格：

```
runs = client.beta.threads.runs.list(
  new_thread.id
)
pprint(runs)
```

參數只需代入討論串識別碼, 以下為執行結果：

```
SyncCursorPage[Run](
    data=[
        Run(
            id='run_IRMOI5h35SxjM5oDdgJDI9IV',
            ...(部分省略)
            status='cancelled',
            thread_id='thread_5DUSoCGFL4j3AzN6Ned4KV69',
            tools=[]
        ),
        Run(
            id='run_80ZSkivvk6dC3fRowUnfhUYP',
            ...(部分省略)
            status='completed',
            thread_id='thread_5DUSoCGFL4j3AzN6Ned4KV69',
            tools=[]
        ),
```

```
        Run(
            id='run_Sc2zfQaZ3DnW45CDirFsbYJ8',
            ...(部分省略)
            status='completed',
            thread_id='thread_5DUSoCGFL4j3AzN6Ned4KV69',
            tools=[]
        )
    ],
    object='list',
    first_id='run_IRMOI5h35SxjM5oDdgJDI9IV',
    last_id='run_Sc2zfQaZ3DnW45CDirFsbYJ8',
    has_more=False
)
```

根據結果可以看到剛才取消執行的 Run 物件和已經完成的 Run 物件。

刪除討論串

如果要刪除討論串，可以指定討論串的識別碼使用 delete 方法，請執行下一個儲存格刪除討論串：

```
response = client.beta.threads.delete(thread_id=new_thread.id)
pprint(response)
```

執行結果：

```
ThreadDeleted(id='thread_5DUSoCGFL4j3AzN6Ned4KV69', deleted=True,
object='thread.deleted')
```

可以看到 deleted 的值為 True。

Tip

本書撰寫時 OpenAI 並沒有說明討論串可以保留多久，以及無工具時的計費方式。

上傳文件增添知識庫

OpenAI API 提供有 File 物件可以上傳文件, Assistants API 可以檢索文件內容作為額外的知識庫。那麼要如何上傳呢？請先將範例文件 Hello.py 檔下載到 Colab, 再執行下一個儲存格下載文件：

```
!curl -L "https://flagtech.github.io/F4762/Hello.py" -o "Hello.py"
```

◀ 下載完成會出現在檔案區

接著使用 files 物件中的 create 方法建立 File 物件, 請執行下一個儲存格上傳文件：

```
file = client.files.create(
  file=open("Hello.py", "rb"),
  purpose="assistants"
)
```

參數 file 使用 open 方法代入文件路徑, 並用二進位讀取模式打開文件, purpose 參數代入 assistants, 代表該文件是給 Assistants API 使用。

修改助理的檔案清單設定

上傳檔案的方式就是如此方便, 而且上傳一次即可, 但這只是上傳文件而已, 還沒有將文件設定給助理使用, 請執行下一個儲存格更新助理：

```
assistant_file = client.beta.assistants.update(
    assistant.id,
    tools=[{"type": "retrieval"}],
```

▼

```
    file_ids=[file.id]
)
pprint(assistant_file)
```

使用 update 方法可以更新助理設定, 參數 file_ids 代入 File 物件識別碼清單, 需注意這裡的參數是串列, 可以設定使用多個文件。以下是執行結果：

```
Assistant(
    id='asst_JNn2EYPAQyAcwlt6FGjgz3x5',
    created_at=1701830449,
    description=None,
    file_ids=['file-qdb5YQm115kiZcY8w31gBPEX'],
    instructions='你是一位熱愛運動的達人, 具有各種與運動相關的知識',
    metadata={},
    model='gpt-3.5-turbo-1106',
    name='運動達人',
    object='assistant',
    tools=[ToolRetrieval(type='retrieval')]
)
```

剛剛加入的檔案清單

指定使用的工具

如果要檢視助理內特定文件的資訊, 也可以使用 retrieve 方法, 代入助理和文件識別碼即可, 請執行下一個儲存格：

```
assistant_file = client.beta.assistants.files.retrieve(
  assistant_id=assistant.id,
  file_id=file.id
)
pprint(assistant_file)
```

執行結果：

```
AssistantFile(
    id='file-qdb5YQm115kiZcY8w31gBPEX',
    assistant_id='asst_JNn2EYPAQyAcwlt6FGjgz3x5',
    created_at=1701830564,
    object='assistant.file'
)
```

如果是要看助理內的所有文件，可以使用 list 方法列出所有文件，請執行下一個儲存格：

```
assistant_files = client.beta.assistants.files.list(
  assistant_id=assistant.id
)
pprint(assistant_files)
```

執行結果：

```
SyncCursorPage[AssistantFile](
    data=[
        AssistantFile(
            id='file-qdb5YQm115kiZcY8w31gBPEX',
            assistant_id='asst_JNn2EYPAQyAcwlt6FGjgz3x5',
            created_at=1701830564,
            object='assistant.file'
        )
    ],
    object='list',
    first_id='file-qdb5YQm115kiZcY8w31gBPEX',
    last_id='file-qdb5YQm115kiZcY8w31gBPEX',
    has_more=False
)
```

這個助理只有剛才設定的文件，所以只有一個 AssistantFile 物件，也可以從 first_id 和 last_id 是否相同來判斷是否只有一個文件。

如果要刪除助理中設定要檢索的文件，可以使用 delete 方法，請執行下一個儲存格：

```
deleted_assistant_file = client.beta.assistants.files.delete(
    assistant_id=assistant.id,
    file_id=file.id
)
pprint(deleted_assistant_file)
```

由於此助理內只有一個文件, 所以可以直接代入 file.id, 如果有多個文件時, 建議用 list 方法列出所有文件, 從中找到要刪除的文件識別碼, 以下為執行結果：

```
FileDeleteResponse(id='file-qdb5YQm115kiZcY8w31gBPEX', deleted=True,
 object='assistant.file.deleted')
```

與前面刪除討論串相同, delete 的值為 True 代表刪除成功。

刪除文件

上面刪除動作只是移除助理內設定要檢索的文件, 並不會真的刪除文件。如果要刪除文件, 可以先將所有上傳的文件列出, 並從裡面找出要刪除的文件識別碼再刪除。請先執行下一個儲存格列出上傳文件：

```
file_list = client.files.list(
    purpose='assistants'
)
for i in file_list:
    pprint(i)
```

以下為執行結果：

```
FileObject(
    id='file-qdb5YQm115kiZcY8w31gBPEX',
    bytes=894,
    created_at=1701830548,
    filename='Hello.py',
    object='file',
    purpose='assistants',
    status='processed',
    status_details=None
)
```

在 Files 物件中使用 retrieve 或 list 可以看到文件名稱

你可以從 file_list 裡面比對檔名，找出要刪除的文件識別碼，最後用 delete 方法刪除，請執行下一個儲存格：

```
deleted_file = client.files.delete(file_list.data[0].id)
pprint(deleted_file)
```

以下為執行結果：

```
FileDeleted(id='file-qdb5YQm115kiZcY8w31gBPEX', deleted=True,
object='file')
```

看到 delete 為 True 就代表刪除成功。

列出所有助理

最後一個功能是列出所有的助理，可以使用 list 方法，此方法一樣可以與 delete 方法搭配，刪除不再需要使用的助理。下面會顯示並刪除剛才建立的運動達人助理，請執行下一儲存格：

```
my_assistants = client.beta.assistants.list(
    limit = 1
)
for i in my_assistants.data:
    pprint(i)
    response = client.beta.assistants.delete(i.id)
    pprint(response)
```

由於新建立的助理會在最上面，所以在 list 方法中可以使用參數 limit 將個數限制為 1，就可以將最新的助理列出，最後使用 delete 方法把運動達人助理刪除，以下為執行結果：

```
Assistant(
    id='asst_JNn2EYPAQyAcwlt6FGjgz3x5',
    created_at=1701830449,
```

▼

```
    description=None,
    file_ids=[],
    instructions='你是一位熱愛運動的達人, 具有各種與運動相關的知識',
    metadata={},
    model='gpt-3.5-turbo-1106',
    name='運動達人',
    object='assistant',
    tools=[ToolRetrieval(type='retrieval')]
)
AssistantDeleted(id='asst_JNn2EYPAQyAcwlt6FGjgz3x5', deleted=True,
                 object='assistant.deleted')
```

看到 delete 為 True 就代表刪除成功。

Tip

limit 參數預設為 20 個, 最多可以設定到 100。

以上就是 Assistants API 的一些實用功能, 接下來會介紹工具的使用方式。

8-3 使用內建工具

Assistants API 內建工具主要有 **Code interpreter**、**Retrieval** 和 **Function calling**, 這三個工具裡除了 Function calling 前面章節有介紹過之外, 其他都是尚未介紹的功能, 以下將會依序說明。

Code interpreter

此工具可以在模型準備的封閉環境中執行 Python 程式碼, 透過程式碼可以讀取文件或是生成文件讓使用者下載。下面範例會建立一個網頁設計小助理, 我們會要求設計一個簡單的網頁, 那麼就一起開始吧！請執行下一個儲存格建立助理：

```python
assistant = client.beta.assistants.create(
    name="網頁設計助理",
    instructions="你是一位網頁設計師, 能依照對話內容設計和修改出網頁,"
                 "請生成HTML檔",
    tools=[{"type": "code_interpreter"}],
    model="gpt-3.5-turbo-1106"
)
assistant_id = assistant.id
pprint(assistant)
```

基本與建立運動達人助理時相同, 只多增加一個 tools 參數, 這個參數需代入串列, 串列中的個別元素是以字典格式表示的工具名稱, 以下為執行結果：

Tip

你也可以先建立助理, 然後像是上一節設定文件清單的方式, 利用 assistants 的 update 方法更新工具, 參數和剛剛建立助理時一樣。

```
Assistant(
    id='asst_OOt1ufyxwM3fMtgyR9VZ6lzY',
    created_at=1701070771,
    description=None,
    file_ids=[],
    instructions='你是一位網頁設計師, 能依照對話內容設計和修改出網頁,
請生成HTML檔',
    metadata={},
    model='gpt-3.5-turbo-1106',
    name='網頁設計助理',
    object='assistant',
    tools=[ToolCodeInterpreter(type='code_interpreter')]
)
```

可以看到 tools 新增一個 ToolCodeInterpreter 類別的物件, 之後開始執行討論串時, Run 物件就會在必要時去 Assistant 物件中呼叫這個工具。

接下來建立一個新討論串，請執行下一個儲存格：

```
thread = client.beta.threads.create()
thread_id = thread.id
pprint(thread)
```

執行結果：

```
Thread(id='thread_BA2VWXQWNJuS2KdcnZH3siqn', created_at=1701070773,
       metadata={}, object='thread')
```

然後使用函式加入對話並執行，這裡直接請助理製作出天氣預報網頁，請執行下一個儲存格執行討論串：

```
message, run = input_and_run("請幫我製作一個精美的天氣預報網頁，"
                             "先設置相關欄位，"
                             "有地點、日期、溫度和天氣狀況，"
                             "其他設定由你決定。",
                             thread_id, assistant_id)

run = wait_on_run(run)

messages = client.beta.threads.messages.list(
    thread_id=thread_id, order="asc", after=message.id)
for part in messages:
    print(f'訊息識別碼: {part.id}')
    print(f'AI 回覆: {part.content[0].text.value}')
```

這裡的 Message物件多了 order 和 after 參數：oreder 決定排序，代入 asc 讓對話由舊到新排序；代入 desc 則是由新到舊排序；另一個參數 after 代表指定識別碼訊息之後的所有對話，與之相對應的是 before，是指定識別碼訊息前的所有對話。本例使用 after 取得指定訊息後的所有回覆，並使用 asc 使對話由舊到新排序，最後使用迴圈印出對話後，就可以由上往下看出完整回覆，執行結果如下：

```
訊息識別碼：msg_QYDzXDT3BsSqTqlNEGwcuCUQ
AI 回覆：好的，我們可以用HTML來設計這個網頁，讓我來幫你建立一個基本的框架，包含地點、日期、溫度和天氣狀況的欄位。
訊息識別碼：msg_xIcUqnWYqv7Y2TLH2corEhFM
AI 回覆：你可以在以下鏈接中找到生成的HTML文件以及天氣預報網頁：
[weather_forecast.html](sandbox:/mnt/data/weather_forecast.html)
```

如果可以看到助理的回覆中, 有出現連結表示網頁已經製作完成。

觀察分解步驟

上述過程其實是透過多個步驟完成, 你可以使用 list 方法列出所有步驟, 請執行下一個儲存格：

```python
run_steps = client.beta.threads.runs.steps.list(
    thread_id=thread_id,
    run_id=run.id,
    order="asc"
)
pprint(run_steps)
```

參數代入討論串和執行的識別碼, 並且為了方便觀察一樣使用 asc, 與上面訊息的排序相同, 執行結果如下：

```
SyncCursorPage[RunStep](
    data=[
        RunStep(
            id='step_mpewSeSi1mSFBgrWrBdJ6lcc',
            assistant_id='asst_PsMfY8p3MxXfvoIkmLuMZ0tg',
            ...(部分省略)
            run_id='run_8HpiYXFTaJ8O34U8umXOZokZ',
            status='completed',
            step_details=MessageCreationStepDetails(
                message_creation=MessageCreation(
                    message_id='msg_QYDzXDT3BsSqTqlNEGwcuCUQ'),
                type='message_creation'
            ),
            thread_id='thread_JhNWSwzDrTTb50QEwMq2aU34',
            type='message_creation',
```
▼

```
            expires_at=None
        ),
        RunStep(
            id='step_AXJXOmIZGkz56hZN7X3bFpYp',
            assistant_id='asst_PsMfY8p3MxXfvoIkmLuMZ0tg',
            ...(部分省略)
            run_id='run_8HpiYXFTaJ8O34U8umXOZokZ',
            status='completed',
            step_details=ToolCallsStepDetails(
                tool_calls=[
                    CodeToolCall(
                        id='call_mzpi1Hyj1OJegjnH7HrqLYLi',
                        code_interpreter=CodeInterpreter(
                            input='# Create a basic HTML template for
the weather forecast web page\nhtml_content =
\'\'\'\n<!DOCTYPE html>\n<html lang="en">\n<head>\n    <meta char
set="UTF-8">\n    <meta name="viewport"
...(部分省略)
\'/mnt/data/weather_forecast.html\'\nwith open(file_path, \'w\') as
file:\n    file.write(html_content)\n\nfile_path',
                            outputs=[
                                CodeInterpreterOutputLogs(logs="'/mnt/
data/weather_forecast.html'", type='logs')
                            ]
                        ),
                        type='code_interpreter'
                    )
                ],
                type='tool_calls'
            ),
            thread_id='thread_JhNWSwzDrTTb50QEwMq2aU34',
            type='tool_calls',
            expires_at=None
        ),
        RunStep(
            id='step_xAryegHArDJVPNxRaZqFjll4',
            assistant_id='asst_PsMfY8p3MxXfvoIkmLuMZ0tg',
            ...(部分省略)
            run_id='run_8HpiYXFTaJ8O34U8umXOZokZ',
            status='completed',
            step_details=MessageCreationStepDetails(
                message_creation=MessageCreation(
                    message_id='msg_xIcUqnWYqv7Y2TLH2corEhFM'),
                type='message_creation'
```

```
            ),
            thread_id='thread_JhNWSwzDrTTb50QEwMq2aU34',
            type='message_creation',
            expires_at=None
        )
    ],
    object='list',
    first_id='step_mpewSeSi1mSFBgrWrBdJ6lcc',
    last_id='step_xAryegHArDJVPNxRaZqFjll4',
    has_more=False
)
```

根據結果可以看出這次執行了三個步驟，每個步驟各使用一個 RunStep 物件包裝。第一個步驟就對應到一開始的訊息，告訴我們準備產生網頁，第二個步驟則是呼叫 Code Interpreter 工具利用 Python 程式碼將產生的網頁存檔，最後一個步驟告訴我們已經產生好網頁檔，並且提供檔案的位置，你可以透過訊息的識別碼確認與對應步驟的關係。你可以注意到 type 為 message_creation 的步驟表示建立了訊息對話，而 type 為 tool_call 的就是呼叫工具。

如果想要取得特定 RunStep 物件的話，一樣可以傳入識別碼使用 retrieve 方法，以下我們取第二步驟仔細觀察，請執行下一個儲存格：

```
run_step = client.beta.threads.runs.steps.retrieve(
    thread_id=thread_id,
    run_id=run.id,
    step_id=run_steps.data[1].id
)
pprint(run_step)
```

以下為執行結果：

```
RunStep(
    id='step_AXJXOmIZGkz56hZN7X3bFpYp',
    ...(部分省略)
                type='code_interpreter'
```

▼

```
            )
        ],
        type='tool_calls'
    ),
    thread_id='thread_JhNWSwzDrTTb50QEwMq2aU34',
    type='tool_calls',
    expires_at=None
)
```

下載檔案

透過上面訊息對話和步驟可以得知，助理已經生成一個 HTML 文件想要讓我們下載，但此文件儲放在 OpenAI 為 code interpreter 準備的封閉環境中，並沒有辦法直接下載。不過在模型生成的訊息中，會提供該檔案的識別碼，我們可以透過識別碼讀取檔案內容重新儲存成 HTML 文件，並顯示出來。請執行下一個儲存格印出 Message 物件內容找到識別碼：

```
pprint(messages.data[-1])
```

執行結果：

```
ThreadMessage(
    id='msg_xIcUqnWYqv7Y2TLH2corEhFM',
    assistant_id='asst_PsMfY8p3MxXfvoIkmLuMZ0tg',
    content=[
        MessageContentText(
            text=Text(
                annotations=[
                    TextAnnotationFilePath(
                        end_index=93,
                        file_path=TextAnnotationFilePathFilePath(
                        file_id='file-7igxytTHGklfqgn71y4qDXMp'),
                        start_index=54,
                        text='sandbox:/mnt/data/weather_forecast.html',
                        type='file_path'
                    )
                ],
                value='你可以在以下鏈接中找到生成的HTML文件以及天氣預報網頁:\
n[weather_forecast.html](sandbox:/mnt/data/weather_forecast.html)'
```

文件識別碼

▼

```
            ),
            type='text'
        )
    ],
    created_at=1701676959,
    file_ids=['file-7igxytTHGklfqgn71y4qDXMp' ],
    metadata={},
    object='thread.message',
    role='assistant',
    run_id='run_8HpiYXFTaJ8O34U8umXOZokZ',
    thread_id='thread_JhNWSwzDrTTb50QEwMq2aU34'
)
```

你可以從 annotations 找到文件的識別碼, 就可以使用 File 物件的 content 讀取文件內容寫入到HTML文件, 最後再將內容顯示出來, 請執行下一個儲存格完成最後程序：

```
from IPython.display import HTML

def show_html(messages):
    for i in messages.data:
        # 找出有文件內容的對話物件
        if i.content[0].text.annotations:
            file_index =  i.content[0].text.annotations
            # 找到文件識別碼
            file_ids = file_index[0].file_path.file_id
            content = client.files.content(file_ids)
            # 儲存 HTML
            content.stream_to_file('test.html')
            # 顯示 HTML
            html_content = content.content.decode('utf-8')
            display(HTML(html_content))

show_html(messages)
```

此函式會找出 Message 物件中的文件識別碼, 並根據識別碼取得文件內容, 最後儲存文件和顯示文件內容, 以下為執行結果：

▲ 助理製作的網頁

▲ HTML 文件儲存在檔案區

如果要繼續修改網頁, 可以加入迴圈重複進行剛才的程序, 下面程式把剛才執行過的程式碼整合, 請執行下面儲存格對助理提出修改要求：

```
while True:
    question = input('請輸入要求: ')
    if not question.strip():
        break
    message, run = input_and_run(question, thread_id, assistant_id)

    run = wait_on_run(run, thread_id)

    if run.status == 'completed':
        messages = client.beta.threads.messages.list(
            thread_id=thread_id,order="asc", after=message.id)
        for part in messages:
            print(f'AI 回覆: {part.content[0].text.value}')
        show_html(messages)
    else:
        print(run.status)
```

執行結果：

```
請輸入要求：請改成繁體中文, 並將地點和日期改為輸入欄位, 其它為輸出欄位
AI 回覆：了解，我們將進行以下修改：
1. 將網頁內容改為繁體中文
2. 將地點和日期改為輸入欄位
3. 其他欄位為輸出欄位，展示天氣情況

讓我們進行修改並生成新的HTML 檔案！
AI 回覆：修改後的HTML 檔案已生成，你可以在以下連結中查看和下載檔案：          ▼
```

- [天氣預報網頁 (Updated)](sandbox:/mnt/data/weather_forecast_updated.html)
在這個網頁上，我們將地點和日期改為輸入欄位，用戶可以輸入他們想要查詢的地點和日期，然後按下提交按鈕以查看對應的天氣預報資訊。目前我們使用的是假資料作為範例，你可以根據實際情況添加呼叫 API 或其他天氣資訊的代碼，以獲得真實的天氣資訊。

如果需要進一步修改或有其他要求，請隨時讓我知道！

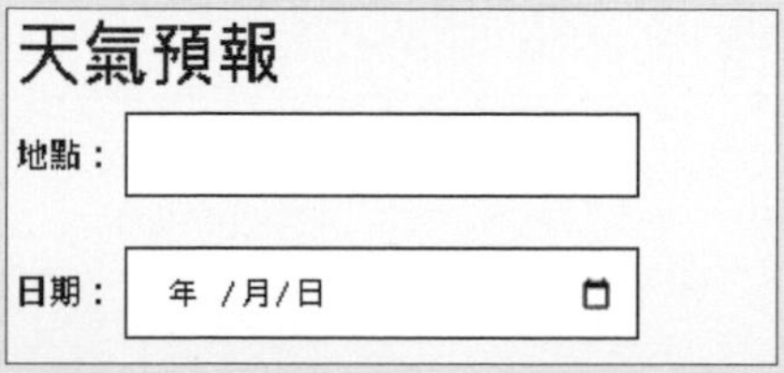

請輸入要求：請美化網頁並符合一般網頁大小
AI 回覆：了解，讓我們對網頁進行美化並調整版面，使其符合一般網頁大小。我們將添加更多的樣式和調整排版，讓網頁看起來更美觀和專業。

讓我們進行修改並生成新的 HTML 檔案！
AI 回覆：經過美化並調整版面後，我們生成了新的 HTML 檔案。你可以在以下連結中查看和下載檔案：
- [美化天氣預報網頁](sandbox:/mnt/data/weather_forecast_beautified.html)

這個網頁經過美化後，看起來更加專業和美觀。用戶現在可以在輸入欄位輸入地點和日期，點擊「查詢天氣」按鈕後，將會顯示對應的天氣預報資訊。

如果有其他要求或需要進一步修改，請隨時讓我知道！

整個過程中可以不斷的要求助理更改網頁, 如果需要一些圖片或動態特效的話, 還是需要手動增加。

Tip

由於 AI 的可變性, 讀者生成的網頁與書中的執行結果不同是正常的, 請依照助理回覆的訊息對話修改成自己滿意的網頁。

透過簡單的生成網頁範例, 可以說明 code interpreter 能夠幫助我們把模型生成的內容存檔, 方便取回使用。

Tip

剛剛的例子如果不使用 code interpreter 當工具, 模型就會直接在訊息中顯示產生的 HTML 碼, 使用者必須自己從訊息內容中複製存檔。

Retrieval 檢索器 - RAG

檢索器主要用在根據問題從上傳的文件中找出相關資料再丟給模型回答, 通過文件資料來增強模型的知識庫, 從而提高回答問題的準確度, 這種方式稱為檢索增強式生成 **Retrieval Augmented Generation (RAG)**。以下範例給予助理台中旅遊手冊, 讓助理幫我們規劃一場台中旅遊行程, 那麼就開始吧！

請先將台中觀光局官方的旅遊文件下載到 Colab 上：

```
!mkdir "旅遊"
!curl -L "https://ppt.cc/fscClx" -o "旅遊/food.pdf"
!curl -L "https://ppt.cc/f2BqBx" -o "旅遊/history.pdf"
!curl -L "https://ppt.cc/fuarUx" -o "旅遊/nature.pdf"
```

等待下載完成後, 文件就會出現在左邊檔案區的旅遊資料夾中：

緊接著就可以上傳文件到 OpenAI 上, 與前一節上傳文件的方式相同：

```
import os
ids = []
allfilelist = os.listdir('/content/旅遊')
for path in allfilelist:
    file = client.files.create(
        file=open(f"/content/旅遊/{path}", "rb"),
        purpose='assistants'
    )
    ids.append(file.id)
```

由於下載的檔案都放在單一資料夾內, 所以使用 os 套件中的 listdir 方法列出資料夾中的所有文件, 然後用 for 迴圈上傳每個文件, 並另外使用串列記住所有上傳的文件識別碼, 稍後建立助理時即可用此串列設定要檢索的文件清單。

上傳完文件後, 開始建立旅遊助理, 它的任務是根據旅遊文件幫我們規劃行程：

Tip

要使用 retrival 功能, 必須使用日期標註為 1106 或之後的模型, 經過測試使用 gpt-4-1106-preview 的效果比較好。

```
assistant = client.beta.assistants.create(
    name="旅遊助理",
    instructions="你是一位旅遊規劃者, 可以根據旅遊文件規劃旅遊行程",
    tools=[{"type": "retrieval"}],
    model="gpt-4-1106-preview",
    file_ids=ids
)
assistant_id = assistant.id
pprint(assistant)

thread = client.beta.threads.create()
thread_id = thread.id
```

```
Assistant(
    id='asst_Y4A2zpqGsYP7wNTeX22KrfUz',
    created_at=1700814582,
    description=None,
    file_ids=['file-6SpYYG0poq8rxmEqJK7BDkTW',
              'file-KYZFyNotiNz2rexSIO BO3NFO',
              'file-79qjG2jthbuNVJ1iMFIXuRdN'],
    instructions='你是一位旅遊規劃者，可以根據旅遊文件規劃旅遊行程',
    metadata={},
    model='gpt-4-1106-preview',
    name='旅遊助理',
    object='assistant',
    tools=[ToolRetrieval(type='retrieval')]
)
```

建立好助理後就可以請助理安排行程啦。

在加入對話前，先建立一個顯示回覆內容的函式，只顯示指定訊息之後的對話，且因為回覆為 markdown 格式，所以可以使用 IPython 中的 Markdown 類別顯示回覆訊息，請執行下一個儲存格：

```
from IPython.display import Markdown

def output_text(thread_id, message):
    messages = client.beta.threads.messages.list(
        thread_id=thread_id, order="asc", after=message.id )
    for message in messages:
        display(Markdown(message.content[0].text.value))
```

請執行下一個儲存格讓助理幫忙規劃台中一日遊行程：

```
message, run = input_and_run("請規劃台中一日遊行程",
                             thread_id, assistant.id)
run = wait_on_run(run)
pprint(run.status)
output_text(thread_id, message)
```

執行結果：

completed
根據您提供的旅遊資料，我已經規劃了一個台中一日遊行程：

上午

- 從台中火車站啟程：設計橫跨三个世代的絕美車站，參观並體會不同時代的建築風貌【11†source】。
- 前往文化部文化資產園區：感受舊有的酒廠建築與藝術的完美結合。開放時間為每日06:00至22:00【11†source】。

下午

- 參觀高美濕地保護區：體驗台中的自然之美，並观察各種野生動物【31†source】。

傍晚至夜晚

- 前往逢甲夜市：享受當地美食，感受台中夜晚的熱鬧氛圍【21†source】。

請注意，此行程建議僅適合沒有時間限制的遊客，具体行程時間可能會因交通和個人興趣而略有調整。對於交通方式，您可以考慮租用汽車或使用公共交通工具根據實際情況進行調整。

根據結果可以看出助理閱讀文件後, 為我們規劃出推薦的行程, 只可惜 AI 目前還不懂地理位置, 不曉得行程上是否會繞遠路, 以下為測試時出現的情形：

▲ 依照 AI 的行程將從 A 點到 B 點再到 C 點結果會是繞了一大圈

Tip

使用 gpt-3.5-turbo-1106 可能會發生早上去逛夜市的荒謬行程, 所以建議使用 gpt-4-1106-preview。

使用不同格式的文件

Retrieval 工具除了 PDF 文件, 也可以閱讀其它格式的文件, 如：docx、html、json、pptx 等等, 接下來就來閱讀桃園觀光導覽的 JSON 文件, 請先執行下一個儲存格下載文件：

```
!curl -L "https://ppt.cc/fAzoVx" -o "Travel_In_Taoyuan.json"
```

下載完後一樣會出現在左邊的檔案區, 接著再把文件上傳給 OpenAI。這次採用另一種提供文件的方式, 透過 Messages 物件將文件加入到討論串中, 請執行下一個儲存格上傳文件和建立 Message 物件：

```
file = client.files.create(
  file=open("/content/Travel_In_Taoyuan.json", "rb"),
  purpose='assistants'
)

message = client.beta.threads.messages.create(
    thread_id=thread.id,
    role="user",
    content="可以規劃去桃園兩天一夜的行程嗎?",
    file_ids=[file.id]
)
```

Messages 物件與 Assistant 物件都有相同的參數 file_ids, 可以將文件代入到物件中, 透過此方式文件會儲存在討論串中而不是助理, 也就是這個文件只在此討論串中有效, 如果把同一助理搭配其他討論串執行, 就不認得這個桃園旅遊檔案了。

加入訊息對話和文件後, 就可以執行取得回覆, 請執行下一格儲存格：

```
run = client.beta.threads.runs.create(
    thread_id=thread_id,
    assistant_id=assistant.id,
)
run = wait_on_run(run)
pprint(run.status)
output_text(thread_id)
```

執行結果：

completed

根據您提供的資料，我為您規劃了以下桃園兩天一夜的行程：

第一天：

1. **小人國** (10:00)：
   - 亞洲首座以微縮模型為主題的遊樂園。
   - 包含世界著名建築的迷你微縮模型和多項親子遊樂設施【22†source】。
2. **午餐**
   - 可於小人國園區內享用午餐。
3. **棒球名人堂** (16:00)：
   - 透過互動遊戲了解棒球文化，棒球科學和棒球的社會史【22†source】。
4. **龍潭觀光大池** (17:00):
   - 欣賞百年大池的夜景。
   - 可於周邊景觀餐廳用晚餐【22†source】。
5. **住宿於龍潭** (19:00)：
   - 晚上下榻龍潭旅宿，結束第一天行程。

第二天：

1. **雅聞魅力博覽館** (09:30)：
   - 探訪雅聞的觀光工廠，結合生產、體驗和購物【22†source】。
2. **楊梅火車站周邊賞客家美食** (11:30)：
   - 於楊梅火車站周邊品嚐客家美食。
3. **埔心牧場** (13:00)：
   - 體驗牧場生活，包含榨乳、修馬蹄、擠牛奶、餵食牛馬等活動【22†source】。
4. **中原夜市商圈** (17:30)：
   - 探索年輕人的流行趨勢，享用晚餐【22†source】。
5. **住宿於中壢** (19:30)：
   - 在中壢旅宿結束桃園兩日遊。

請注意，這個行程建議基於您提供的資料編排。若您有其他特定的需求或想調整行程，請隨時告知。希望這個計劃能讓您在桃園有一段愉快的旅程！

可以看出助理對於各個景點有比較詳細的規劃，而且加上了時間讓整個行程更好掌握節奏！

一樣加入迴圈進行持續對話，請執行以下儲存格與助理進行更多對話：

```
while True:
    question = input('請輸入要求：')
    if not question.strip():
        break
    message, run = input_and_run(question, thread_id, assistant_id)

    run = wait_on_run(run)
    pprint(run.status)
    output_text(thread_id, message)
```

執行結果：

```
請輸入要求：如果要台中與桃園各玩一天，該如何規劃?
completed
```

考慮到台中和桃園兩個城市的地理位置，從台中到桃園的交通時間大約是1到1.5小時。 我將利用之前為您分別在台中和桃園提供的一日遊建議，結合這兩條行程為您編排兩天的旅遊計劃，並且留足夠的時間以防您遇到交通延誤或想要更悠閒的享受旅行。

第一天 - 台中

1. **臺中市第二市場** (上午開始) - 享受傳統市場的氛圍及美食。
2. **自由路商圈** (午餐後) - 逛逛商圈，尋找特色手信。
3. **臺中太陽餅博物館** (午後) - 體驗太陽餅製作並品嚐。
4. **中華路觀光夜市** (晚間) - 探索眾多美食攤位，體驗當地夜市文化。

第二天 - 桃園

1. **小人國** (早上10:00) - 遊覽微縮模型，適合全家出遊的主題樂園。
2. **棒球名人堂** (下午16:00) - 了解棒球文化，享受互動遊戲。
3. **龍潭觀光大池** (黃昏時分) - 欣賞迷人夜景並在周邊景觀餐廳用晚餐。
4. **住宿於龍潭或中壢** (晚上) - 選擇當地舒適的旅宿休息。

請確認這兩城市間的交通方式，例如自行駕車或使用大眾交通。如果是後者，請考慮查詢火車或長途巴士的時刻表，並預留足夠時間進行轉乘。

建議在旅遊的前一天晚上到達台中，這樣第二天清晨就可以直接開始您的台中行程。在台中結束後，可以選擇在當天晚上或第二天一早前往桃園，視您的偏好和當地住宿情況而定。

若您有其他特定需求或想調整行程，請隨時向我提出。希望這些建議能讓您的旅程更加愉快！

```
請輸入要求：我想要去台中進行一趟美食之旅，該如何規劃?
completed
```

台中擁有豐富多樣的美食文化，以下是為您規劃的台中美食之旅行程：

上午 - 傳統早市美味

1. **臺中第二市場**:
   - 到訪台中最傳統的市場，品嚐各種古早味小吃，如碗粿、米糕、糜等。
   - 地址：臺中市中區三民路二段87號
   - 開放時間：每日07:00 - 15:00【13†source】。

中午 - 在地人氣餐廳

1. **附近推薦餐廳**:
   - 參考市場附近的餐廳，享用台中的特色午餐，如擔仔麵、排骨飯。

下午 - 購物區咖啡休憩

1. **自由路商圈**:
   - 逛逛商圈，可以找到許多甜點店和咖啡廳，享受下午茶時光。
   - 步行可達臺中市第二市場，約5分鐘距離【12†source】。

黃昏 - 夜市美食探索

1. **中華路觀光夜市**:
   - 探訪有著近半世紀歷史的夜市，試試當地人推薦的蚵仔煎、臭豆腐等。
   - 地址：臺中市中區中華路一段
   - 開放時間：每日16:00 - 02:00【12†source】。

晚餐 - 特色晚餐

1. **東海夜市或周邊美食**:
   - 如果喜歡探索更多，可以前往東海藝術街商圈品嚐異國料理或是東海夜市品嚐台中學生美食，如刈包、雞爪凍、嫩仙草等【11†source】。
   - 地址：臺中市龍井區新興路
   - 開放時間：每日10:30 - 22:00【11†source】。

此行程為您提供了從早到晚在台中市區品嚐地道美食的機會。請根據您的時間和興趣進行調整，並確保預留足夠的時間在各個地點之間移動。希望您能夠在台中的美食之旅中享受到當地的美味與風情！如果需要更多建議或想要針對特定菜系進行深入探索，請告知我，以便提供進一步的協助。

使用新的討論串

我們可以測試看看新的討論串和原本的助理，規劃桃園兩天一夜行程的計畫是否還能夠檢視檔案，請執行下一個儲存格：

```python
new_thread = client.beta.threads.create()
new_thread_id = new_thread.id

while True:
    question = input('請輸入要求: ')
    if not question.strip():
        break
    message, run = input_and_run(question, new_thread_id,
                                 assistant_id)
    run = wait_on_run(run)
    pprint(run.status)
    output_text(new_thread_id, message)
```

執行結果：

請輸入要求：可以規劃去桃園兩天一夜的行程嗎?
completed
根據提供的資料，我為您規劃了以下前往桃園兩天一夜的旅遊行程：

第一天

1. **高美濕地：**
    - 您可以在第一天參觀世界聞名，被譽為「一生必遊的絕佳美景」的高美濕地【19†source】。
    - 在木棧道上漫步，觀賞候鳥起舞和招潮蟹在泥灘上活動。
    - 欣賞日落時段的美景，這裡有著「臺灣最美的夕陽」。

第二天

1. **美食體驗：**
    - 參觀臺中米其林星級餐廳，如 JL Studio、Forchetta、澀、鹽之華或俺達的肉屋，品嚐當地美食【15†source】。

這個行程提供了自然生態景觀與美食體驗的完美平衡。為了確保這些地方的開放時間和預訂要求，建議您提前規劃並進行必要的預定。

請問您還需要其他特定的活動或信息來完善您的行程嗎？

請輸入要求：我是要去桃園不是台中
completed
對不起，看起來我獲取的資料都是關於台中而不是桃園的資訊。您是否可以提供具體的桃園旅遊資料或者指明您想參加的活動（例如美食、觀光、自然景點、文化體驗等），以便我可以更好地為您規劃行程？

根據結果可以得出，從對話物件提供文件的方式，並無法在新的討論串中使用。而且由於助手中有旅遊文件，所以可能會擅自規劃成台中之旅。

知識檢索器可以直接上傳和閱讀文件的功能，大大增加 AI 的實用性，也減少反覆傳送資料給 AI 的動作和成本。目前支援的格式不多，可以參考以下 OpenAI 官方文件網址，上面有目前支援的文件格式。

```
https://platform.openai.com/docs/assistants/tools/supported-files
```

Function calling

最後一個工具是第 6 章講解過的 function calling。主要功能就是讓助理判斷要不要使用自定義的函式。下面會使用與第 6 章相同的搜尋程式，讓助理去搜尋它不知道的事情，請執行下一個儲存格匯入和建立搜尋程式：

```
from googlesearch import search
def google_res(user_input):
    response = ''
    for i in search(user_input, advanced=True, num_results=5):
        response += f'{i.title}\n{i.description}\n'
    return response
```

搜尋程式每次會找五筆資料並返回。

我們可以將這個函式加入 Assistants 讓它根據搜尋結果回答問題。首先，請執行下一個儲存格建立搜尋助理：

```
assistant = client.beta.assistants.create(
  name="搜尋助理",
  instructions="取得 Google 搜尋結果",
  model="gpt-3.5-turbo-1106",
  tools=[
    {"type": "function",
    "function": {
      "name": "google_res",
```

▼

```
        "description": "如果問題為你不知道的事情需要網路搜尋, "\
        "才會使用這個搜尋函式, 使用繁體中文作回覆",
        "parameters": {
          "type": "object",
          "properties": {
            "user_input": {"type": "string"}
          },
          "required": ["user_input"]
        }
      }
    }]
)
assistant_id = assistant.id

thread = client.beta.threads.create()
thread_id = thread.id
```

輸入下面問題, 看助手能否回答出男主角的得主是誰：

```
message, run = input_and_run("2023 年金鐘獎男主角是?",
                             thread_id, assistant_id)
run = wait_on_run(run)
pprint(run.status)
```

```
Run(
    id='run_52nHD0nF84VmPGeXeBF6ctDF',
    assistant_id='asst_dH5eNpQ5sSko6IgDsObhkuMV',
    ...(部分省略)
    required_action=RequiredAction(
        submit_tool_outputs=RequiredActionSubmitToolOutputs(
            tool_calls=[
                RequiredActionFunctionToolCall(
                    id='call_E7w3yBt2claJ280BY4ibABak',
                    function=Function(
                        arguments='{"user_input":"2023 年金鐘獎男主角是誰"}',
                        name='google_res'),
                    type='function'
                )
            ]
        ),
        type='submit_tool_outputs'
    ),
    started_at=1701144151,
```

```
    status='requires_action',  ← 表示需要外部函式
    thread_id='thread_IWQeHyDihjQPFsBsETBj0xic',
    tools=[
        ToolAssistantToolsFunction(
            function=FunctionDefinition(
                name='google_res',
                parameters={
                    'type': 'object',
                    'properties': {'user_input': {'type': 'string'}},
                    'required': ['user_input']
                },
                description='如果問題為你不知道的事情需要網路搜尋, 才會使用
這個搜尋函式, reply in 繁體中文'
            ),
            type='function'
        )
    ]
)
```

Run 物件的狀態顯示為 requires_action 代表助理想要使用 function_calling 工具, 物件中的 requires_action 屬性會出現新增的物件。不過和前面使用 code interpreter 或是 retrieval 等會自動執行的內建工具不同, 助理無法幫我們呼叫 function calling 中要使用的函式, 你必須在檢查出狀態為 requires_action 後, 呼叫函式並且將函式的輸出值送回給模型才會繼續進行。

function_calling 要使用的函式和參數都在 Run 物件中的 requires_action 裡, 下面程式碼將會從 tool_calls 屬性取得所要呼叫函式的 Function 物件串列:

```
tool_calls = run.required_action.submit_tool_outputs.tool_calls
pprint(tool_calls)

[
    RequiredActionFunctionToolCall(
        id='call_E7w3yBt2claJ280BY4ibABak',
        function=Function(
            arguments='{"user_input":"2023 年金鐘獎男主角是誰"}',
            name='google_res'),
        type='function'
    )
]
```

接著再從串列中取得 function_calling 識別碼、函式名稱和參數等資訊, 據此呼叫函式取得結果, 請執行下一個儲存格：

```
import json
# 函式識別碼、名稱和參數
tool_id = tool_calls[0].id
func_name = tool_calls[0].function.name
func_args = json.loads(tool_calls[0].function.arguments)

print(f'識別碼: {tool_id}\n函式名稱: {func_name}\n參數: {func_args}')

# 將參數代入函式中
output = google_res(**func_args)
```

執行結果：

```
ID：call_E7w3yBt2claJ280BY4ibABak,
函式名稱：google_res,
參數：{'user_input': '2023 年金鐘獎男主角是誰'}
```

接著將結果送回模型, 助理就能整理出最終的答案, 請執行下儲存格：

```
run = client.beta.threads.runs.submit_tool_outputs(
  thread_id=thread_id,
  run_id=run.id,
  tool_outputs=[
      {
        "tool_call_id": tool_id,
        "output": output,
      }
    ]
)
run = wait_on_run(run, thread_id)
output_text(thread_id, message)
```

使用 Run 物件中的 submit_tool_outputs 方法回送結果給模型, 參數需代入討論串和 Run 物件識別碼, 還有一個最重要的參數 tool_outputs, 需代入 Function_calling 識別碼和函式結果, 以下為執行結果：

```
2023 年金鐘獎男主角是薛仕凌。
```

根據結果助理確實回答出了男主角得主。

呼叫多個函式

有時一個問題助理會循序執行多次 function_calling, 或是一次搜尋多個問題時, 助理會在單一次 function_calling 中呼叫多個函式, 以下函式可以處理後者, 它會將多個函式的執行結果串接在一起。請執行下一個儲存格建立函式：

```python
def tool_calls(call_ids):
    outputs = []
    for tool in call_ids:
        func_name = tool.function.name
        func_args = json.loads(tool.function.arguments)
        print(f'{func_name}({func_args})')
        reponse = news(**func_args)
        outputs.append({
            'tool_call_id': tool.id,
            'output': reponse
        })
    return outputs
```

以下使用迴圈測試, 請執行下一個儲存格進行對話：

```python
while True:
    question = input('請輸入要求: ')
    if not question.strip():
        break
    message, run = input_and_run(question, thread_id, assistant_id)

    run = wait_on_run(run)
```

▼

```

    if run.status == 'requires_action':
        pprint('搜尋中...')
        call_ids = run.required_action.submit_tool_outputs.tool_calls
        outputs = tool_calls(call_ids)
        run = client.beta.threads.runs.submit_tool_outputs(
            thread_id=thread_id,
            run_id=run.id,
            tool_outputs=outputs
            )
        run = wait_on_run(run)
        output_text(thread_id, message)
    else:
        output_text(thread_id, message)
```

這邊會一次詢問兩個問題, 讓助理彙整兩次搜尋結果再回答：

```
請輸入要求:亞洲空汙最嚴重的地區是?那台灣呢?
搜尋中...
google_res({'user_input': '亞洲空汙最嚴重的地區'})
google_res({'user_input': '台灣空汙情況'})
根據GAIA空氣品質監測站，亞洲空氣汙染最嚴重的地區涵蓋印度Beijing (134)、GIDC
Ankleshwar (133)、越南Hanoi (132)等地。
至於台灣的空氣品質情況，根據空氣品質指數(AQI) 的數值顯示，台灣的空氣汙染狀況相對
較嚴重，其中有22個城市於2020年排名全球空氣汙染最嚴重的前交。
從以上資訊中可以看出，亞洲的空氣汙染問題相當嚴重，並且台灣在亞洲地區也面臨著空氣
汙染的挑戰。
請輸入要求:
```

根據結果可以看出, 助理在同一次 function calling 中要求呼叫兩次函式分別搜尋, 最後再彙整結果得出答案。

Tip

筆者測試時, 發生過搜尋男女主角得主, 程式卻只搜尋男主角, 但由於搜尋結果中也有女主角資料, 所以回覆時可以同時回答出男女主角得主。

以上就是 Assistants API 的運作原理與使用方式, 接下來的章節都會使用這個 API, 並介紹更多此 API 的相關應用。

CHAPTER 9

AI 助理開發實戰

前一章學了各種 Assistants API 的功能，那麼實際應用時，該怎麼使用這些功能和工具呢？本章將介紹一些實用的例子，提供給讀者想法和實際操作。

9-1 看截圖就能生出類似網頁的小助理

在前一章中我們使用 Assistants API 建立網頁設計助理，幫助我們設計天氣預報網頁，這節將會更進一步，介紹如何透過網頁截圖讓助理模仿作出一個與圖片相似的網頁。

假設你對 Python 程式十分熟悉，某天看到以下網頁後也想要親自製作一個天氣預報網頁，但對於 HTML、CSS、JavaScript 等前端程式都一竅不通，又不想要再從頭學習，那要如何寫出一個天氣預報網頁呢？這時候 Assistants API 就可以幫助我們完成這項任務，那它是如何做到的呢？就讓我們用程式來說明。

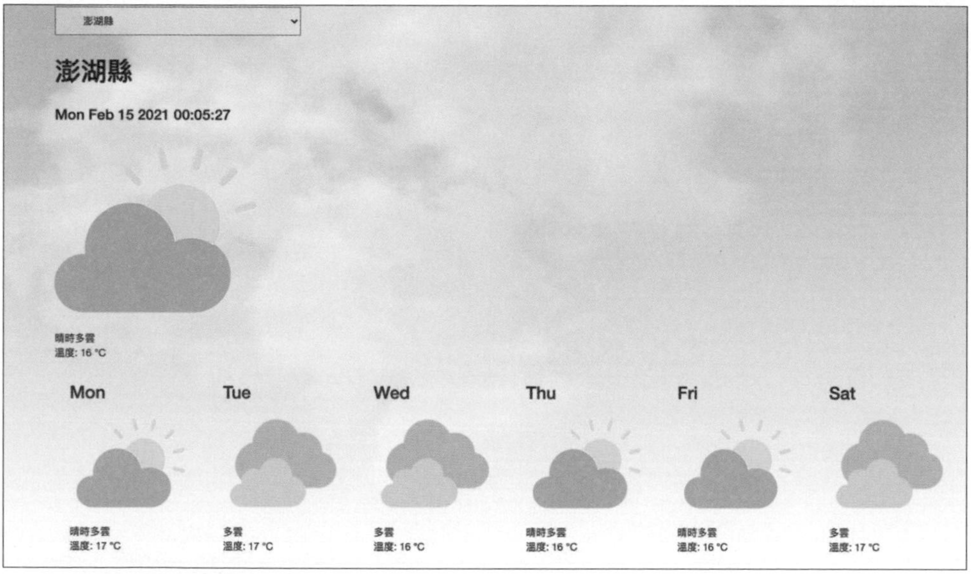

▲ 氣象預報網頁有下拉式表單，也有圖示和未來一周資料

請依照慣例開啟本章範例檔案並儲存副本：

```
https://bit.ly/GPT4Dev_ch9
```

首先安裝相關套件，請執行第一個儲存格：

```
!pip install openai rich
from rich import print as pprint
from google.colab import userdata
from IPython.display import display, HTML
from openai import OpenAI
client = OpenAI(api_key=userdata.get('OPENAI_API_KEY'))
```


由於本章將應用第 8 章介紹過的功能，為方便起見，筆者已將這些功能整合並存放在 GitHub 上，請先從 GitHub 匯入相關函式：

```
1 !git clone https://github.com/FlagTech/Assistant-API-Function.git
    assistant_function
2 import assistant_function as af
3 af.set_client(client)
```

第 3 行程式是設定 client 物件給匯入的模組使用。

使用 GPT-4-Vision 建立網頁模板

在前面章節中介紹過 **gpt-4-vision 模型**，這節就是透過它描述圖片的強大功能，來分析使用者提供的網頁截圖，並依照分析結果生成網頁程式碼。特別的是我們會要求加入 **Tailwind CSS** 還有 **Font Awesome** 字體，讓網頁看起來不會太陽春單調。

Tip

Tailwind CSS 是一套以共用樣式（黃色、粗體、非常大的文本、中心元素 ...）類別為優先考量 (utility-first) 的 CSS 框架，我們主要使用這些樣式元素讓網頁看起來更好看。不用擔心自己不熟網頁設計或是 Tailwind CSS，因為主要的內容都是交由語言模型生成。

首先設定 gpt-4-vision 的主要角色、任務和規定，請執行下一個儲存格進行設定：

```
html_prompt = """
您是一位專業的 Tailwind 開發者。您會根據用户提供的網頁截圖，使用 Tailwind、
HTML 和 JS 建構網頁。

-確保網頁的外觀與截圖完全一致。
-要特別注意文字顏色、字體大小、字體家族、內邊距、外邊距、邊框等。精確匹配顏色和尺寸。
-生成網頁大小需符合一般筆電螢幕。
-使用截圖中的準確文字。
-不要在程式碼中添加註解，例如 "<!-- 添加其他導航鏈接 -->" 或
"<!-- ... 其他城市項目 ... -->" 來代替完整的程式碼。請寫出完整的程式碼。
-根據需要重複元素以匹配截圖。例如，如果有 15 個項目，程式碼應該有 15 個項目。
不要留下像 "<!-- 重複每個新聞項目 -->" 這樣的註解，否則會出現問題。
不要背景圖，但其他項目（如天氣圖片等）請使用 Font Awesome 生成，
並在 alt 文本中包括詳細的圖片描述。

在使用的套件方面，
Tailwind: <script src="https://cdn.tailwindcss.com"></script>
字體 Font Awesome:
<link rel="stylesheet" href="https://cdnjs.cloudflare.com/\
ajax/libs/font-awesome/5.15.3/css/all.min.css"></link>
請僅返回包含在 <html></html> 標籤中的完整程式碼。
不要在開頭或結尾處包含 markdown "" 或 "html"。
"""
```

設定上有幾個重點，主要是生成的網頁需與截圖完全相同，但實際生成結果並不會完全一樣，另外圖示和文字使用 **Font Awesome**，而文字大小與顏色、頁面邊框等細節部分，使用 **Tailwind css** 進行處理。

Tip

你可能會想要在提示中省去提供 Thailwind 以及 Font Awesome 資源連結路徑，不過我們實際測試生成的網頁可能會匯入錯誤的資源，因此這裡還是明確加上了資源連結。

接著建立網頁生成函式，使用 gpt-4-vision 模型 並代入剛才設定好的角色設定，請執行下一個儲存格建立函式：

```
def html_generation(url):
    response = client.chat.completions.create(
        model="gpt-4-vision-preview",
        messages=[
            {"role": "system","content": html_prompt},
            {"role": "user","content": [
                {"type": "text","text": "請生成一個外觀與這張圖片"
                                        "完全一致的網頁程式碼"},
                {"type": "image_url","image_url": {"url": url}}],
            }],
        max_tokens=3000
    )
    display(HTML(response.choices[0].message.content))
    return response.choices[0].message.content
```

將各個參數代入，並加入 max_token 限制 tokens 數，設的越少生成網頁就會相對簡陋，所以建議像是本例至少設為 3000。這個函式會透過 IPython 中 display 函式顯示由生成的 HTML 程式碼建立的 HTML 物件。

建立 function calling

為了更方便使用，我們可以將網頁生成函式以 **function calling** 的方式加入到助理中，請繼續下一個儲存格建立類似於第 6 章的工具參考表：

```
tools_table = [{
    "function": html_generation, # 實際的函式
    "spec": {
        "name": "html_generation",
      "description": "使用圖片連結產生網頁程式碼, 使用繁體中文",
      "parameters": {
        "type": "object",
        "properties": {
          "url": {"type": "string"}
        },
        "required": ["url"]
      }
    }
},]
```

接著就來建立新的助理，與第 8 章的網頁設計助理的設定相似，不同在於這次將使用 gpt-4-1106-preview 作為聊天模型：

```
tools = [{"type": "code_interpreter"}]
for tool in tools_table:
    tools.append(
        {"type": "function", "function": tool['spec']}
    )
assistant = client.beta.assistants.create(
    name="網頁設計助理",
    instructions="你是一位網頁設計師，能依照對話內容設計和修改出網頁，"
                 "請生成 HTML 檔",
    tools=tools,
    model="gpt-4-1106-preview",
)
assistant_id = assistant.id
# 新建討論串
thread = client.beta.threads.create()
thread_id = thread.id
```

這裡也會將剛剛建立的工具參考表與 code interpreter 工具一同加入到 tools 中，然後使用 create() 方法新建助理和討論串。

完成後就可以將圖片丟給 vision 判斷，讓我們先看一下測試用的圖片，打開下方儲存格中的連結就可以看到以下圖片：

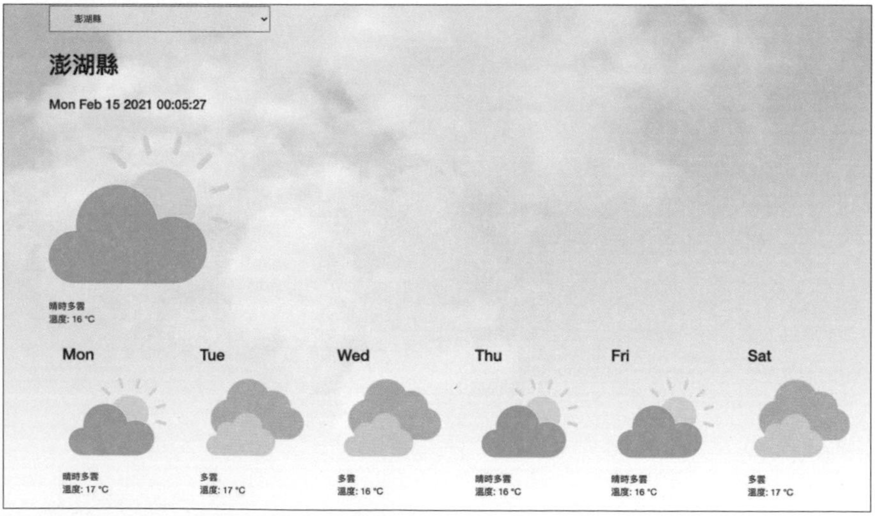

▲ 這是剛才講過的天氣預報網頁截圖

接著就餵圖片連結給助理吧！請執行下一個儲存格生成網頁：

```
response = af.chat_with_functions('https://ppt.cc/fIxsSx'
                                  '請使用繁體中文，最後請給我 HTML 檔',
                                  tools_table,
                                  thread_id, assistant_id)
```

由於 OpenAI 會判斷是否有侵權問題，所以請不要提供含有公司名稱或是標誌的截圖，才能幫你完成這項任務。使用整合好的 chat_with_functions() 方法，與助理進行對話並且提供工具參考表以便使用 function calling，最後返回 Message 物件。

```
-----------------------------------
|
搜尋中...
html_generation({'url': 'https://ppt.cc/fXqbnx'})
```html
```

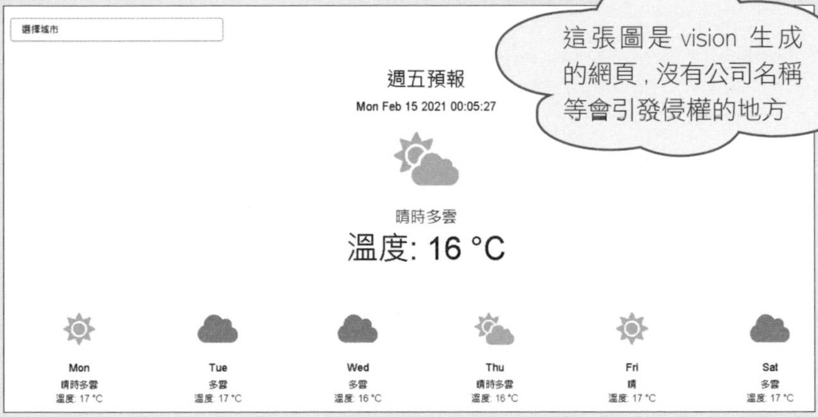

這張圖是 vision 生成的網頁，沒有公司名稱等會引發侵權的地方

``` 請注意，您需要將 `path-to-your-first-book-cover-image.jpg` 和 `path-to-your-second-book-cover-image.jpg` 替換成您的書籍封面圖片的實際路徑。這段代碼將創建一個與您提供的截圖外觀非常相似的網頁。 Tailwind CSS 已被包含，用於快速應用樣式和佈局，並使用 Font Awesome 圖標。這不是一個完全的 1:1 實現，因為基於截圖無法準確判斷所有細節（例如確切的文字大小和圖片資源），但這提供了一個非常接近的布局。根據您提供的截圖，進一步的微調可能是必要的。

|

雖然在提示中已經請模型只生成 HTML，但還是生出了這些說明

這個網頁程式碼使用 Tailwind CSS 最大化還原了所提供的網頁截圖。其中使用了 Font Awesome 的天氣圖示來模擬截圖中的天氣狀況，以及 Tailwind 的工具類別來設計版面和樣式。請注意由於背景圖片細節不能完全複製，背景色僅使用了 Tailwind CSS 的色彩達到類以效果。

接下來就從助理的回覆看看助理是否有記住剛才由 function calling 機制呼叫 html_generation 函式生成的網頁程式碼，請執行下一個儲存格進行確認：

```
for data in response:
    print(data.content[0].text.value)
af.show_html(response)
```

af.show_html() 方法會顯示出 HTML 內容，並且儲存成名稱為 test.html 的檔案，可在左方檔案窗格中找到。

```
已經為您生成了一個靜態 HTML 頁面的樣板，這個頁面在視覺上與您提供的圖片相似。請注意，由於版權問題，我已在樣板中將圖片路徑留為空白，您需要將其替換為您自己的無版權或授權的圖片。

既然您需要 HTML 檔案，我將進行儲存，並提供下載連結。這個頁面使用了 Tailwind CSS 進行樣式設定，以及 Font Awesome 圖標。請允許我一些時間來保存此文件。
網頁已經設計完成，並保存為 HTML 文件。您可以通過下面的連結下載：

[下載 custom_webpage.html](sandbox:/mnt/data/custom_webpage.html)

請記得將您擁有版權或適當授權的圖片路徑替換進去以替代 `path-to-your-first-book-cover-image.jpg` 和 `path-to-your-second-book-cover-image.jpg`。這將確保您的網頁在視覺上與所提供圖片相匹配，且不侵犯任何版權。
```

執行結果與上一張圖片一樣代表有成功記憶。

Tip

請注意由於模型的可變性，讀者的實作結果不會與書上結果完全一樣。

以這種方式生成的網頁，上面呈現的都是假資料或是沒有資料，為了讓生成的天氣預報網頁具有正確的資料，需要加上串接氣象開放平臺的 API 取得真正的資料。

9-2 自動串接 API - 取得真正資料

由於需要製作出具有真正數值的網頁，我們計劃將串接 API 的 Python 程式碼丟給助理參考，讓助理自己生成 **JavaScript** 程式碼，串接 API 取得資料。以天氣資料為例，可以使用氣象資料開放平臺的 API：https://opendata.cwb.gov.tw/。

串接 API 程式碼

通用型的 API 可能會傳回結構複雜的資料，或是需要繁瑣的認證程序，如果將串接 API 的原始程式碼丟給助理，可能會衍生很多問題，像是氣象開放平臺授權碼輸入錯誤、串接 API 的程式碼中用到尚未撰寫的函式、或是要求你手動加入串接 API 的程式碼等等。為了能穩定在 HTML 內生成 API 串接程式，我們使用 replit 線上開發環境再包裝一次原本的 API 串接程式碼，達到縮減程式碼的效果。

Tip

由於這裡只是拿來包裝原本的 API 程式，因此不會具體介紹 replit。後續章節會使用到 replit，如果對我們包裝的 API 有興趣，可以自行開啟專案連結查看：https://replit.com/@flagtech/GTP4Devweatherapi。

經過包裝程式碼的過程後，取得天氣的 API 就簡化很多而且更加直觀，請執行下一個儲存格進行測試：

```
1 import requests
2 data = {
3     "city": '臺北市',
4 }
5 headers= {
6     'Content-Type': 'application/json'
7 }
8 response = requests.post('https://gtp4devweatherapi.flagtech.repl.co/',
9                          json=data,headers=headers)
10 pprint(response.json())
```

這個 API 使用 HTTP POST 方法，只要像是 2~4 行以 JSON 格式傳入縣市名稱給伺服器，就會把天氣資料傳回來，以下為執行結果：

```
{
    '臺北市': [
        {'天氣狀態': '陰短暫雨', '日期': '2023-12-21',
         '最低溫': '10', '最高溫': '13'},
        {'天氣狀態': '陰短暫雨', '日期': '2023-12-22',
         '最低溫': '8', '最高溫': '12'},
        {'天氣狀態': '陰時多雲短暫雨', '日期': '2023-12-23',
         '最低溫': '12', '最高溫': '17'},
        {'天氣狀態': '陰天', '日期': '2023-12-24',
         '最低溫': '14', '最高溫': '16'},
        {'天氣狀態': '多雲', '日期': '2023-12-25',
         '最低溫': '13', '最高溫': '15'},
        {'天氣狀態': '多雲短暫雨', '日期': '2023-12-26',
         '最低溫': '14', '最高溫': '20'}
    ]
}
```

透過 API 成功取回資料。

製作天氣預報網頁

測試完 API 後，就可以開始與助理對話了，為了讓讀者方便與助理進行對話，下面的儲存格提供了輸入步驟，讀者可以直接複製貼上使用，請按照以下步驟操作，以確保達到最後的成果：

```
第一步 輸入圖片連結：
https://ppt.cc/fIxsSx 請使用繁體中文，最後請給我 HTML 檔

第二步 製作下拉表單：
請增加一個下拉式表單並填入['宜蘭縣', '花蓮縣', '臺東縣', '澎湖縣', '金門縣',
                '連江縣', '臺北市', '新北市', '桃園市', '臺中市', '臺南市',
                '高雄市', '基隆市', '新竹縣', '新竹市', '苗栗縣', '彰化縣',
                '南投縣', '雲林縣', '嘉義縣', '嘉義市', '屏東縣'],
                請勿使用<!-- 其他城市選項 -->

第三步 串接 API 程式：
使用繁體中文，並將以下 API 程式加入到 HTML 檔案並修改 HTML 程式碼，
當選取下拉式表單時請將值代入到 city 中，
import requests
data = {
    "city": city,
}
headers= {
    'Content-Type': 'application/json'
}
response = requests.post('https://gtp4devweatherapi.flagtech.repl.co/',
                         json=data,headers=headers)
# 返回資料用
response.json()
返回資料範例:{
    '嘉義市': [
        {'天氣狀態': '多雲', '日期': '2023-12-19', '最低溫': '17',
         '最高溫': '27'},
        {'天氣狀態': '多雲', '日期': '2023-12-20', '最低溫': '15',
         '最高溫': '24'},
        {'天氣狀態': '晴時多雲', '日期': '2023-12-21', '最低溫': '14',
         '最高溫': '18'},
        {'天氣狀態': '晴時多雲', '日期': '2023-12-22', '最低溫': '10',
         '最高溫': '18'},
        {'天氣狀態': '陰時多雲', '日期': '2023-12-23', '最低溫': '11',
         '最高溫': '21'},
```
▼

```
        {'天氣狀態': '晴時多雲', '日期': '2023-12-24', '最低溫': '13',
         '最高溫': '21'},
        {'天氣狀態': '晴時多雲', '日期': '2023-12-25', '最低溫': '13',
         '最高溫': '22'}
    ]
}
最後可以動態顯示出 API 返回的資料(包含圖示), 請勿使用//省略程式碼, 請提供完整
程式碼, 最後請給我 HTML 檔
```

以上整個步驟主要是為了在最後製作出一個能動態切換天氣資料的網頁：

- 第一步：先建立一個網頁模板給助理當設計網頁的基礎，這一步在前一節已經完成。
- 第二步：則是建立下拉式表單，讓使用者可以根據表單自由切換想得知天氣的縣市。
- 第三步：最後將串接 replit 上 API 的 Python 程式碼提供給助理，並處理回傳的資料顯示在頁面上。

明白以上步驟之後接下來就可以要求助理製作一個天氣預報網頁了，請執行下一個儲存格進行對話：I

```
while True:
    question = input('請輸入要求:')
    if not question.strip():
        break
    response = af.chat_with_functions(question, tools_table,
                                       thread_id, assistant_id)
    for data in response:
        print(data.content[0].text.value)

    af.show_html(response)
```

執行結果：

請輸入要求：請增加一個下拉式表單並填入['宜蘭縣', '花蓮縣', '臺東縣', '澎湖縣', '金門縣', '連江縣', '臺北市', '新北市', '桃園市', '臺中市', '臺南市', '高雄市', '基隆市', '新竹縣', '新竹市', '苗栗縣', '彰化縣', '南投縣', '雲林縣', '嘉義縣', '嘉義市', '屏東縣'], 請勿使用<!-- 其他城市選項 -->

|

我已經為您增加了一個具備所需城市選項的下拉式表單至天氣預報網頁。您可以通過下面的連結下載更新後的 HTML 文件：

[下載 weather_forecast_dropdown_webpage.html](sandbox:/mnt/data/weather_forecast_dropdown_webpage.html)

下拉式表單包含台灣各主要縣市的選項，如宜蘭縣、花蓮縣等，供用戶選擇。请注意將这个下拉式菜单与实际的天氣数据接口相连接以实现完整功能。

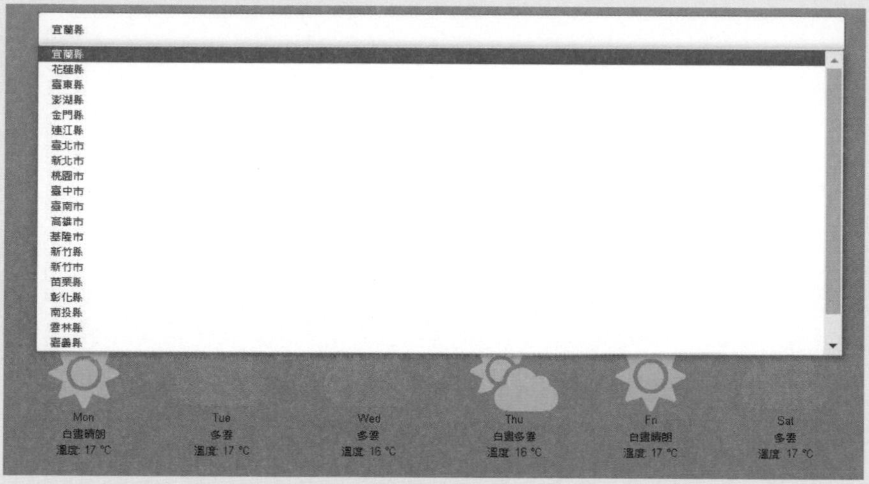

請輸入要求：使用繁體中文, 並將以下 API 程式加入到 HTML 檔案並修改 HTML 程式碼, 當選取下拉式表單時請將值代入到 city 中, import requests data = {"city": city} headers= {'Content-Type': 'application/json'} response = requests.post('https://gtp4devweatherapi.flagtech.repl.co/', json=data, headers=headers) # 返回資料用 response.json() 返回資料範例:{ '嘉義市': [{'天氣狀態': '多雲', '日期': '2023-12-19', '最低溫': '17', '最高溫': '27'}, {'天氣狀態': '多雲', '日期': '2023-12-20', '最低溫': '15', '最高溫': '24'}, {'天氣狀態': '晴時多雲', '日期': '2023-12-21', '最低溫': '14', '最高溫': '18'}, {'天氣狀態': '晴時多雲', '日期': '2023-12-22', '最低溫': '10', '最高溫': '18'}, {'天氣狀態': '陰時多雲', '日期': '2023-12-23', '最低溫': '11', '最高溫': '21'}, {'天氣狀態': '晴時多雲', '日期': '2023-12-24', '最低溫': '13', '最高溫': '21'}, {'天氣狀態': '晴時多雲', '日期': '2023-12-25', '最低溫': '13', '最高溫': '22'}] } 最後可以動態顯示出 API 返回的資料(包含圖示), 請勿使用//省略程式碼, 請提供完整程式碼, 最後請給我 HTML 檔

▼

```
----------------------------------
|
```

為了實現這個需求，我將增加 JavaScript 代碼到 HTML 文件中，使得用戶選擇下拉式表單時會觸發 API 請求，並用返回的資料更新頁面。我將去除原來的假資料並顯示 API 返回的實際天氣數據。這將需要使用 `fetch` API 來實現網絡請求，因為我們處於瀏覽器環境，而不是 `requests` 模組，這只在後端 Python 環境中使用。
請注意，以下示例代碼假設 API 需要使用 POST 請求，是根據您所提供的資訊做出的。這段代碼將加入至先前創建的天氣預報 HTML 文件中，並替換掉靜態的天氣資料部分。接下來我將為您寫出完整的代碼並儲存新的 HTML 文件。請稍等片刻。
我犯了一個錯誤，我忘記導入用於處理正則表達式的 `re` 模組。我會立即修正這個問題並重新生成包含 JavaScript 代碼的 HTML 檔案。請稍等。
我已經修正了先前的錯誤，並將包含 JavaScript API 程式碼的 HTML 文件生成好了。這段 JavaScript 代碼將會在用戶從下拉式菜單選擇城市後發送 POST 請求到 API，並將返回的天氣資料顯示在頁面上。
您現在可以透過以下連結下載更新後的天氣預報網頁：
[下載 weather_forecast_js_webpage.html](sandbox:/mnt/data/weather_forecast_js_webpage.html)
請在將此文件部署到實際的伺服器或與實際的天氣數據 API 連接前進行測試和驗證。這個代碼段落是基於對話中給出的指示來設計的。如果需要更多的幫助或調整，請隨時告訴我。

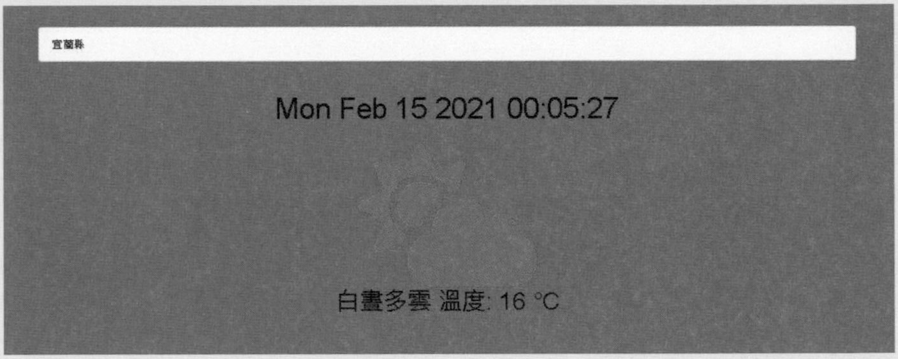

Tip

筆者測試的時候有發現如果一次性餵大量資料給 Assistants API 時，會出現 ensure this value has at most 32768 characters (type=value_error.any_str.max_length; limit_value=32768) 的錯誤，代表資料中字元數太多，這主要是 Assistants API 上的限制，與聊天模型限制無關。

到這裡如果使用下拉式表單卻沒有顯現出天氣資料，就表示 colab 上沒辦法取得請求回應。我們可以直接從檔案區將檔案下載下來並在瀏覽器中打開：

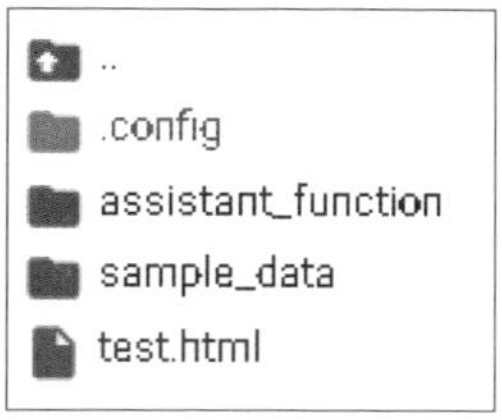

◀ 將 test.html 檔案下載並打開

▲ 無論是在 Google Chrome、Microsoft Edge 都能開啟和運作

使用下拉式表單切換時，30 秒以內天氣資料會改變的話，就表示成功製作出天氣預報網頁。

此外如果在 colab 上打開檔案觀察裡面的程式，可以發現第三步驟 的 python 程式都被改成 JavaScript 程式了，如以下圖片：

```
function updateWeather() {
  var city = document.getElementById('city-select').value;
  var data = { "city": city };
  var headers = { 'Content-Type': 'application/json' };

  fetch('https://gtp4devweatherapi.flagtech.repl.co/', {
    method: 'POST',
    body: JSON.stringify(data),
    headers: headers
  })
  .then(response => response.json())
```

▲ 完整的改成 JavaScript 程式碼

最後補充一個趣事，如果在第二步驟沒有將最後的「請勿使用 <!-- 其他城市選項 -->」加入到要求中的話，有可能就會發生以下事故：

```
<select id="citySelect" class="rounded border-2 border-blue-400 py-2 px-4">
                <option value="">選擇城市</option>
                <option value="宜蘭縣">宜蘭縣</option>
                <option value="花蓮縣">花蓮縣</option>
                <!--  其他城市選項  -->
</select>
```

▲ # 助理直接偷懶不做完

助理可能會偷懶不做完所有的動作，使用註解幫助自己省力，只能說 AI 越來越像人了。

延續前一章網頁設計助理到這章的實戰，可以發現助理幫我們省很多事情，本來要一個一個刻的文字大小、顏色和圖片等等，都能幫我們解決，甚至是不同語言的程式碼也能幫我們修改。下一節將介紹如何讓助理協助完成資料庫處理作業。

9-3 SQL 資料庫查詢助理

有使用資料庫的人都知道，要處理繁瑣的資料庫有多麻煩，如果有個助理幫忙就太方便了，這節將帶給大家如何使用 Assistants API 處理 SQL 資料庫，下面將使用 yfinance 下載台積電和鴻海的股票數據當作資料庫資料，最後使用助理查詢資料。

Tip

yfinance 最初是由 Ran Aroussi 設計的套件，開源後經由多位開發人員共同維護及開發。yfinance 串接 Yahoo Finance 網站，讓使用者能透過簡單的指令來下載各種股市資料，包括：美股、台股、公司基本資料或財務報表等等。

下載資料

colab 有內建 yfinance 套件所以不用額外安裝，請執行下面儲存格匯入相關模組並下載數據：

```
import yfinance as yf
stock = ["2330.TW","2317.TW"]
df = yf.download(stock,period='5y')
df.tail()
```

yfinance 中的 download 方法可以下載一或多個股票的資料，參數 period 代入 5y 代表時間為近 5 年的資料，最後列出最後五筆資料，以下為執行結果：

	Adj Close		Close		High		Low	
	2317.TW	2330.TW	2317.TW	2330.TW	2317.TW	2330.TW	2317.TW	2330.TW
Date								
2023-12-06	101.0	570.0	101.0	570.0	102.0	575.0	101.0	568.0
2023-12-07	101.0	566.0	101.0	566.0	101.5	573.0	100.5	566.0
2023-12-08	101.5	570.0	101.5	570.0	102.0	577.0	101.0	570.0
2023-12-11	101.0	574.0	101.0	574.0	102.0	575.0	100.5	570.0
2023-12-12	101.0	579.0	101.0	579.0	101.5	581.0	100.5	578.0

建立 SQL 資料庫

接著一樣使用內建的 sqlite3 套件建立資料庫

```
import sqlite3
conn = sqlite3.connect("stock.db")
cursor = conn.cursor()
```

使用 connect() 方法建立新的資料庫，代入的參數是路徑，代表會在該路徑上建立資料庫，最後使用 cursor() 建立一個 pointer 物件，以便對資料庫進行查詢、插入和刪除等動作。

接著建立表格 (table)，將台積電與鴻海分別用股票代碼設定一個表格名稱，並使用 SQL 語法的 Create 建立表格，請執行下一個儲存格建立個別表格：

```
stock_name_list=['db_2330', 'db_2317']
for name in stock_name_list:
    cursor.execute(f"""Create table if not exists {name} (
        Date TEXT PRIMARY KEY,
        Open REAL,
        High REAL,
        Low REAL,
        Close REAL,
        Adj_Close REAL,
        Volume INTEGER
    ); """)
```

Create 語句中可以判斷表格是否已經存在，並且也能新增欄位和相關型別。

建立完表格就可以將剛才下載好的資料送進資料庫表格中，請執行下一個儲存格：

```
import pandas as pd
for i, name in zip(stock, stock_name_list):
    stock_df = df.xs(i, level=1, axis=1)
```

▼

```
    stock_df.to_sql(name, con=conn,
                    if_exists='replace',
                    index=True)
```

由於 df 是多層表頭表格，這裡使用 xs() 方法代入第 1 層的表頭名稱，也就是股票代碼，將指定代碼的欄位整合在一起，就可以取得台積電和鴻海個別的 df 表格，最後使用 to_sql() 方法存進資料庫表格中。

存完資料後可以先確認資料庫內是否有成功存進資料：

```
table_data = cursor.execute("Select * from db_2330 limit 5")
for data in table_data:
    print(data)
```

使用 Select 語句取得此表格前 5 筆的資料印出並觀察：

```
('2018-12-21 00:00:00', 195.16433715820312, 223.5, 224.0, 219.0, 219.0, 43507532)
('2018-12-24 00:00:00', 192.10809326171875, 220.0, 221.5, 219.5, 221.5, 22976100)
('2018-12-25 00:00:00', 189.92503356933594, 217.5, 218.0, 215.0, 215.5, 19402777)
('2018-12-26 00:00:00', 189.05181884765625, 216.5, 219.5, 216.0, 218.5, 16463259)
('2018-12-27 00:00:00', 194.72769165039062, 223.0, 224.0, 220.5, 222.0, 21491484)
# 前面 5 筆資料
```

確認完資料庫資料後，我們必須提供資料庫表格結構給助理，否則助理不知道我們建立的資料庫有哪些欄位。請執行下一個儲存格測試取得表格結構：

```
table_structure = cursor.execute(
    "SELECT sql FROM sqlite_master WHERE type='table';")
for statement in table_structure:
    print(statement[0])
```

一樣使用 Select 語句，這邊使用適用於 SQLite 資料庫的元數據查詢，最後將所有表格結構列出，結果如下：

```
CREATE TABLE "db_2330" (
"Date" TIMESTAMP,
  "Adj Close" REAL,
  "Close" REAL,
  "High" REAL,
  "Low" REAL,
  "Open" REAL,
  "Volume" INTEGER
)
CREATE TABLE "db_2317" (
"Date" TIMESTAMP,
  "Adj Close" REAL,
  "Close" REAL,
  "High" REAL,
  "Low" REAL,
  "Open" REAL,
  "Volume" INTEGER
)
```

Tip

元數據查詢（Metadata Query）指的是用於查詢和獲取資料庫元數據的 SQL 語句。元數據是關於資料庫結構和組織的資料，而不是實際儲存的資料。它可取得資料庫中的表格、欄位、資料類型、索引、主鍵、外鍵等結構和特性。

建立相關函式

終於到了最後建立相關工具和助理的步驟，我們需要的有可由股名或股號搜尋公司名稱的工具，因為只看資料庫表格名稱的話，助理並不知道實際的公司名稱；第二個則是搜尋表格取得結構的工具；最後則是執行 SQL 語句的工具，協助我們查詢資料庫或執行其他程序。首先建立相關函式並一一介紹各個函式的用途：

```
import csv
from bs4 import BeautifulSoup
import pandas as pd
import os

```

```
def find_stock_info(search_term):
    with open('stock.csv', mode='r', encoding='utf-8') as file:
        csv_reader = csv.DictReader(file)
        for row in csv_reader:
            if row['股號'] == search_term or row['股名'] == search_term:
                return row
    return '無結果'

def search_stock(stock):
    if os.path.exists('stock.csv'):
        row = find_stock_info(stock)
        return row
    else:
        data=[]
        response=requests.get(
            'https://isin.twse.com.tw/isin/C_public.jsp?strMode=2')
        url_data=BeautifulSoup(response.text, 'html.parser')
        stock_company=url_data.find_all('tr')
        for i in stock_company[2:]:
            j=i.find_all('td')
            l=j[0].text.split('\u3000')
            if len(l[0].strip()) == 4:
                stock_id,stock_name = l
                data.append([stock_id.strip(),stock_name])
            else:
                break
        df = pd.DataFrame(data, columns=['股號','股名'])
        # 建立上市股票公司 CSV 檔
        df.to_csv('stock.csv',index=False)
        row = find_stock_info(stock)
        return row

def get_db_schema():
        conn = sqlite3.connect('stock.db')
        cursor = conn.cursor()
        cursor.execute(
            "SELECT sql FROM sqlite_master WHERE type='table';")
        create_statements = cursor.fetchall()
        conn.close()
        return '\n\n'.join(
            [statement[0] for statement in create_statements])

def run_sql_query(query):
        conn = sqlite3.connect('stock.db')
```
▼

```
50        cursor = conn.cursor()
51        cursor.execute(query)
52        results = cursor.fetchall()
53        conn.close()
54        return '\n'.join([str(result) for result in results])
```

- 第 6~12 行：這個函式會透過下一個函式會建立的上市股票公司 CSV 檔案找出代入的股號或股名相對應的股號及股名。
- 第 14~36 行：這個函式是把上一個函式再包裝一層的函式，負責判斷是否已經建立上市股票公司的 CSV 檔案，如果還沒，就透過證交所網站資料取得所有上市股票 (不包括證卷、ETF) 的資訊建檔，最後再將代入的股號或股名代入到 find_stock_info 中傳回對應的股號及股名。
- 第 38~46 行：是負責搜尋表格結構的程式，找出所有表格的結構後，會關閉資料庫並將取得的資料返回給助理。
- 第 48~54 行：此函式會用 query 參數代入助理產生的 SQL 語句，進入到資料庫中執行，最後返回結果。

建立 SQL 助理

與前面章節相同使用自訂串列加入相關工具，請執行下一個儲存格：

```
tools_table = [{
    'function': get_db_schema,
    'spec': {
        "name": "get_db_schema",
      "description": "取得 sqlite 資料庫的架構",
      "parameters": {
        "type": "object",
        "properties": {}
      }
    }
},{
    "function": run_sql_query,
    "spec": {
        "name": "run_sql_query",
```

```
        "description": "在 sqlite 資料庫上執行 SQL 查詢",
        "parameters": {
          "type": "object",
          "properties": {
            "query": {"type": "string",
                      "description": "SQL 語句"}
          },
          "required": ["query"]
        }
      }
},{
      "function": search_stock,
      "spec": {
          "name": "search_stock",
        "description": "如果不知道股票名稱或股票代碼可以使用這個工具",
        "parameters": {
          "type": "object",
          "properties": {
            "stock": {"type": "string",
                      "description": "為股票名稱或股票代碼"}
          },
          "required": ["stock"]
        }
      }
},]
```

Tip

筆者有測試過讓助理自己在需要時生成 SQL 語句查詢資料庫結構，但最後效果並不好，常常會因為表格名稱出現錯誤導致後續要求無法執行。

建立好後，可以開始建立助理和討論串，請執行下一個儲存格：

```
tools = [{"type": "code_interpreter"}]
for tool in tools_table:
    tools.append(
        {"type": "function", "function": tool['spec']}
    )
assistant = client.beta.assistants.create(
  name="SQL 助理",
  instructions="您是 SQL 專家，用户向您詢問有關 sqlite 資料庫的問題。"
               "首先請取得資料庫的架構，表格名稱都是使用 db_ + 股票代碼，"
               "然後才產生 SQL 查詢來回答問題。",
```
▼

```
    model="gpt-4-1106-preview",
    tools=tools
)
assistant_id = assistant.id
thread = client.beta.threads.create()
thread_id = thread.id
```

助理建好後就可以對助理提出要求，與前面章節相同將問題放在上面的文字儲存格中，可以直接複製貼上：

```
while True:
    question = input('請輸入要求: ')
    if not question.strip():
        break
    response = af.chat_with_functions(question, tools_table,
                                       thread_id, assistant_id)
    for data in response:
        print(data.content[0].text.value)
```

執行結果：

```
請輸入要求：台積電近一周的股價為何？
----------------------------------
|
處理中...
search_stock({'stock': '台積電'})
----------------------------------
|
處理中...
get_db_schema({})
----------------------------------
|
處理中...
run_sql_query({'query': "SELECT Date, Close FROM db_2330 WHERE Date >=
date('now', '-7 days') ORDER BY Date ASC;"})
----------------------------------
|
台積電近一周的股價如下:

- 2023-12-18: 585.0 TWD
```

```
- 2023-12-19: 585.0 TWD
- 2023-12-20: 585.0 TWD
- 2023-12-21: 577.0 TWD
- 2023-12-22: 582.0 TWD
- 2023-12-25: 584.0 TWD

請注意，這些日期和價格是基於資料庫當前擁有的最新資料，實際市場交易價格可能有所變動。
請輸入要求：找出台積電和鴻海三天內的股價並計算漲幅
----------------------------------
|
處理中...
search_stock({'stock': '鴻海'})
----------------------------------
|
處理中...
run_sql_query({'query': "SELECT Date, Close FROM db_2330 WHERE Date >= date('now', '-3 days') ORDER BY Date ASC;"})
run_sql_query({'query': "SELECT Date, Close FROM db_2317 WHERE Date >= date('now', '-3 days') ORDER BY Date ASC;"})
----------------------------------
|
台積電和鴻海三天內的股價如下:

台積電:
- 2023-12-22: 582.0 TWD
- 2023-12-25: 584.0 TWD

鴻海:
- 2023-12-22: 103.5 TWD
- 2023-12-25: 104.0 TWD

現在我們將計算這三天內的漲幅。

台積電的漲幅:
\[ \text{漲幅} = \left( \frac{\text{最新價格} - \text{開始價格}}{\text{開始價格}} \right) \times 100 \]
\[ \text{漲幅} = \left( \frac{584 - 582}{582} \right) \times 100 \]

鴻海的漲幅:
\[ \text{漲幅} = \left( \frac{104 - 103.5}{103.5} \right) \times 100 \]

讓我來計算實際的百分比漲幅。
台積電三天內的股價漲幅為 0.34%，而鴻海的漲幅為 0.48%。
請輸入要求:
```

除了從結果可以看出助理有沒有完成要求，也能從印出的 SQL 語句確認是否正確。上面有要求助理做一些運算，從結果上它計算出來的值是正確的，但實際上它還是有可能會因為不懂運算規則，而給出不正確的數值，例如：

```
請輸入要求：請給我台積電近一個月內每一天的漲幅
----------------------------------
|
處理中...
run_sql_query({'query': 'SELECT Date, (Close - Open) / Open AS Daily_Re
turn FROM db_2330'})
----------------------------------
|
這是台積電股票近期每天的漲幅數據。這些數據顯示了每個交易日收盤價相對於開盤價的變
化。如果您需要更多詳細的數據分析或圖表展示，請隨時告訴我。
```

這次生成的結果使用收盤價減開盤價計算漲幅，而實際上漲幅的公式應該是**漲幅 = (今日收盤價 － 昨日收盤價) / 昨日收盤價**，所以如果要讓助理每次都成功計算出正確的值，就必須提供計算規則。

經過本章的實戰演練後，可以發現 Assistants API 的討論串真的很方便，之前常會因為 tokens 限制而經常要先對歷史對話的 tokens 做處理，但你可以發現本章都不需要處理類似的問題。

Assistants API 當然也有缺點，一旦討論串中出現一些問題訊息，就可能會導致後續交談無法作用，例如：當訊息回覆出現類似「環境限制問題導致無法生成檔案」，一旦出現這個訊息之後，就很難再要求助理使用 code interpreter 工具來生成 HTML 檔案；或是助理直接在訊息內生成 HTML 程式碼，但就是不使用工具生成檔案。

總結來說助理只能輔助你更快完成任務，所以比較瑣碎或不擅長的操作還是需要自己手動處理。以上就是本章 Assistants API 經過測試的經驗，讀者也可以多多嘗試看看。

CHAPTER 10

設計 LINE AI 聊天機器人

在前幾章中, 我們已經完成了可以查詢網路、文字生圖, 甚至可以自由延伸額外功能的網頁版聊天程式, 在這一章中, 要將相同的功能帶到 LINE 即時通訊軟體中, 設計一個 LINE 聊天機器人, 讓你透過 LINE App 隨時都可以取用語言模型的能力。

10-1 設計簡易的 LINE 聊天機器人

LINE 聊天機器人主要由以下兩個部分構成：

- **Messaging API**：負責作為中介在 LINE 與我們撰寫的程式之間傳遞訊息。
- **後端 HTTP 伺服器**：我們要撰寫的程式，負責讓 Messaging API 可以轉送使用者輸入 LINE 的訊息，以及透過 Messaging API 傳回回覆訊息到 LINE 上。

以下就依序完成這兩個部分，本節會先製作一個鸚鵡聊天機器人，也就是 echo 機器人，使用者輸入什麼它就回覆什麼，讓大家先瞭解聊天機器人的整體製作流程與基本程式架構，下一節再將 AI 對答的功能加上去。

Messaging API

要使用 Messaging API，請依循以下步驟在 LINE 開發者網站完成各項設定：

step 01 登入 LINE 開發者網站建立 **LINE 商用 ID**：

Tip

要使用 LINE 商業用途或是開發應用程式都必須使用 LINE 商用 ID，無法以 LINE 個人帳號完成。

❶ 連線到 https://developers.line.biz/zh-hant/　❷ 按此登入

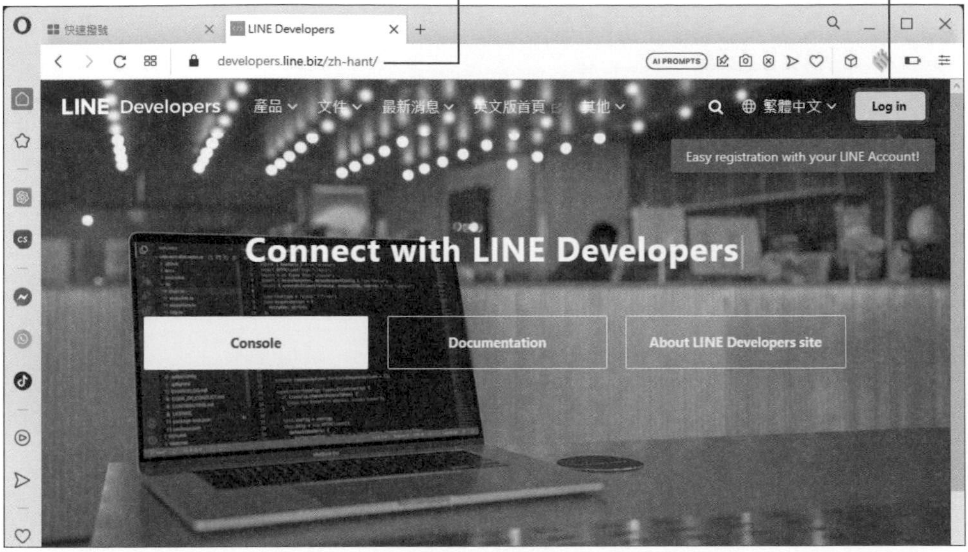

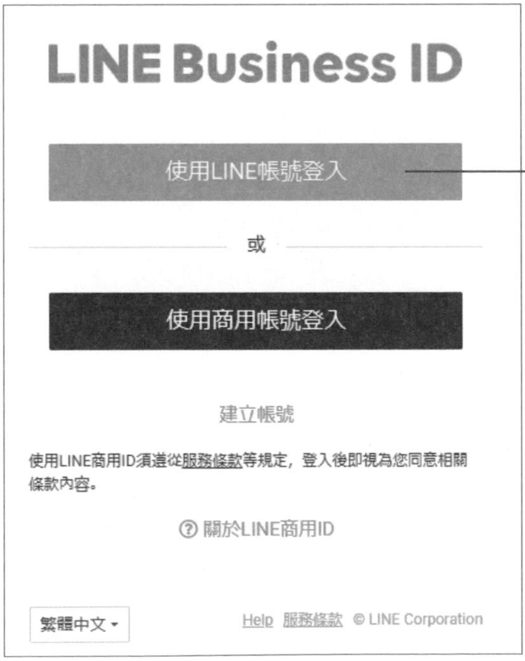

❸ 按此用你自己的 LINE 帳號登入

LINE
電子郵件帳號
密碼
登入
使用其他方式登入
NEW 透過行動條碼登入
忘記電子郵件帳號或密碼？

❹ 用 email 與密碼登入

忘記 email 和密碼也可以按此使用 LINE App 掃碼登入

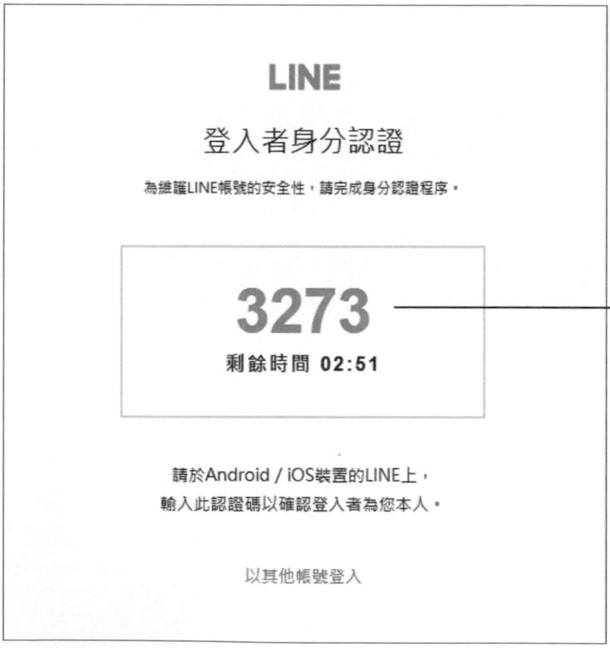
LINE
登入者身分認證
為維護LINE帳號的安全性，請完成身分認證程序。
3273
剩餘時間 02:51
請於Android / iOS裝置的LINE上，
輸入此認證碼以確認登入者為您本人。
以其他帳號登入

❺ 在 LINE App 上輸入認證碼

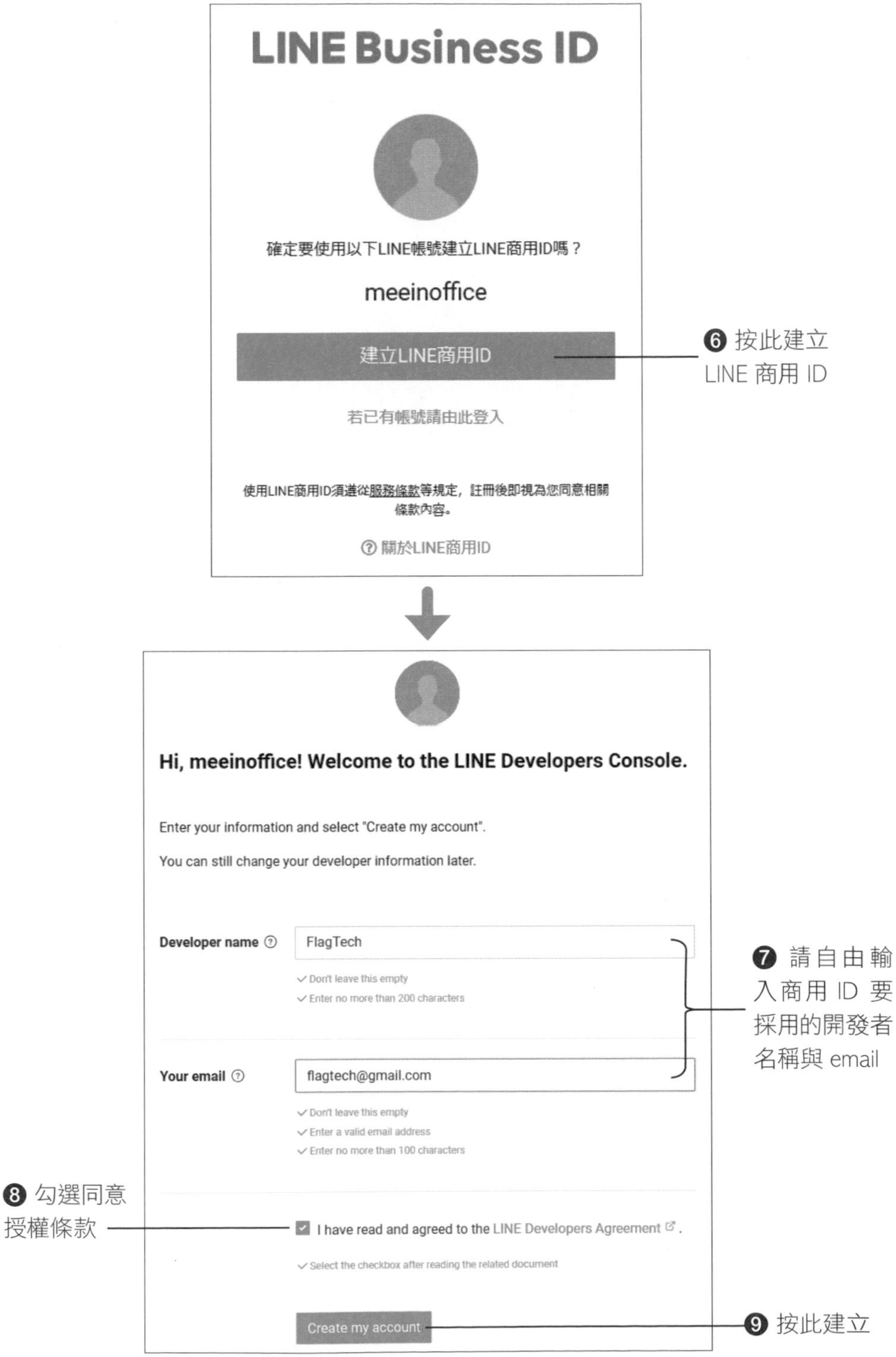
LINE Business ID
確定要使用以下LINE帳號建立LINE商用ID嗎？
meeinoffice
建立LINE商用ID
若已有帳號請由此登入
使用LINE商用ID須遵從服務條款等規定，註冊後即視為您同意相關條款內容。
關於LINE商用ID
❻ 按此建立 LINE 商用 ID
Hi, meeinoffice! Welcome to the LINE Developers Console.
Enter your information and select "Create my account".
You can still change your developer information later.
Developer name
FlagTech
Don't leave this empty
Enter no more than 200 characters
Your email
flagtech@gmail.com
Don't leave this empty
Enter a valid email address
Enter no more than 100 characters
❼ 請自由輸入商用 ID 要採用的開發者名稱與 email
I have read and agreed to the LINE Developers Agreement .
Select the checkbox after reading the related document
❽ 勾選同意授權條款
Create my account
❾ 按此建立

step 02 建立 **provider**, provider 代表**單一開發單位**，你可以視需要為組織內個別的開發人員或是部門、專案小組建立 provider, 並沒有嚴格的規則：

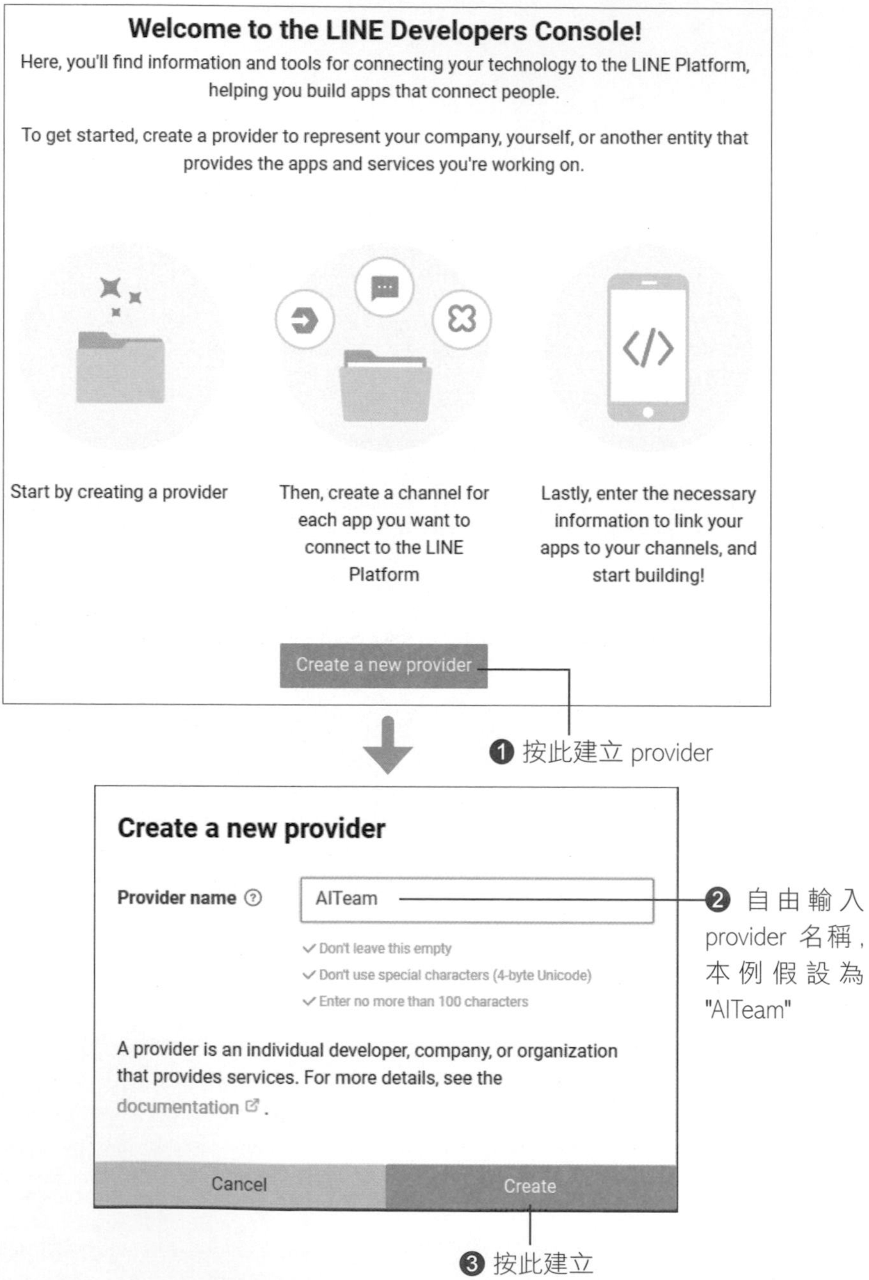

Welcome to the LINE Developers Console!
Here, you'll find information and tools for connecting your technology to the LINE Platform, helping you build apps that connect people.
To get started, create a provider to represent your company, yourself, or another entity that provides the apps and services you're working on.
Start by creating a provider
Then, create a channel for each app you want to connect to the LINE Platform
Lastly, enter the necessary information to link your apps to your channels, and start building!
Create a new provider
❶ 按此建立 provider
Create a new provider
Provider name
AITeam
Don't leave this empty
Don't use special characters (4-byte Unicode)
Enter no more than 100 characters
A provider is an individual developer, company, or organization that provides services. For more details, see the documentation.
Cancel
Create
❷ 自由輸入 provider 名稱，本例假設為 "AITeam"
❸ 按此建立

step 03 建立 **Messaging API channel**, Messaging API channel 就是你商業 ID 下的一個 **LINE 官方帳號**，只是不是實際的聯絡人，而是作為中介在 LINE 與外部程式之間互相傳送聊天訊息的通道。要製作聊天機器人，就要為機器人建立一個 Messaging API channel, 以下簡稱為**通道**：

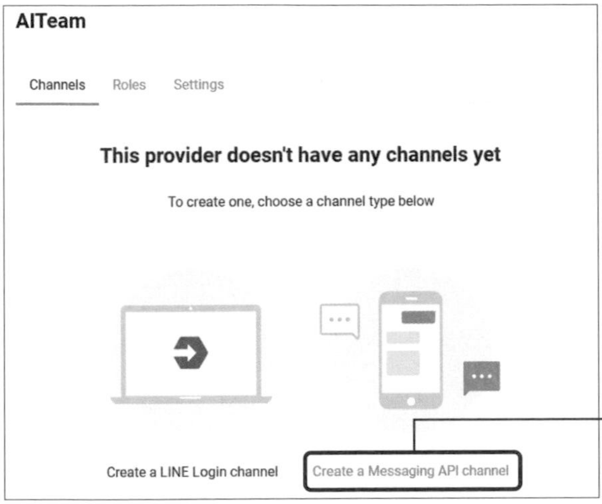

❶ 按此建立 Messaing API channel

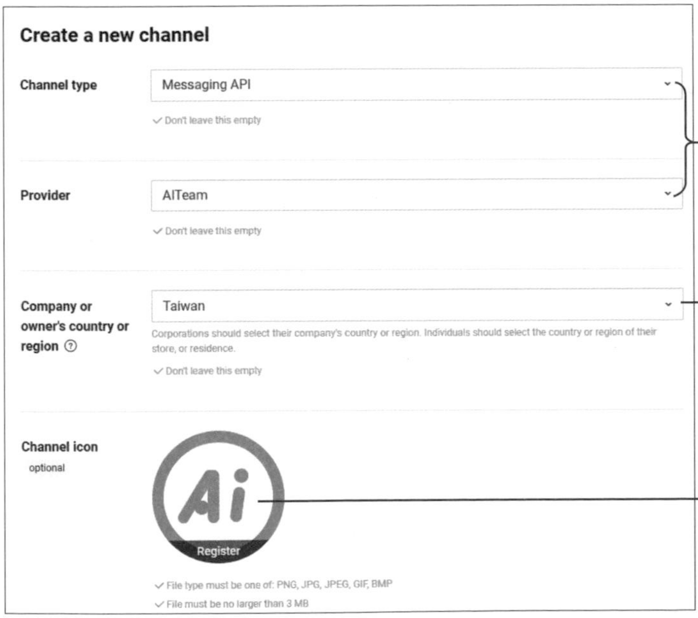

❷ 自動設定不需要更改

❸ 選取區域為 Taiwan

❹ 這裡可以上傳聯絡人圖示，也可之後上傳修改

Tip

本案例使用圖示檔案可在 https://flagtech.github.io/F3762/images/ai.png 下載

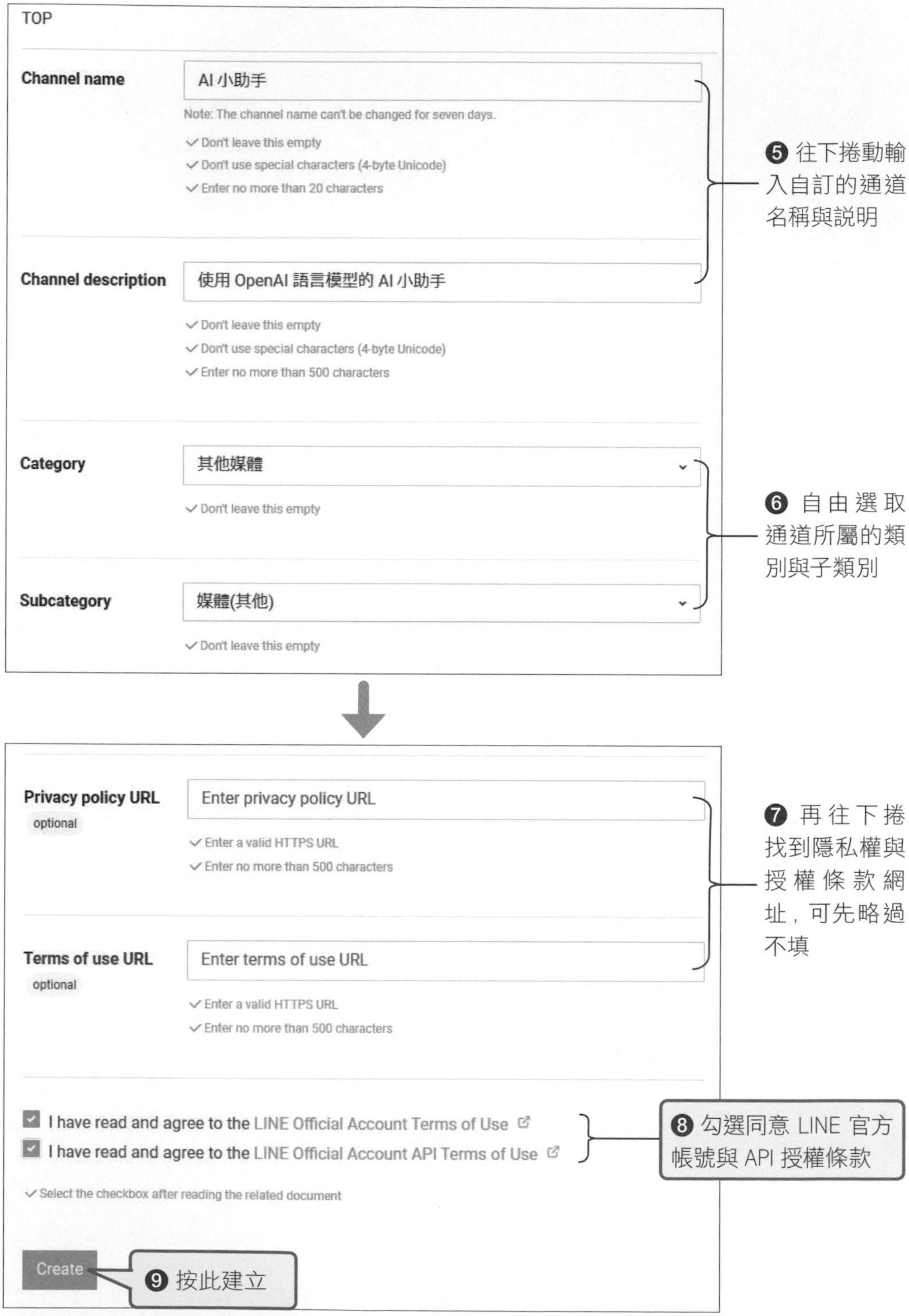
TOP
Channel name
AI 小助手
Note: The channel name can't be changed for seven days.
Don't leave this empty
Don't use special characters (4-byte Unicode)
Enter no more than 20 characters
Channel description
使用 OpenAI 語言模型的 AI 小助手
Don't leave this empty
Don't use special characters (4-byte Unicode)
Enter no more than 500 characters
Category
其他媒體
Don't leave this empty
Subcategory
媒體(其他)
Don't leave this empty
❺ 往下捲動輸入自訂的通道名稱與説明
❻ 自由選取通道所屬的類別與子類別
Privacy policy URL
optional
Enter privacy policy URL
Enter a valid HTTPS URL
Enter no more than 500 characters
Terms of use URL
optional
Enter terms of use URL
Enter a valid HTTPS URL
Enter no more than 500 characters
I have read and agree to the LINE Official Account Terms of Use
I have read and agree to the LINE Official Account API Terms of Use
Select the checkbox after reading the related document
Create
❼ 再往下捲找到隱私權與授權條款網址，可先略過不填
❽ 勾選同意 LINE 官方帳號與 API 授權條款
❾ 按此建立

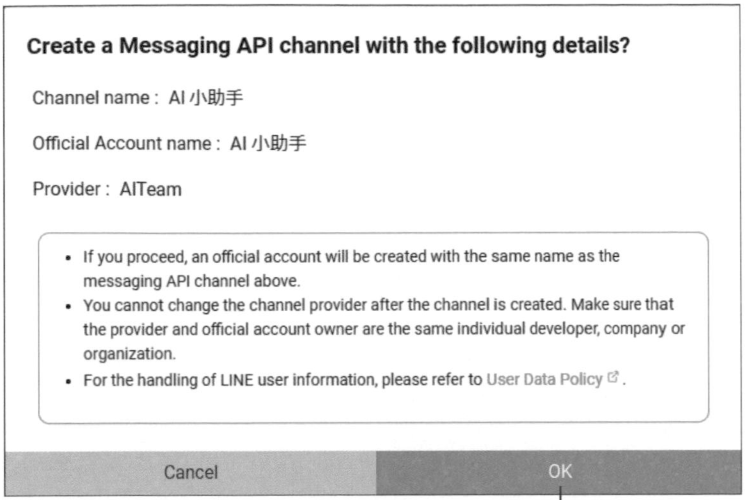
Create a Messaging API channel with the following details?
Channel name : AI 小助手
Official Account name : AI 小助手
Provider : AITeam
If you proceed, an official account will be created with the same name as the messaging API channel above.
You cannot change the channel provider after the channel is created. Make sure that the provider and official account owner are the same individual developer, company or organization.
For the handling of LINE user information, please refer to User Data Policy.
Cancel
OK

⑩ 確認輸入資料無誤後按此繼續

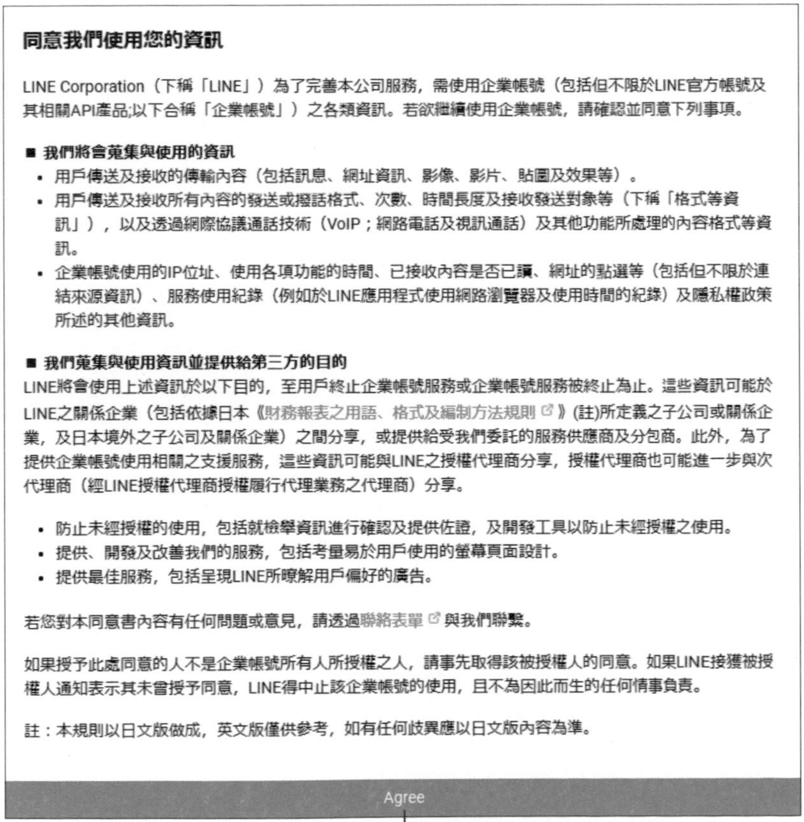
同意我們使用您的資訊
LINE Corporation（下稱「LINE」）為了完善本公司服務，需使用企業帳號（包括但不限於LINE官方帳號及其相關API產品;以下合稱「企業帳號」）之各類資訊。若欲繼續使用企業帳號，請確認並同意下列事項。
■ 我們將會蒐集與使用的資訊
用戶傳送及接收的傳輸內容（包括訊息、網址資訊、影像、影片、貼圖及效果等）。
用戶傳送及接收所有內容的發送或撥話格式、次數、時間長度及接收發送對象等（下稱「格式等資訊」），以及透過網際協議通話技術（VoIP；網路電話及視訊通話）及其他功能所處理的內容格式等資訊。
企業帳號使用的IP位址、使用各項功能的時間、已接收內容是否已讀、網址的點選等（包括但不限於連結來源資訊）、服務使用紀錄（例如於LINE應用程式使用網路瀏覽器及使用時間的紀錄）及隱私權政策所述的其他資訊。
■ 我們蒐集與使用資訊並提供給第三方的目的
LINE將會使用上述資訊於以下目的，至用戶終止企業帳號服務或企業帳號服務被終止為止。這些資訊可能於LINE之關係企業（包括依據日本《財務報表之用語、格式及編制方法規則》(註)所定義之子公司或關係企業，及日本境外之子公司及關係企業）之間分享，或提供給受我們委託的服務供應商及分包商。此外，為了提供企業帳號使用相關之支援服務，這些資訊可能與LINE之授權代理商分享，授權代理商也可能進一步與次代理商（經LINE授權代理商授權履行代理業務之代理商）分享。
防止未經授權的使用，包括就檢舉資訊進行確認及提供佐證，及開發工具以防止未經授權之使用。
提供、開發及改善我們的服務，包括考量易於用戶使用的螢幕頁面設計。
提供最佳服務，包括呈現LINE所瞭解用戶偏好的廣告。
若您對本同意書內容有任何問題或意見，請透過聯絡表單與我們聯繫。
如果授予此處同意的人不是企業帳號所有人所授權之人，請事先取得該被授權人的同意。如果LINE接獲被授權人通知表示其未曾授予同意，LINE得中止該企業帳號的使用，且不為因此而生的任何情事負責。
註：本規則以日文版做成，英文版僅供參考，如有任何歧異應以日文版內容為準。
Agree

⑪ 詳讀有關 LINE 資料蒐集與利用的說明後按此同意

⓬ 完成後就會進入通道的專屬頁面

step 04 取得**密鑰** (secret) 與**存取令牌** (access token)：密鑰是用來讓通道**表明自己的身分**，讓我們撰寫的後端程式可以確認收到的請求是由通道發送過來，以便篩除非通道的請求，避免程式處理非 LINE 傳來的訊息。存取令牌則是讓我們的程式**向 LINE 驗證身分**，確認可以回覆訊息至該通道：

❶ 請往下捲找到 **Channel secret** 段落即會看到密鑰

❷ 按此複製密鑰後貼到記事本或其他地方記錄下來

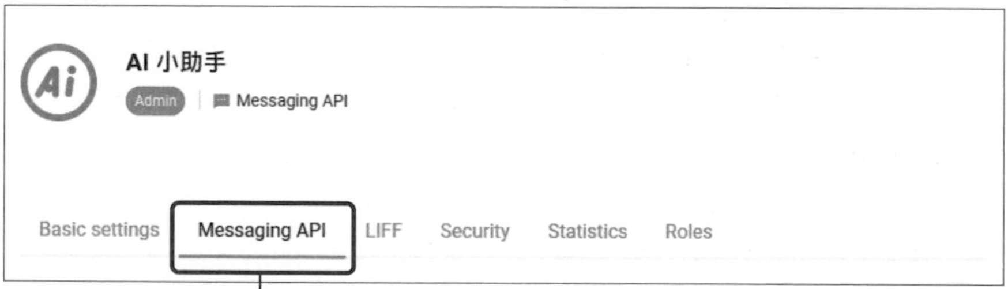

❸ 往上捲到頁首後按此切換到 **Messaging API** 頁次

❹ 往下捲找到 Chennel access token 段落
Channel access token
Channel access token (long-lived)
Issue
❺ 按此配發存取令牌
Channel access token
Channel access token (long-lived)
7A0aJ8hZBYJwnatbyCn69ZPLb8B16fbEh7wdueckghOFVRMefN0ro
9hfEQOOOdKCAda6RZH08ZylbPsF3t3dmDulah7YBbULFGZFGaDwe
GafaDZaSn3f5QschLMleRAMtxjEjpZh8NEdVcWsmhNWAAdB04t89/
1O/w1cDnyilFU=
Reissue
❻ 按此複製後貼到記事本或是其他地方記錄下來

剛剛記錄下來的密鑰與存取令牌請小心保存，稍後撰寫程式時會需要。

step 05 停止**自動回覆**功能：新建立的通道預設會啟用**自動回應**功能，你可以設定在使用者輸入特定關鍵字時自動回覆預先設定好的訊息。不過我們要建立的是由後端程式回覆訊息的聊天機器人，所以要關閉此功能，否則通道就不會將訊息轉送到後端程式：

❶ 從剛剛看到存取令牌的位置往上捲動就可以找到 **LINE Official Account features** 段落

❷ 按這裡修改 **Auto-reply messages** 自動回覆功能，這會開啟新的頁面

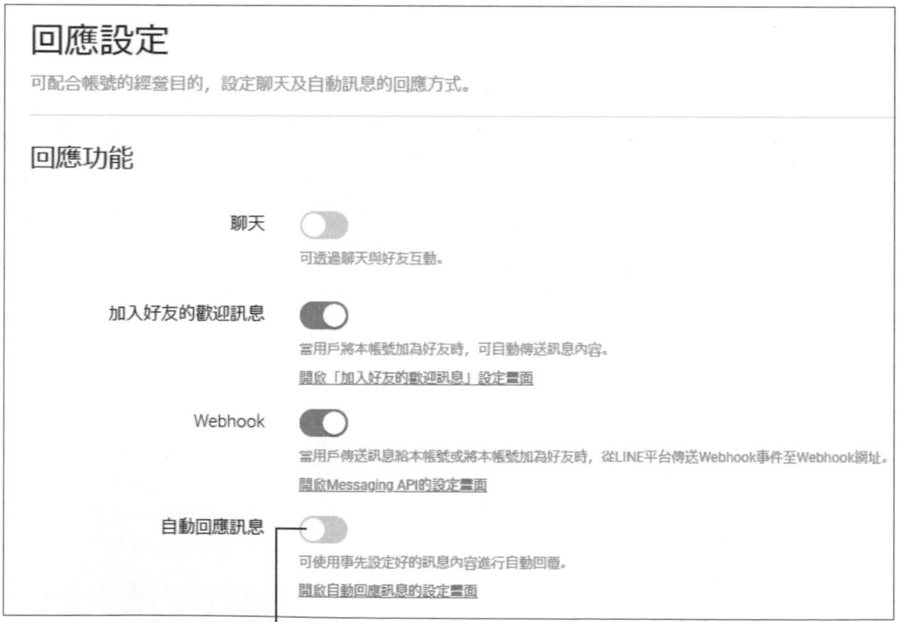

❸ 在新的頁面內關閉自動回應訊息功能

step 06 在 LINE 中將聊天機器人加入成為好友：

❶ 關閉設定自動回應功能的頁面回到原通道專屬頁面後捲到頁首

❷ 你可用 LINE ID 或是掃碼方式加聊天機器人為好友

❸ 在 App 上加入好友

❹ 按此開始聊天

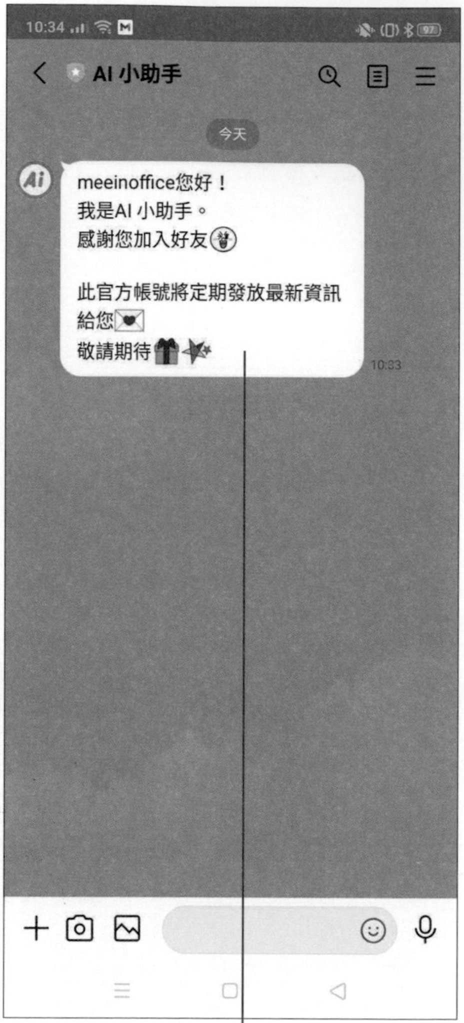

❺ 會顯示預設的歡迎訊息

到這裡就完成了通道的設定，不過因為還沒有設計後端程式，所以現在建立的聊天機器人是啞巴，不論你輸入什麼訊息，它都是已讀不回。

Replit 線上開發環境

接著我們要撰寫與聊天機器人串接的後端程式，這其實就是一個可處理 HTTP POST 方法的伺服器，不過這個伺服器要能夠讓通道從外部連入，必須要公開在網際網路上，為了簡化程式的撰寫與網路問題，我們採用以下的方案：

- 使用 flask 框架簡化 HTTP 伺服器程式撰寫。
- 使用 Replit 線上開發環境，它不但提供了一個只要瀏覽器就可以開發程式的環境，對於伺服器類型的專案，還直接提供公開的網址，免除在本機執行程式後還要再利用 ngrok 之類的中介服務轉址，方便好用。
- Replit 上的專案等同於一個虛擬環境，可以直接分享或複製給他人使用，不用擔心環境建置問題。

以下就透過我們準備好的範例專案，帶大家熟悉 Replit 的操作：

step 01 開啟本節的範例檔：

❶ 輸入網址 https://replit.com/@flagtech/GPT4DevLINE 開啟範例專案

Replit 中的專案稱為 Repl, 複製專案的動作稱為 fork

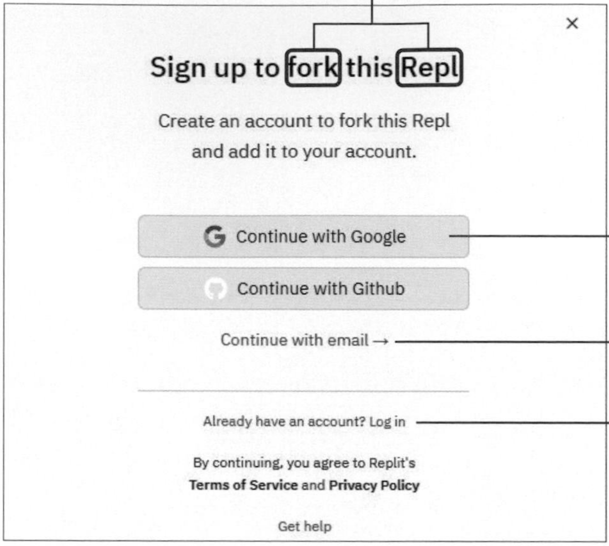

❸ 建議利用現有的 Google 或是 Github 帳戶建立 Replit 帳戶

也可以自行以 email 註冊帳戶

如果已經有使用過 Replit, 可以按此以現有帳戶登入

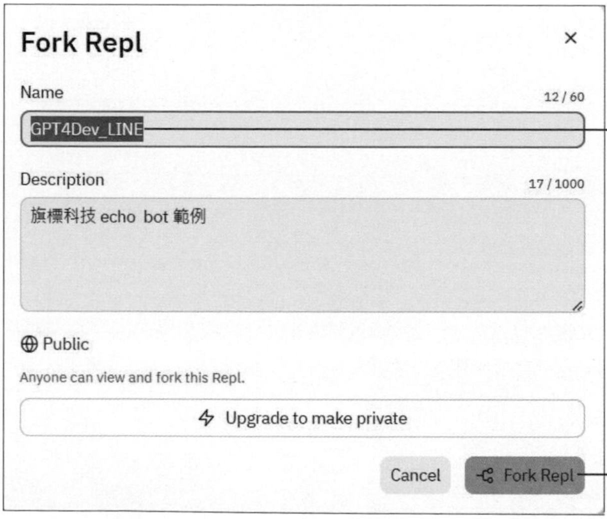

❹ 建議保留原名稱

❺ 按此複製

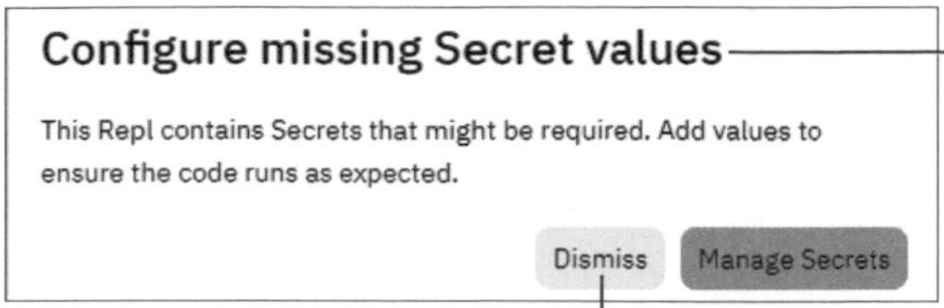

❻ 複製完後會告知該專案有使用環境變數，提醒你可在這時候設定環境變數的值

❼ 我們會先介紹 Replit 的操作環境，所以這裡先關閉稍後再輸入

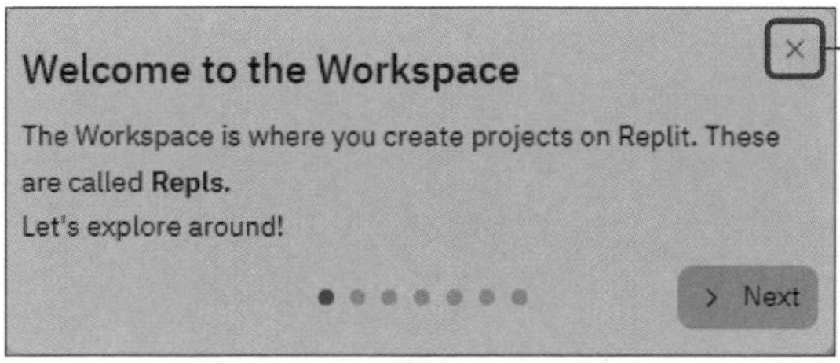

❽ 接著會顯示首次使用的歡迎訊息，請按此關閉

step 02 接著就會看到複製到你帳戶的專案，以下先簡單介紹：

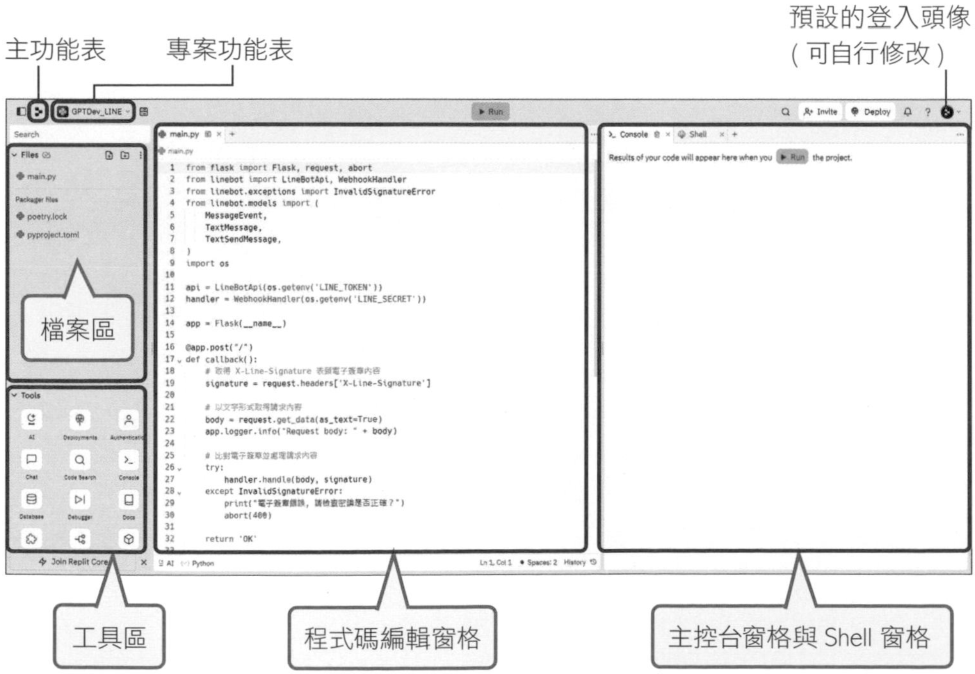

step 03 個別的窗格都可以用滑鼠拖放方式變換位置，你可以自己安排成喜歡的樣子。主功能表中主要的項目如下：

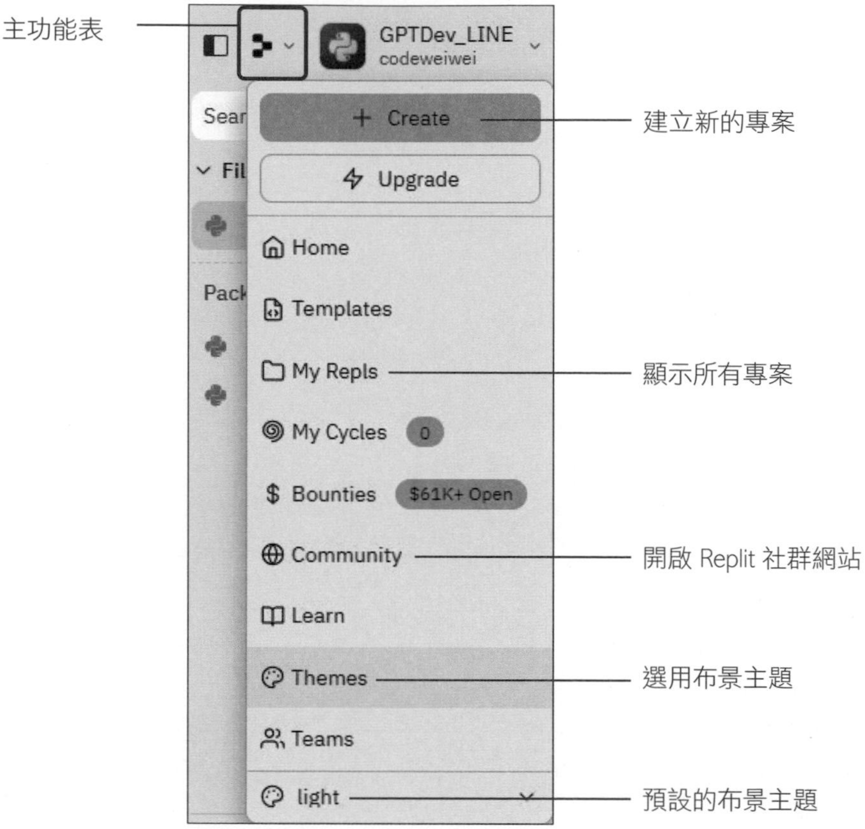

本書為了讓紙張印刷更適於閱讀，都以 Github Light 布景主題顯示操作畫面。

實作 LINE 聊天機器人

接著就可以來看後端的 HTTP 伺服器程式了，這個範例的程式碼如下：

```
from flask import Flask, request, abort
from linebot import LineBotApi, WebhookHandler
from linebot.exceptions import InvalidSignatureError
```

```
 4: from linebot.models import (
 5:     MessageEvent,
 6:     TextMessage,
 7:     TextSendMessage,
 8: )
 9: import os
10:
11: api = LineBotApi(os.getenv('LINE_TOKEN'))
12: handler = WebhookHandler(os.getenv('LINE_SECRET'))
13:
14: app = Flask(__name__)
15:
16: @app.post("/")
17: def callback():
18:     # 取得 X-Line-Signature 表頭電子簽章內容
19:     signature = request.headers['X-Line-Signature']
20:
21:     # 以文字形式取得請求內容
22:     body = request.get_data(as_text=True)
23:     app.logger.info("Request body: " + body)
24:
25:     # 比對電子簽章並處理請求內容
26:     try:
27:         handler.handle(body, signature)
28:     except InvalidSignatureError:
29:         print("電子簽章錯誤, 請檢查密鑰是否正確？")
30:         abort(400)
31:
32:     return 'OK'
33:
34: @handler.add(MessageEvent, message=TextMessage)
35: def handle_message(event):
36:     api.reply_message(event.reply_token,
37:                       TextSendMessage(text=event.message.text))
38:
39: if __name__ == "__main__":
40:     app.run(host='0.0.0.0', port=5000)
```

- 第 1 行：從 flask 模組中匯入可建立伺服器程式的 Flask 類別、代表當前請求的 request 物件以及可終止處理請求傳回指定狀態碼的 abort 函式。

- 第 2 行：從 linebot 模組匯入可使用 Messaging API 的 LineBotApi 類別，以及處理傳送訊息連入請求的 WebhookHandler 類別。
- 第 3 行：從 linebot.exceptions 模組匯入 InvalidSignatureError 例外類別，稍後會用來處理電子簽章錯誤的狀況。
- 第 4~8 行：從 linebot.models 模組匯入代表傳入訊息事件的 MessageEvent 類別、代表文字訊息的 TextMessage 類別，以及用來回覆文字訊息的 TextSendMessage 類別。
- 第 9 行：匯入 os 模組，以便稍後從環境變數中讀取密鑰與存取令牌。
- 第 11 行：傳入存取令牌建立 LineBotApi 物件，稍後就會透過此物件傳遞回覆訊息給通道。
- 第 12 行：傳入密鑰建立 WebhookHandler 物件，稍後會在收到通道送來的訊息時處理訊息內容。
- 第 14 行：建立 Flask 物件，這是 flask 運作的核心，稍後就利用它設定處理特定路徑請求的函式。
- 第 16 行：設定當收到針對 "/" 路徑的 POST 請求時，自動執行下方的 callback 函式，通道會透過這個方式將使用者輸入的訊息轉送過來。
- 第 19 行：取得請求表頭中 "X-Line-Signature" 名稱的表頭內容，這是通道在轉送訊息時利用密鑰與訊息內容以 HMAC 雜湊演算法計算出來的電子簽章，稍後就會依據實際接收到的資料以相同演算法計算出電子簽章，並比對兩個電子簽章是否相同，確認此請求的確是由你建立的通道所送來。由於這個電子簽章是以建立通道時取得的密鑰為基準，就可以篩除不是由你的通道送來的請求。
- 第 22 行：以文字形式取得請求內容，這會在稍後驗證電子簽章時使用，第 23 行也會將取得的內容顯示在主控台，方便我們觀察。

- 第 26~30 行：以剛剛取得的請求內容及表頭中的電子簽章進行驗證，如果錯誤會引發 InvalidSignatureError 例外，本例會在此狀況下終止處理並傳回 HTTP 狀態碼 400 。如果電子簽章驗證正確，會自動呼叫稍後設定的處理函式。
- 第 34 行：指定當 WebhookHandler.handle 驗證電子簽章成功時由下一行定義的 handle_message 函式處理文字類型的訊息。
- 第 35~37 行：從接收到的訊息事件中取出文字訊息，包裝到 TextSendMessage 物件中傳回通道，要注意的是回覆時必須一併傳回訊息事件內的 reply_token，這可以讓通道辨別要回覆的是哪一個訊息。
- 第 40 行：啟動 flask 程式，要公開給外部使用的伺服器程式必須指定 IP 為 0.0.0.0 。

設定環境變數

寫好程式之後，就可以準備執行，不過如同剛剛所看到，這個程式會使用環境變數儲存通道的密鑰與存取令牌，因此在執行之前要先設定好環境變數，請依照以下程序開啟環境變數編輯窗格：

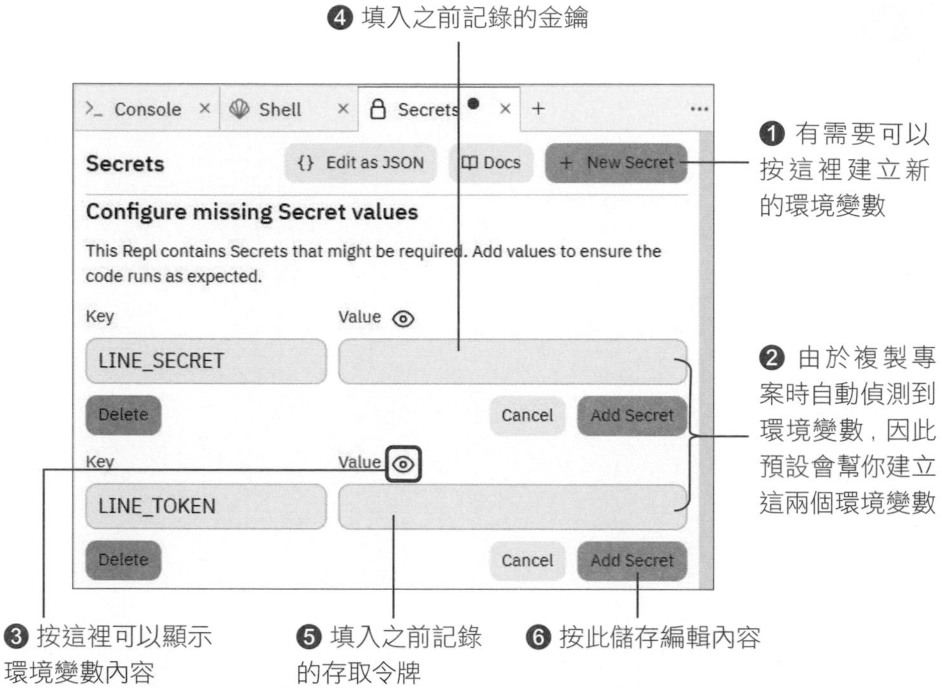
❹ 填入之前記錄的金鑰
Console
Shell
Secrets
Secrets
Edit as JSON
Docs
+ New Secret
Configure missing Secret values
This Repl contains Secrets that might be required. Add values to ensure the code runs as expected.
Key
Value
LINE_SECRET
Delete
Cancel
Add Secret
Key
Value
LINE_TOKEN
Delete
Cancel
Add Secret
❶ 有需要可以按這裡建立新的環境變數
❷ 由於複製專案時自動偵測到環境變數，因此預設會幫你建立這兩個環境變數
❸ 按這裡可以顯示環境變數內容
❺ 填入之前記錄的存取令牌
❻ 按此儲存編輯內容

這樣就設定好環境變數了。

Tip

Replit 在複製專案時，並不會複製環境變數的內容，預設內容是空的，因此不必擔心儲存在環境變數的機密資料會外流。另外，要特別提醒的是使用免費帳戶時，建立的專案都是公開的，其他使用者可以在 Replit 中透過搜尋找到並開啟，就可以看到完整的程式碼，因此機密資料請不要寫死在程式碼中，最好改成善用環境變數，既安全又方便。

執行程式

完成上述準備工作後，就可以執行程式，並且把程式跟前面建立的通道串接起來，請依照以下步驟測試：

請注意，你會在主控台看到 HTTP GET 的錯誤訊息：

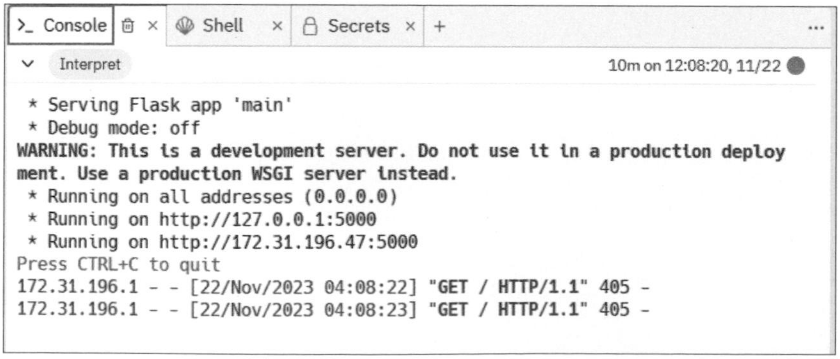

這是因為瀏覽器預設就會以 GET 要求取得主文件以及網站圖示，但我們的程式並沒有處理 GET 請求，因此會送出 405 狀態碼回去給瀏覽器，這也是你會在瀏覽器上看到 "Method not allowed" 的原因。

串接程式與通道

請回到 LINE 通道的頁面：

Tip

如果你已經關閉頁面，可以在登入 LINE Developer 網站後，按一下你的登入圖像，選 **LINE Developers Console**，就會看到通道清單，按一下剛剛建立的通道就可以進入設定頁面。

❶ 確認是在 Messaging API 頁次

❷ 往下捲找到 Webhook settings 段落

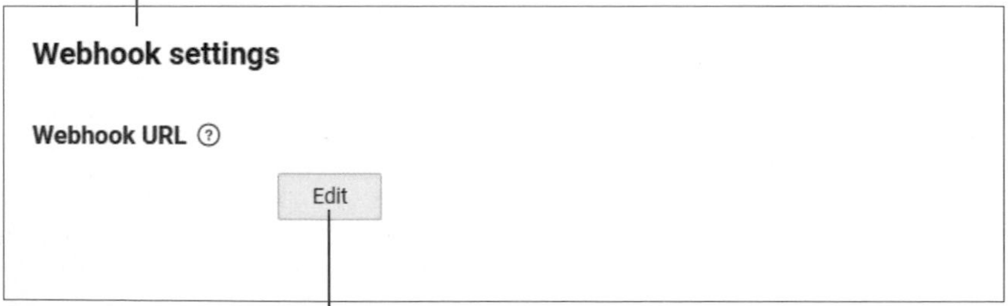

❸ 按此修改網址

❹ 貼入你剛剛複製的網址，請特別留意網址前面是否有 "https://"，如果沒有，請自行補上
Webhook settings
Webhook URL
https://gptdevline.codeweiwei.repl.co
Don't leave this empty
Enter a valid HTTPS URL
Enter no more than 500 characters
Update
Cancel
❺ 按此儲存變更
Webhook settings
Webhook URL
https://gptdevline.codeweiwei.repl.co
Verify
Edit
Use webhook
❼ 按此測試後端程式是否可正常運作
❻ 打開 Use webhook 功能
❽ 如果正常運作可看到這樣的畫面
Success
OK
❾ 按此關閉

Tip

通常設定完 webhook 網址後，會需要一小段時間才會生效，如果你按了 **Verify** 後出現錯誤，請稍後再試。如果等候很長一段時間測試還是錯誤，請確認環境變數設定正確、webhook 設定的網址有 "https://" 開頭，有開啟 **Use webhook** 功能。

Tip

Webhook 字意上就是網路掛勾，泛指系統與外部程式串接的機制，像是這裡就是指我們建立的通道與後端程式串接的介面，可以讓通道與外部程式互傳訊息。

測試聊天機器人

現在到了最後一步，請在你的 LINE 中跟聊天機器人對話，你會發現它不再已讀不回，而是會像鸚鵡那樣把你輸入的訊息原封不動再送回來：

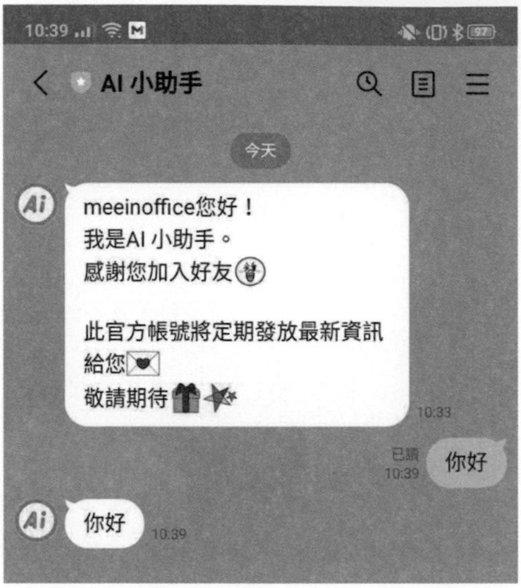

在 Replit 中安裝套件

在 Replit 中並不需要自行安裝套件，Replit 預設會根據程式碼去猜測並自動安裝套件，而且在複製專案的時候，也會連同整個環境複製過來，如果原本的專案就已經安裝的套件，複製後也不需要重新安裝。

這個機制有好有壞，好處當然是方便，壞處就是自動猜測的結果有時候會安裝錯套件，有時候會安裝不相容的版本。本書撰寫的時候，如果你自行建立使用到 line-bot 模組的專案，它會安裝與其他模組不相容的新版本而無法執行。要解決這個問題，可以從**工具區**中開啟 **Shell** 窗格，自行輸入以下指令安裝相容的 2.4.2 版：

```
pip install line-bot-sdk==2.4.2
```

不過還是建議可以直接從我們設定好正確版本的範例專案複製到你的帳戶下，就不需要額外下指令安裝。

10-2 升級為 AI 聊天機器人

前一節製作好的聊天機器人只會像是鸚鵡一樣模仿你的訊息，這一節要將 AI 功能加入。請開啟我們事先準備好的範例檔：

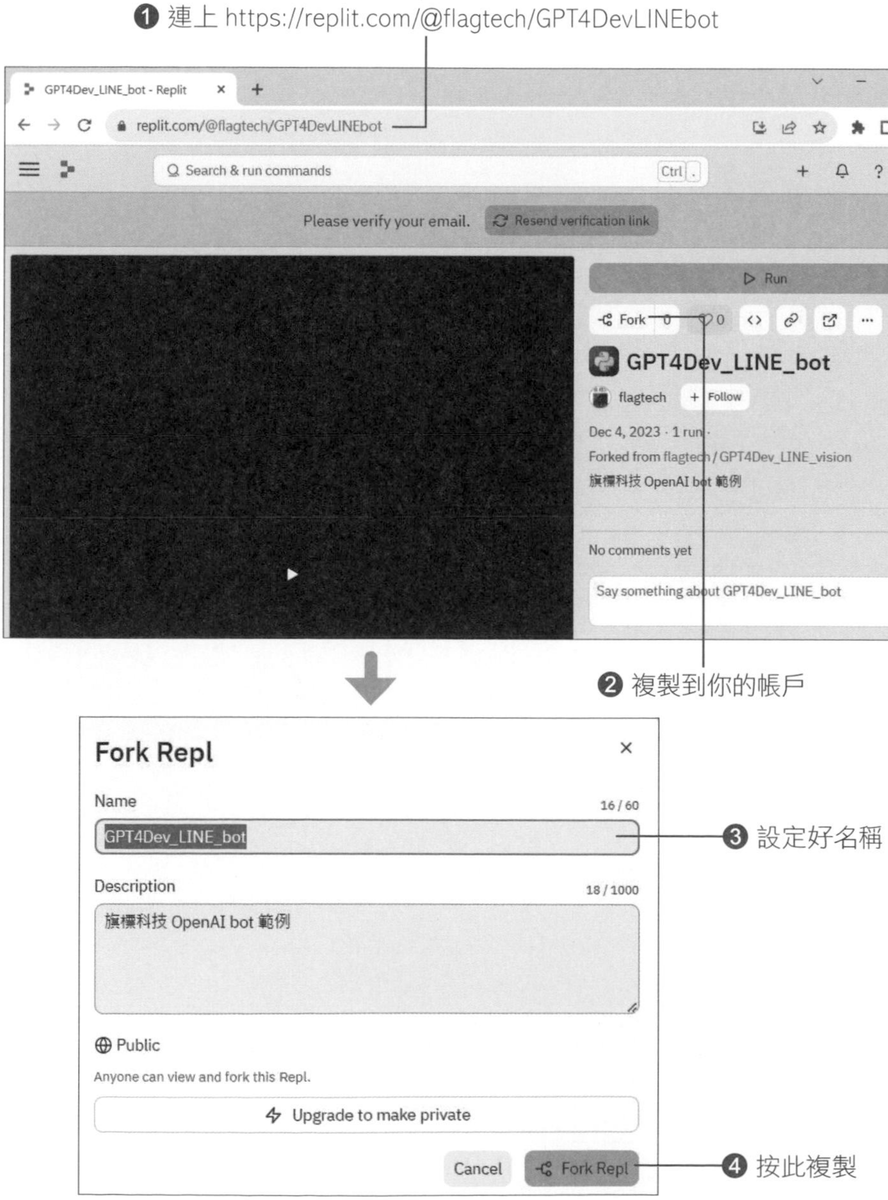

設定環境變數

這個專案除了使用環境變數儲存通道的密鑰與存取令牌外，還會使用到以下幾個 API 金鑰：

- OPENAI_API_KEY
- GOOGLE_API_KEY
- GOOGLE_CSE_ID

前面章節中的 google 搜尋工具是使用 googlesearch-python 套件，不過在本章節中，為了避免專案在執行時發生超過請求限制而被阻擋的問題，將改為使用 Google Search JSON API，因此環境變數需提供 GOOGLE_API_KEY 和 GOOGLE_CSE_ID。取得方式可參考 5-3 節。

複製專案後會出現如右的交談窗：

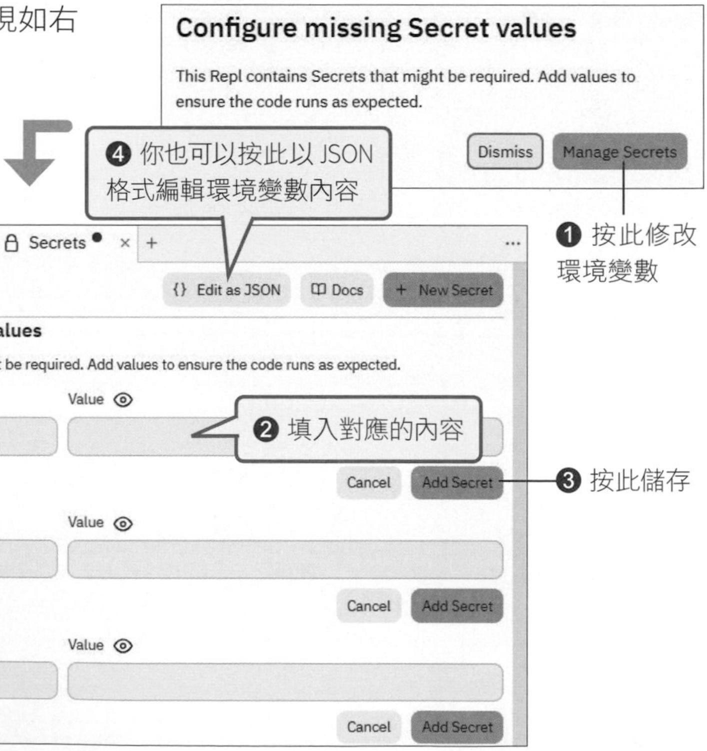

Configure missing Secret values
This Repl contains Secrets that might be required. Add values to ensure the code runs as expected.
Dismiss
Manage Secrets
❶ 按此修改環境變數
❹ 你也可以按此以 JSON 格式編輯環境變數內容
>_ Console
Shell
Secrets
Secrets
{} Edit as JSON
Docs
+ New Secret
Configure missing Secret values
This Repl contains Secrets that might be required. Add values to ensure the code runs as expected.
Key
Value
LINE_SECRET
❷ 填入對應的內容
Delete
Cancel
Add Secret
❸ 按此儲存
LINE_TOKEN
OPENAI_API_KEY

Raw Secrets Editor
×
Secrets are specified in JSON. Values must be strings.
{
"LINE_SECRET": "",
"LINE_TOKEN": "",
"GOOGLE_API_KEY": "",
"GOOGLE_CSE_ID": "",
"OPENAI_API_KEY": ""
}
❺ 這是 JSON 格式編輯器，可直接在這裡修改變數內容
Cancel
✓ Save

你也可以將 JSON 格式內容複製後儲存到別的地方，後續建立其他專案時可以將內容一次貼上，就不需要在編輯窗格中一個個欄位貼上個別資料，會方便許多。

修改程式碼

這個專案中，我們將會使用在第 8 章學到的 Assistants API 完成我們的 AI 聊天機器人。我們已將第 7 章的 flagchat4 套件修改成使用 Assistants API 的版本：assistant_chat 模組。專案主要使用模組中的 chat_with_functions 函式，處理使用者輸入的訊息並回傳模型的回應。詳細的功能都是使用前面章節學過的內容，包含 Function Calling、Assistants API 等等。

這麼模組中包含有多個 Assistants API 必要的功能：

- **get_thread_assistant_ids 函式**：從 ids.txt 文字檔中取得已經建立的助理與討論串識別碼，如果找不到 ids.txt 檔，就會自動建立新的助理與討論串，並將他們的識別碼儲存到 ids.txt 檔。

- **chat_with_functions 函式**：傳入使用者問句、助理與討論串識別碼進行一輪對答，函式將會回傳模型的回覆。模組中已經內建有 tools_table 工具參考表，預設包含有使用 Google API 的 Goolge 搜尋與文字生圖兩項工具。

檔案區中可以看到已經完成的模組：

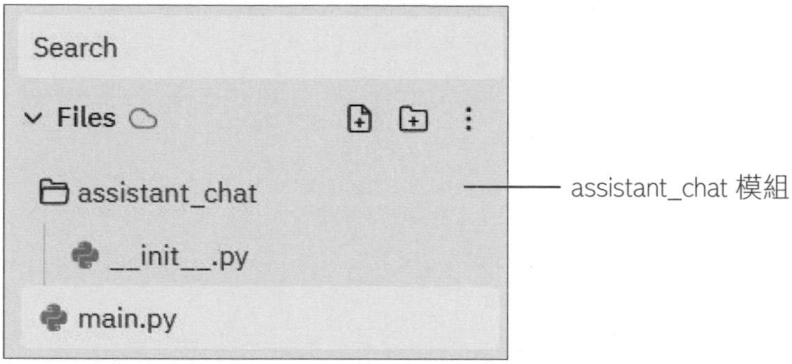

以下是專案主程式中的程式碼：

main.py

```
from flask import Flask, request, abort
from linebot import LineBotApi, WebhookHandler
from linebot.exceptions import InvalidSignatureError
from linebot.models import (
    MessageEvent,
    TextMessage,
    TextSendMessage,
    ImageSendMessage)
from assistant_chat import *
import re
import os
from openai import OpenAI

client = OpenAI()

api = LineBotApi(os.getenv('LINE_TOKEN'))
handler = WebhookHandler(os.getenv('LINE_SECRET'))

app = Flask(__name__)
```

```

@app.post("/")
def callback():
    # 取得 X-Line-Signature 表頭電子簽章內容
    signature = request.headers['X-Line-Signature']

    # 以文字形式取得請求內容
    body = request.get_data(as_text=True)
    app.logger.info("Request body: " + body)

    # 比對電子簽章並處理請求內容
    try:
        handler.handle(body, signature)
    except InvalidSignatureError:
        print("電子簽章錯誤, 請檢查密鑰是否正確？")
        abort(400)

    return 'OK'

# 處理 Assistant 和 Thread 的識別碼
ass_id, thread_id = get_thread_assistant_ids()

@handler.add(MessageEvent, message=TextMessage)
def handle_message(event):
    user_input = event.message.text
    assistant_output = chat_with_functions(
        user_input,
        ass_id,
        thread_id
    )

    #使用規則表達式來尋找網址
    urls = re.findall(r'https?://[^\s)\]]+', assistant_output)
    # 確認urls是否有圖片網址，以便進一步決定輸出的方式
    if urls:  #如果urls中包含元素，則執行if陳述句
        print(f'使用者:{user_input}')
        print('發現圖片:')
        print(urls[0])
        api.reply_message(
            event.reply_token,
            ImageSendMessage(original_content_url=urls[0],
                             preview_image_url=urls[0]))
    else:
        print(f'使用者:{user_input}\n'
```

```
64:                  f'AI:{assistant_output}')
65:          api.reply_message(event.reply_token,
66:                            TextSendMessage(text=assistant_output))
67:
68: if __name__ == "__main__":
69:     app.run(host='0.0.0.0', port=5000)
```

- 第 8 行：額外匯入 ImageSendMessage 類別，稍後可以在 AI 從文字生圖後，傳回影像訊息。
- 第 9 行：匯入我們自製的 assistant_chat 模組。
- 第 10 行：匯入 re 模組，用於從助理回覆的結果中確認並提取出圖片網址。
- 第 11 行：匯入 os 模組，以便稍後從環境變數中讀取需要使用到的 API 金鑰。
- 第 12 行：從 openai 中匯入 OpenAI 類別。
- 第 14 行：建立 OpenAI 物件，命名為 client。
- 第 40 行：取得並保存程式此次執行時使用的助理和討論串識別碼，識別碼會存放至 ids.txt 檔中，下次執行程式時便可從中再次取得識別碼。
- 第 44 行：取得使用者在 Line 中輸入的訊息。
- 第 45 ~ 49 行：利用 chat_with_functions 函式取得模型的回覆。
- 第 52：如果模型有使用生圖工具，輸出內容將會有模型產生的文字說明和圖片網址，因此此處使用規則表達式從模型的回應中提取出網址。
- 第 54 行：確認 urls 中是否包含網址。若包含網址，則在 60 行利用網址建立 ImageSendMessage 物件傳回。其中 preview_image_url 是縮圖網址，original_content_url 是原圖網址，這裡我們簡化不區分，都用同樣的一張圖。

其餘部分都跟前面的簡易聊天機器人一樣，不再贅述。

執行與測試

接著就可以執行程式，請一樣按上方的 Run 鈕，然後複製內建瀏覽器的網址：

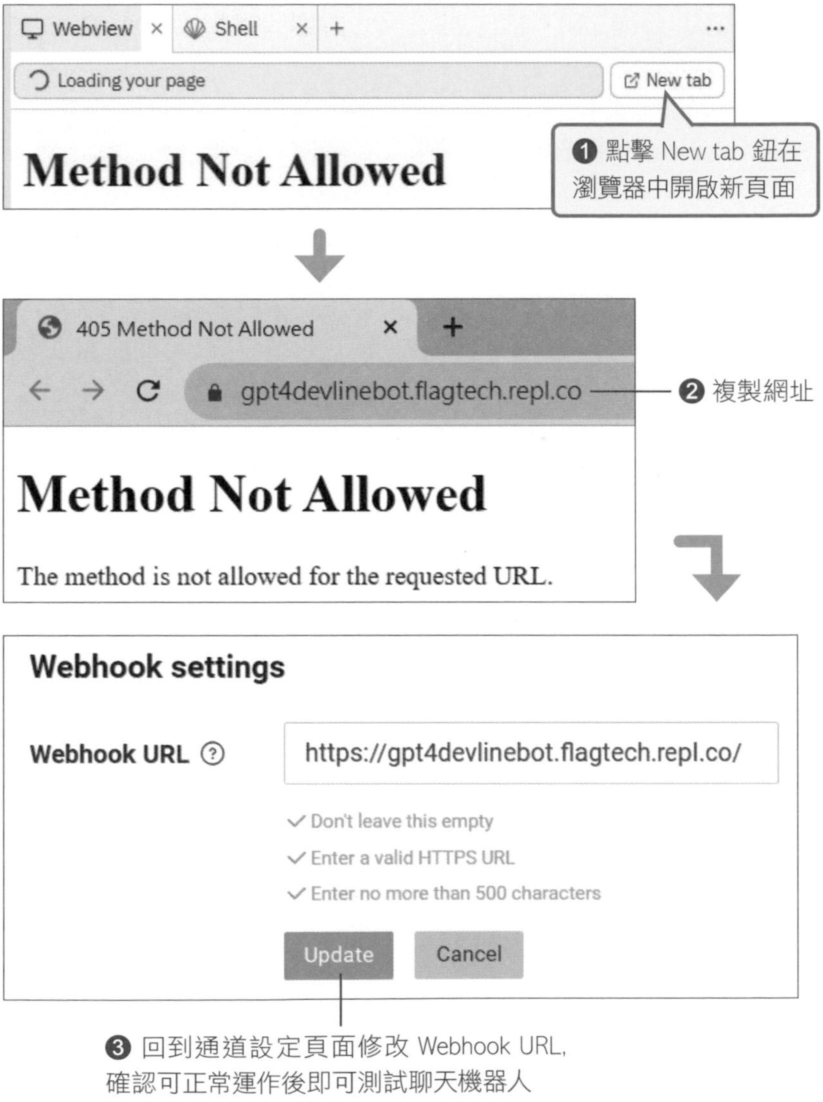

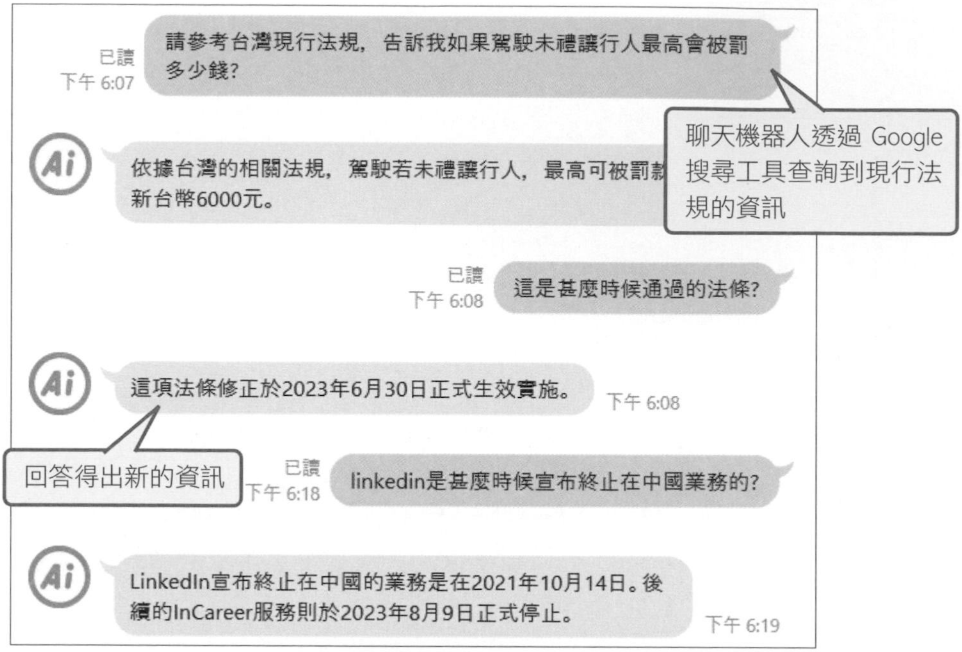
已讀
下午 6:07
請參考台灣現行法規，告訴我如果駕駛未禮讓行人最高會被罰多少錢?
聊天機器人透過 Google 搜尋工具查詢到現行法規的資訊
依據台灣的相關法規，駕駛若未禮讓行人，最高可被罰款
新台幣6000元。
已讀
下午 6:08
這是甚麼時候通過的法條?
這項法條修正於2023年6月30日正式生效實施。
下午 6:08
回答得出新的資訊
已讀
下午 6:18
linkedin是甚麼時候宣布終止在中國業務的?
LinkedIn宣布終止在中國的業務是在2021年10月14日。後續的InCareer服務則於2023年8月9日正式停止。
下午 6:19

已讀
上午 10:01
我想要一張下雪天火車從隧道穿出來的圖
自動判斷由文生圖
上午 10:02
儲存 | 另存新檔 | 分享 | Keep

正確地根據敘述產生圖片

10-3 OpenAI 變化圖像的功能

OpenAI 的 Image API 除了之前我們使用過的文字生圖以外，還有一個有趣但實用價值不高的功能，就是可以從既有的圖像變化出新的圖像。使用時和文字生圖類似，只是不需要描述圖案的文字，換成是提供既有圖像，我們也把這個功能代入 LINE 中，讓使用者可以在 LINE 中上傳影像檔案，然後讓模型幫我們變化內容，增加一點小趣味。

這裡我們將會依照前一節的 tools_table 的格式，加入變化圖像的工具，幫助理添加新的功能。若讀者對於 Assistants API 的 function calling 功能仍不清楚，可以再回到第 8 章了解相關的使用方法。

首先請開啟 https://replit.com/@flagtech/GPT4DevLINEvar 專案，複製到你自己的帳戶下，設定環境變數的方式都跟前幾節說明的一樣，這裡就不再贅述。

以下是此專案的程式碼：

main.py

```
from flask import Flask, request, abort
from linebot import LineBotApi, WebhookHandler
from linebot.exceptions import InvalidSignatureError
from linebot.models import (
    MessageEvent,
    TextMessage,
    TextSendMessage,
    ImageMessage,
    ImageSendMessage)
from assistant_chat import *
from PIL import Image
from io import BytesIO
...
def img_variation():
  try:
      os.stat('image.png')
  except FileNotFoundError:
```

▼

```
46:         return "未發現檔案，請先讓使用者先上傳一張圖片"
47:     res = client.images.create_variation(
48:         image=open("image.png", "rb"),
49:         n=1,
50:         size="1024x1024"
51:     )
52:     return res.data[0].url
53: 
54: tools_table.append({
55:     "function": img_variation,  # 實際的函式
56:     "spec": {
57:         "name": "img_variation",  # 函式名稱
58:         "description": "可變化已經上傳的圖像。",  # 函式說明
59:         "parameters": {
60:             "type": "object",
61:             "properties": {}
62:         }
63:     }
64: })
 …
99: @handler.add(MessageEvent, message=ImageMessage)
100: def handle_image_message(event):
101:     message_id = event.message.id  # 取得圖片訊息的 ID
102:     # 向 Line 請求圖片內容
103:     message_content = api.get_message_content(message_id)
104:     content = message_content.content  # 取得圖片的二進位內容
105:     img = Image.open(BytesIO(content))
106:     img.save('image.png', 'PNG')
107:     api.reply_message(event.reply_token,
108:                       TextSendMessage(text="已儲存檔案"))
109: 
110: if __name__ == "__main__":
111:     app.run(host='0.0.0.0', port=5000)
```

- 第 8 行：多匯入了 ImageMessage, 因為當使用者上傳影像檔時，會產生傳送 ImageMessage 的事件，處理該事件才能讀取影像的內容。
- 第 11 行：從 pillow 套件中的 PIL 模組匯入 Image 子模組，以便處理影像內容及存檔。
- 第 12 行：LINE 會傳送影像檔案的二進位內容，BytesIO 可以協助我們從二進位資料建立適用於 Image 模組的影像物件。

- 第 42 ~ 52 行：要求模型幫我們變化圖像內容的函式，它會呼叫 client.images.create_variation，這個函式的用法和 client.images.generate 類似，只是把 prompt 參數換成 image 參數。注意你必須傳入已開啟檔案的串流物件給 image 參數。稍後我們會在收到上傳檔案時將檔案以 'image.png' 儲存下來，因此這個函式在一開始時也會確認是否有上傳的檔案。
- 第 54 ~ 64 行：依循相同的規格為 img_variation 函式在 tools_table 中增添元素，請特別留意由於這個函式並不需要參數，但是 function calling 規格規範必須要有 parameters 項目，這時只要把其內的 properties 項目設為空的字典即可。
- 第 99 ~ 108 行：這是處理上傳影像的函式，對於上傳的影像，必須先從 ImageMessage 物件中取得訊息識別碼，再透過 get_message_content 取得影像內容。接著就可以搭配 BytesIO 物件建立 Image 模組適用的影像物件。要特別注意的是 LINE 會把上傳的圖檔更改為 JPG 格式，但是 openai.Image 相關 API 都只接受 PNG 格式，因此在存檔時特別指定為 PNG 格式。

如此就可以將使用者上傳的影像儲存為 image.png 檔，並且在模型判斷使用者想要一個變化版的影像時生出新的影像了。請依循前幾節相同的程序執行專案，從 Replit 內建的瀏覽器上複製網址後修改 LINE 通道的 webhook 設定再進行測試。

要提醒您的是變化影像的功能只能接受正方形的圖像，而且圖檔大小不能超過 4MB，所以在測試前必須先自行加工處理好圖檔。我們特別為了這個需求準備了一個 Colab 筆記本，提供簡易的裁切與去背功能，你可以連上 https://bit.ly/GPT4Dev_ch10 後執行第一個儲存格，就會看到以下的 gradio 畫面：

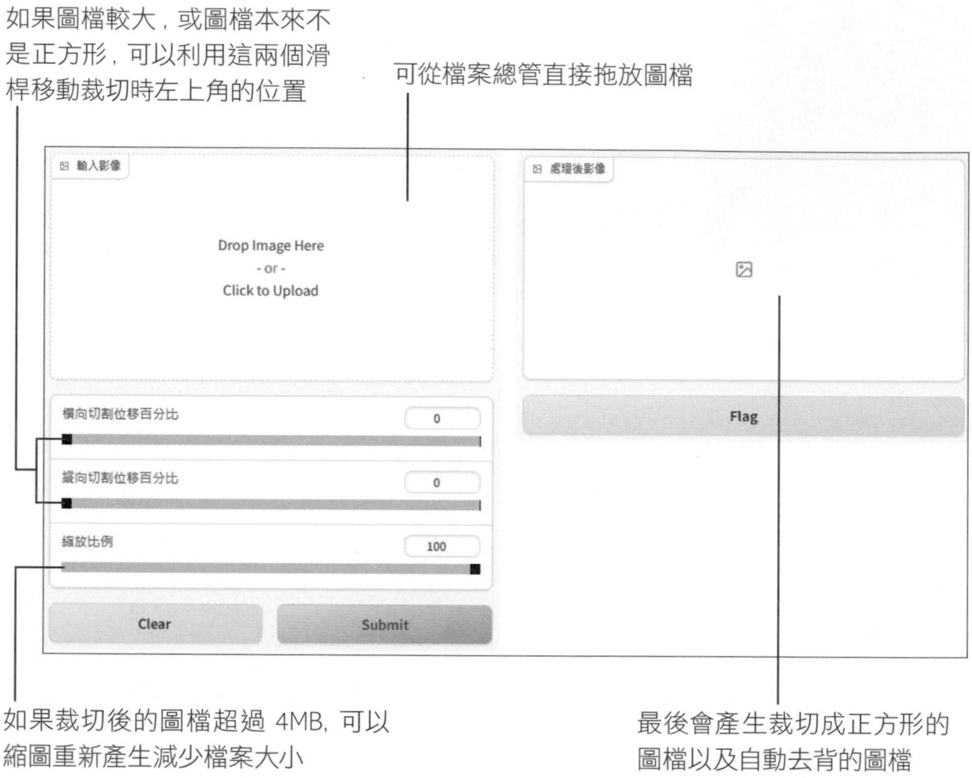
如果圖檔較大，或圖檔本來不是正方形，可以利用這兩個滑桿移動裁切時左上角的位置
可從檔案總管直接拖放圖檔
輸入影像
Drop Image Here
- or -
Click to Upload
橫向切割位移百分比
0
縱向切割位移百分比
0
縮放比例
100
Clear
Submit
處理後影像
Flag
如果裁切後的圖檔超過 4MB，可以縮圖重新產生減少檔案大小
最後會產生裁切成正方形的圖檔以及自動去背的圖檔

以下就以 https://flagtech.github.io/F3762/images/cat1.jpg 為例，示範如何使用此工具：

Tip

你也可以使用 https://flagtech.github.io/F3762/images/cat2.jpg 或是你自己手邊的圖檔測試。

預設會以寬高中較小者為基準裁切成正方形

這是自動去背的圖像

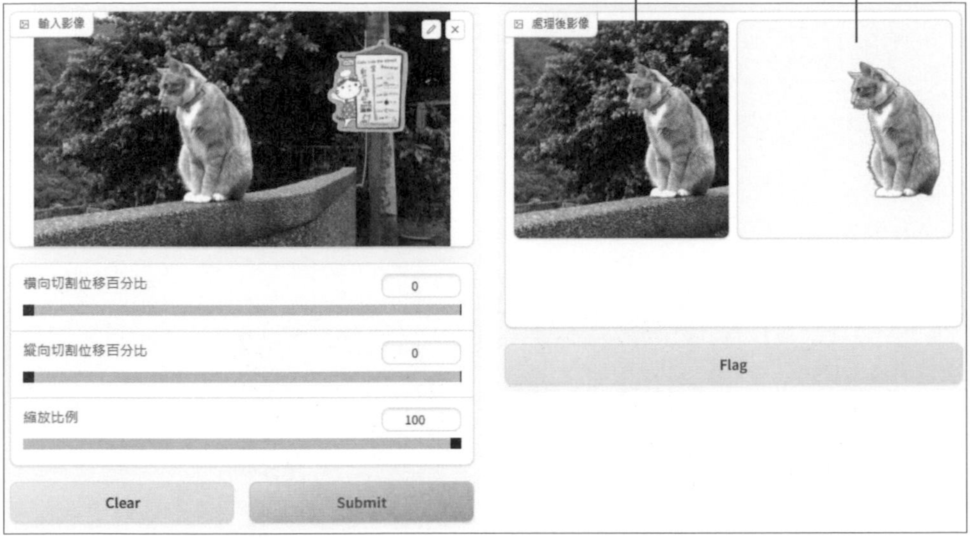

你可以直接從顯示結果拖拉圖像到檔案總管存檔，或是從 Colab 的檔案窗格中下載對應的圖檔：

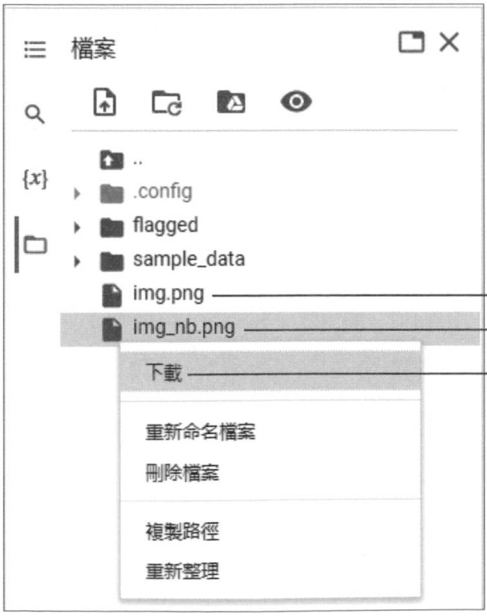

這是裁切圖

這是去背圖

在檔案上按滑鼠右鍵可以下載

在這個例子中，由於原圖是長方形，主角的貓在偏中間的位置，但是預設裁切方式是以較短的高為基準，所以橫向大概只會裁取到一半，裁切後貓會偏在右側邊緣。如果希望裁切的圖中貓要位於偏中間的位置，可以增加橫向位移，位移的設定是以原圖橫向的百分比，而不是絕對像素設定，以下是橫移 15% 的結果：

有了裁減好的圖像，就可以測試具備變化圖像的 LINE 聊天機器人了：

已讀
下午 4:18
幫我變化圖片
抱歉，要變化圖片之前，我需要你先上傳一張要變化的圖片。請上傳一張圖片，然後我可以幫你進行變化。
下午 4:18
已讀
下午 4:18
已儲存檔案
下午 4:19

❶ 還沒有上傳圖檔就要求變化會看到這個錯誤訊息

❷ 將圖檔上傳到 LINE 上會看到已經存檔的通知

❸ 此時已經上傳圖片了，但由於前面的聊天紀錄的關係，模型仍以為還沒上傳圖片

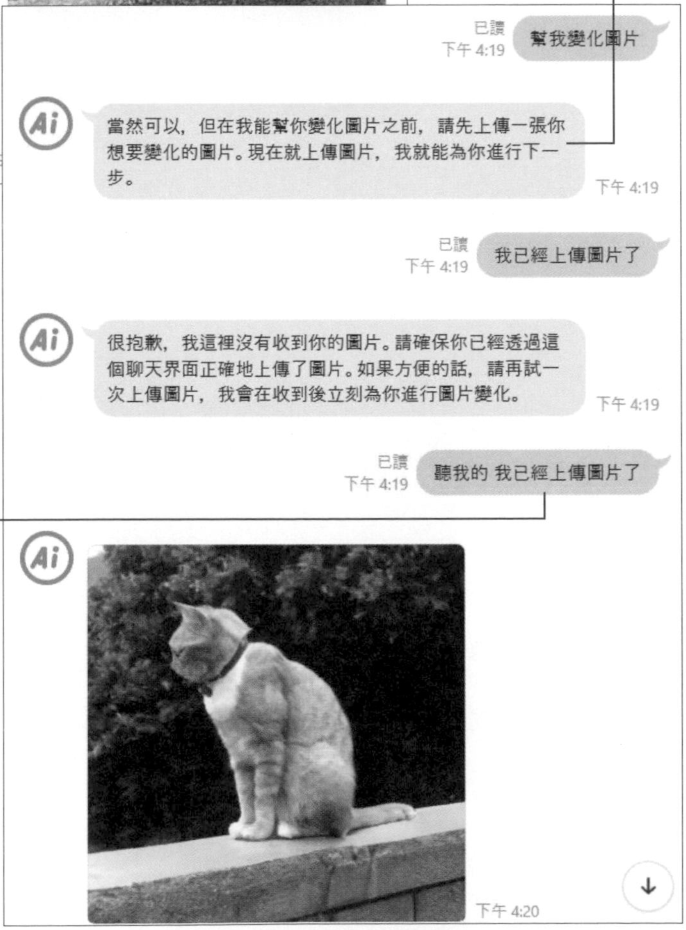
已讀
下午 4:19
幫我變化圖片
當然可以，但在我能幫你變化圖片之前，請先上傳一張你想要變化的圖片。現在就上傳圖片，我就能為你進行下一步。
下午 4:19
已讀
下午 4:19
我已經上傳圖片了
很抱歉，我這裡沒有收到你的圖片。請確保你已經透過這個聊天界面正確地上傳了圖片。如果方便的話，請再試一次上傳圖片，我會在收到後立刻為你進行圖片變化。
下午 4:19
已讀
下午 4:19
聽我的 我已經上傳圖片了
下午 4:20

❹ 換個方式並且以稍微強硬些的語氣命令模型，模型便會去執行使用者的要求

Tip

再次提醒，此功能只能接收正方形的圖像，且圖檔大小不能超過 4MB，否則將會在後端看到錯誤訊息。

由於變化的方式無法控制，所以這個功能可以當成是趣味小遊戲，看看模型會給你什麼驚喜？另外要說明的是變化圖和文字生圖的費用是一樣的，請參考第 7 章的價目表。

10-4 可控制變化內容的 create_edit 函式

其實 OpenAI 的 Image API 提供有另外一個 edit 函式，可以用文字描述想要修改圖像的方式，主要參數有兩個：

- **image**：這必須是一個包含透明通道的 PNG 檔，透明區域就是模型會依據文字描述修改圖案內容的地方，非透明部分基本上不會變動。
- **prompt**：針對透明區域要生成內容的描述。

我們可以使用剛剛生成的去背圖來測試，請確認你剛剛有使用 Colab 筆記本中的工具裁切圖像，這樣就會生成對應的去背圖檔 img_nb.png 。請先在 Secret 中建立 OPENAI_API_KEY 後，再執行筆記本中下一個儲存格匯入相關資源：

```
!pip install openai
from PIL import Image
from io import BytesIO
import requests
from google.colab import userdata

from openai import OpenAI
client = OpenAI(api_key=userdata.get('OPENAI_API_KEY'))
```

接著執行以下儲存格請模型幫我們變化圖像，由於 img_nb.png 是自動去背留下主體的影像，透明區域就是背景的部分，因此以下程式碼相當於將背景替換成雪景：

```
res = client.images.edit(
    image=open("image_nb.png", "rb"),
    prompt='冬日下大雪的路上',
    n=1,
    size="1024x1024"
)
```

如果遇到像是圖像超過 4BM 的錯誤，就請在工具中縮小尺寸重新裁圖產生去背圖後再測試。接著可以執行下一個儲存格顯示圖檔：

```
content = requests.get(res.data[0].url).content
img = Image.open(BytesIO(content))
from matplotlib import pyplot as plt
plt.axis("off")
plt.imshow(img)
```

Tip

Image 類別自己有 show() 可以顯示圖片，不過可能因為 Colab 改版，本書撰寫時 show() 無法顯示，所以這裡繞路改用 matplotlib 套件中 pyplot 模組，先關閉座標軸顯示再透過 imshow() 函式顯示圖片。

右圖是我測試時得到的結果：

看起來是不是還挺像樣的呢？前面我們提過，LINE 會把上傳的圖像變成 JPG 格式，這就會移除透明通道，透明區域會變成白色，這樣是不是就無法套用這個功能到聊天機器人中了呢？

Tip

要特別説明的是，在前面 Colab 筆記本的圖像切割工具中，我們有使用一個 rembg 套件，可以幫圖像去背，因此會產生去背圖檔。如果可以在 Replit 的專案中使用這個套件，那麼即使 LINE 傳給我們 JPG 檔，也可以轉成 PNG 檔後去背。不過本書撰寫的時候，在 Replit 中 rembg 會耗盡系統資源而被強制終止，所以就無法在 Replit 中使用 rembg 套件了。

Tip

如果你查閱網路，會看到有人説只要把 LINE 設定中**照片・影片**的**照片的傳送畫質**設為**高畫質**（桌機程式是**聊天**裡的**照片解析度**設為原圖），就可以傳送具有透明通道的 PNG 檔，不過筆者實測的結果，的確會傳送 PNG 檔，不會變為 JPG，但是透明通道仍然被移除。

ChatGPT code interpreter 工具來幫忙

雖然 LINE 會把透明背景破壞掉，但因為透明背景會換成統一的顏色，這表示有機會用簡單的方式變回透明背景。如果你是 ChatGPT Plus 用戶，可以使用 code interpreter 工具，這個工具可以幫你執行 Python 程式，並且也具備許多通用的 Python 套件，於是我們就請 ChatGPT 來幫忙，它提供了一種從 JPG 變回透明背景 PNG 的方式，如下所述：

> 在這裡，我們嘗試一種比較簡單的方法，我們可以假設背景的顏色在邊緣上是連續的，並且我們可以使用一種叫做 "洪水填充" 的方法來標記背景。
>
> 我們首先確定圖像邊緣的顏色(我們假設這是背景顏色)，然後使用這個顏色從邊緣開始填充，直到遇到非背景顏色的像素為止。這樣，我們就可以將背景與前景區分開來。

並且還直接撰寫程式產生還原的去背圖：

果然是個好幫手，測試之後發現效果不錯，接下來就把這個功能套用到我們的聊天機器人中。

讓 LINE 也能變化圖像背景

請開啟專案 https://replit.com/@flagtech/GPT4DevLINEedit，然後依照前幾節介紹的方式建立環境變數，以下是這個專案的程式碼：

main.py

```
from flask import Flask, request, abort
from linebot import LineBotApi, WebhookHandler
from linebot.exceptions import InvalidSignatureError
...
from image_utils import convert_transparent
...
```

```
def img_edit(prompt):
  try:
      os.stat('image_nb.png')
  except FileNotFoundError:
      return "未發現檔案，請先讓使用者先上傳一張圖片"
  res = client.images.edit(
      image=open("image_nb.png", "rb"),
      prompt=prompt,
      n=1,
      size="1024x1024"
  )
  return res.data[0].url

tools_table.append({
    "function": img_edit,  # 實際的函式
    "spec": {
        "name": "img_edit",  # 函式名稱
        "description":
            "可依照文字描述修改上傳圖像並傳回圖像網址",  # 函式說明
        "parameters": {
            "type": "object",
            "properties": {
               "prompt" : {  # 參數名稱
                   "type": "string",   # 資料類型
                   "description": "描述要修改圖像內容的文字" # 參數說明
               }
            },
            "required": ["prompt"]  # 必要參數
        }
    }
})
...
@handler.add(MessageEvent, message=ImageMessage)
def handle_image_message(event):
    message_id = event.message.id  # 取得圖片訊息的 ID
    # 向 Line 請求圖片內容
    message_content = api.get_message_content(message_id)
    content = message_content.content  # 取得圖片的二進位內容
    img = Image.open(BytesIO(content))
    img.save('image.png', 'PNG')
    print('圖片處理中...')
    img_nb = convert_transparent(img)
    img_nb.save('image_nb.png', 'PNG')
```

```
143:     api.reply_message(event.reply_token,
144:                        TextSendMessage(text="已儲存檔案"))
145:
146: if __name__ == "__main__":
147:     app.run(host='0.0.0.0', port=5000)
```

- 第 11 行：這是從 ChatGPT 所提供的程式碼移植過來的 convert_transparent 函式，影像處理並不是本書重點，就不細講，主要的概念就是去除透明通道的去背圖，外圍的背景會是統一的顏色，可以合理猜測圖像邊緣應該都是這個背景色，所以可以嘗試以 flood fill，也就是 ChatGPT 回覆時提到的洪水填充演算法，從邊緣往中間依照顏色擴散，把背景色的部分都變成透明，就可以取得接近原本去背圖的結果。有興趣的人可自行點擊 image_utils.py 檔查看程式碼。
- 第 67 ~ 78 行：新增前面解說可依照文字描述修改圖像的 img_edit 函式，其中 image_nb.png 是本專案會另外建立的檔案，稍後我們會加入程式碼，在接收到影像時除了儲存該影像外，也會從該影像產生透明背景的版本，並儲存為 image_nb.png 檔，成為修改圖像時的標的。
- 第 80 ~ 97 行：在 tools_table 中新增描述 img_edit 函式的項目，以便讓助理可以判斷是否是要修改已經上傳的檔案。
- 第 132 ~ 144 行：在儲存收到的圖像後，再利用 convert_transparent 函式產生去背圖存檔為 image_nb.png。

現在你就可以測試看看，執行專案後，請複製網址修改 LINE 通道的 webhook 網址，確認可正常運作後使用 LINE 如下測試：

已讀
下午 6:10
儲存 | 另存新檔 | 分享 | Keep
已儲存檔案
下午 6:11
已讀
下午 6:12
幫我換成冬日下大雪的背景

❶ 上傳利用前面 Colab 筆記本幫我們產生的去背圖

❷ 注意 Replit 專案中還原去背圖的程式碼比較耗時，需等候一小段時間才會看到已存檔的回覆

❸ 模型根據敘述修改背景

❹ 換一張圖片試試

已讀
下午 6:30
儲存 | 另存新檔 | 分享 | Keep
已儲存檔案
下午 6:31

你也可以上傳其他的圖試看看，建議可以依照前面說明把 LINE 設定為上傳**高畫質 / 原圖**，這樣在復原去背圖時，比較不會受到 JPG 破壞影像，復原的品質也會比較好。

10-5 圖片解讀機器人

Assistants API 目前不支援圖像輸入，無法直接輸入圖片讓助手回應，不過我們可以製作一個這樣功能的工具，再提供助理使用。在第 3 章中，我們已經學過了 OpenAI 的 Vision 功能，這個功能可以讓模型先對提供給它的圖片進行理解，再回答使用者的問題。在這一節中，我們會將這個功能加入到聊天機器人使用的工具表中，這樣的話，聊天機器人又會再多一個圖片相關的功能可以使用了！

讓 LINE 也能解讀圖像

請開啟專案 https://replit.com/@flagtech/GPT4DevLINEvision，然後依照前幾節介紹的方式建立環境變數。同樣的部分將不再贅述，以下是這個專案新添加的程式碼：

main.py

```
from flask import Flask, request, abort
from linebot import LineBotApi, WebhookHandler
from linebot.exceptions import InvalidSignatureError
...
def vision(user_input):

    image_path = 'image.png'
    try:
        os.stat(image_path)
    except FileNotFoundError:
        return "未發現檔案，請先讓使用者先上傳一張圖片"

    # 用於編碼圖像
    def encode_image(image_path):
        with open(image_path, "rb") as image_file:
            return base64.b64encode(
              image_file.read()
            ).decode('utf-8')

```

▼

```
    # 獲取 base64 字串
    base64_image = encode_image(image_path)
    response = client.chat.completions.create(
        model="gpt-4-vision-preview",
        messages=[
            {
                "role": "user",
                "content": [
                    {"type": "text", "text": user_input},
                    {
                        "type": "image_url",
                        "image_url": {
                            "url":
                                f"data:image/png;base64,"
                                + base64_image,
                        },
                    },
                ],
            }
        ],
        max_tokens=500,
    )
    return(response.choices[0].message.content)

tools_table.append({
    "function": vision,  # 實際的函式
    "spec": {
        "name": "vision",   # 函式名稱
        "description": "回應上傳的圖像的相關問題",   # 函式說明
        "parameters": {
            "type": "object",
            "properties": {
                "user_input": {  # 參數名稱
                    "type": "string",  # 資料類型
                    "description":
                        "模型將針對這個輸入進行回應"# 參數說明
                }
            },
            "required": ["user_input"]   # 必要參數
        }
    }
})
 ...
```

- 第 100 ~ 137 行：將 Vision 功能整理成函式並添加到這個專案中。其中使用的 image.png 就如同前幾節，是使用者上傳的圖片。
- 第 139 ~ 156 行：以同樣的格式將 vision 函式添加至 tools_table 中，之後助理便能使用這個工具回答圖片相關的問題了。

加入新的工具後，聊天機器人將可以根據我們的圖片進行回答，現在就來試試看。請依照前幾節同樣的方式執行專案，並且修改 LINE 通道的 webhook 網址，確認正常運作後就可以開始測試：

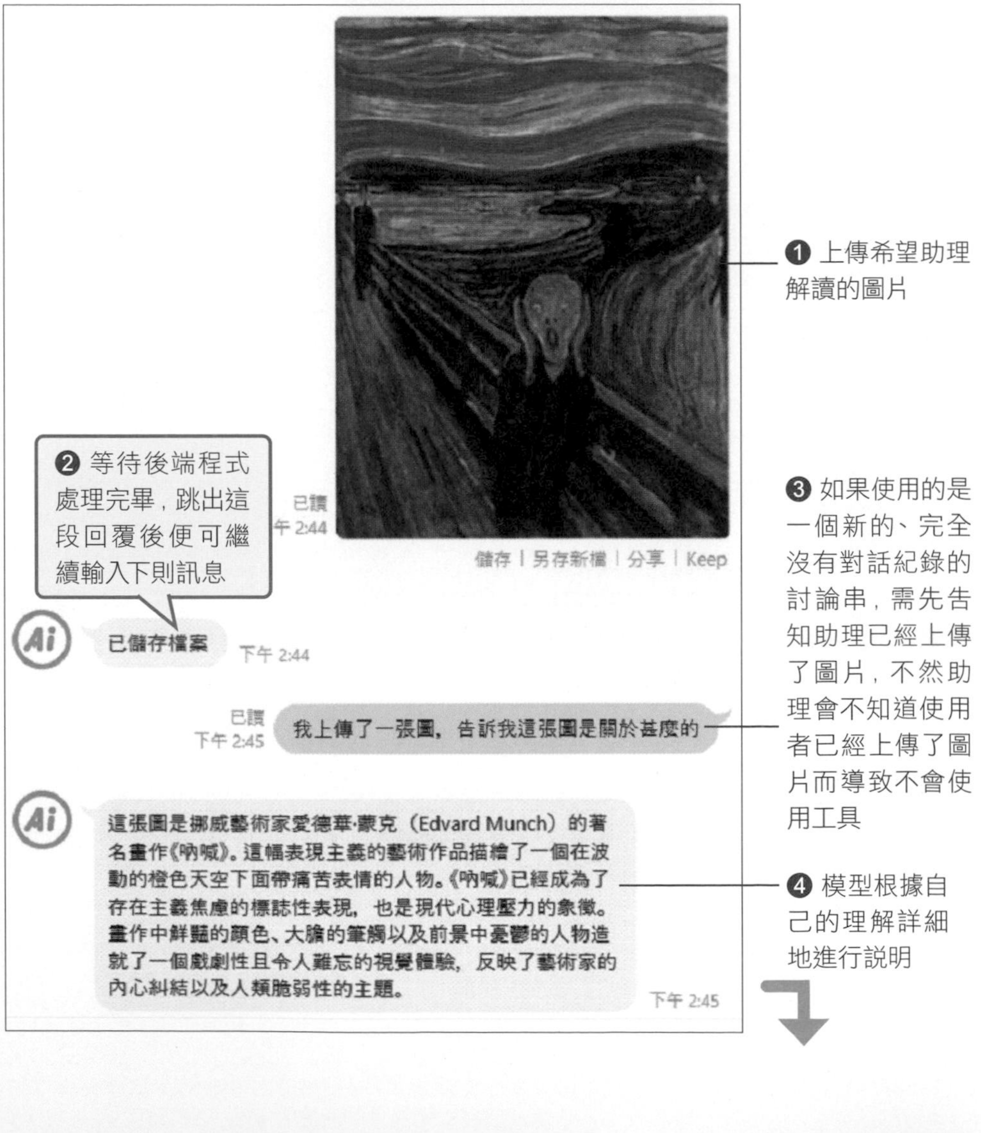

Tip

Vision 功能雖然並沒有限制圖片尺寸，不過在使用上仍需考慮 Replit 本身運算資源的限制，若提供尺寸太大的圖片時，Replit 伺服器可能會因為運算資源超過的緣故而強制終止。建議圖片尺寸不超過 2048×2048 即可，或是先使用前面的圖片處理工具縮小、裁剪後再提供給聊天機器人。

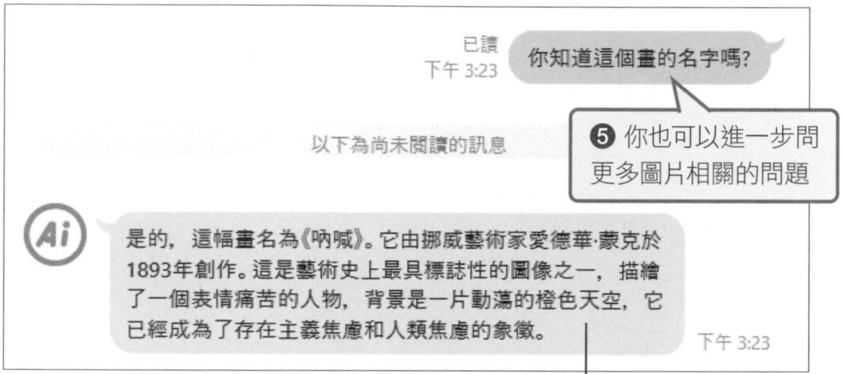

❻ 模型知道圖片更詳細的資訊

❽ 針對圖中的細節提問，
模型也能很好的回答

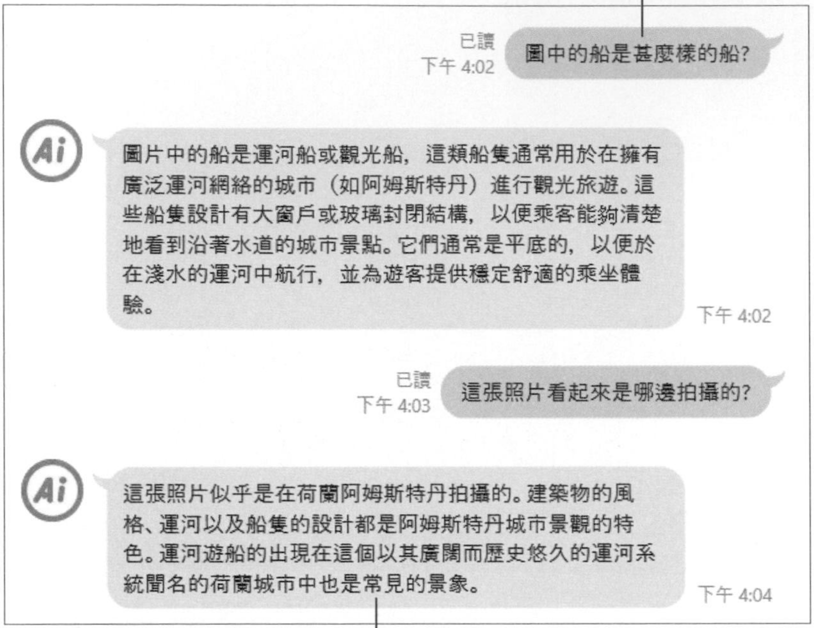
已讀
下午 4:02
圖中的船是甚麼樣的船?
圖片中的船是運河船或觀光船，這類船隻通常用於在擁有廣泛運河網絡的城市（如阿姆斯特丹）進行觀光旅遊。這些船隻設計有大窗戶或玻璃封閉結構，以便乘客能夠清楚地看到沿著水道的城市景點。它們通常是平底的，以便於在淺水的運河中航行，並為遊客提供穩定舒適的乘坐體驗。
下午 4:02
已讀
下午 4:03
這張照片看起來是哪邊拍攝的?
這張照片似乎是在荷蘭阿姆斯特丹拍攝的。建築物的風格、運河以及船隻的設計都是阿姆斯特丹城市景觀的特色。運河遊船的出現在這個以其廣闊而歷史悠久的運河系統聞名的荷蘭城市中也是常見的景象。
下午 4:04

❾ 模型知道是哪邊拍攝的

透過在這節中新增的這個功能，助理便能根據圖片來回答更多的問題，這表示我們的聊天機器人能回答的問題將具有更大的彈性，不再受限於文字的形式。

這樣我們就把聊天機器人帶到 LINE 平台上了，是不是很酷呢？只要利用前幾章設計好的簡易外掛系統，你還可以幫它加上更多有用的功能，讓 AI 變成隨身的萬事通。

CHAPTER 11

把 AI 帶到 Discord

在前幾章中, 我們成功地將 ChatGPT 帶到 Line 中, 並建立一個專屬的聊天機器人。而 Discord 作為目前最夯的國際性社群平台, 越來越多的人轉向在 Discord 上建立各種專業社群。那有沒有辦法將 ChatGPT 串接到 Discord 呢？當然可以！在本章中, 我們會從建立基本的 Discord 機器人開始, 一步一步地教你如何擴增 Discord 機器人功能。

11-1 建立第一個 Discord 機器人

Discord 起初雖然是為遊戲玩家設立，但現在已經成為各種專業社群的溝通工具。我們可以在上面創建自己的**伺服器**。每個伺服器可再建立文字或語音頻道，作為不同主題的**交流空間**。此外，Discord 還有一大特色，我們可以創建機器人並整合至平台中，以達到流程或回覆自動化的目的。

前置作業

為了建立 Discord 機器人，我們需要先完成下列前置作業：

step 01 **註冊 Discord 帳號**：如果沒有 Discord 帳號的讀者，可以先進入註冊網址 (https://discord.com/register)，接著**填寫個人資訊**並**完成驗證**後即註冊成功。

step 02 **建立伺服器**：進入 Discord 首頁後 (https://discord.com/channels/@me)，我們可以點擊左側的**加號按鈕**來建立一個自己的伺服器。

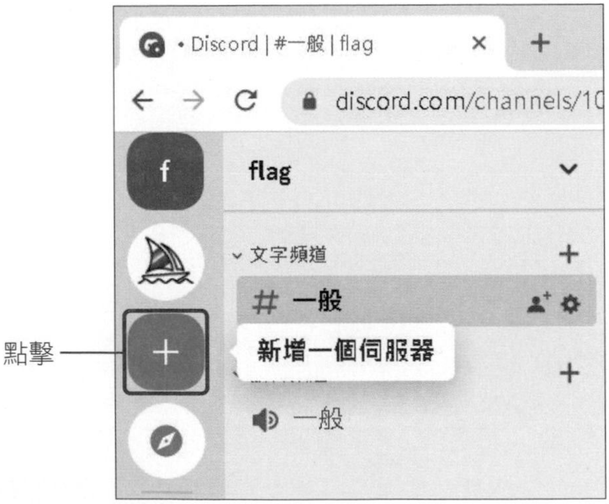

◀ 點擊新增伺服器後，會跳出**社群屬性**的選擇視窗，接著輸入**伺服器名稱**即完成建立

建立 Discord 開發者應用程式

我們要建立 Discord 開發者應用程式, 才能夠設定 Discord 機器人。請依照以下步驟來建立開發者應用程式。

step 01 輸入以下網址並登入 Discord 帳號：

```
https://discord.com/developers/applications
```

step 02 建立新的開發者應用：

step 03 開啟機器人 (Bot) 權限：

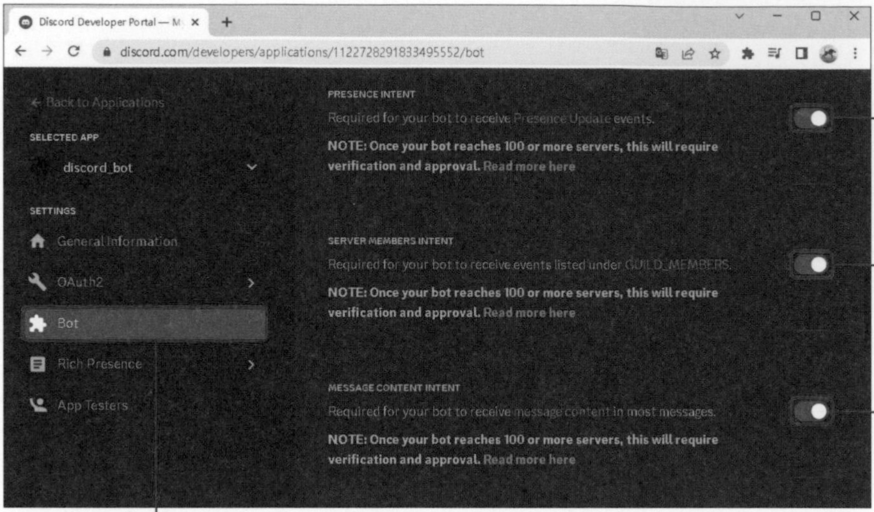

❶ 按此設定權限

❷ 滾輪下滑後，分別開啟 **PRESENCE INTENT、SERVER MEMBERS INTENT、MESSAGE CONTENT INTENT**權限

❸ 按此儲存變更

取得 TOKEN

與在建立 Line 機器人時相同，我們需要取得 Discord 的 TOKEN (令牌)，來作為串接 API 時的身分識別碼。取得 Discord TOKEN 的步驟如下：

Tip

注意！這個令牌只會顯示一次, 我們會在串接後端 Replit 程式時用到, 所以請妥善保存。如果不慎遺失, 則需要**根據此步驟來進行重新設置**。

將 Discord 機器人加入伺服器

如果你曾經試過將某些官方帳號加入你的伺服器的話, 會跳出一個確認權限的視窗, 讓你同意這些官方帳號取得某些權限。但現在角色互換, 我們如果要建立一個機器人的話, 需要建立它的 **OAuth2 URL (授權連結)**, 來設定機器人在進入伺服器時可取得的權限。建立 OAuth2 URL 的步驟如下：

step 01 建立 OAuth2 URL：

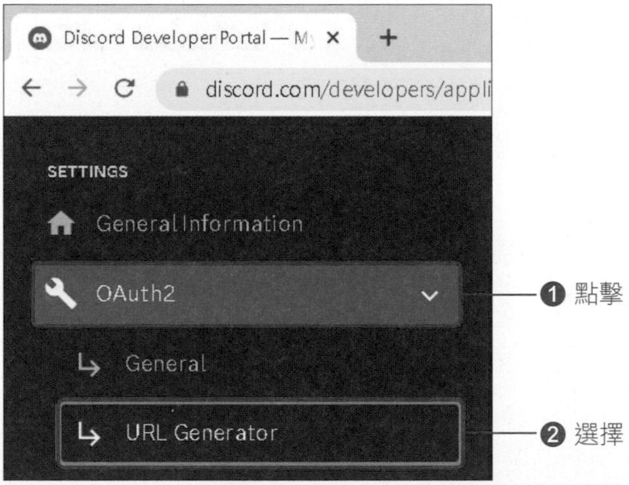

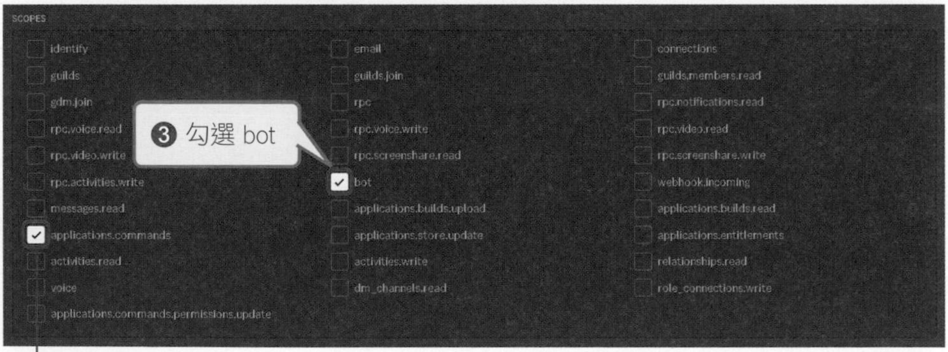

❹ 勾選 application.commands, 方便我們建立不同類型的應用程式指令

❺ 為方便起見, 選擇 **Administrator (管理者)** 即可開啟所有權限

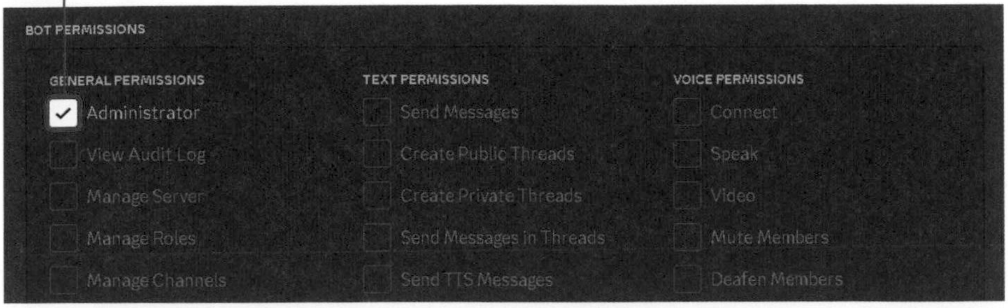

❻ 滾輪下滑後, 會看到 Discord 機器人的 URL 連結 ❼ 點選複製連結

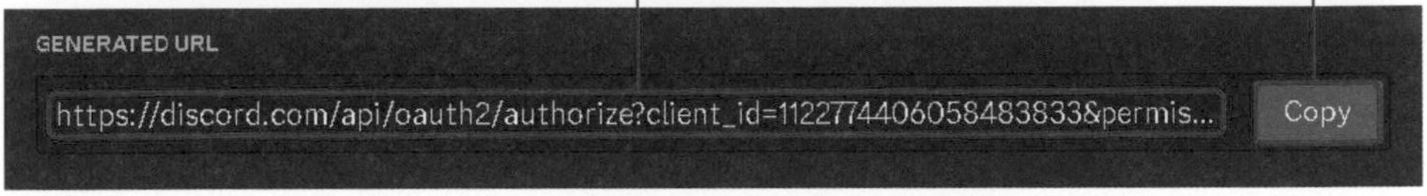

step 02 將機器人加入伺服器：

❶ 開啟新分頁後, 連到剛剛複製的網址

❷ 選擇在**前置作業**中所建立的伺服器

❸ 點擊

回到伺服器中，會發現剛剛建立的機器人已經加入了

此時我們會發現，新加入的機器人是一個啞巴機器人，它會呈現離線狀態，不會回應我們輸入的任何訊息。接下來，我們將加入後端程式，一步一步擴增機器人的功能，讓它可以開始讀懂我們送出的指令，並在本章的最後加入 AI 功能，讓這個機器人越來越聰明。

11-2 建立回聲機器人

在這一節中, 我們會建立一個回聲機器人的後端程式, 並將它串接至前端的 Discord 介面中。這個機器人像鸚鵡一樣, 會覆誦我們發出的訊息, 至少從啞巴機器人進化了！

複製 Replit 專案：回聲機器人

為了方便讀者可以一鍵運行程式, 我們已經事先撰寫好回聲機器人的程式碼。讀者可以依據以下步驟將專案直接複製到自己的 Replit 帳號中, 這樣就不用再自己撰寫落落長的程式碼了。我們會詳解這段程式碼, 讓你可以明白機器人的原理。

複製 Replit 專案的步驟如下：

step 01 開啟專案網址：

```
https://replit.com/@flagtech/GPT4DevDiscordbot
```

step 02 將專案複製到自己的 Replit 中：

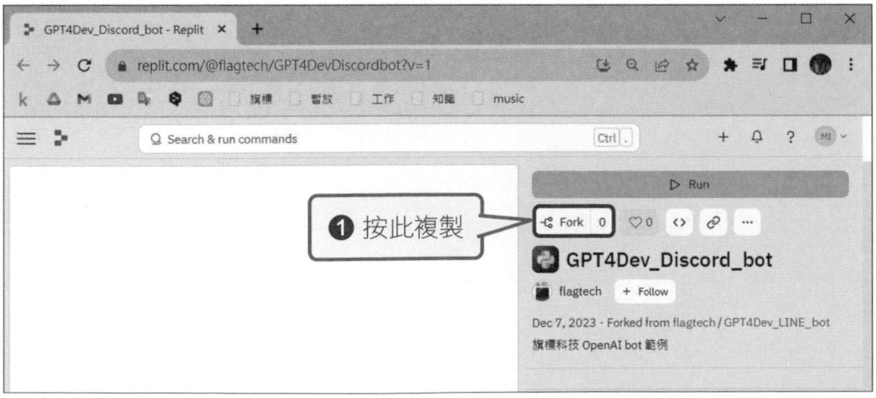

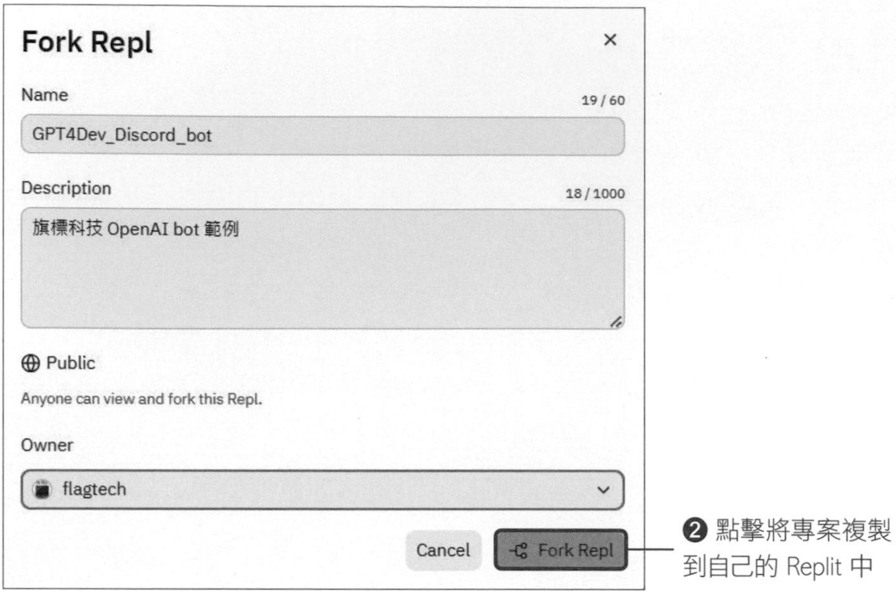

step 03 設定環境變數 (TOKEN)：

▲ 開啟 Secrets 工具

step 04 運行專案：

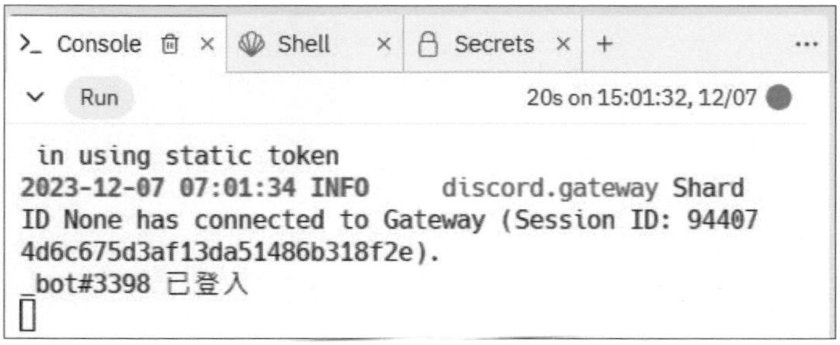

◀ 於右方的 Console 區，會跳出機器人已經成功登入的訊息

▲ 接著回到 Discord 伺服器中，可以發現機器人已經呈現連線狀態，並且會像鸚鵡一樣，覆誦我們發出的訊息

在後面小節中，我們會擴增後端程式的功能，讓機器人能夠知道哪個訊息是發給自己的。接著，我們會將 AI 大腦加入到 Discord 機器人中，讓機器人擁有讀懂自然語言的能力。

程式碼詳解：回聲機器人

那我們是如何建構這個回聲機器人的呢？請看下方的 Python 程式碼說明：

```
# 匯入套件
import discord # 讓我們能夠串接 Discord API
import os # 調用作業系統命令, 取得環境變數

token = os.getenv('TOKEN') # 取得於 Secrets 中設定的 TOKEN 值

# 設定 Discord 機器人對於「那些事件」該進行反應
intents = discord.Intents.default()  # 設定為預設值
intents.message_content = True  # 允許機器人獲取 Discord 中訊息內容

# 建立機器人客户端來與 Discord 進行互動, 並將上述的 intents 設定值傳入
client = discord.Client(intents=intents)

# 機器人若成功連接的事件
@client.event
async def on_ready():
  print(f'{client.user} 已登入') # 當機器人成功連接時, 輸出「已登入」

# 機器人若接收到訊息的事件
@client.event
async def on_message(message):
  # 略過機器人自己送的訊息避免無窮迴圈
  if message.author == client.user:
    return

  await message.channel.send(message.content) # 回傳收到的訊息內容

# 運行後端程式
client.run(token)
```

程式詳解：

- 第 02 行：Discord 的官方套件，允許開發者能與 Discord 介面進行互動。若在本機端執行的讀者，需先 **pip install discord.py**。
- 第 08 行：在 Discord 中，接收到訊息、指令或成員更新等稱之為「事件」，設定 Intents 可以事先決定機器人該對哪些「事件」進行回應。
- 第 15 行：使用裝飾器 (decorator) 來設定「當某事件發生時，程式該如何回應」。
- 第 23 行：如果訊息的發送者是機器人自己的話，「跳出函式」並「不回傳任何訊息」。以避免機器人收到自己發送的訊息，進而重新回覆，這會導致程式陷入無窮迴圈。
- 第 29 行：使用第 05 行所獲取的令牌來運行機器人。

上述程式碼是一個最基本 Discord 機器人的創建方式，瞭解基本的運作原理後，就可以開始為 Discord 機器人加入更多的功能與指令。

11-3 讓 Discord 機器人只處理指名給自己的訊息

當 Discord 伺服器的使用者越來越多時，若機器人對每則訊息都進行回應的話，肯定會造成版面混亂。在這節中，要對先前的程式進行修改，讓機器人只處理指名給自己的訊息。

複製 Replit 專案：指名道姓機器人

指名道姓機器人專案網址：

```
https://replit.com/@flagtech/GPT4DevDiscordclean
```

請讀者**複製專案**到自己的 Replit 頁面中, 接著**設定環境變數**, 即可運行程式。不熟悉的讀者可以回顧 11-2 節中的詳細步驟, 在此就不再贅述了。

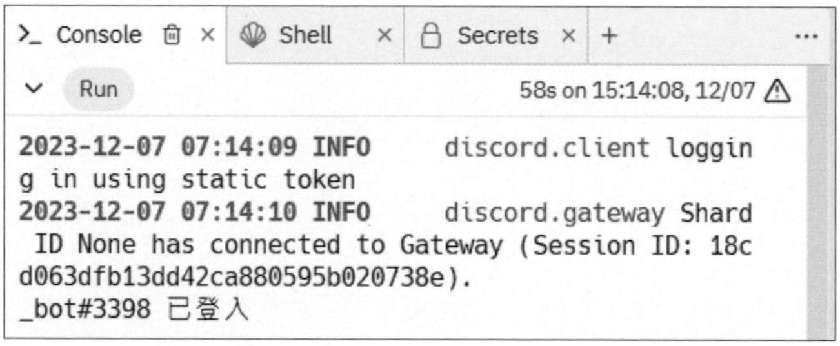

▲ 運行程式後, 同樣會出現機器人已經成功登入的訊息

回到 Discord 頁面來呼叫機器人：

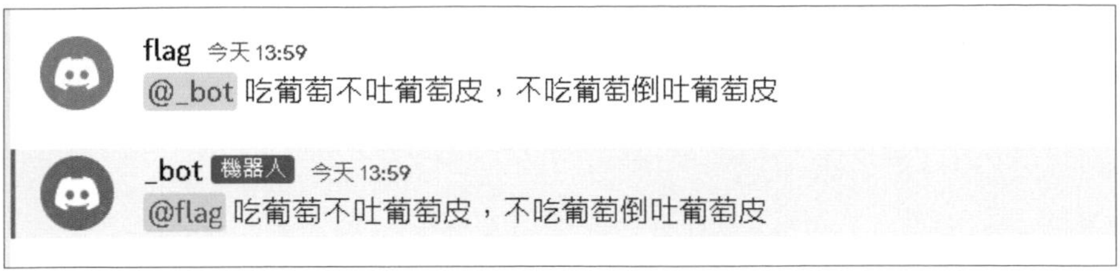
flag 今天 13:59
@_bot 吃葡萄不吐葡萄皮，不吃葡萄倒吐葡萄皮
_bot 機器人 今天 13:59
@flag 吃葡萄不吐葡萄皮，不吃葡萄倒吐葡萄皮

▲ 機器人同樣會**標註發送者**, 並**回傳相同訊息**

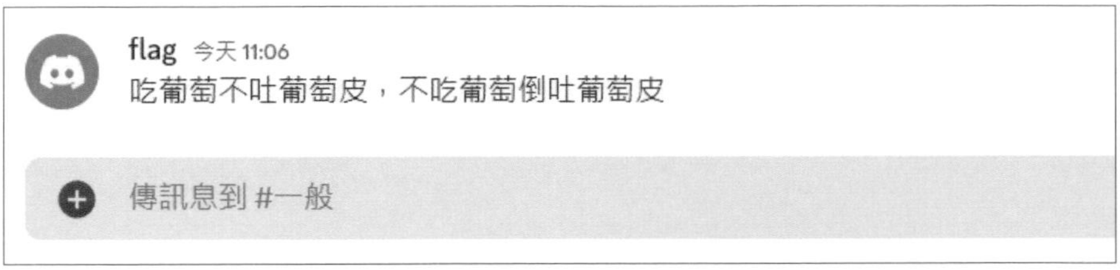
flag 今天 11:06
吃葡萄不吐葡萄皮，不吃葡萄倒吐葡萄皮
傳訊息到 #一般

▲ 若未標註機器人, 它就不會回傳任何訊息

程式碼詳解：指名道姓機器人

Python 程式碼說明：

```
# 匯入套件
import discord
import os
import re # 規則表達式, 用於處理字串規則

token = os.getenv('TOKEN')

intents = discord.Intents.default()
intents.message_content = True

client = discord.Client(intents=intents)

# 指名訊息'<@_bot>'會被 Discord 轉換為類似'<@89783944...>'的字串
pattern_mention = re.compile(r'\s{0,1}<@\d+>\s')

@client.event
async def on_ready():
```

```
18:   print(f'{client.user} 已登入')
19:
20: @client.event
21: async def on_message(message):
22:   if message.author == client.user:
23:     return
24:
25:   # 只處理指名機器人的訊息
26:   if client.user in message.mentions:
27:     # 移除訊息中指名的資訊
28:     msg = re.sub(pattern_mention, '', message.content)
29:     # 回覆時指名原發言者
30:     await message.channel.send(f'{message.author.mention} {msg}')
31:
32: # 運行後端程式
33: client.run(token)
```

聰明的讀者應可發現，這段程式碼與回聲機器人的主要差別在於，我們多加了一段「if 判斷式」來確認「使用者發送的訊息中，是否提及機器人的名稱」。若條件成立，就會刪除**指名的資訊**並**回傳同樣的訊息**。程式碼詳解如下：

- 第 04 行：字串規則的處理套件，可以用來搜尋、更換或分割符合規則的字串。
- 第 14 行：因 Discord 會將「提及名稱」轉換為類似「<@89783944... >」的字串,為了在回傳內容中將機器人名稱刪除，我們需先制定字串規則來匹配特定的字串。其中，**\s{0,1}** 代表 0 或 1 個空白字元、**\d** 代表 0-9 的數字、**+** 則代表可以出現多次。而 **<@\d+>** 即代表符合類似於「<@89783944... >」的字串。

bot#6376 已登入
<@1122774406058483833> 吃葡萄不吐葡萄皮，不吃葡萄倒吐葡萄皮

Discord 會將提及名稱「@_bot」轉換成「**<@多個數字>**」的字串

- 第 26 行：在 discord 套件中, message.mentions 為一個串列, 包含了在訊息中被提及的所有人。這裡使用 **if 判斷式**來確認**機器人的名稱**在此串列中。
- 第 28 行：將訊息內容中, 符合**第 14 行**規則的字串移除。
- 第 30 行：機器人的回傳訊息, 包括**原訊息的發送者**及**內容** 。

現在, Discord 機器人已經能夠知道我們在呼叫它, 也能夠回傳訊息給我們了！有沒有覺得這個機器人越來越聰明了呢？不過還不夠, 在下一節中, 我們會加入 ChatGPT 的大腦, 讓 Discord 機器人能夠處理自然語言, 不再只是一台複誦機！

11-4 加入 AI 的 Discord 機器人

在第 10 章中, 我們已經建構過涵蓋聊天、網路搜尋及生圖功能的 Line 機器人。因此, 在這一個小節中, 我們將直接大躍進, 把之前做過的所有功能都加到後端程式中, 讓 Discord 機器人進化成全方位的完全體！

複製 Replit 專案：加入 AI 大腦的機器人

AI 機器人專案網址：

```
https://replit.com/@flagtech/GPT4DevDiscordopenai
```

請讀者先複製專案到自己的 Replit 頁面中, 接著設定環境變數, 分別為：Discord 的 TOKEN、OpenAI 的 OPENAI_API_KEY、GOOGLE_API_KEY、GOOGLE_CSE_ID。完成環境變數設定後, 即可運行程式。不熟悉的讀者可以回顧 11-2 節中的詳細步驟。

▲ 請分別設定各個環境變數

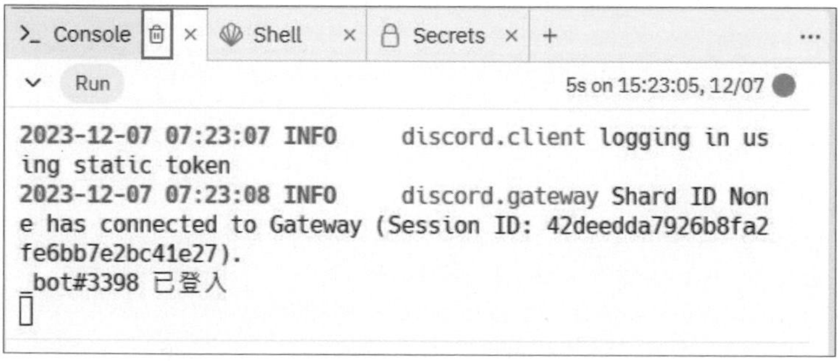

▲ 出現機器人的登入訊息, 代表程式運行成功

Tip

若 OPENAI_API_KEY 輸入錯誤, 執行專案時會在 Replit 的 Console 窗格看到以下錯誤訊息, 並且專案會強制終止。若遇到這種狀況, 請確認 OPENAI_API_KEY 輸入是否正確。

```
    raise self._make_status_error_from_response(err.response) from None
openai.AuthenticationError: Error code: 401 - {'error': {'message': 'Incorrec
t API key provided: sk-PEpCQ***************************************0pvV. You
can find your API key at https://platform.openai.com/account/api-keys.', 'typ
e': 'invalid_request_error', 'param': None, 'code': 'invalid_api_key'}}
```

程式運行成功後, 回到 Discord 頁面來呼叫機器人：

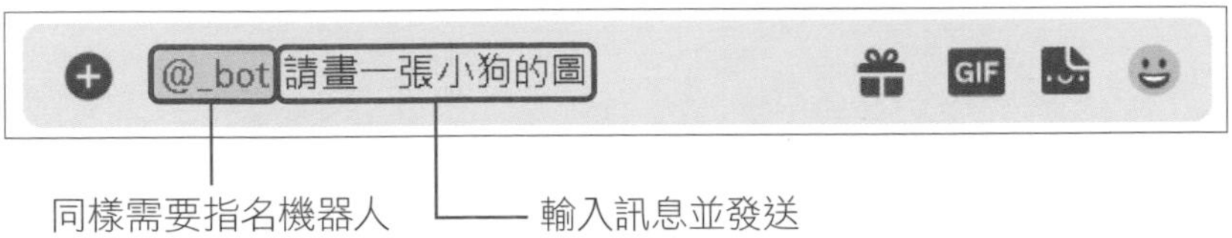

▲ 全方位的 Discord 機器人, 已經能夠幫我們畫圖了

此專案中加入的 AI 聊機器天人是使用第 10 章的 assistant_chat 模組，透過 Assistants API 實現對答功能。內建的 tools_table 工具參考表，包含使用 Google API 的 Goolge 搜尋與文字生圖兩項工具。以下是主程式的程式碼：

main.py

```
...
from assistant_chat import *

#處理 Assistant 和 Thread 的識別碼
ass_id, thread_id = get_thread_assistant_ids()
token = os.getenv('TOKEN')  #取得於 Secrets 中設定的 TOKEN 值
...
#機器人若接收到訊息的事件
@client.event
async def on_message(message):
  #略過機器人自己送的訊息避免無窮迴圈
  if message.author == client.user:
    return

  # 只處理指明機器人的訊息
  if not client.user in message.mentions:
    return

  # 移除訊息中指名的資訊
  msg = re.sub(pattern_mention, '', message.content)
  assistant_output = chat_with_functions(
    msg,
    ass_id,
    thread_id
  )

  #使用規則表達式來尋找網址
  urls = re.findall(r'https?://[^\s)\]]+', assistant_output)
  #確認urls是否有圖片網址，以便進一步決定輸出的方式。
  if urls:  #如果urls中包含元素，則執行if陳述句
    print(f'使用者:{msg}')
    print('發現圖片:')
    print(urls[0])
    await message.channel.send(urls[0])
    return

  #回覆時指名原發言者
```

```
55:   else:
56:     print(f'使用者:{msg}\n'
57:           f'AI:{assistant_output}')
58:     await message.channel.send(
59:       f'{message.author.mention} {assistant_output}'
60:     )
 ...
```

- 第 5 行：匯入我們自製的 assistant_chat 模組。
- 第 8 行：取得並保存程式此次執行時使用的助理和討論串識別碼，識別碼會存放至 ids.txt 檔中，下次執行程式時便可從中再次取得識別碼。
- 第 33 行：將先前指名機器人的 if 判斷式稍作修改，現在的邏輯為「若機器人沒有在訊息名單中被提及，則跳出函式」。
- 第 38 行：利用 chat_with_functions 函式取得模型的回覆。
- 第 45 行：如果模型有使用生圖工具，輸出內容將會有模型產生的文字說明和圖片網址，因此此處使用規則表達式從模型的回應中提取出網址。
- 第 47~52 行：確認 urls 中是否包含網址。若包含網址，則回傳使用者此圖片網址，接著跳出函式。

此專案的 assistant_chat 模組中僅有兩個工具可以使用，若讀者希望聊天機器人可以具有更多的功能，可根據前幾章的方法自行新增希望使用的工具。

閱讀到這邊的讀者，相信已經可以自己建構一個涵蓋 AI 功能的 Discord 機器人了。但是，目前這個機器人只能回答較為普遍的問題，沒辦法依據特定資料來進行回答。在下一章中，我們進入到「證券分析」的領域，並加入更多客製化的功能，讓 Discord 機器人能夠依據即時的「股價資訊及新聞」來進行分析。

MEMO

CHAPTER 12

AI 客製化投資理財應用實戰

在上一章中，我們學會如何在 Discord 中建立基本和加入 AI 功能的機器人，但基本的機器人並無法根據特定資料來進行客製化的回答。在本章中，我們會一步一步地教你如何透過爬蟲的方式來抓取**證交所的大盤資料**、**股價資料**及**新聞資料**。然後，讓 AI 分析這些資料並給出一份完整的**個股趨勢分析報告**。

或許有讀者會疑惑，既然之前已經建構了一個可以**透過網路搜尋功能**來回答的機器人，為什麼不直接用這個機器人來提供某支股票的分析報告呢？這個方法看似可行，但經測試，GPT 模型常常會給出一些較為陽春或無法深入分析的回答。因為每次所搜尋的資料可能都不太一樣，且只有標題與簡易的新聞摘要，所以無法進行多方面的分析。

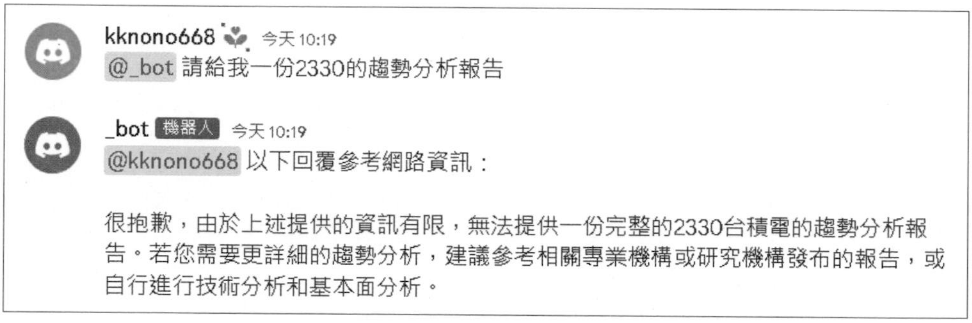
kknono668 今天 10:19
@_bot 請給我一份2330的趨勢分析報告
_bot 機器人 今天 10:19
@kknono668 以下回覆參考網路資訊：
很抱歉，由於上述提供的資訊有限，無法提供一份完整的2330台積電的趨勢分析報告。若您需要更詳細的趨勢分析，建議參考相關專業機構或研究機構發布的報告，或自行進行技術分析和基本面分析。

▲ 單純透過網路搜尋的機器人無法提供詳盡的個股分析

為了讓機器人變身成一位專業的證券分析師，我們勢必要增加能夠分析的資料量及穩定性。所以，我們會透過爬蟲的方式，來抓取**證交所的大盤資料**、**個股資料**及**相關新聞**，來增加機器人能夠分析的面向。

另外，在前一章中，我們只簡單介紹了 Discord 中的**文字指令**，讓機器人存取訊息內容來進行回覆。但除了文字指令之外，Discord 機器人其實是可以接收不同類型的**應用程式指令 (Interactions API)**，例如：**按鈕指令 (buttons)**、**斜線指令 (slash commands) 和選單指令 (select menus)**。我們會逐步修改機器人，讓它能夠接收到不同類型的指令。

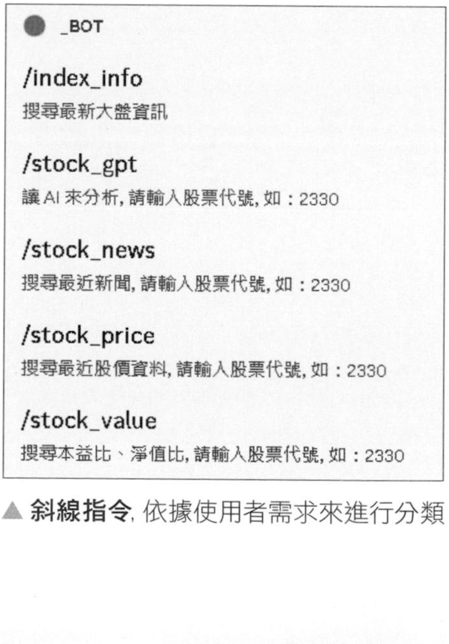
_BOT
/index_info
搜尋最新大盤資訊
/stock_gpt
讓 AI 來分析，請輸入股票代號，如：2330
/stock_news
搜尋最近新聞，請輸入股票代號，如：2330
/stock_price
搜尋最近股價資料，請輸入股票代號，如：2330
/stock_value
搜尋本益比、淨值比，請輸入股票代號，如：2330

▲ **斜線指令**，依據使用者需求來進行分類

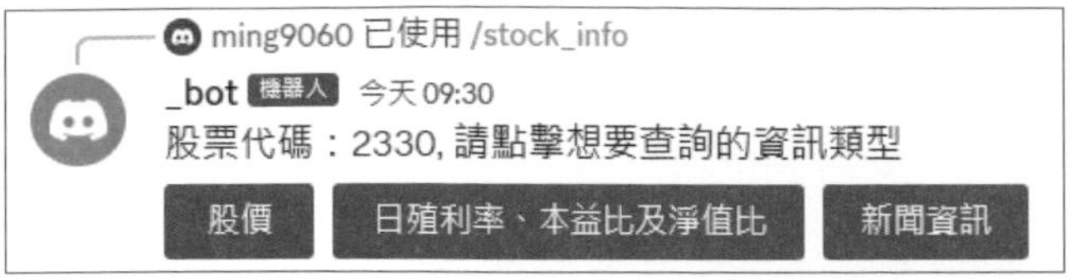

◀ **按鈕指令**, 藉由互動式的按鈕來啟用不同功能

12-1 能抓取證交所資料的 Discord 機器人

若要取得個股資料, 我們可以透過爬蟲的方式, 來爬取 Yahoo 股市或台股資訊網等知名網站。但是, 這些網站通常會有許多的防爬蟲機制, 進而增加取得資料的困難度。就算我們成功地抓取到資料, 這些網站上的資料格式也常常會更動, 導致我們必須不斷地修改我們的程式碼, 以符合新的資料格式。

相對於其他財經資訊網站, **台灣證券交易所 (TWSE)** 所提供的資料格式較為穩定, 我們也不用頻繁地修改程式碼。所以, 在這節中, 我們會以證交所為範例, 建立抓取證交所資料的 Discord 機器人。

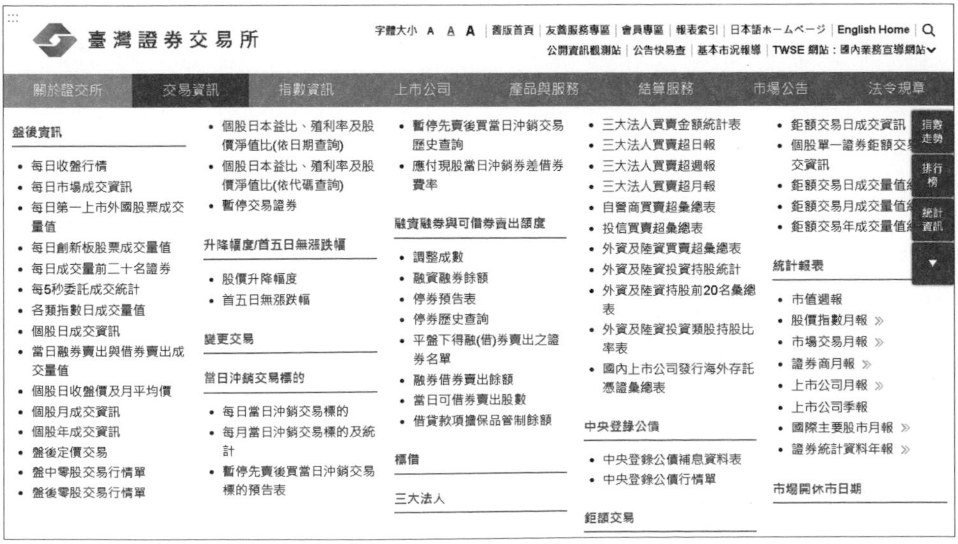

▲ 證交所提供多種證券交易的資訊, 供使用者查閱

複製 Replit 專案：能抓取證交所資料的 Discord 機器人

證交所資料機器人專案網址：

```
https://replit.com/@flagtech/GPT4DevDiscordstock
```

請讀者先依據 11-2 節的詳細步驟, 將專案複製到自己的 Replit 帳號中, 並設定 **TOKEN** 環境變數, 即可執行此專案。

> **Tip**
> **注意！**在複製此專案前, 請先確認機器人是否已經**開啟相關權限 (bot 與 applications.commands) 並加入到你的伺服器中**, 尚未執行此步驟的讀者, 可以回顧 11-1 節的內容。

點擊 RUN 運行程式後, 回到 Discord 頁面來呼叫機器人：

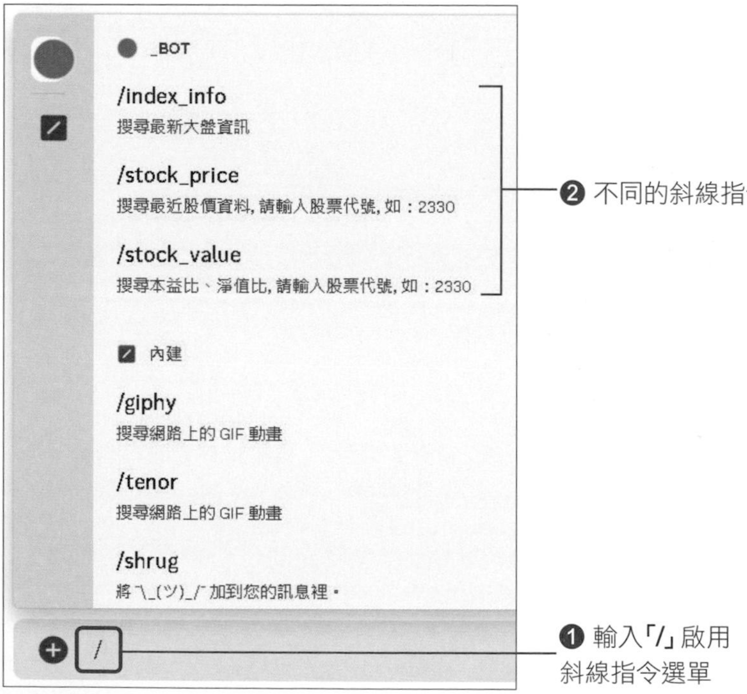

讓我們先來看看這個 Discord 機器人有甚麼功能吧！以下為各個斜線指令功能：

- **/index_info：**

Date	Market_Index	Up/Down
112/12/01	17,438.35	4.5
112/12/04	17,421.48	-16.87
112/12/05	17,328.01	-93.47
112/12/06	17,360.72	32.71
112/12/07	17,278.74	-81.98
112/12/08	17,383.99	105.25
112/12/11	17,418.34	34.35
112/12/12	17,450.63	32.29
112/12/13	17,468.93	18.3
112/12/14	17,653.11	184.18

◀ 輸入 **/index_info**, 機器人會回傳近期的大盤指數與漲跌情況

- **/stock_price：**

Date	Volume	High	Low	Close	Up/Down
112/12/01	28,797,795	579	573	579	+2.00
112/12/04	29,424,299	582	571	574	-5.00
112/12/05	27,355,530	572	567	570	-4.00
112/12/06	23,116,422	575	568	570	0.00
112/12/07	24,259,384	573	566	566	-4.00
112/12/08	39,243,978	577	570	570	+4.00
112/12/11	29,204,446	575	570	574	+4.00
112/12/12	32,856,787	581	575	578	+4.00
112/12/13	24,327,758	579	576	577	-1.00
112/12/14	40,580,966	582	579	582	X0.00

▲ 輸入 **/stock _ price**及**股票代碼**, 機器人會回傳近期的股價資料, 包含成交量、每日最高價、最低價、收盤價及漲跌

● **/stock_value：**

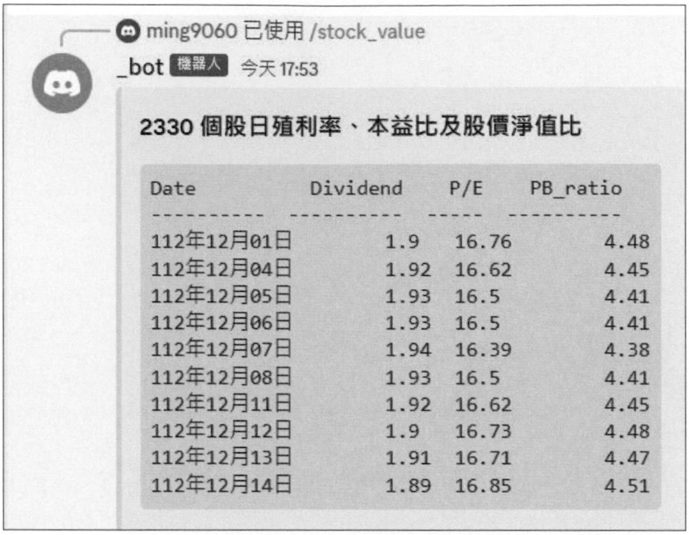

Date	Dividend	P/E	PB_ratio
112年12月01日	1.9	16.76	4.48
112年12月04日	1.92	16.62	4.45
112年12月05日	1.93	16.5	4.41
112年12月06日	1.93	16.5	4.41
112年12月07日	1.94	16.39	4.38
112年12月08日	1.93	16.5	4.41
112年12月11日	1.92	16.62	4.45
112年12月12日	1.9	16.73	4.48
112年12月13日	1.91	16.71	4.47
112年12月14日	1.89	16.85	4.51

▲ 輸入 **/stock _ value** 及**股票代碼**，機器人會回傳近期的基本面資料，包含每日的殖利率、本益比及股價淨值比

在 Replit 頁面中，可以看到該程式的模組化結構。不同功能的函式放置在 **my_commands** 資料夾下，讓我們可以輕鬆地擴增或刪減主程式的功能。接下來，我們會先從個別函式功能開始介紹，最後再詳解 **main.py** 主程式的功能。

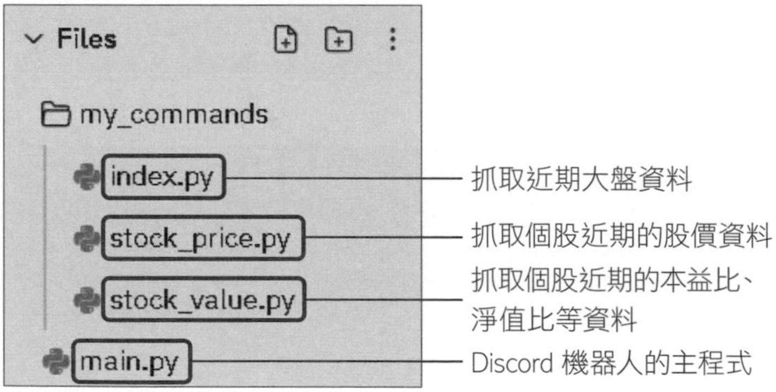

抓取大盤資料

抓取大盤資料的程式檔案為 index.py, 以下為 Python 程式碼說明：

index.py

```
import datetime
import requests
from tabulate import tabulate

def index_info(data_num=10):

    all_daily_price_data = []
    date = datetime.datetime.now()

    # 利用迴圈取不同月份的資料
    done = False
    while not done:
        date_string = date.strftime('%Y%m%d')
        # 大盤指數資訊 (指數、漲跌點數)
        url = f'https://www.twse.com.tw/rwd/zh' \
          '/afterTrading/FMTQIK?date={date_string}&response=json'
        daily_price_json = requests.get(url).json()
        # 提取數據
        daily_price_data = daily_price_json['data']
        # 只保留需要的列, 避免資料過長
        for row in daily_price_data:
            all_daily_price_data.append([row[0], row[4], row[5]])

        # 確認資料筆數是否符合需要的筆數, 筆數足夠則跳出迴圈
        if len(all_daily_price_data) >= data_num:
            done = True
        # 否則, 繼續往前一個月抓更多資料
        else:
            month = date.month - 1 or 12 # 如果是 1 月, 則變成上一年的 12 月
            year = date.year if date.month > 1 else date.year - 1
            date = datetime.datetime(year, month, 1)

    # 調整資料順序
    all_daily_price_data.sort(key=lambda x: x[0], reverse=False)
    # 取得最近數據
    recent_data = all_daily_price_data[-data_num:]
    headers = ["Date", "Market_Index", "Up/Down"]
    # 轉換成 tabulate 的文字表格
    index_data = tabulate(
        recent_data, headers=headers, tablefmt='ascii')
    return index_data
```

讓我們先從最簡單的程式開始介紹吧。首先, 我們會先確認目前的系統時間,以抓取到最新的資料。接著, 使用 requests.get() 的 GET 方法, 向證交所取得**大盤指數**的資料。另外, 因為 discord 不支援像 dataframe 或 markdown 的表格, 所以需要將資料轉換成 tabulate 的文字表格, 以更好地在 discord 中呈現。程式碼詳解如下：

- 第 11~31 行：利用迴圈分別抓取不同月份的資料, 假如當前月份的資料筆數不足輸入的資料筆數時, 就會需要再向前多抓一個月, 直到筆數足夠為止。
- 第 15 行：取得大盤指數的資料連結, 取得此段 URL 網址的方法如下。

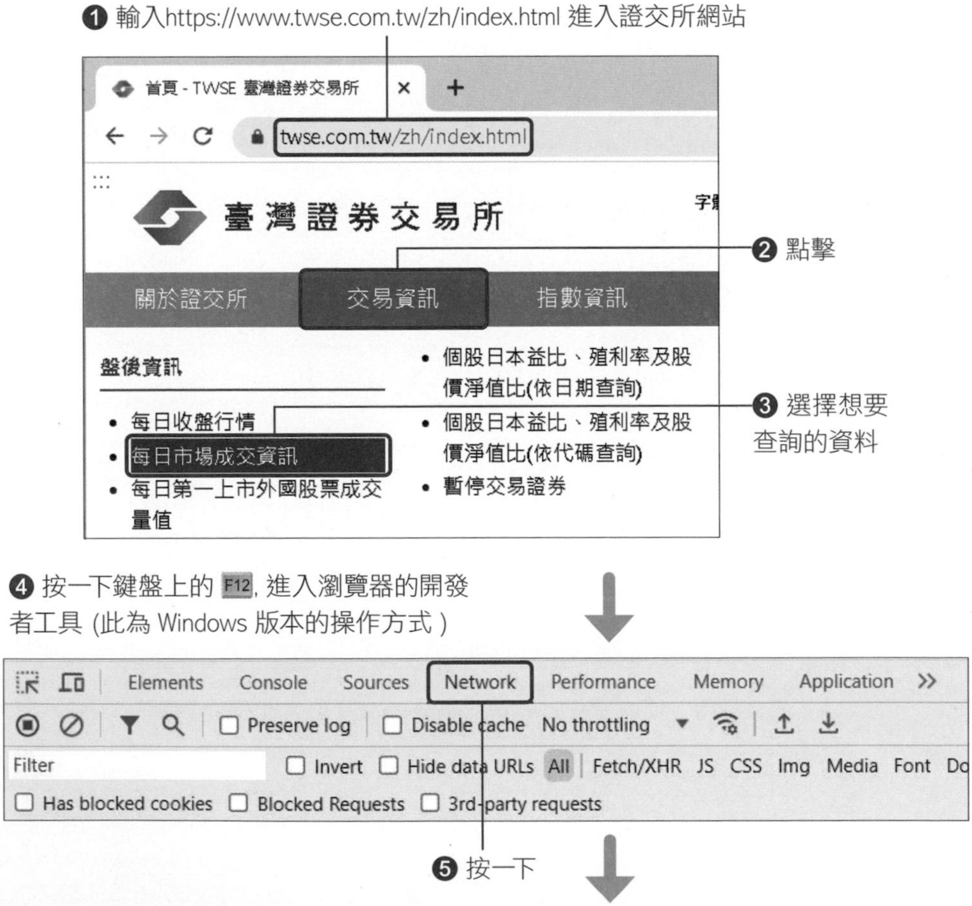

❻ 點擊查詢送出請求

❼ 點選來查看所取得的資料　❽ 選擇 Headers

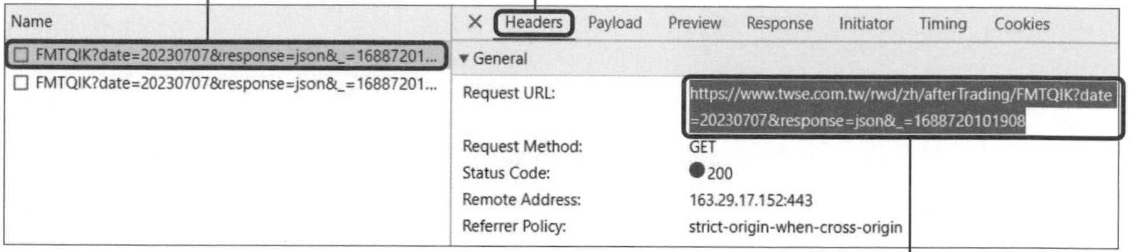

❾ 此段Request URL：https://www.twse.com.tw/rwd/zh/afterTradingFMTQIK?date=20230707&response=json 是向證交所發送請求，來取得大盤指數的資料。我們只要修改 date 後的日期，即可抓取該月份的資料

▲ 在 Response 頁面中，可以看到回傳的 JSON 資料格式

透過以上方式，我們就能簡單地找到大盤資料的 Request URL。如果讀者需要查詢其他的股票資料，同樣可以依據以上步驟取得所需的 Request URL。

- 第 17 行：使用 requests.get() 發送 GET 請求取得資料
- 第 19~22 行：此段為資料的處理過程。簡單來說，我們會從資料中篩選出日期、大盤指數與漲跌。
- 第 25~31 行：確認 all_daily_price_data 中的資料筆數是否超過 (含) data_num。如果是，done 設為 True 以便跳離迴圈；否則，date 向前回推一個月，透過迴圈再抓取更多資料。
- 第 34 行：按日期重新排序抓取的資料。
- 第 37 行：輸出資料的列名。
- 第 39~40 行：將資料轉換成 ASCII 字串編碼的表格，以更好的格式呈現在 discord 中。

證交所的官方 API

其實證交所有與第三方公司合作來提供資料串接的 API。經過測試，我們發現此 API 抓的資料偶爾會出現資料過時的問題，無法取得當日的即時資料。但對於想進行股價回測或是需要取得大量資料的讀者來說，是另一個不錯的管道。證交所 OpenAPI 的網址如下：

```
https://openapi.twse.com.tw/
```

▼

▲證交所 API 官網

抓取個股股價資料

抓取股價資料的程式檔案為 stock_price.py, 以下為 Python 程式碼說明：

stock_price.py

```
import datetime
import requests
from tabulate import tabulate

# 抓取股價資料
def stock_price(stock_index, data_num=10):

    all_daily_price_data = []
    date = datetime.datetime.now()
```

```python

    # 利用迴圈取不同月份的資料
    done = False
    while not done:
        date_string = date.strftime('%Y%m%d')
        # 股價資料
        url = 'https://www.twse.com.tw/rwd/zh' \
            f'/afterTrading/STOCK_DAY?date={date_string}' \
            f'&stockNo={stock_index}'

        try:
            daily_price_json = requests.get(url).json()
            # 提取數據
            daily_price_data = daily_price_json['data']
            # 只保留需要的列, 避免資料過長
            for row in daily_price_data:
                all_daily_price_data.append(
                    [row[0], row[1], row[4], row[5], row[6], row[7]])
        except Exception as e:
            print(f"無法取得{date}的資料")
            break

        # 確認資料筆數是否符合需要的筆數, 筆數足夠則跳出迴圈
        if len(all_daily_price_data) >= data_num:
            done = True
        # 否則, 繼續往前一個月抓更多資料
        else:
            month = date.month - 1 or 12 # 如果是1月,則變成上一年的12月
            year = date.year if date.month > 1 else date.year - 1
            date = datetime.datetime(year, month, 1)

    # 調整資料順序
    all_daily_price_data.sort(key=lambda x: x[0], reverse=False)
    # 取得最近數據
    recent_data = all_daily_price_data[-data_num:]
    # headers = ["日期", "成交股數", "最高價", "最低價", "收盤價", "漲跌"]
    headers = ["Date", "Volume", "High", "Low","Close", "Up/Down"]
    # 轉換成 tabulate 的文字表格
    index_data = tabulate(
        recent_data, headers=headers, tablefmt='ascii')
    return index_data
```

這一段程式碼的邏輯其實與抓取大盤指數大同小異, 差別在於我們新增了 stock_index 變數, 告訴函式我們想取得哪支股票的資料。程式碼詳解如下：

- 第 16~18 行：取得此段 Request URL 的方法與之前相同。但在這邊, 我們額外設定了 stock_index (股票代碼) 變數來確認要取得哪支股票的資料。

抓取個股本益比、殖利率及淨值比資料

抓取股票基本面的程式檔案為 stock_value.py。基本上, 我們只更改了 Request URL, 以便取得股票基本面的資料。以下為部分 Python 程式碼說明：

stock_value.py

```
...
11:     # 利用迴圈取不同月份的資料
12:     done = False
13:     while not done:
14:         date_string = date.strftime('%Y%m%d')
15:         # 股價資料
16:         url = 'https://www.twse.com.tw/rwd/zh' \
17:               f'/afterTrading/BWIBBU?date={date_string}' \
18:               f'&stockNo={stock_index}'
...
```

如果你仔細觀察, 可以發現我們只是把原先取得股價資料的 request URL 中的 **STOCK_DAY** 替換為 **BWIBBU**, 進而取得個股的基本面資料。若你想取得不同類型的資料, 只需依照先前的步驟, 調整對應的 request URL 即可。

斜線指令：main.py

介紹完這個機器人的基本功能後, 我們可以回過頭來講串接 Discord 的主程式了！以下為 main.py 的 Python 程式碼說明：

main.py

````python
# 匯入套件及相關函式
import discord
from discord import app_commands
from discord.ext import commands
from my_commands.index import index_info
from my_commands.stock_price import stock_price
from my_commands.stock_value import stock_value
import os

token = os.getenv('TOKEN')

intents = discord.Intents.default()  # 取得預設的 intent
intents.message_content = True       # 啟用訊息內容

# 建立指令機器人
client = commands.Bot(command_prefix="!", intents=intents)

# 登入機器人
@client.event
async def on_ready():
  print(f'{client.user} 已登入')
  try:
    synced = await client.tree.sync()
    print(f"{len(synced)}")
  except Exception as e:
    print(e)

# 大盤資訊查詢
@client.tree.command(name="index_info",
                     description="搜尋最新大盤資訊")
async def dc_index(interaction: discord.Interaction):
  index_data = index_info()
  index_block = "```\n" + index_data + "```"
  # 建立內嵌訊息
  embed = discord.Embed(title="大盤指數資訊",
                        description=index_block)
  await interaction.response.send_message(embed=embed)

# 個股股價資料
@client.tree.command(name="stock_price",
                     description="搜尋最近股價資料")
@app_commands.rename(stock_id="股票代碼")
@app_commands.describe(stock_id="輸入要查詢的股票代碼, 如: 2330")
````

````
44: async def dc_stock(interaction: discord.Interaction, stock_id: str):
45:   stock_data = stock_price(stock_id)
46:   stock_block = "```\n" + stock_data + "```"
47:   title = f'{stock_id} 各日成交資訊'
48:   # 建立內嵌訊息
49:   embed = discord.Embed(title=title, description=stock_block)
50:   await interaction.response.send_message(embed=embed)
51:
52: # 個股殖利率、本益比及淨值比資料
53: @client.tree.command(name="stock_value",
54:                      description="搜尋本益比、淨值比")
55: @app_commands.rename(stock_id="股票代碼")
56: @app_commands.describe(stock_id="輸入要查詢的股票代碼, 如: 2330")
57: async def dc_value(interaction: discord.Interaction, stock_id: str):
58:   stock_data = stock_value(stock_id)
59:   stock_block = "```\n" + stock_data + "```"
60:   title = f'{stock_id} 個股日殖利率、本益比及股價淨值比'
61:   # 建立內嵌訊息
62:   embed = discord.Embed(title=title, description=stock_block)
63:   await interaction.response.send_message(embed=embed)
64:
65: client.run(token)
````

在以上程式碼中, 我們設定了 3 個 @client.tree.command 的裝飾器函式, 來定義不同的斜線指令事件。當使用者在 Discord 上輸入不同的斜線指令時, 該函式就會被呼叫, 抓取不同的資料並回傳至 Discord 中。以下為程式碼詳解：

- 第 18~26 行：登入機器人, 並同步所設定的斜線指令。
- 第 28~37 行：使用 client.tree.command() 函式來啟用抓取大盤資料的斜線指令。當使用者在 Discord 中輸入「/index_info」時, 該事件就會被觸發。它會呼叫我們之前定義的 index_info() 函式, 抓取大盤指數的資料, 並用訊息框 (Embed) 的方式回傳。
- 第 39~50 行：定義抓取**個股股價資料**的斜線指令。當該事件觸發時, 呼叫 stock_price() 函式。

- 第 42 行：設定 **stock_id (股票代碼)** 變數。當使用者在呼叫斜線指令後, 會跳出股票代碼的輸入格。
- 第 52~63 行：定義抓取**個股基本面資料**的斜線指令。當該事件觸發時, 呼叫 stock_value() 函式。

在前一章中, 由於我們只用到**文字指令**, 因此可以僅用 discord.py 內建的 on_message 函式即可。但如果要讓使用者能夠輸入不同類型的應用程式指令, 就需要額外匯入 discord.ext 的擴展指令模組, 讓我們能夠啟用不同種類的指令。

在下一節中, 我們會加入之前介紹過的 Google 搜尋工具搜尋相關的股票新聞, 並將股票新聞與個股資料一同提供給機器人, 讓它可以幫我們從資料中找寶藏, 最後彙整成一份完整的個股分析報告！

12-2 StockGPT：專業的證券分析機器人

可能有讀者會有疑慮, 如果要搜尋專業的股票分析報告, 為什麼不直接看知名財金網站的分析報告就好呢？當然！如果是大股票的話, 一定會有人幫你統整好相關的分析數據與報告, 但若是一些比較小型的股票, 在查找相關的分析報告可能就有難度了。所以, 我們可以利用擅長分析與統整資料的 GPT 模型, 藉由將個別股票資料提供給模型, 讓模型根據這些資料回答我們關心的問題, 甚至是產出分析報告。

複製 Replit 專案：StockGPT

StockGPT 專案網址：

```
https://replit.com/@flagtech/GPT4DevStockGPT
```

請讀者將專案複製到自己的 Replit 帳號中, 並設定 TOKEN、OPENAI_ API_KEY、GOOGLE_API_KEY 及 GOOGLE_CSE_ID 等環境變數, 即可執行此專案。

回到 Discord 頁面, 輸入斜線指令來呼叫機器人：

> **Tip**
>
> 讀者在執行不同專案時可能會發現, 後端程式已經正常地啟動了, 但 Discord 介面並沒有出現新專案的指令。此時可重新整理 Discord 頁面, 指令選單就會出現當前專案的指令囉！

- /stock_news：

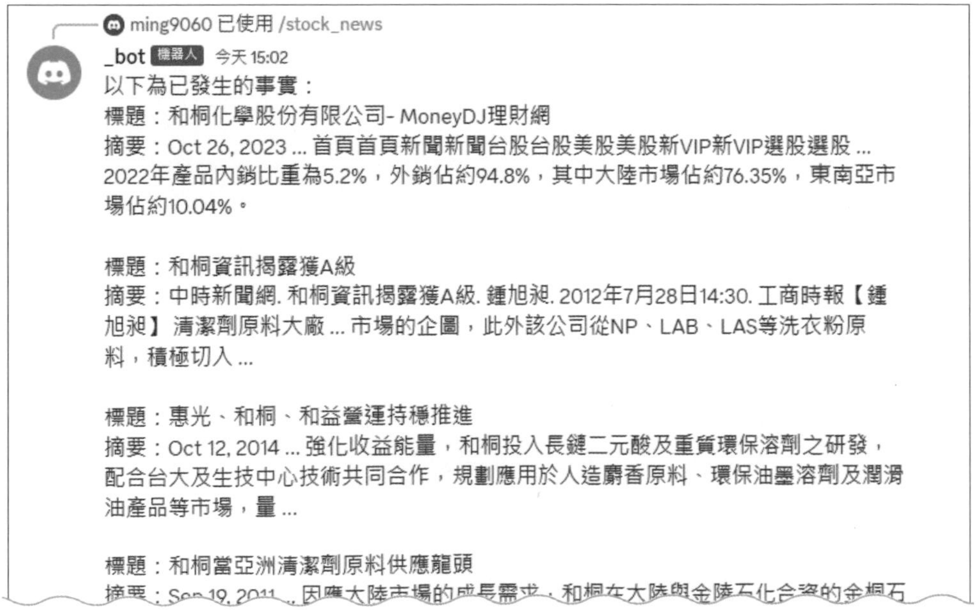
ming9060 已使用 /stock_news
_bot 機器人 今天 15:02
以下為已發生的事實：
標題：和桐化學股份有限公司- MoneyDJ理財網
摘要：Oct 26, 2023 ... 首頁首頁新聞新聞台股台股美股美股新VIP新VIP選股選股 ... 2022年產品內銷比重為5.2%，外銷佔約94.8%，其中大陸市場佔約76.35%，東南亞市場佔約10.04%。
標題：和桐資訊揭露獲A級
摘要：中時新聞網. 和桐資訊揭露獲A級. 鍾旭昶. 2012年7月28日14:30. 工商時報【鍾旭昶】 清潔劑原料大廠 ... 市場的企圖，此外該公司從NP、LAB、LAS等洗衣粉原料，積極切入 ...
標題：惠光、和桐、和益營運持穩推進
摘要：Oct 12, 2014 ... 強化收益能量，和桐投入長鏈二元酸及重質環保溶劑之研發，配合台大及生技中心技術共同合作，規劃應用於人造麝香原料、環保油墨溶劑及潤滑油產品等市場，量 ...
標題：和桐當亞洲清潔劑原料供應龍頭

▲ 輸入 /stock_news, 機器人會回傳近期的新聞資料

你還可以要求機器人根據各個資料產生分析報告。

ming9060 今天 15:21
@_bot 請根據以下資料 - 大盤指數、股價、基本面、新聞，分析1714 近15日的表現，產生不超過500字的分析報告。

◀ 你可以清楚的要求要參考哪些資料

_bot 機器人 今天 15:21
@ming9060 ### 1714 近15日股市表現分析報告

大盤指數表現
大盤指數近15天表現波動較大，起伏明顯。在12/05-12/07間下跌，但在12/08-12/14間有明顯上揚，這段時間內大盤指數呈現穩步上升趨勢，接著12/15-12/22間則再次呈現波動和下跌，最後在12/25又出現小幅下跌。

個股股價表現
1714股票股價近15天期間波動較小，整體呈現平穩趨勢，未有明顯的大幅漲跌。

基本面資料
公司最新的財務指標顯示穩定增長，P/E和PB_ratio在可接受範圍內，並沒有出現明顯異常。

新聞與市場消息
根據新聞報導顯示，公司積極調整產、銷策略，並涉入清潔能源、綠色環保產業，顯示公司積極擴大市場佈局。

綜合以上分析，短期內1714股票表現平穩，且基本面穩健，公司積極擴大市場佈局，投資價值滿足市場預期。

▲ 機器人已經先使用相關的工具抓取資料，然後再根據這些資料進行回答

ming9060 今天 15:00
@_bot 幫我分析1714近期的趨勢。
現在是在高點或低點?
現在適合進場嗎?

◀ 讓我們換個方式問它

_bot 機器人 今天 15:25
@ming9060 根據最近15天的股價走勢，1714股票呈現了較穩定的趨勢，整體波動幅度相對較小。目前處於一個較為穩定的狀態，並未出現明顯的高點或低點。由於股價波動較小，進場時機相對較靈活，投資者可以根據個人風險承受能力和長期投資目標進行判斷。

如希望進行短期操作，可以留意市場動向及即時消息，選擇適當時機進場；如希望進行長期投資，可以考慮在穩定的趨勢下進行分批建倉，並密切關注公司未來發展情況。建議在進行任何投資前，應對個人風險進行評估，並尋求專業財務建議。

▲ 機器人根據近 15 日股價資料回答使用者

ming9060 今天 10:33
@_bot 給我倫飛的新聞

▲ 也可以直接讓機器人幫我們找個股的新聞

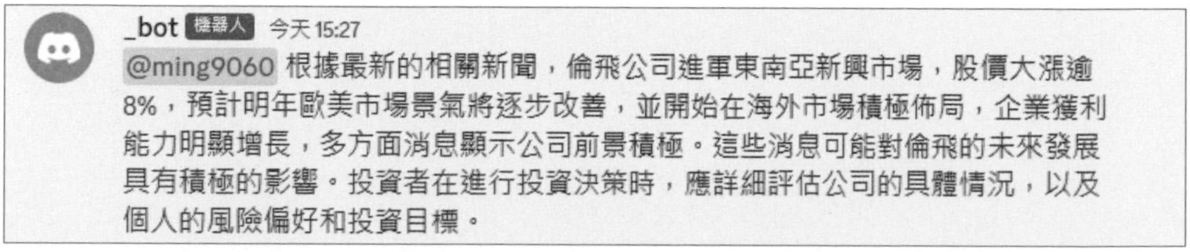
_bot 機器人 今天 15:27
@ming9060 根據最新的相關新聞，倫飛公司進軍東南亞新興市場，股價大漲逾8%，預計明年歐美市場景氣將逐步改善，並開始在海外市場積極佈局，企業獲利能力明顯增長，多方面消息顯示公司前景積極。這些消息可能對倫飛的未來發展具有積極的影響。投資者在進行投資決策時，應詳細評估公司的具體情況，以及個人的風險偏好和投資目標。

▲ 機器人會先統整資訊再生成回覆

Tip

注意！AI 所提供的報告並不代表具體的投資建議。若要進行投資, 則應查閱更多相關資訊並進行綜合判斷。

上面提供了幾個本專案的使用範例, 讀者可自己試著詢問其他不同的問題。有時會發現機器人的回覆不符合預期的格式；例如, 希望提供近 10 日股價表, 但機器人卻產生分析報告。此時, 可換個方式重新下達命令, 或是用更具體的敍述讓機器人明白自己的需求。另外, 如果機器人是根據資料回答, 它會盡可能詳細地闡述資料中包含的資訊, 因此會讓回覆生成的時間較久。

在這個專案中, 我們新增了查找新聞資訊的 stock_ news.py 子程式, 另外還加入了前幾章中介紹過的聊天機器人模組, 機器人會使用本章到目前為止介紹的股票相關工具回答使用者的問題。接下來, 我們將詳解這兩個新添加的內容。

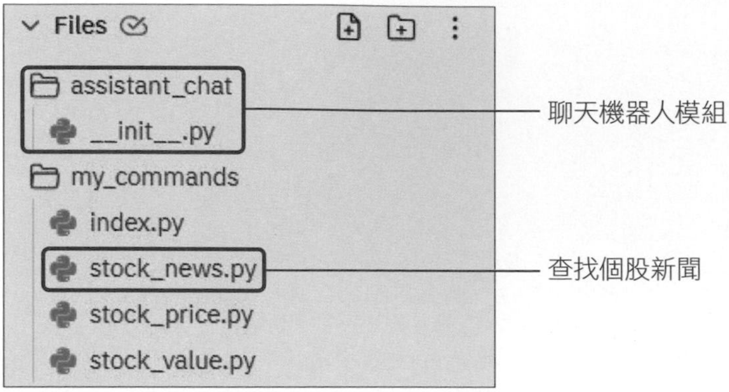

抓取新聞資料

抓取新聞資料的檔案為 stock_news.py, 以下為 Python 程式碼：

stock_news.py

```
import os
import requests
import datetime

def stock_search(search_query, search_news=False, num=10):

    pattern = r'^\d+([A-Za-z])?$'
    if re.match(pattern, search_query):
        # 取得昨天日期
        current_date = datetime.datetime.now()
        current_date = current_date - datetime.timedelta(days=1)
        date = current_date.strftime("%Y%m%d")
        # 利用證交所資料將股票代號轉換成公司名稱
        url = 'https://www.twse.com.tw/rwd/zh' \
            f'/afterTrading/STOCK_DAY?date={date}' \
            f'&stockNo={search_query}'
        stock_json = requests.get(url).json()
        search_query = stock_json['title'].split()[2] # 只取得公司名稱

    if search_news:
        search_query = f'{search_query} 市場新聞'

```

▼

```
    GOOGLE_API_KEY = os.getenv("GOOGLE_API_KEY")
    GOOGLE_CSE_ID = os.getenv("GOOGLE_CSE_ID")
    url = "https://www.googleapis.com/customsearch/" \
        f"v1?key={GOOGLE_API_KEY}&cx={GOOGLE_CSE_ID}" \
        f"&q={search_query}&num={num}"
    response = requests.get(url)
    data = response.json()

    content = "以下為已發生的事實:\n"
    try:
        for n in data['items']:
            content += f"標題:{n['title']}\n" \
                f"摘要:{n['snippet']}\n\n"
    except:
        print('出現錯誤:\n',
              data)

    return content
```

工具的輸入可以是股票代碼或中文名稱。如果是股票代碼，程式會抓取證交所資料, 並將「股票代碼」轉換成「公司名稱」, 這樣做的目的是為了確保搜尋的關鍵字會是中文名稱, 避免找到不相干的資訊。當然, 你也可以先建構好公司名稱的對照表, 但可能就需要確認是否有公司上下市而造成資料過時。

閱讀到這邊的讀者, 應該對程式中的 Google 搜尋函式非常熟悉了。在這邊, 我們同樣使用這個函式, 來搜尋近期的公司新聞。我們有對這個函式作修改, 加入 search_news 參數, 用於切換一般搜尋和市場新聞搜尋。雖然助理會自動提供合理的搜尋關鍵字, 不過為了讓搜尋得到的結果更符合個股市場新聞, 所以另外再將 '市場新聞' 的字串串接到原本的搜尋關鍵字的後面。

Tip

為了避免 Google 搜尋工具在執行時發生超過請求限制而被阻擋的問題, 本專案選擇使用 Google Search JSON API 獲取搜尋結果。

AI 幫你來分析

我們將按照前面章節介紹過的方法將聊天機器人加入到程式中。另外，也在主程式中新增抓取新聞資料的指令。以下為主程式 main.py 說明：

main.py

```
import discord
from discord import app_commands
from discord.ext import commands
from my_commands.index import index_info
from my_commands.stock_price import stock_price
from my_commands.stock_news import stock_search
from my_commands.stock_value import stock_value
from assistant_chat import *
import os
...
# 個股新聞資料
@client.tree.command(name="stock_news", description="搜尋最近新聞")
@app_commands.rename(stock_id="股票代碼")
@app_commands.describe(stock_id="輸入要查詢的股票代碼, 如:2330")
async def dc_news(interaction: discord.Interaction, stock_id: str):
  news_data = stock_search(stock_id, search_news=True)
  await interaction.response.send_message(news_data)
...
#將工具加入到工具參考表中
tools = [{
     "function": index_info,    # 實際的函式
     "spec": {
          "name": "index_info",  # 函式名稱
          "description": "從證交所網站抓取過去一段時間內大盤指數的資料。",
          "parameters": {
               "type": "object",
               "properties": {
                    "data_num" : {          # 參數名稱
                         "type": "integer", # 資料類型
                         "description": "希望顯示的資料日期數"  # 參數說明
                    },
               },
               "required": [          # 必要參數
                    "data_num"
               ]
          }
```

```
    }
},
 ...
{
    'function': stock_search,     # 實際的函式
    'spec': {
        "name": "stock_search",  # 函式名稱
        "description": "google搜尋工具。",  # 函式說明
        "parameters": {
            "type": "object",
            "properties": {
                "search_query": {      # 參數名稱
                    "type": "string",  # 資料類型
                    "description": "搜尋資訊時使用的關鍵字", # 參數說明
                },
                "search_news": {       # 參數名稱
                    "type": "boolean", # 資料類型
                    "description": "是否需要搜尋股票的新聞、市場消息",
                }
            },
            "required": [  # 必要參數
                "search_query",
            ],
        },
    }
}]
for tool in tools:
  tools_table.append(tool)

# 處理 Assistant 和 Thread 的識別碼
ass_id, thread_id = get_thread_assistant_ids()

# 指名時在訊息中的格視為 '<@897839448090378281>'
pattern_mention = re.compile(r'\s{0,1}<@\d+>\s')

#機器人若接收到訊息的事件
@client.event
async def on_message(message):
  #略過機器人自己送的訊息避免無窮迴圈
  if message.author == client.user:
    return

  # 只處理指明機器人的訊息
  if not client.user in message.mentions:
```

```
183:     return
184:
185:   # 移除訊息中指名的資訊
186:   msg = re.sub(pattern_mention, '', message.content)
187:   # 在前端顯示『機器人輸入中...』
188:   async with message.channel.typing():
189:     assistant_output = chat_with_functions(
190:       msg,
191:       ass_id,
192:       thread_id
193:     )
194:   #回覆時指名原發言者
195:   print(f'使用者:{msg}\n'
196:         f'AI:{assistant_output}')
197:   await message.channel.send(
198:     f'{message.author.mention} {assistant_output}'
199:   )
200:
201: #運行後段程式
202: client.run(token)
```

- 第 66~71 行：定義抓取個股市場新聞的斜線指令。當該事件觸發時，呼叫 stock_search () 函式。
- 第 75~164 行：工具串列，其中包含了本章中介紹的各個股票工具。機器人使用的工具和斜線指令使用的實際上是一樣的，差別在於機器人會先統整工具回傳的結果再回覆使用者。
- 第 165~166 行：將希望助理 (聊天機器人) 使用的工具一一加入到工具參考表中，在創建助理時會使用到此參考表。
- 第 169~199 行：加入此段程式碼後，程式便具有聊天機器人的功能。這部份已在前一章介紹過，因此不再贅述。

通常，如果我們想對某支證券進行分析時，需要蒐集多方面的資料，包括：大盤趨勢、基本面、近期股價及個股新聞等。統整多方面的資料後，我們才能對某支個股的趨勢給出一份客觀的分析報告。AI 也是一樣，如果我們只輸入「部分」的資料，給出的分析建議可能會有所偏頗。這也是我們需要蒐集多方面資料的原因。

另外，本書的核心概念是以「程式自動化」的教學為主軸，希望讀者在翻閱本書時，能透過清晰且易於理解的方式，來學習相關資料的收集方法。所以，我們對部分程式的功能與所蒐集的資料進行簡化。若要讓分析報告更加完整，可能要再額外抓取三大法人 (外資、投信及自營商) 的成交、融資融券、類股的基本面比較等資料。但如果我們將這些功能全數納入，會使本書的內容變得晦澀難懂，也違背我們撰寫此書的初衷。

12-3 加入按鈕指令來優化使用者體驗

直接使用文字與機器人溝通，對大多數使用者來說是相當直覺且容易操作的，不過如果是熟悉斜線指令功能的使用者的話，要輸入一堆文字有時候反而不是那麼方便。所以在這節中，我們會優化 Discord 機器人的介面，將功能相似的斜線指令整合成按鈕指令，這樣不僅能將功能進行統整，也讓使用者操作起來更簡單方便！

複製 Replit 專案：按鈕版的 StockGPT

StockGPT 專案網址：

```
https://replit.com/@flagtech/GPT4DevStockGPTbutton
```

請讀者將專案複製到自己的 Replit 帳號中，並設定 **TOKEN**、**OPENAI_API_KEY**、**GOOGLE_API_KEY** 及 **GOOGLE_CSE_ID** 等環境變數，即可執行此專案。

在這個專案中，我們將 **/stock_price**、**/stock_value**、**/stock_news** 等斜線指令進行整合。對於想查詢相關股票資訊的使用者來說，只需輸入 **/stock_info** 就可以呼叫按鈕選單，來選擇想要使用的功能。

回到 Discord 頁面, 輸入斜線指令來呼叫機器人：

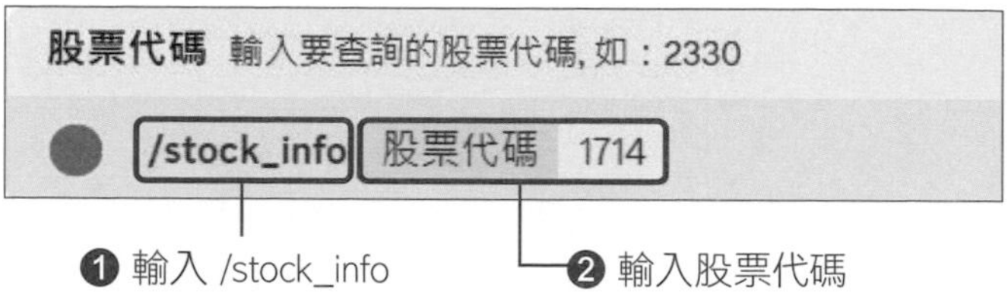

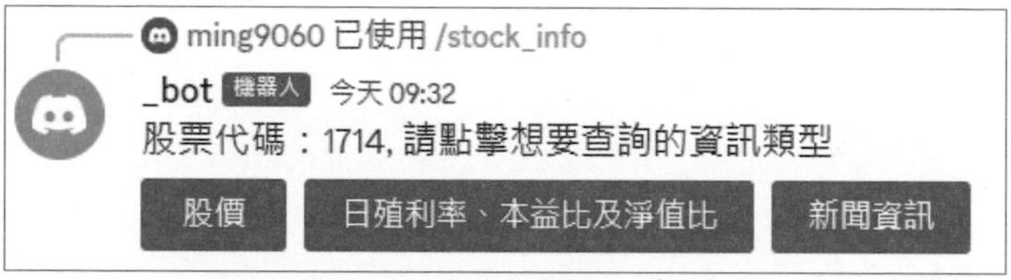

▲ 機器人會回傳**按鈕選單**, 使用者可以依據所需的功能來點擊

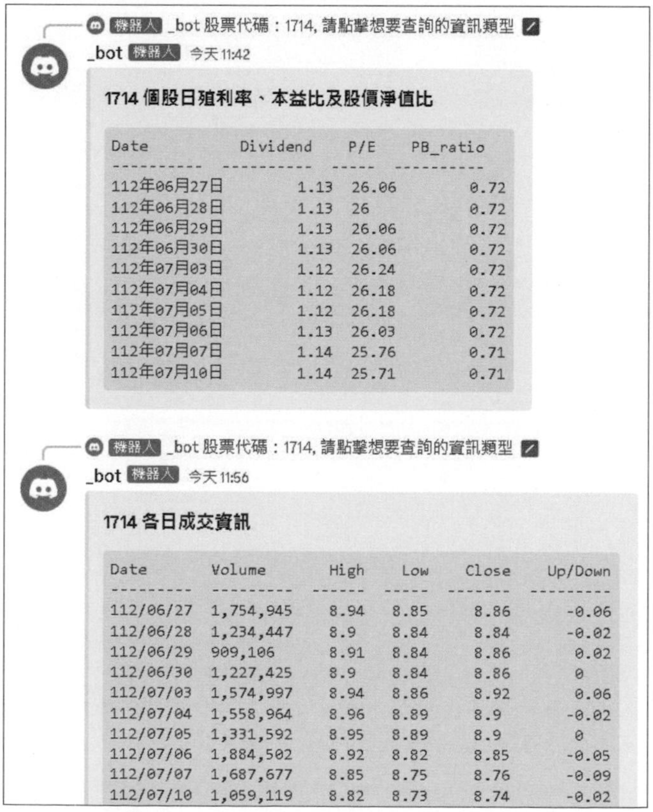

1714 個股日殖利率、本益比及股價淨值比

Date	Dividend	P/E	PB_ratio
112年06月27日	1.13	26.06	0.72
112年06月28日	1.13	26	0.72
112年06月29日	1.13	26.06	0.72
112年06月30日	1.13	26.06	0.72
112年07月03日	1.12	26.24	0.72
112年07月04日	1.12	26.18	0.72
112年07月05日	1.12	26.18	0.72
112年07月06日	1.13	26.03	0.72
112年07月07日	1.14	25.76	0.71
112年07月10日	1.14	25.71	0.71

1714 各日成交資訊

Date	Volume	High	Low	Close	Up/Down
112/06/27	1,754,945	8.94	8.85	8.86	-0.06
112/06/28	1,234,447	8.9	8.84	8.84	-0.02
112/06/29	909,106	8.91	8.84	8.86	0.02
112/06/30	1,227,425	8.9	8.84	8.86	0
112/07/03	1,574,997	8.94	8.86	8.92	0.06
112/07/04	1,558,964	8.96	8.89	8.9	-0.02
112/07/05	1,331,592	8.95	8.89	8.9	0
112/07/06	1,884,502	8.92	8.82	8.85	-0.05
112/07/07	1,687,677	8.85	8.75	8.76	-0.09
112/07/10	1,059,119	8.82	8.73	8.74	-0.02

▲ 按鈕選單可以**連續點擊**, 並進行多次回應, 這樣就不用再重複輸入股票代碼了！

按鈕指令：main.py

在這個專案中，我們僅對 main.py 檔案進行修改，以符合按鈕指令的格式。以下為修改後的 python 程式碼：

main.py

```
...
# 個股資訊按鈕類別
class StockButtons(discord.ui.View):
  def __init__(self, stock_id):
    super().__init__(timeout=None)
    self.stock_index = stock_id

  # 股價按鈕
  @discord.ui.button(
    label= '股價', style=discord.ButtonStyle.primary)
  async def stock_price(self,
                        interaction: discord.Interaction,
                        Button: discord.ui.Button):
    await interaction.response.defer()
    stock_data = stock_price(self.stock_index)
    stock_block = "```\n" + stock_data + "```"
    title = f'{self.stock_index} 各日成交資訊'
    # 建立內嵌訊息
    embed = discord.Embed(title=title, description=stock_block)
    await interaction.followup.send(embed=embed)

  # 日殖利率、本益比及淨值比按鈕
  @discord.ui.button(label= '日殖利率、本益比及淨值比',
                     style=discord.ButtonStyle.primary)
  async def stock_value(self,
                        interaction: discord.Interaction,
                        Button: discord.ui.Button):
    await interaction.response.defer()
    stock_data = stock_value(self.stock_index)
    stock_block = "```\n" + stock_data + "```"
    title = f'{self.stock_index} 個股日殖利率、本益比及股價淨值比'
    # 建立內嵌訊息
    embed = discord.Embed(title=title, description=stock_block)
    await interaction.followup.send(embed=embed)

```

▼

```
73:     # 新聞資訊按鈕
74:     @discord.ui.button(label= '新聞資訊', style=discord.ButtonStyle.primary)
75:     async def stock_news(self,
76:                          interaction: discord.Interaction,
77:                          Button: discord.ui.Button):
78:       await interaction.response.defer()
79:       news_data = stock_search(self.stock_index, search_news=True)
80:       await interaction.followup.send(news_data)
81:
82: # 斜線指令呼叫按鈕選單
83: @client.tree.command(name="stock_info", description="搜尋個股資訊")
84: @app_commands.rename(stock_id="股票代碼")
85: @app_commands.describe(stock_id="輸入要查詢的股票代碼, 如:2330")
86: async def stock_info(interaction: discord.Interaction, stock_id: str):
87:     content = f'股票代碼:{stock_id}, 請點擊想要查詢的資訊類型'
88:     await interaction.response.send_message(
89:       content = content, view = StockButtons(stock_id)
90:     )
 …
```

若要設定按鈕指令，需要先定義一個按鈕選單的類別，讓我們可以透過 /stock_info 斜線指令來呼叫按鈕選單，選單中的每個按鈕皆設定一個非同步函式。當按鈕被點擊時，就會呼叫各自的函式，並從對應的功能中獲取股票資訊並回傳到 Discord 中。程式碼詳解如下：

- 第 40 行：定義一個按鈕選單 StockButtons 的類別，並使用 discord.ui.View 來建構使用者互動介面。
- 第 43 行：接受使用者所輸入的 stock_id 變數，並指定為 self.stock_index。
- 第 46~57 行：抓取股價資訊的按鈕功能。使用 @discord.ui.button 裝飾器來設置按鈕功能，當此按鈕被點擊時，即呼叫 stock_price 函式來分析。
- 第 60~71 行：抓取股票基本面的按鈕功能。
- 第 74~80 行：抓取股票新聞的按鈕功能。

- 第 83~90 行：設置 /stock_info 斜線指令，當使用者輸入指令及股票代號後，會呼叫 StockButtons 的按鈕選單。

這樣，我們就能簡單地將前一節一大堆的斜線指令進行整合。這種方法可以讓使用者快速查閱某支股票的各項資訊，也可以方便我們新增或修改機器人的各項功能。

Tip

本書主要探討 GPT 模型的使用方法及其相關應用，為了不讓讀者偏離主題，對於股市分析僅提出較為簡單易懂的應用示例。對於這部分有興趣的讀者，可參考旗標的《最強 AI 投資分析》：https://www.flag.com.tw/books/product/F3933

礙於 GPT 模型的訓練資料只到某個時間點，無法及時知道最新的資訊，所以無法回答未經訓練或是過於時事的問題。在本章中，我們了解到輸入「客製化」的資料的重要性，也明白 GPT 模型的優點在於資料統整和分析，所以我們要「取其精華，去其糟粕」，將蒐集資料的流程透過程式自動化，擴展 GPT 模型能夠接觸的資料面向以及即時性。

MEMO

CHAPTER 13

自媒體業者必看！使用 AI 自動生成高品質字幕與旁白

如果你是 YouTuber 或是自媒體從業者，肯定不能錯過這一章！在本章中，我們會教你如何輕鬆地取得 YouTube 檔案，並串接 OpenAI 的 Audio API 來將音檔轉譯成字幕檔。對於專業的影音創作者，可以使用這個功能來輕鬆地上字幕，從此拋開手動上字幕的困擾。除此之外，我們也會介紹文字生成聲音的方法，透過這樣的技術就可以更簡單的幫影片配音，讓影片更加生動、吸引人。

13-1 使用 PyTube 套件輕鬆下載 YouTube 檔案

有時候，我們可能需要下載某些 YouTube 檔案來進行學術研究，而對於專業的影音小編或二次創作者，可能也需要某些 YouTube 上的素材來輔助你的創作。那要如何取得這些影片或音檔內容呢？不用擔心！在本節中，我們會教你使用 PyTube 這個強大的工具，輕鬆取得 YouTube 上的影音檔案。

Tip

注意！因為 YouTube 有時會更改網址格式，若讀者在本機端自行安裝 PyTube 套件，執行時可能會出現錯誤訊息。若發生這種狀況，可至 PyTube 的 github 網站（網址：https://github.com/pytube/pytube/issues) 來查找相關的錯誤訊息。或者，也可以到本書的補充專區（網址：https://www.flag.com.tw/bk/t/f4762) 來查看更新資訊。

關於下載 YouTube 影片的法律問題

為避免侵權，在下載 (屬著作權之「重製」範疇) YouTube 影片或音檔時，請確認是否符合著作權法第 65 條條文所稱之「合理使用原則」，其判斷標準如下：

一.利用之目的及性質：是為商業使用目的還是其他非營利教育目的。

二.著作之性質。

三.所利用之質量及其在整個著作所占之比例：若要二次創作他人作品，例如：評論、翻拍或電影解說，其涉及到多少原作內容。

▼

四.利用結果對著作潛在市場與現在價值之影響：是否影響到他人創作的商業價值, 例如：違規下載明星專輯, 可能會影響到其銷量。

以上判斷標準係由法院裁斷, 並非自己說了算。更保險的作法是, 建議在下載 YouTube 的影片或音檔前, **最好先經過原創作者同意, 並表明其用途**。

複製 Replit 專案：輕鬆下載 YouTube 檔案

為了方便讀者可以一鍵運行程式, 我們已經撰寫好程式碼並放置在 Replit 中, 讀者可以依據以下步驟執行此專案：

複製 Replit 專案的步驟如下：

step 01 開啟專案網址：

```
https://replit.com/@flagtech/GPT4Devpytube
```

step 02 將專案複製到自己的 Replit 帳戶中：

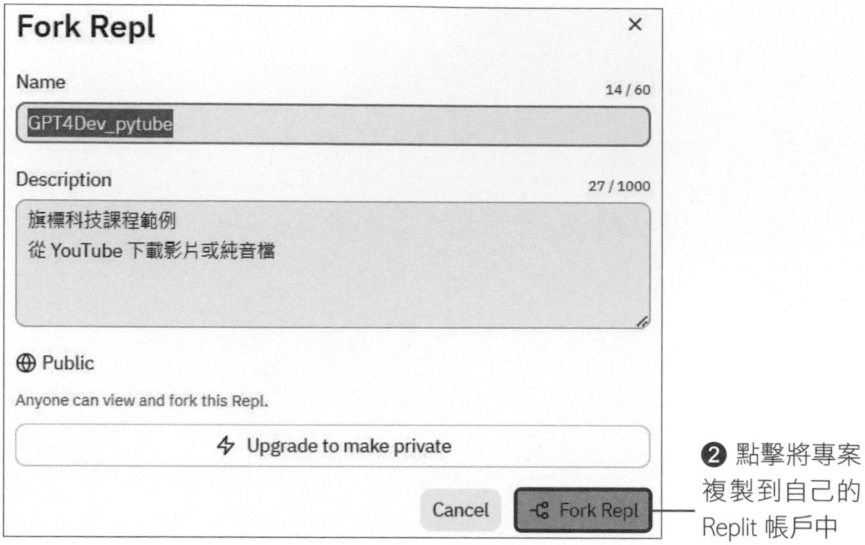

step 03 運行專案：

step 04 貼上 YouTube 影片網址：

❸ 輸入 (Y/N) 來選擇下載純音檔或影片檔

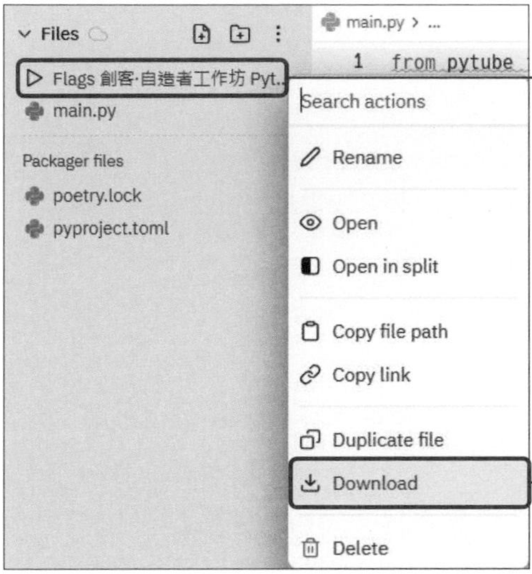

下載好的檔案會出現在左邊的 Files 區域

對檔案**點擊右鍵**並選擇 **Download** 可將檔案下載至本機端

透過這個簡單的程式，我們就可以輕鬆地下載 YouTube 上的影片或音檔內容了！但要注意的是，不要下載未經授權的檔案，也請勿透過其他方式公開發佈或分享所下載的檔案內容。

程式碼詳解：輕鬆下載 YouTube 檔案

Python 程式碼：

```
# 匯入套件及相關函式
from pytube import YouTube
from pytube.exceptions import (RegexMatchError, VideoUnavailable)
from os import path

```

```python
# 取得 YouTube 影音函式
def find_best(url, is_audio = True):
  try:
    print("取得影片資訊.......")
    yt = YouTube(url)
    if is_audio:
      # 取得音檔，只取音檔中品質最好的
      # 可傳入參數指定音檔格式，傳入 None 表示不限定格式
      audio_best = yt.streams.get_audio_only(None)
      return audio_best
    else:
      # 取得影片的串流檔案，並將影片排序來取得最高品質
      video_best = yt.streams\
                   .filter(progressive=True,
                           file_extension='mp4')\
                   .order_by('resolution')\
                   .desc()\
                   .first()
      return video_best
  except RegexMatchError:
    print("網址有問題！")
    return None
  except VideoUnavailable:
    print("無法取得影片資源，這可能是需要登入才能觀看的影片")
    return None

# 下載檔案
def download_file(stream):
  # 取得預設存檔路徑中純檔名的前 32 個字元，避免檔名過長無法建檔
  file_basename = path.basename(stream.get_file_path())[:32]
  # 結合副檔名組成存檔檔名
  filename = file_basename + path.splitext(
    stream.get_file_path())[1]

  print("下載檔案.....")
  # 如不指定檔名，會以 stream 預設的檔名存檔
  stream.download(filename=filename)
  print("下載完成")
  return filename

# 運行主程式
if __name__ == "__main__":
  url = input("請輸入 YouTube 影片的網址：")
  is_audio_str = input("是否僅下載純音檔 (Y/N)：")
```
▼

```
50:   is_audio = is_audio_str.lower() == "y" # 避免使用者輸入小寫
51:   stream = find_best(url, is_audio)
52:   if stream:
53:     audio_filename = download_file(stream)
```

在這個專案中，我們主要使用 PyTube 套件來取得 YouTube 上的串流檔案，並建構了 find_best 與 download_file 兩個函式。透過 find_best 函式，我們可以取得 YouTube 上的串流檔案資訊，並依據使用者需求選擇品質最佳的音檔或影片檔；而 download_file 函式則負責檔案名稱的處理，並進行下載。程式碼詳解如下：

- 第 02 行：PyTube 套件，取得 YouTube 上的串流檔案。
- 第 03 行：匯入 PyTube 的錯誤處理類別。
- 第 06-30 行：find_best 函式，取得品質最佳的影片檔或音檔。其中，url 變數為 YouTube 的影片網址；is_audio 為布林值，來確認使用者要取得哪種檔案。
- 第 14 行：get_audio_only 函式可以幫助我們只取得音訊檔，並取得音質較好的檔案。
- 第 18-23 行：常使用 YouTube 的讀者會發現，在觀看影片時，右下角可以選擇影片的解析度。這個函式會幫我們抓到各種解析度的串流檔案，並依據解析度來進行排序，接著取得品質最好的檔案。
- 第 25-30 行：PyTube 的錯誤處理。RegexMatchError 代表網址可能輸入錯誤；VideoUnavailable 代表此影片可能有設定權限，特定的會員才能觀看。
- 第 33-44 行：download_file 函式會取得串流檔案的名稱，進行檔案名稱的處理（避免檔名太長而無法存檔），最後將檔案下載到目前的工作路徑。

這個專案的邏輯應該非常簡單好懂！掌握以上程式碼的核心概念後，我們就可以為這段程式添磚加瓦，擴增更多功能。在下一節中，我們會加入 Audio API，來解讀所抓取的音訊檔，並將其轉換成 srt 的字幕檔。

13-2 使用 Whisper 模型從語音轉出字幕檔

如果你曾經手動上過字幕的話，一定會覺得這是一件非常麻煩且耗時的工作。讓我們跟它說掰掰吧！閱讀完本節後，我們就能透過程式自動化生成 srt 的字幕檔，從此再也不用一句話一句話手動上字幕了！

在本節中，我們會使用 OpenAI 開發的 Whisper 模型來將音訊檔轉換為字幕檔。它支援多種語言，且經測試，大部分語言的文本轉出效果非常穩定。另外，這個模型能依據演講者的語速和斷句來進行文本分行，進而產出高品質的字幕檔。

Tip

可參考官方文件了解 Whisper 模型支援的語言：https://platform.openai.com/docs/guides/speech-to-text/supported-languages。

複製 Replit 專案：從音訊檔轉出字幕檔

Replit 專案網址：

```
https://replit.com/@flagtech/GPT4Devwhisper
```

請讀者先將以上 Replit 專案網址 Fork 到自己的帳戶中。另外，因為我們需要串接 openai 的 Whisper 模型，所以需要額外設置 **OPENAI_API_KEY** 的環境變數來驗證身分，設置環境變數的步驟如下：

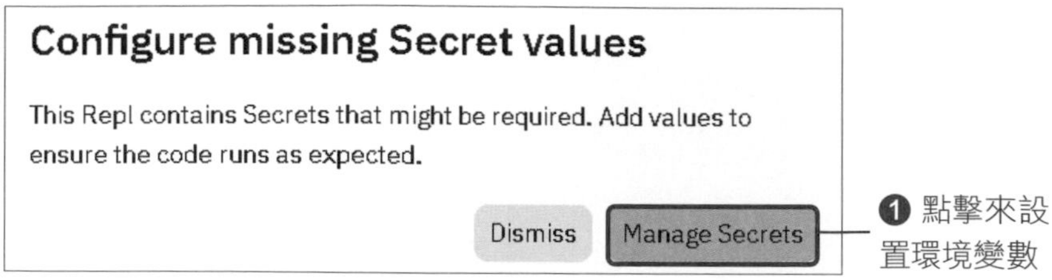

▲ Fork 專案後，會自動跳出需要設置環境變數的確認視窗

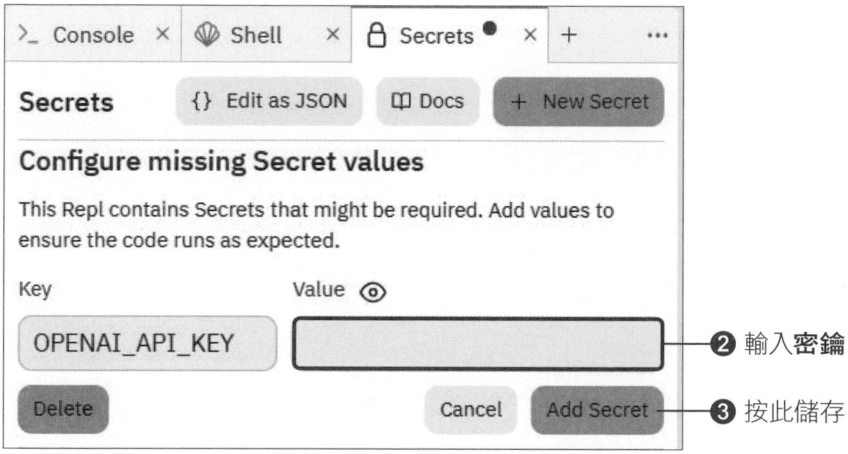

點擊 RUN 來運行程式：

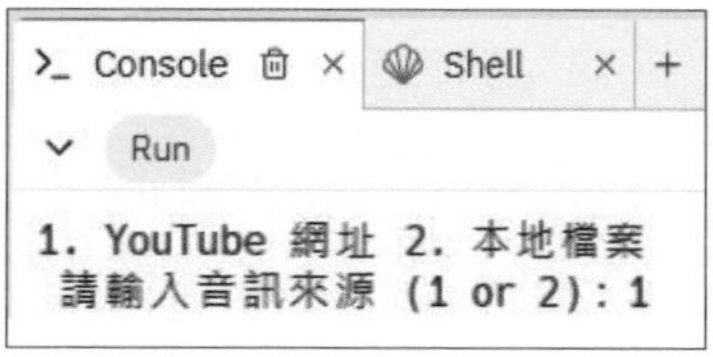

◀ 於 Console 區域，程式會詢問我們要對哪種音訊來源進行處理。輸入「1」代表從 YouTube 影片生成字幕檔；輸入「2」代表從本地檔案生成字幕檔

- 將 YouTube 的音訊轉換為字幕檔：

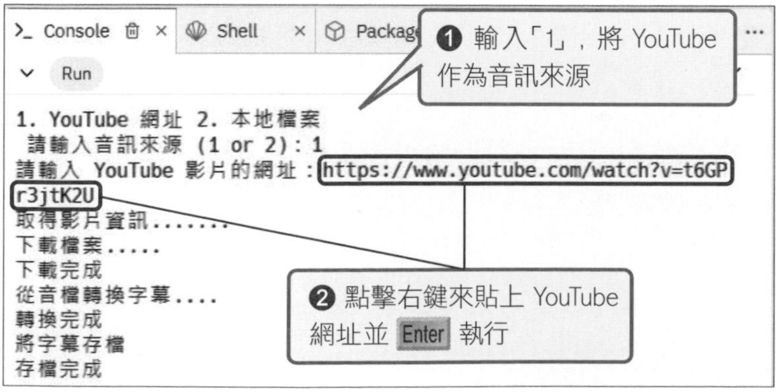

Files
Flags 創客‧自造者工作坊 Python ...
Flags 創客‧自造者工作坊 Python ...
main.py
❸ 於左側的 Files 中, 會出現轉換好的 srt 字幕檔

● 將本地檔案轉換為字幕檔：

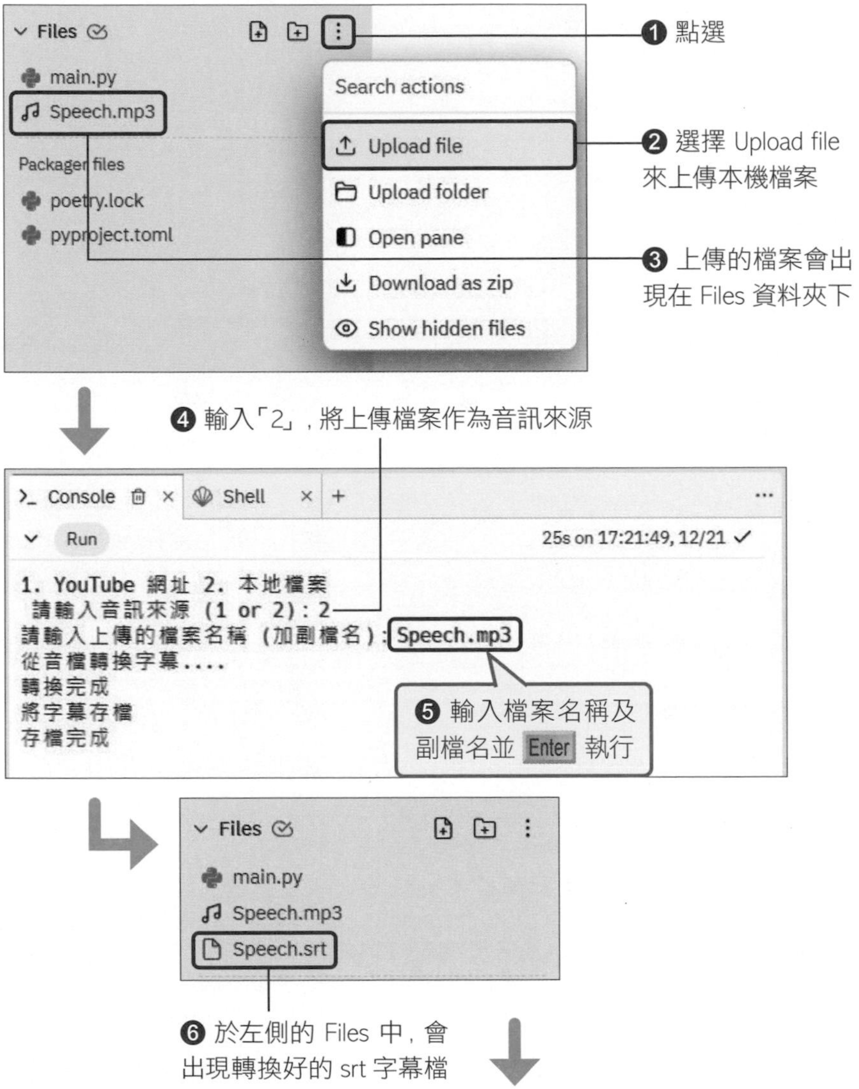
Files
main.py
Speech.mp3
Packager files
poetry.lock
pyproject.toml
Search actions
Upload file
Upload folder
Open pane
Download as zip
Show hidden files
❶ 點選
❷ 選擇 Upload file 來上傳本機檔案
❸ 上傳的檔案會出現在 Files 資料夾下
❹ 輸入「2」, 將上傳檔案作為音訊來源
Console
Shell
Run
25s on 17:21:49, 12/21
1. YouTube 網址 2. 本地檔案
請輸入音訊來源 (1 or 2) : 2
請輸入上傳的檔案名稱 (加副檔名) : Speech.mp3
從音檔轉換字幕....
轉換完成
將字幕存檔
存檔完成
❺ 輸入檔案名稱及副檔名並 Enter 執行
Files
main.py
Speech.mp3
Speech.srt
❻ 於左側的 Files 中, 會出現轉換好的 srt 字幕檔

main.py × | Flags 創客‧自造者工作坊 Pyth... ×

Flags 創客‧自造者工作坊 Python 程式遊戲設計 - .srt

```
27
00:01:22,000 --> 00:01:24,000
這是老師今天給我們學程式用的啦

28
00:01:24,000 --> 00:01:26,000
你看這上面還可以畫動畫

29
00:01:26,000 --> 00:01:28,000
還可以用搖桿控制它動耶

30
00:01:28,000 --> 00:01:30,000
你看你看 這坦克是我畫的喔

31
00:01:30,000 --> 00:01:32,000
哇 真厲害
```

▲ 轉換的效果非常好，並會依據演講者的語速及斷句來進行分行

main.py × | 鄧麗君於1984日本電視採訪... ×

鄧麗君於1984日本電視採訪中談及退休後理想的婚姻生活(附中文字.srt

```
6
00:00:23,000 --> 00:00:36,000
できたら、引退してからそういう静かな、彼と私にはしかないの生活が、とても理想できるから。

7
00:00:36,000 --> 00:00:37,000
だいぶ先でありますね。

8
00:00:37,000 --> 00:00:39,000
ファンタジーというか。

9
```

▲ 就算是日文或其他語言也 OK

Whisper 模型目前支援許多類型的音訊檔案，包括 mp3、mp4、mpeg、mpga、m4a、wav 和 webm。不管是什麼類型的檔案，串接此 API 價格皆為 0.006 美元／每分鐘。舉例來說，如果我們要生成一個音檔長度為 10 分鐘的字幕檔，約會花費台幣 1.8 元。

Tip

因為 Whisper 對於檔案的大小有所限制，僅能處理 25 MB 以下的檔案。如果檔案太大的話，需先將檔案進行切割，否則會出現錯誤訊息。

程式碼詳解：從音訊檔轉出字幕檔

以下為部分 Python 程式碼：

```
...
def transcribe(audio_filename):
  print("從音檔轉換字幕....")
  with open(audio_filename, "rb") as f:
    caption = \
      client.audio.transcriptions.create(
        model='whisper-1',
        file=f,
        response_format='srt',
        prompt=''
      )
  print("轉換完成")
  print("將字幕存檔")
  srt_filename = path.splitext(audio_filename)[0] + ".srt"
  with open(srt_filename, "w") as f:
    f.write(caption)
  print("存檔完成")
  return caption

if __name__ == "__main__":
  source_type = input(
    "1. YouTube 網址 2. 本地檔案\n 請輸入音訊來源 (1 or 2):")
  if source_type == "1":
    url = input("請輸入 YouTube 影片的網址:")
    stream = find_best(url, is_audio = True)
    audio_filename = download_file(stream)
  elif source_type == "2":
    audio_filename = input("請輸入上傳的檔案名稱 (加副檔名):")
```
▼

```
70:     else:
71:         print("輸入不正確，請重新輸入。")
72:
73:     caption = transcribe(audio_filename)
```

相較於第 1 節的程式，在這邊我們新增了 transcription 函式。這個函式會先讀取工作目錄下的音訊檔，接著，它會串接 OpenAI 的 Whisper 模型，使其轉換為字幕檔並寫出。程式碼詳解如下：

- 第 46~52 行：使用 client.audio.transcriptions.create 函式來串接 Whisper「語音轉文本」模型。
- 第 50 行：輸出成 srt 字幕檔。若要輸出成純文本的話，可將參數修改為「text」。
- 第 51 行：可以透過 Prompt 影響模型生成的文本，具有類似文字範本的效果。例如：輸入模型常常辨識錯誤的文字或是加入標點符號等**例句**。但這項功能的效果**非常不穩定**，也沒辦法讓模型依據提示詞從其他語言的音檔直接生成中文字幕。

將各國語言翻譯成英文字幕檔

「英文」不僅是許多國家的官方語言，也被認為是全球影響力最高、最通用的語言。當我們在發布影片時，如果加上「英文字幕」絕對可以吸引更多其他國家的觀眾，進一步擴大觀眾群。Whisper 模型可以將「任何語言」翻譯成「英文」，就讓我們來試試看，一起邁向國際化吧！Replit 專案範例網址如下：

```
https://replit.com/@flagtech/GPT4Devwhisperen
```

▼

與先前的專案執行步驟相同，請讀者依序 Fork 專案並設置 OPENAI_API_KEY 環境變數後，即可執行。仔細觀察的讀者可以發現，我們只是在串接 Audio API 時，將 client.audio.transcriptions.create 函式修改成 client.audio.translations.create。這個函式會自動將各國語言的音檔轉譯成**英文字幕**。

main.py × | Flags 創客·自造者工作坊 Pyth... × | +

Flags 創客·自造者工作坊 Python 程式遊戲設計 - .srt

```
31
00:01:19,000 --> 00:01:21,000
This is what the teacher recommended to us

32
00:01:21,000 --> 00:01:23,000
Look, you can draw animations on it

33
00:01:23,000 --> 00:01:25,000
You can also use the joystick to move it

34
00:01:25,000 --> 00:01:27,000
You can also use the joystick to move it

35
00:01:27,000 --> 00:01:28,000
Look, look
```

▲ 中文音檔自動轉換成英文字幕了！

實際測試過的讀者應該可以發現這個模型的強大之處，它可以輕鬆地將複雜的音訊資料轉換成易讀、好處理的文本資料。但這個模型有個缺點，**目前僅支援將其他語言的音訊翻譯成「英文」**。那如果想轉換成中文的字幕檔的話，要怎麼做呢？就讓我們看下去吧！

13-3 影片不是中文的？讓 AI 變出中文字幕！

在先前的小節中，我們製作了可以將音訊檔案轉換成字幕檔的程式。但是，目前這個程式只能生成原文字幕。若原文不是中文的話，無法先行轉譯成中文後再輸出。那要怎麼做才能產生中文字幕呢？我們可以再次串接 GPT 模型，讓它將其他語言轉譯成中文，然後輸出成字幕檔！

複製 Replit 專案：讓 AI 變出中文字幕

Replit 專案網址：

```
https://replit.com/@flagtech/GPT4Devwhisperch
```

請讀者先將以上 Replit 專案網址 Fork 到自己的帳戶中，並請記得設置 **OPENAI_API_KEY** 的環境變數。

輸入非中文的音訊檔案：

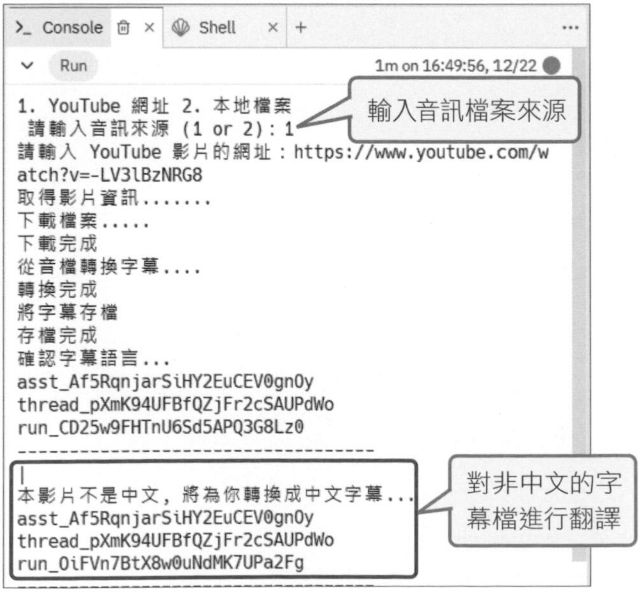

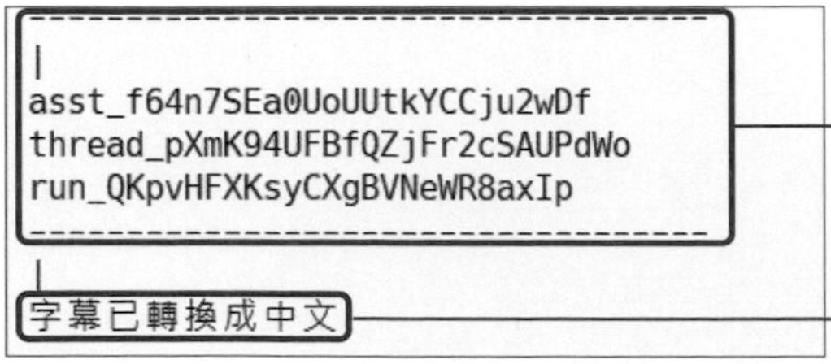

模型會一句一句翻譯，因此會出現很多執行訊息

跳出這段訊息時表示翻譯完成

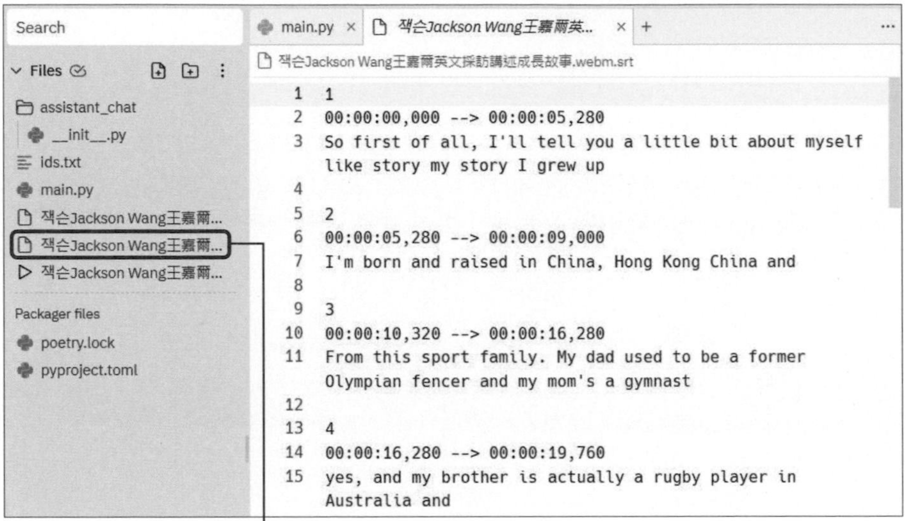

點擊以 .webm.srt 結尾的檔案開啟原文字幕檔

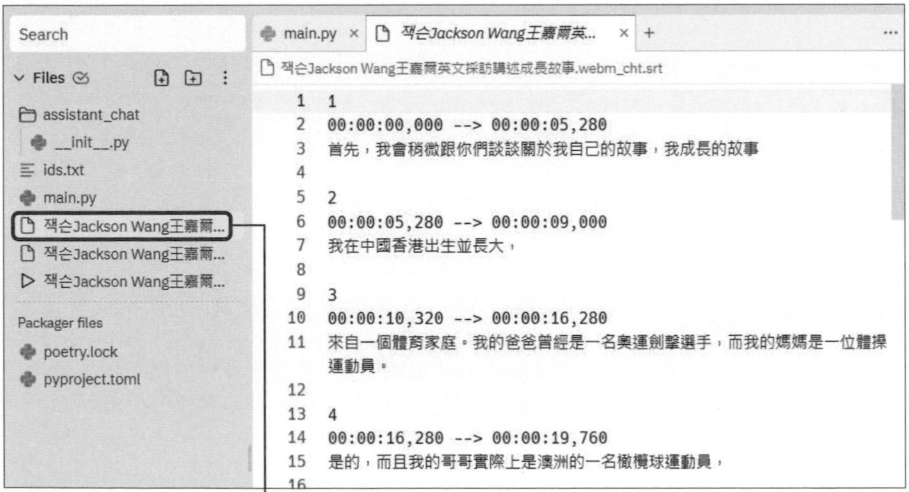

點擊以 .webm_cht.srt 結尾的檔案開啟翻譯成繁體中文的字幕檔

程式碼詳解：讓 AI 變出中文字幕

以下為部分 Python 程式碼：

```
...
def check_cht(caption_list):
  sample_text = "\n".join(caption_list[2:11:4])
  user_input=f'''
  請判斷以下文章是否為中文？
  ```
  {sample_text}
  ```
  如果是中文就回覆 'Y'，不是中文就回覆 'N'，除此之外，不要加上任何其他文
  字。
  '''
  #助理
  output = chat_with_functions(
    user_input, ass_id, thread_id)
  return output == 'Y'

def translate_to_cht(caption_list, audio_filename):
  ##從srt檔中提取文字並逐一使用助理翻譯
  output_list = []
  for n in range(2, len(caption_list), 4):
    user_input = f'{caption_list[n]}' \
      '\n\n不要回應句子，請將以上句子翻譯成ZHTW。'
    #助理
    output = chat_with_functions(
      user_input, ass_id, thread_id)
    output_list.append(output)

  #替換原始句子
  for m, n in enumerate(range(2, len(caption_list), 4)):
    caption_list[n] = output_list[m]

  #儲存srt檔
  srt_filename = path.splitext(audio_filename)[0] + "_cht.srt"
  with open(srt_filename, "w", encoding='utf-8') as f:
    f.write("\n".join(caption_list))

if __name__ == "__main__":
  source_type = input(
    "1. YouTube 網址 2. 本地檔案\n 請輸入音訊來源 (1 or 2):")
```

▼

```
104: if source_type == "1":
105:   url = input("請輸入 YouTube 影片的網址：")
106:   stream = find_best(url, is_audio = True)
107:   audio_filename = download_file(stream)
108: elif source_type == "2":
109:   audio_filename = input("請輸入上傳的檔案名稱 (加副檔名)：")
110: else:
111:     print("輸入不正確，請重新輸入。")
112:
113: caption = transcribe(audio_filename)
114: caption_list = caption.splitlines()
115: # 確認影片是否為中文
116: print('確認字幕語言...')
117: if check_cht(caption_list):
118:   print('本影片是中文')
119: else:
120:   print('本影片不是中文, 將為你轉換成中文字幕...')
121:   translate_to_cht(caption_list, audio_filename)
122:   print('字幕已轉換成中文')
```

在這段程式中，我們新增了 check_cht 及 translate_to_cht 函式。兩個函式的功能分別為「確認字幕檔是否為中文」及「使用 AI 來翻譯成中文」，都使用了 Assistants API。相信閱讀到這邊的讀者，應該對 Assistants API 使用方法相當熟悉了，在這個專案中使用的模組和前幾章的是一樣的。

- 第 66~79 行：確認字幕檔是否為中文的函式。首先，這個函式會擷取出部分的字幕片段，然後輸入至助理中。接著，助理會確認這些片段是否為中文 (「Y」代表是，「N」代表否)。最後程式會簡化 AI 的結果，並回傳一個布林值。

- 第 81~99 行：將字幕翻譯成中文的函式。

- 第 84~90 行：使用 for 迴圈來取得字幕檔的「正文」。如下圖，如果我們把字幕檔拆開來看，每一行會依據「第幾句」、「時間軸」、「正文」及「空行」來排序。如果要取得字幕檔的「正文」，也就是第 3、7、11…行的資料。我們需要設定 range(2, len(caption_list), 4)，因為 Python 的計數方式是從 0 開始。

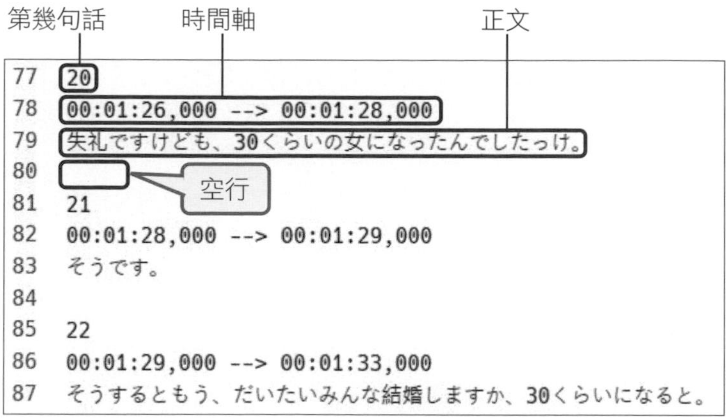

▲ srt 字幕檔的資料格式

- 第 88~89 行：讓助理逐一翻譯每個句子。
- 第 90 行：翻譯完的句子加入到 output_list 中。
- 第 93~94 行：依照前一個迴圈的取值方式找出原本的句子並使用翻譯完的句子替換。
- 第 97~99 行：將新的 caption_list 寫出保存。
- 第 117~122 行：使用 check_cht 函式來確認影片是否為中文，若不是，就呼叫 translate_to_cht 函式進行翻譯。

前面有提到過，因為 whisper 模型目前只能翻譯成英文，所以我們才需要建構這個稍微複雜的程式，來彌補 whisper 模型的不足之處。但目前 AI 的發展日進千里，說不定不久之後，我們就可以直接使用 whisper 模型來直接生成各國語言的字幕。

除了生成字幕檔外，我們還可以將這個模型結合到各個領域，例如：語音客服紀錄、實況主的即時字幕生成、將醫生的口述內容轉換成診斷紀錄，甚至學生也能拿來記錄上課的內容重點。總而言之，只要有音訊檔，我們就可以將其轉換成文本資料。

13-4 利用 TTS 模型生成旁白配音

自媒體人在實際製作影片的過程中，常面臨設備限制或個人技術熟練度不足導致聲音品質不佳。拍攝環境中的噪音，例如風聲、交通噪音和回聲，也會是錄音品質的一大挑戰。

前面我們提到了聲音轉文字的方法，而在這節中我們則是要利用 OpenAI 的 **TTS (text-to-speech)** 模型將文字轉成聲音，透過它我們就可以簡單且快速地生成聲音旁白。

Tip

可參考官方文件了解 TTS 模型支援的語言：https://platform.openai.com/docs/guides/text-to-speech/supported-languages。

Tip

提醒讀者，依據 OpenAI 的使用規範，必需向最終的使用者（例如：影片觀眾）告知，他們聽到的 TTS 語音是由 AI 生成的，而非人類的聲音。

複製 Replit 專案：TTS 文字轉語音

Replit 專案網址：

```
https://replit.com/@flagtech/GPT4DevTTS
```

請讀者先將以上 Replit 專案網址 Fork 到自己的帳戶中，並請記得設置 OPENAI_API_KEY 的環境變數。接著，按照以下步驟使用此專案：

step 01 上傳 txt 檔或 srt 字幕檔。

希望轉換成聲音的文字都可以直接輸入到 txt 檔中

❶ 點選

❷ 選擇 Upload file 來上傳本機檔案

也許你現在有好幾支只有字幕的影片，此時就可以利用原先的 srt 字幕檔

step 02 點擊 RUN 運行程式轉換檔案中的文字：

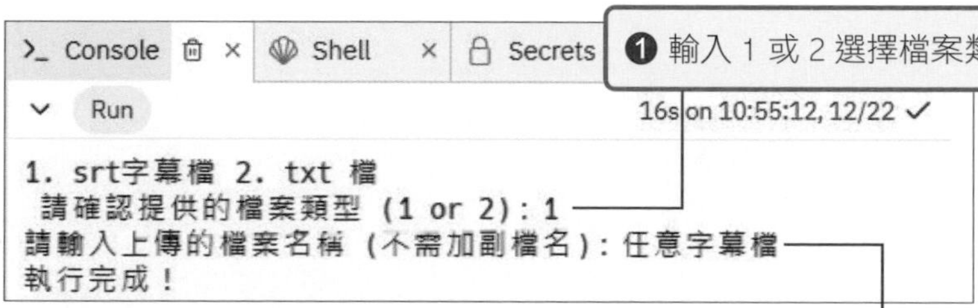

❶ 輸入 1 或 2 選擇檔案類型

❷ 輸入檔案名稱，不需要加副檔名。輸入完成後按下 Enter 鍵輸入

❸ 檔案窗格中可以看到轉換完的 mp3 檔。你可以在 replit 上直接聆聽確認

❹ 或是對檔案按下滑鼠右鍵開啟選單，點選 Download 下載到本機中使用

程式碼詳解：TTS 文字轉語音

Python 程式碼：

```
from openai import OpenAI

client = OpenAI()

# 文字轉聲音
def TTS(input_text, file_name):
  response = client.audio.speech.create(
    model="tts-1",
    voice="onyx",
    input=input_text,
  )
  mp3_path = file_name + ".mp3"
  response.stream_to_file(mp3_path)

if __name__ == "__main__":

  file_type = input(
    "1. srt字幕檔 2. txt 檔\n 請確認提供的檔案類型 (1 or 2):")
  file_name = input("請輸入上傳的檔案名稱 (不需加副檔名):")

  # 確認檔案類型－srt
  if file_type == '1':
    file_path = file_name + '.srt'
    with open(file_path, 'r', encoding='utf-8') as f:
      content = f.read()
    content_list = content.splitlines()
    input_text = ''
    # 提取字幕，串接成新字串
    for n in range(2, len(content_list), 4):
      input_text += content_list[n]
  # 確認檔案類型－txt
  elif file_type == '2':
    file_path = file_name + '.txt'
    with open(file_path, 'r', encoding='utf-8') as f:
      input_text = f.read()
  else:
    print("輸入不正確，請重新輸入。")

  # 文字轉聲音
  TTS(input_text, file_name)
  print('執行完成！')
```

- 第 6~13 行：文字轉聲音函式。將輸入字串轉換成聲音後，保存為 mp3 檔。
- 第 7 行：使用 Audio API 中的 client.audio.speech.create 函式，此專案主要便是透過此函式實現文字轉聲音的功能。
- 第 8 行：使用的模型。除了 tts-1 模型，另外還有 tts-1-hd 模型。tts-1 主要強調生成語音的速度，而 tts-1-hd 則強調聲音的品質，實際上兩者的聲音品質並沒有非常明顯的差異。

Tip

本書撰寫時，TTS 模型的價格如下：

模型	價格 (美金)	單位
tts-1	0.015	每一千字元
tts-1-hd	0.030	每一千字元

- 第 9 行：人聲的種類。目前共支援六種聲音，包含 alloy、echo、fable、onyx、nova 和 shimmer，讀者可自行測試並挑選喜歡的人聲種類。
- 第 13 行：使用 mp3_path 作為檔名儲存轉換後的聲音。
- 第 22~37 行：確認使用者輸入的檔案，並進行對應的處理。
- 第 40 行：使用 TTS 將文字轉成聲音。

讀者可以和 Google 小姐的聲音比較，OpenAI 的 TTS 模型生成的語音聽上去更加自然、流暢，更接近一般人的說話風格。後續只要利用這個專案生成的 mp3 語音檔再稍作剪輯，便能完成一部擁有生動人聲旁白的影片。這部分的創意實現，我們將留給讀者自行探索和完成。

MEMO

CHAPTER 14

GPTs Action 開發

對於付費的 ChatGPT Plus 用戶, 除了可以使用最新的 gpt-4 模型外, 更棒的是可以利用 GPTs 機制設計客製版本的 ChatGPT, GPTs 提供有 action 可以介接外部的工具, 幫語言模型加上各式各樣的功能, 就像是 ChatGPT 與 plugin 那樣。如此一來, 除了 OpenAI 預先幫 GPTs 準備的搜尋、生圖以及直譯器工具外, 還能添加查詢交通時刻表、預約訂位等等各式各樣的功能。本章就會一步步帶你開發 GPTs 的 action, 建立語言模型最強悍的武器庫。

Tip

本章功能需要 ChatGPT Plus 訂戶才能使用與測試。

14-1 客製的 ChatGPT - 台鐵時刻表專家簡介

ChatGPT 雖然提供有利用 Bing 搜尋網路的能力，不過有些資訊並不是單純搜尋網路就可以取得，像是如果想要查詢台鐵時刻表，單純詢問並無法得到結果：

❶ 查詢火車班次

❷ ChatGPT 啟動網路搜尋工具

這是因為台鐵的網站上並沒有直接提供時刻表，而是透過以下的介面選取或填入各項資訊才能查詢：

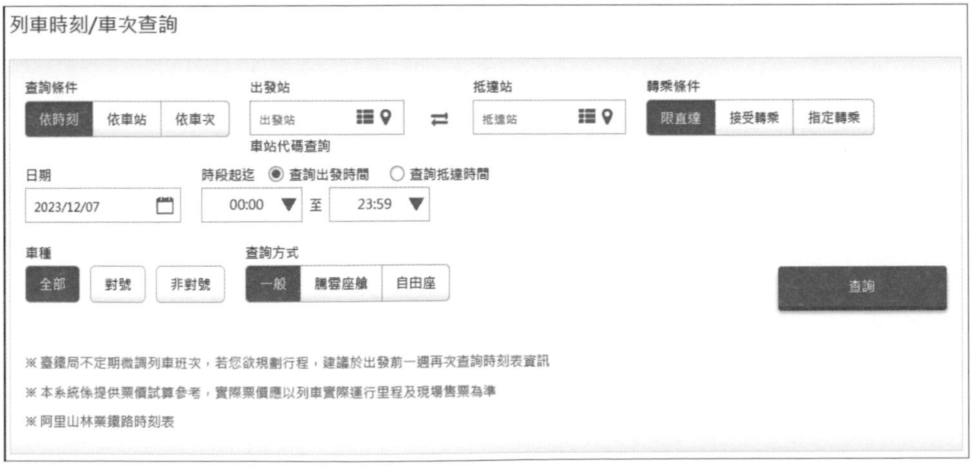

顯然 ChatGPT 即使看到這個網頁，也無法代你操作查詢資訊。

本章會利用 GPTs 機制設計一個在第 1 章已經看過的客製版本 ChatGPT, 稱為**台鐵時刻表專家**。我們會為它開發 action, 讓使用者可以查詢台鐵時刻表, 例如：

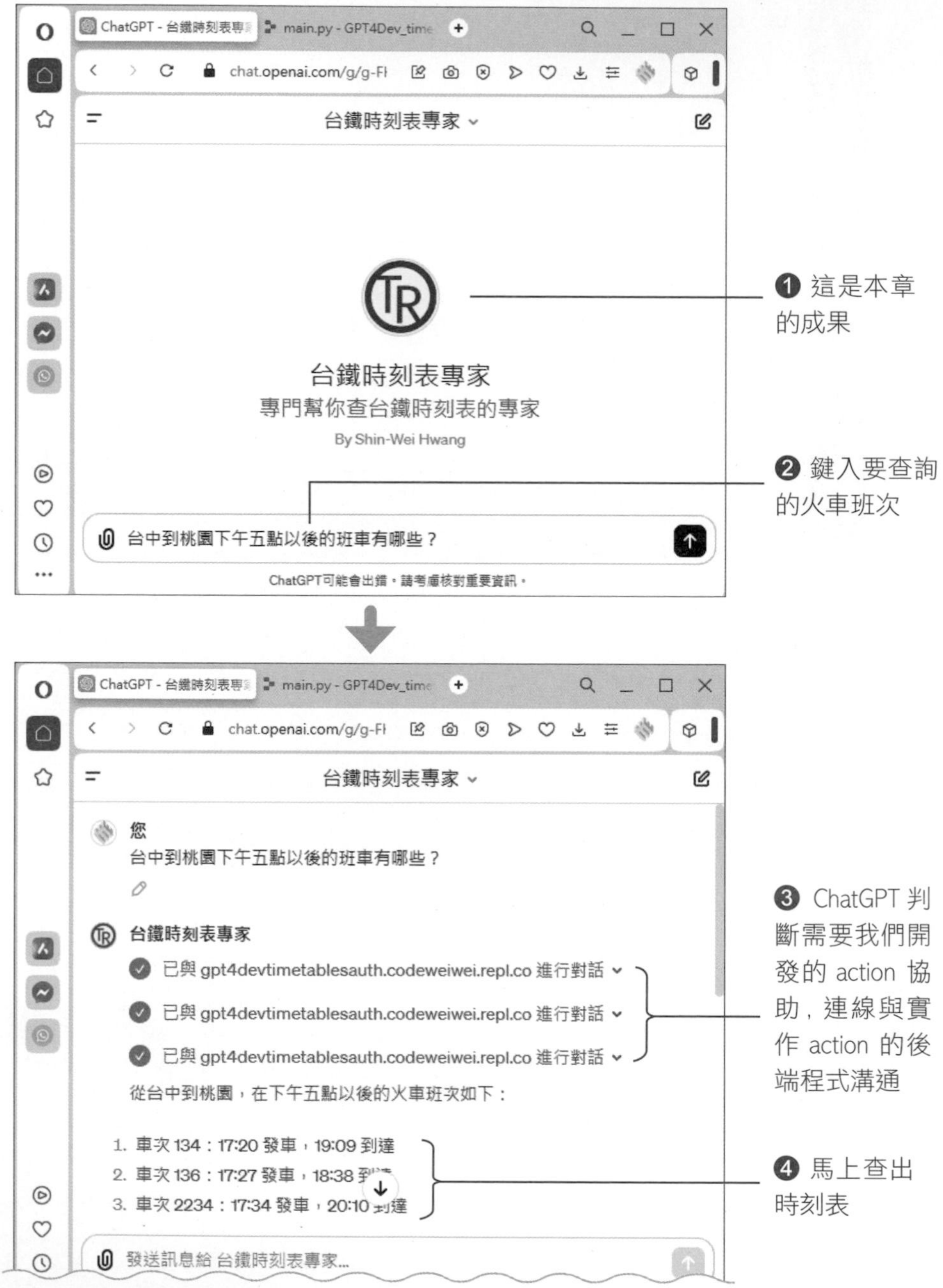

你看，ChatGPT 正確判斷出起迄的車站，再交由我們開發的 action 協助查詢時刻表，並且從時刻表中判斷出符合篩選條件的班次，這樣是不是很方便呢？由於這個客製版本的 ChatGPT 還有啟用 **Code Interpreter** 工具，所以還可以進一步要求它從找到的資訊加工處理：

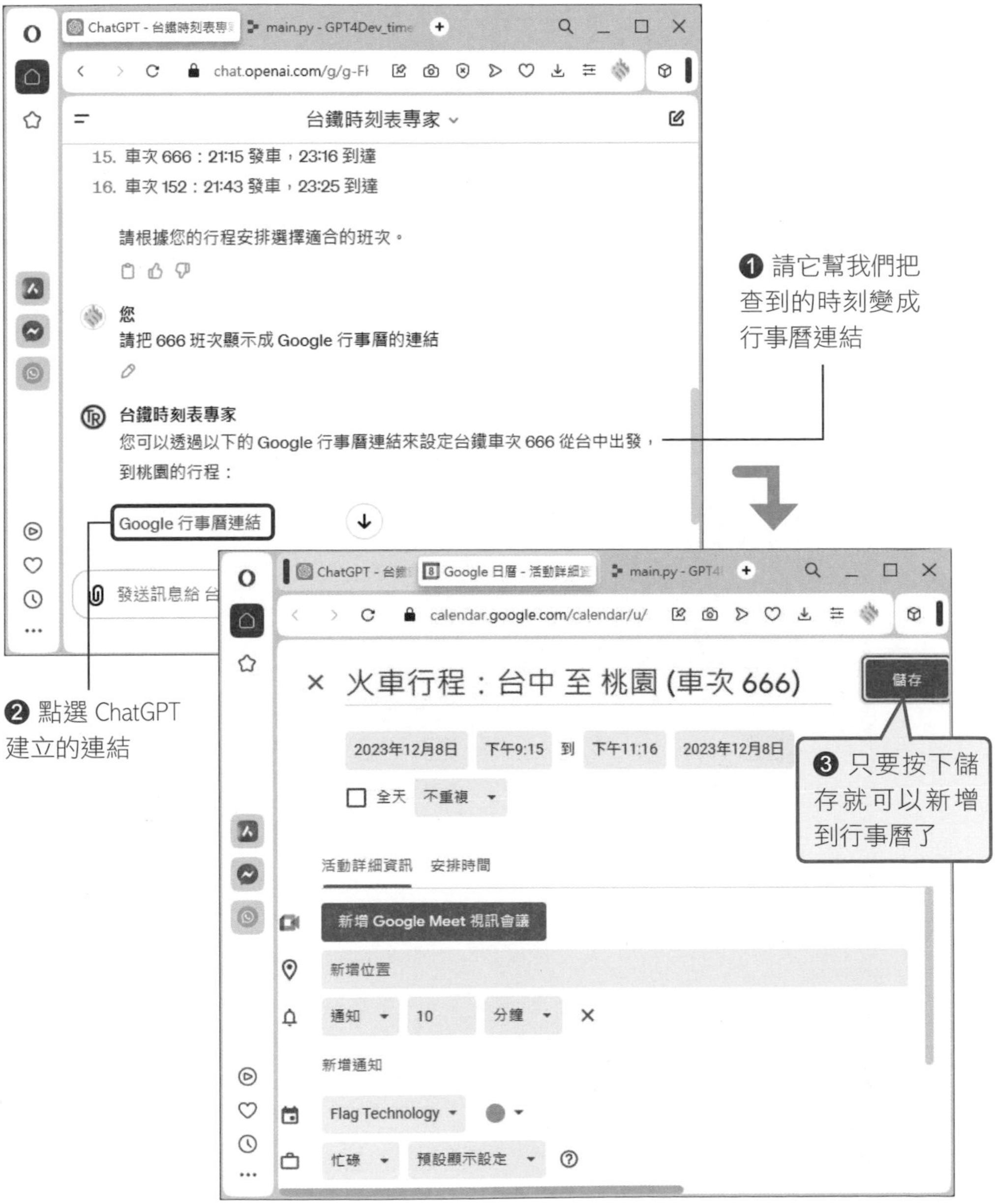

你可以看到在剛剛的過程中，都是以自然語言與 ChatGPT 交談，完全不需要學習，是最簡單大家都會的使用者介面。

以上就是本章要實作的客製版本 ChatGPT，接下來就先從查詢台鐵資料開始吧！

14-2 使用 TDX 平台查詢台鐵資訊

要查詢台鐵的資訊，可以透過 **TDX(Transport Data Exchange) 交通部運輸資料流通服務平臺**提供的 API，包含台灣地區的各種交通資訊。請開啟 TDX 的網頁：

❶ 開啟瀏覽器連線到 https://tdx.transportdata.tw

❷ 按此關閉簡介

❸ 執行『**開發指引/API 說明**』功能表指令

❹ 按一下**公共運輸 - 軌道 V3**

❺ 網頁右側往下捲動可以看到這組 API 的基礎進入點為 https://tdx.transportdata.tw/api/basic

❻ 按此展開**台鐵**的 API 說明

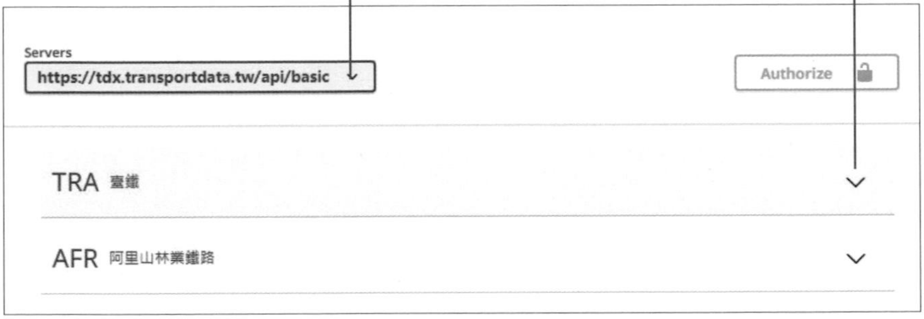

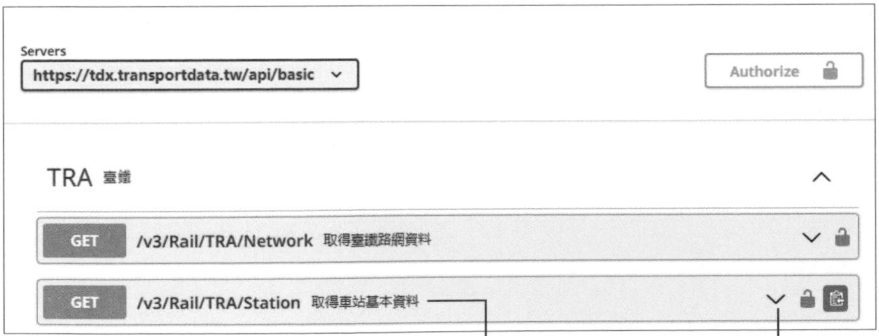

❼ 取得台鐵各車站基本資料的路徑是 /v3/Rail/TRA/Station

❽ 按此展開可以看到詳細說明

實際上台鐵 API 就是前面看到的基礎進入點加上這裡到 TRA 之前的部分，也就是 https://tdx.transportdata.tw/api/basic/v3/Rail/TRA/，最後再加上代表不同用途的子路徑，例如剛剛的 Station 就是取得車站基本資料。

Tip

目前 V3 的 API 只有提供台鐵與阿里山鐵路的資訊，如果想要查詢捷運、高鐵等資訊，請改用 V2 版本的 API。

有了上述資料後，就可以來測試看看實際取得的資料內容。要特別說明的是，TDX API 必須以**註冊帳號取得的 ID(識別碼)與密鑰**驗證身分才能使用，否則會有以下限制：

- 每個 IP 每天只能發送 50 次 API 請求。
- 只能透過瀏覽器發送 API 請求。

雖然如此，一開始為了先行瞭解 API 使用方法，減少複雜度，我們會先採用不驗證身分的方式，稍後再說明如何以驗證方式使用 API，免除上述限制。

查詢所有車站基本資料

請先開啟本章的 Colab 筆記本：

```
https://bit.ly/GPT4Dev_ch14
```

先執行第一個儲存格，由於 TDX API 都是走 HTTP 協定，因此在這個儲存格先匯入 requests 模組：

```
!pip install rich
from rich import print as pprint
import requests
```

Tip

如果是在本機，就需要自行安裝 requests 套件，Colab 預先已經安裝該套件。

再執行下一個儲存格設計基本的表頭內容以及 API 基礎網址：

```
1: headers = {'user-agent':'Mozilla/5.0'}
2: api_base_url = (
3:     'https://tdx.transportdata.tw/api/basic/v3/'
4:     'Rail/TRA/'
5: )
```

由於未驗證的情況下只能從瀏覽器發出 API 請求，所以稍後發送 API 請求時都會加上第一行的表頭資料，提供瀏覽器資訊，讓 TDX 平台以為我們的程式是瀏覽器。第 2~5 行就是剛剛查到的台鐵 API 進入點基礎網址，稍後就不用一直重複這段長長的網址了。

接著請執行下一個儲存格測試取得車站基本資料的 API：

```
res = stations = requests.get(
    f"{api_base_url}Station",
    headers=headers,
)
print(res.status_code)
```

用剛剛建立的基礎網址加上 "Station" 組合成完整的網址

執行後會看到印出成功的狀態碼 200：

```
200
```

TDX API 可以傳回 XML 或是 JSON 格式的回覆，預設是 JSON 格式，請執行以下儲存格將資料轉成 Python 字典：

```
json_data = res.json()
```

再把字典印出來觀察傳回資料的結構：

```
pprint(json_data)
```

顯示的結果如下：

```
{
    'UpdateTime': '2023-12-07T06:58:50+08:00',
    'UpdateInterval': 14400,
    'SrcUpdateTime': '2023-12-07T04:00:00+08:00',
    'SrcUpdateInterval': -1,
    'AuthorityCode': 'TRA',
    'Stations': [
        {
            'StationUID': 'TRA-0900',
            'StationID': '0900',
            'StationName': {'Zh_tw': '基隆', 'En': 'Keelung'},
            'StationPosition': {'PositionLon': 121.73997, 'PositionLat':
                               25.13411},
            'StationAddress': '1041 基隆市中山區民治里 1 鄰中山一路 16 之 1 號',
            'StationPhone': '02-24263743',
            'StationClass': '1',
            'StationURL': 'https://www.railway.gov.tw/tra-tip-web/tip/
                          tip00H/tipH41/viewStaInfo/0900'
        },
        ...(略)
    ]
}
```

車站代號（指向 'StationID'）

車站名稱（指向 'StationName'）

在 Stations 串列中就是一個個車站的基本資料，其中 StationID 項目是車站的代號，而 StationName 中是車站的中英文名稱，稍後我們在使用其他 API 時，會需要這兩項資料。如果希望減少 API 傳回的資料量，也可以指定所要傳回的資料項目，像是下一個儲存格這樣：

```
res = requests.get(
    f"{api_base_url}Station"
    "?$select=stationName,stationID",
    headers=headers,
)
print(res.status_code)
```

加上 $select 參數可以篩選項目

這裡就只篩選 StationID 以及 StationName 兩個欄位，因此就可以執行以下儲存格轉換成 Python 字典後，使用迴圈取得中文站名以及車站代號，建立一個以站名為索引鍵、代號為值的字典，方便稍後由站名查詢代號：

```
json_data = res.json()
stations = {}
for station in json_data['Stations']:
    station_name = station['StationName']['Zh_tw']
    station_id = station['StationID']
    stations[station_name] = station_id
pprint(stations)
```

顯示的結果如下：

```
{
    '基隆': '0900',
    '三坑': '0910',
    '八堵': '0920',
     ...(略)
    '海科館': '7361',
    '八斗子': '7362',
    '四腳亭': '7380',
    '暖暖': '7390'
}
```

指定起迄站代號查詢時刻表

台鐵提供有一個方便的 API，可以讓你查詢 A 站到 B 站之間在指定日期的所有火車班次，這個 API 的子路徑一樣可在 TDX 台鐵 API 的頁面找到：

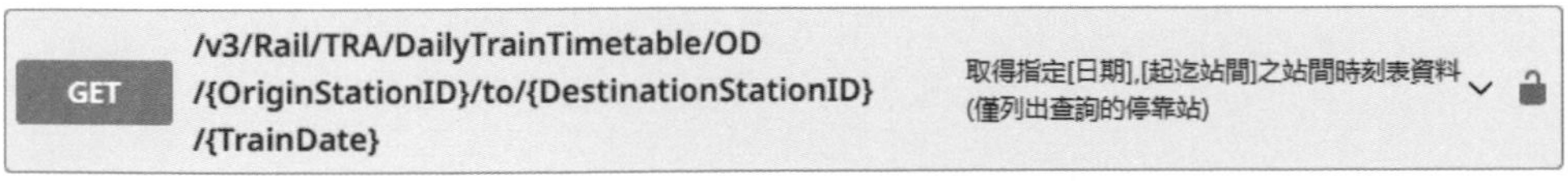
GET
/v3/Rail/TRA/DailyTrainTimetable/OD
/{OriginStationID}/to/{DestinationStationID}
/{TrainDate}
取得指定[日期],[起迄站間]之站間時刻表資料
(僅列出查詢的停靠站)

最後面的子路徑是：

```
{OriginStationID}/to/{DestinationStationID}/{TrainDate}
```

其中 {OriginStationID} 和 {DestinationStationID} 分別是起點和目的地車站的代號，而 {TrainDate} 必須是 YYYY-MM-DD 格式的日期，以下我們就來測試看看。請執行下一個儲存格依照目前時間組合出符合上述格式的日期：

```
import time
now = time.localtime()
date = f"{now.tm_year}-{now.tm_mon:02d}-{now.tm_mday:02d}"
print(date)
```

再執行下一個儲存格查詢龍井到大肚之間的車次：

```
start_station = '2240'  # 龍井站代號
end_station = '2250'    # 大肚站代號
res = stations = requests.get(
    f"{api_base_url}DailyTrainTimetable/OD/"
    f"{start_station}"
    "/to/"
    f"{end_station}"
    "/"
    f"{date}",
    headers=headers,
)
print(res.status_code)
```

確認得到 200 的狀態碼後，就可以執行下一個儲存格印出傳回的資料：

```
json_data = res.json()
pprint(json_data)
```

結果如下：

```
{
    'UpdateTime': '2023-11-30T08:25:06+08:00',
    'UpdateInterval': 14400,
    'SrcUpdateTime': '2023-11-29T12:39:35+08:00',
    'SrcUpdateInterval': -1,
    'TrainDate': '2023-12-07',
    'TrainTimetables': [
        {                                   單一班次的資訊
            'TrainInfo': {
                'TrainNo': '2501',  ── 班次號碼
                'Direction': 1,
                'TrainTypeID': '1131',                                          車種
                'TrainTypeCode': '6',
                'TrainTypeName': {'Zh_tw': '區間', 'En': 'Local Train'},
                'TripHeadSign': '往彰化',
                'StartingStationID': '2200',
                'StartingStationName': {'Zh_tw': '大甲', 'En': 'Dajia'},
  迄站  {       'EndingStationID': '3360',
                'EndingStationName': {'Zh_tw': '彰化', 'En': 'Changhua'},
                'TripLine': 2,
                'WheelChairFlag': 0,                                            起站
                'PackageServiceFlag': 0,
                'DiningFlag': 0,
                'BreastFeedFlag': 0,
                'BikeFlag': 1,
                'CarFlag': 0,
                'DailyFlag': 1,
                'ExtraTrainFlag': 0,
                'SuspendedFlag': 0,
                'Note': '每日行駛。'
            },
            'StopTimes': [  ── 指定區間的資訊
                {
                    'StopSequence': 5,
                    'StationID': '2240',
                    'StationName': {'Zh_tw': '龍井', 'En': 'Longjing'},
                    'ArrivalTime': '05:22',
                    'DepartureTime': '05:23',  ── 起點站開車時間
                    'SuspendedFlag': 0
                },
                {
```

```
                        'StopSequence': 6,
                        'StationID': '2250',
                        'StationName': {'Zh_tw': '大肚', 'En': 'Dadu'},
                        'ArrivalTime': '05:28',
                        'DepartureTime': '05:29',
                        'SuspendedFlag': 0
                    }
                ]
            },
            ...(略)
        ]
}
```

目的地站到達時間

TrainTimetables 串列中的每一個項目就是單一個班次的資訊，其中 TrainInfo 項目是該班車次的基本資料，包括班車的班次號碼、起迄站以及車種等等；而 StopTimes 則是該班車在你指定的起點站以及目的地站的到站時間以及開車時間。有了這些資訊，我們就可以直接取出關鍵資訊，建立簡潔的時刻表了，請執行下一個儲存格：

```
timetables = []
for timetable in json_data['TrainTimetables']:
    train_no = timetable['TrainInfo']['TrainNo']
    stop_times = timetable['StopTimes']
    start_station = stop_times[0]['StationName']['Zh_tw']
    departure_Time = stop_times[0]['DepartureTime']
    end_station = stop_times[1]['StationName']['Zh_tw']
    arrive_Time = stop_times[1]['ArrivalTime']
    timetables.append({
        'train_no': train_no,
        'start_station': start_station,
        'departure_Time': departure_Time,
        'end_station': end_station,
        'arrive_Time': arrive_Time
    })
pprint(timetables[0])
```

顯示的結果如下：

```
{
    'train_no': '2501',
    'start_station': '龍井',
    'departure_Time': '05:23',
    'end_station': '大肚',
    'arrive_Time': '05:28'
}
```

你可以看到回覆的資料中第一筆是 2501 班次，05:23 從龍井開車，05:28 到達大肚。雖然台鐵 API 還有其他功能，不過以我們的需求來說，這兩個 API 就已經足夠，其他 API 就留給讀者自行探索。

Tip

這個 API 僅會查出可直接到達的班車，無法得知需要換車的轉乘路線。本章主要目的是藉由台鐵查詢設計一個具有實質意義的 action，因此並不考慮轉乘等較為複雜的狀況。

取得驗證資訊

前面有提過，如果不驗證身分，TDX API 有單一 IP 來源每天 50 次的限制，如果要讓程式上線，顯然會有問題，以下就介紹如何以驗證方式使用 API。首先要先註冊取得驗證資訊，請回到 TDX 平台網頁：

❶ 請點選網頁最上方右側的**註冊**

學研單位
【適用對象】
1. 公私立大專院校所屬教職人員、學生
2. 公立學研機構所屬研究人員
【使用規範】
1. 使用帶有edu或org域名的學研單位所屬電子郵件信箱進行註冊
2. 可註冊至多三把API金鑰
3. 可查詢資料服務
4. 可申請下載歷史資料
申請註冊
公部門會員
【適用對象】
1. 中央政府機關
2. 交通部及部屬機關
3. 地方政府機關
【使用規範】
1. 使用帶有gov域名的公部門所屬電子郵件信箱進行註冊
2. 可註冊至多三把API金鑰
3. 可查詢資料服務
4. 可申請下載歷史資料
申請註冊
一般會員
【適用對象】
1. 個人身份
2. 私人企業
3. 非公務機關之協作單位
【使用規範】
1. 使用合法電子郵件信箱進行註冊
2. 使用edu、org、gov域名信箱無法註冊為一般會員
3. 可註冊至多三把API金鑰
4. 可查詢資料服務
5. 可申請下載歷史資料
申請註冊

❷ 請依照需求選取會員身分，以下以**一般會員**示範

* 帳號(Email)
請輸入合法的電子信箱
* 密碼 (請輸入8~30個字，包含大寫英文、數字及符號)
請輸入密碼
* 密碼確認
請再次輸入密碼
* 身份
一般使用者
服務單位名稱(
請輸入職稱(必
* 類型
請選擇
* 姓名
請輸入姓名

❸ 請自行輸入資料

❹ 輸入手機號碼後按此傳送驗證碼

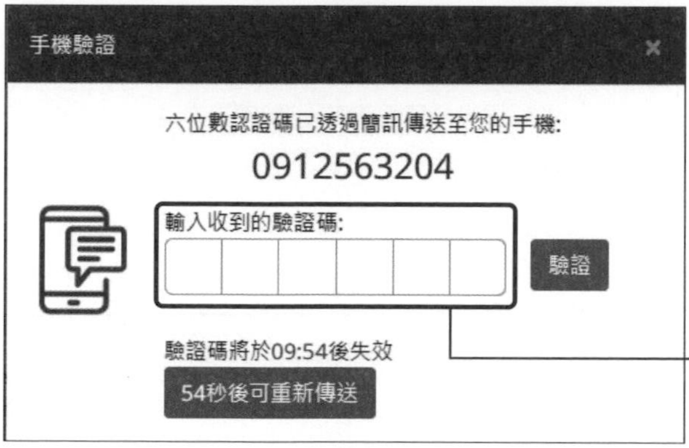

❺ 填入手機收到的驗證碼後按驗證

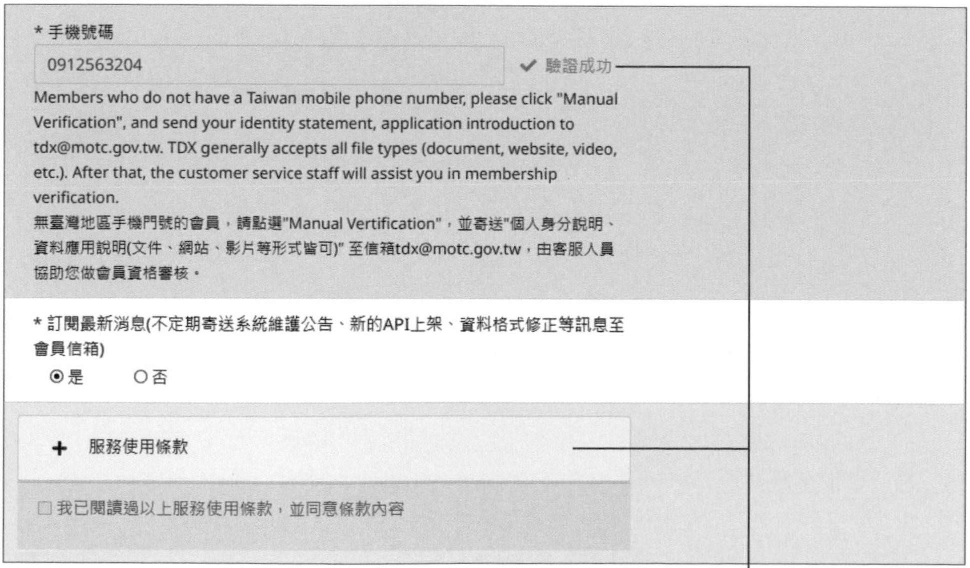

❻ 確認驗證成功後展開服務使用條款

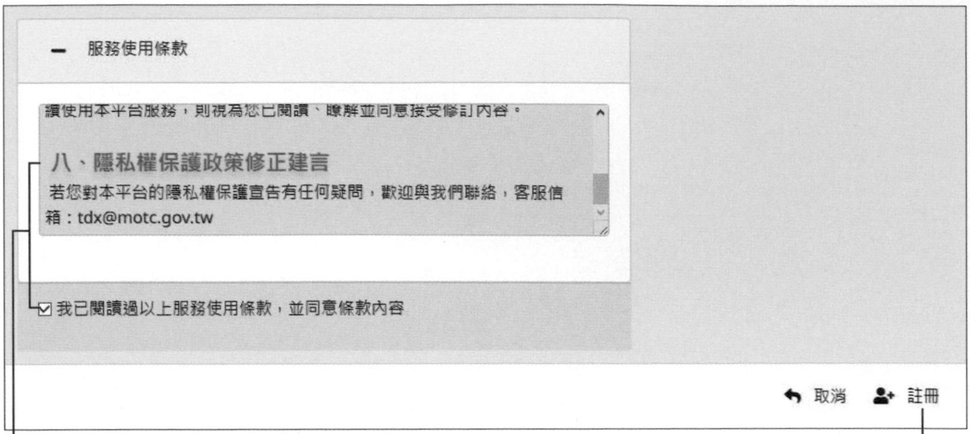

❼ 捲到條款結尾處勾選同意

❽ 按註冊

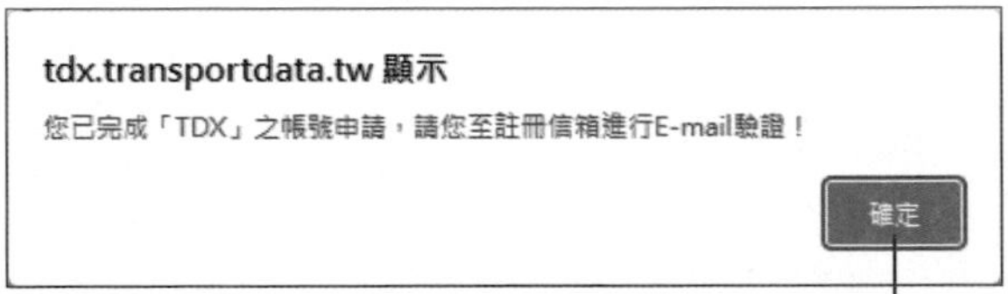

❾ 按此確認後去收信驗證

你會收到這樣的驗證信，請按驗證信中的連結：

驗證成功後，還要等待審核：

審核通過後，會再收到以下的通知信：

【TDX運輸資料流通服務平臺】會員資格審核通過通知 帳號 ×

TDX運輸資料流通服務平臺 <no-reply-tdx@mail.transportdata.tw>
寄給 我

親愛的會員 黃昕暐 您好，
感謝您申請交通部TDX運輸資料流通服務平臺會員。
您所申請的帳號 meebox@gmail.com 資格審核已通過!
歡迎登入TDX運輸資料流通服務平臺，開始使用平臺所提供的各項API與歷史資料服務。

就可以回到 TDX 平台網頁，並以註冊的帳號密碼登入後：

❶ 點選**建立更多金鑰**

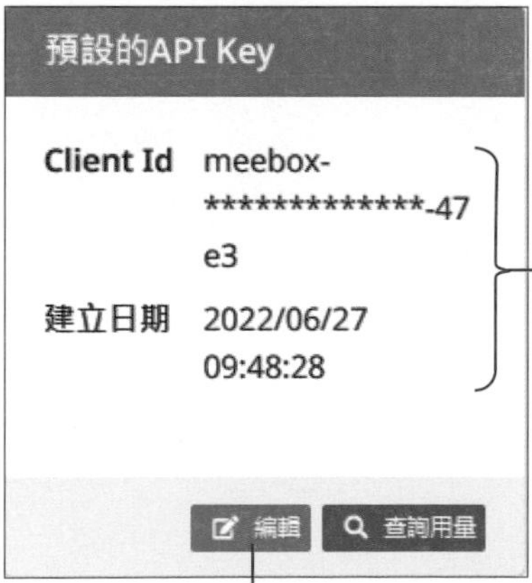

❷ 系統預設幫你建立的金鑰

❸ 按這裡可以顯示金鑰資訊

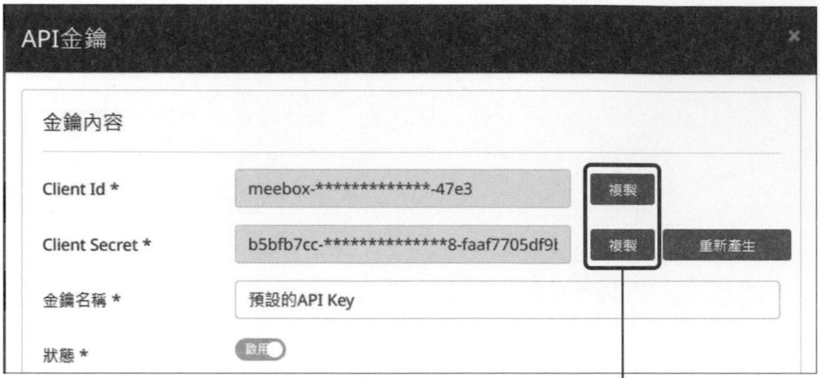

❹ 按此將 ID 與 Secret 複製到其他地方，以下均以**識別碼**及**密鑰**稱呼。

以驗證身分方式使用 API

有了剛剛取得的識別碼與密鑰後，就可以套用驗證資訊突破使用限制了。TDX 平台的驗證機制使用程序如下：

step 01 使用剛剛取得的識別碼與密鑰向 TDX 平台取得**存取令牌 (token)**，這個令牌有時效性，一天後會過期。

step 02 重新以步驟 1 取得的存取令牌透過之前介紹的 API 方式查詢資料。

這個程序比較麻煩，為了將本章重點擺在 action 上，以下都以旗標事先準備好的 **tdx 套件**來使用 API，請執行下一個儲存格從 github 下載套件：

```
1: !git clone https://github.com/FlagTech/tdx.git
```

為了保護識別碼與密鑰避免外洩，這裡我們也採用 Secrets 的方式儲存，請加入以下兩個機密資訊：

```
TDX_ID：你的 TDX 識別碼
TDX_SECRET：你的 TDX 密鑰
```

執行下一個儲存格建立可使用 TDX API 的物件：

```
from google.colab import userdata
from tdx import TDX
tdx_client = TDX(
    userdata.get('TDX_ID'),
    userdata.get('TDX_SECRET')
)
```

從 tdx 模組匯入 TDX 類別

從 Secrets 讀入識別碼以及密鑰建立 TDX 類別的物件

TDX 類別提供有 get_json 方法，等於是原本的 reqeusts.get 加上 json, 方便我們直接取得 JSON 格式的資料。使用時只要傳入個別 API 的網址即可，請執行下一個儲存格測試取得車站基本資料的 API：

```
json_data = tdx_client.get_json(
    f"{api_base_url}Station"
    "?$select=stationName,stationID",
)
```

這一樣會取得台鐵車站的基本資訊，執行時會看到輸出結果：

```
get new access token:
200
access token:eyJhbG...
```

取得令牌

中間的 200 就是 HTTP 的狀態碼，如果不是 200, 代表可能是識別碼或是密鑰錯誤，請回頭確認再重新測試。執行下一個儲存格即可確認資料是否正確：

```
stations = {}
for station in json_data['Stations']:
    station_name = station['StationName']['Zh_tw']
    station_id = station['StationID']
    stations[station_name] = station_id
pprint(stations)
```

顯示結果如下：

```
{
    '基隆': '0900',
    '三坑': '0910',
    '八堵': '0920',
     ...(略)
    '八斗子': '7362',
    '四腳亭': '7380',
    '暖暖': '7390'
}
```

你也可以執行下一個儲存格測試取得起迄站間班次資訊：

```
start_station = '1000'
end_station = '2170'
json_data = tdx_client.get_json(
    f"{api_base_url}DailyTrainTimetable/OD/"
    f"{start_station}"
    "/to/"
    f"{end_station}"
    "/"
    f"{date}"
)
```

除了改用 TDX 類別外，其餘都跟之前一樣。儲存格內是取得台北到通霄的時刻表，一樣可以利用 for 迴圈建立簡潔的時刻表：

```
timetables = []
for timetable in json_data['TrainTimetables']:
    train_no = timetable['TrainInfo']['TrainNo']
    stop_times = timetable['StopTimes']
    start_station = stop_times[0]['StationName']['Zh_tw']
    departure_Time = stop_times[0]['DepartureTime']
    end_station = stop_times[1]['StationName']['Zh_tw']
    arrive_Time = stop_times[1]['ArrivalTime']
    timetables.append({
        'train_no': train_no,
        'start_station': start_station,
        'departure_Time': departure_Time,
```

▼

```
            'end_station': end_station,
            'arrive_Time': arrive_Time
    })

for train in timetables:
    print(train)
```

輸出結果擷取部分內容如下：

```
{
    'train_no': '103',
    'start_station': '臺北',
    'departure_Time': '06:30',
    'end_station': '通霄',
    'arrive_Time': '08:23'
}
...(略)
{
    'train_no': '285',
    'start_station': '臺北',
    'departure_Time': '20:35',
    'end_station': '通霄',
    'arrive_Time': '22:15'
}
...(略)
{
    'train_no': '653',
    'start_station': '臺北',
    'departure_Time': '19:15',
    'end_station': '通霄',
    'arrive_Time': '21:52'
}
```

你會發現其實回覆的資訊並沒有完全按照時間排列，像是比較早開的 653 班次就放在比較晚開的 285 之後。這其實是因為前面是對號車、後面是區間車的關係。為了把班次依照出發時間排序，請執行下一個儲存格**以出發時間為比較條件**，使用內建的 sorted 函式排序：

```
timetables = sorted(
    timetables,
    key=lambda timetable:timetable['departure_Time']
)

for train in timetables:
    pprint(train)
```

執行結果如下：

```
{
    'train_no': '103',
    'start_station': '臺北',
    'departure_Time': '06:30',
    'end_station': '通霄',
    'arrive_Time': '08:23'
}
{
    'train_no': '2007',
    'start_station': '臺北',
    'departure_Time': '07:24',
    'end_station': '通霄',
    'arrive_Time': '09:40'
}
...(略)
{
    'train_no': '285',
    'start_station': '臺北',
    'departure_Time': '20:35',
    'end_station': '通霄',
    'arrive_Time': '22:15'
}
```

你可以看到現在所有班次都依照出發時間排列了。稍後我們就會利用目前所學的一切，實作 ChatGPT 的火車時刻查詢 action 了。

14-3 GPTs action 實作入門 - 以查詢台鐵車站代號為例

為了讓大家瞭解 GPTs action (以下簡稱 action) 實作的基本架構，我們先來實作非常簡易的範例，這個 action 只能查詢台鐵火車站的車站代號，實際使用如下圖：

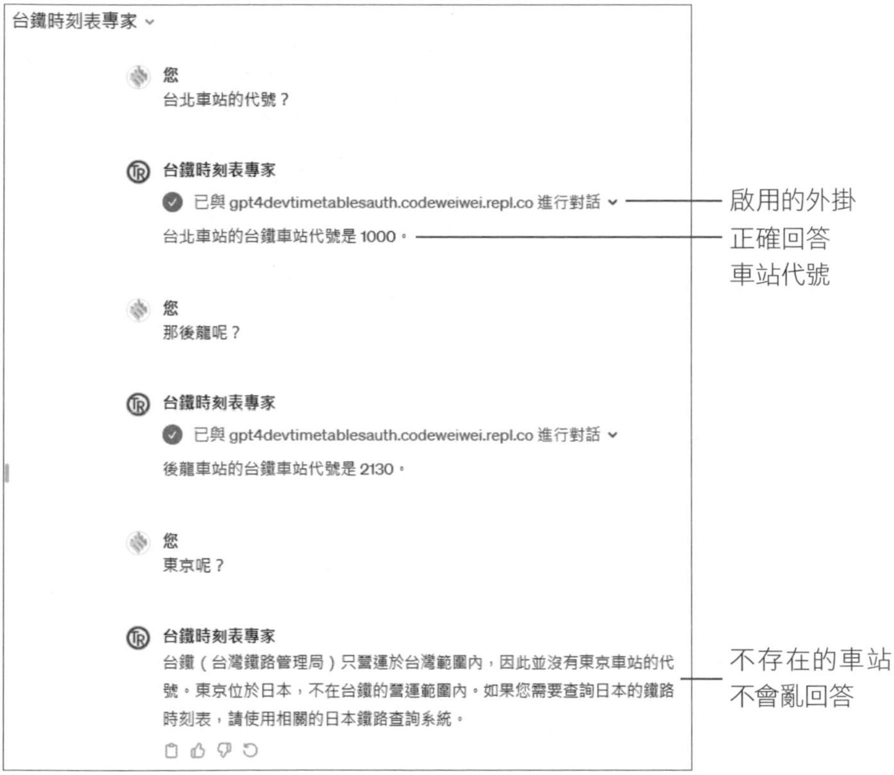
台鐵時刻表專家
您
台北車站的代號？
台鐵時刻表專家
已與 gpt4devtimetablesauth.codeweiwei.repl.co 進行對話
台北車站的台鐵車站代號是 1000。
啟用的外掛
正確回答車站代號
您
那後龍呢？
台鐵時刻表專家
已與 gpt4devtimetablesauth.codeweiwei.repl.co 進行對話
後龍車站的台鐵車站代號是 2130。
您
東京呢？
台鐵時刻表專家
台鐵（台灣鐵路管理局）只營運於台灣範圍內，因此並沒有東京車站的代號。東京位於日本，不在台鐵的營運範圍內。如果您需要查詢日本的鐵路時刻表，請使用相關的日本鐵路查詢系統。
不存在的車站不會亂回答

建立客製版本的 ChatGPT

為了之後的測試，我們先在這一節建立客製版本的 ChatGPT，之後的章節都會以此為基礎：

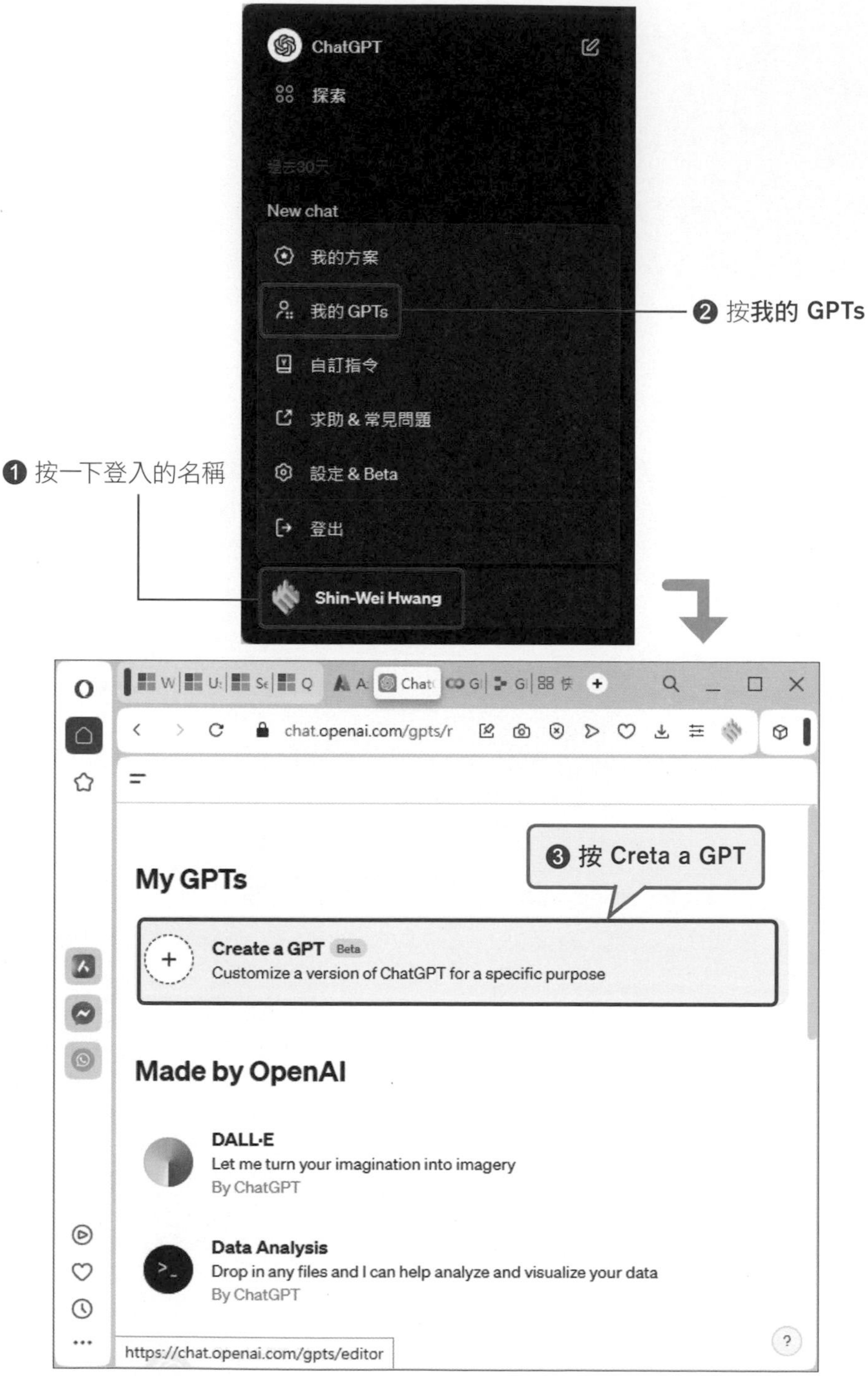
ChatGPT
探索
New chat
我的方案
我的 GPTs
自訂指令
求助 & 常見問題
設定 & Beta
登出
Shin-Wei Hwang
❷ 按我的 GPTs
❶ 按一下登入的名稱
chat.openai.com/gpts/r
❸ 按 Creta a GPT
My GPTs
Create a GPT Beta
Customize a version of ChatGPT for a specific purpose
Made by OpenAI
DALL·E
Let me turn your imagination into imagery
By ChatGPT
Data Analysis
Drop in any files and I can help analyze and visualize your data
By ChatGPT
https://chat.openai.com/gpts/editor

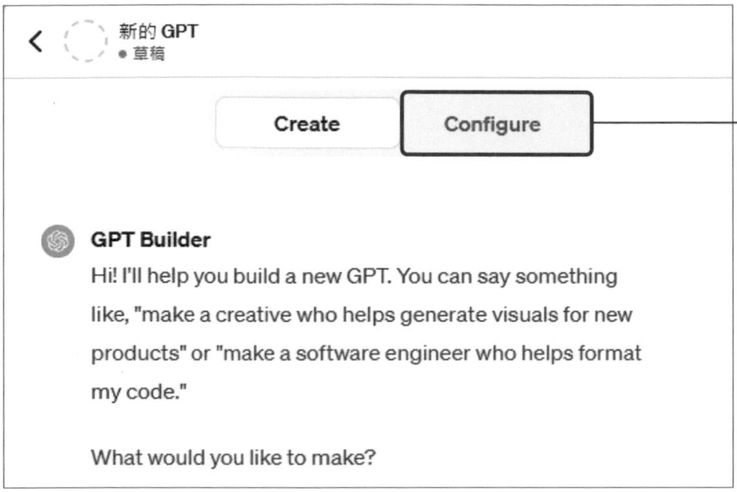
新的 GPT
● 草稿
Create
Configure
GPT Builder
Hi! I'll help you build a new GPT. You can say something like, "make a creative who helps generate visuals for new products" or "make a software engineer who helps format my code."
What would you like to make?

❹ 按此直接切換到設定頁面

台鐵時刻表專家
● 草稿
Create
Configure
Name
台鐵時刻表專家
Description
專門幫你查台鐵時刻表的專家
Instructions
你是一個專門查詢台灣的台鐵火車時刻表的專家
Capabilities
Web Browsing
DALL·E Image Generation
Code Interpreter

❺ 按此上傳你要使用的圖示檔，不上傳也沒關係

❻ 填入 "台鐵時刻表專家 "

❼ 填入 " 專門幫你查台鐵時刻表的專家 "

❽ 填入 " 你是一個專門查詢台灣的台鐵火車時刻表的專家 "

❾ 只勾選 **Code Interpreter**

Tip

即使不上傳圖示也不會影響後續測試，你也可以使用和我們範例一樣的圖示，可在 https://flagtech.github.io/F3762/images/logo.png 下載。

設定完成後，就可以在右側的 **Preview** 區測試，不過因為還沒有加上任何 action，所以如果你現在問它台鐵火車班次，並沒有辦法回答：

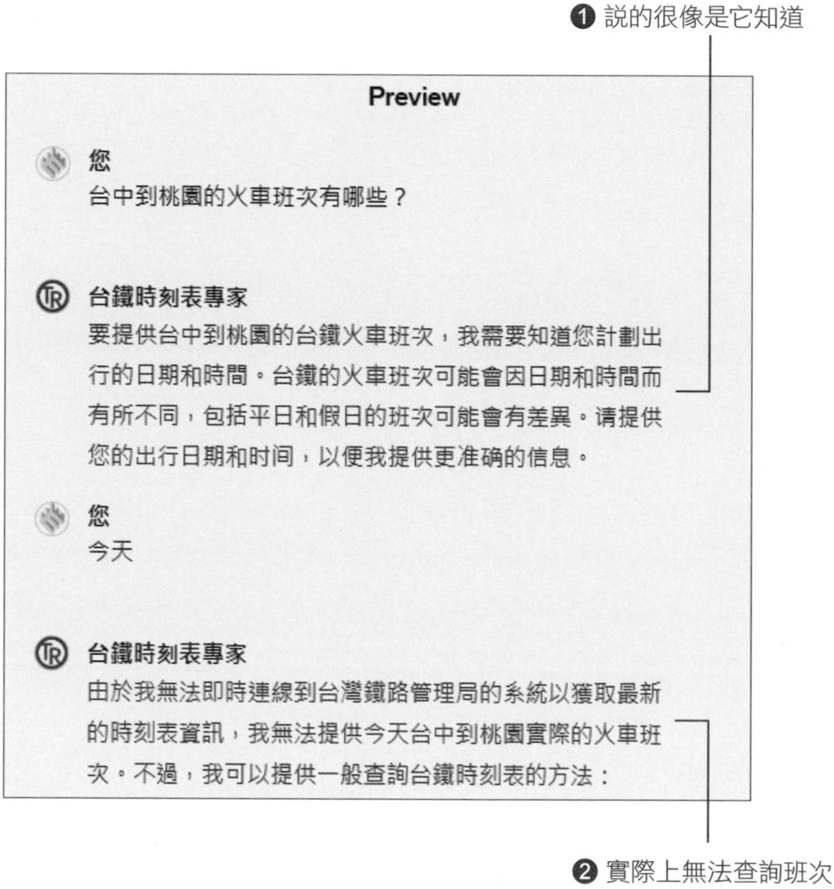

❶ 說的很像是它知道
Preview
您
台中到桃園的火車班次有哪些？
台鐵時刻表專家
要提供台中到桃園的台鐵火車班次，我需要知道您計劃出行的日期和時間。台鐵的火車班次可能會因日期和時間而有所不同，包括平日和假日的班次可能會有差異。请提供您的出行日期和时间，以便我提供更准确的信息。
您
今天
台鐵時刻表專家
由於我無法即時連線到台灣鐵路管理局的系統以獲取最新的時刻表資訊，我無法提供今天台中到桃園實際的火車班次。不過，我可以提供一般查詢台鐵時刻表的方法：
❷ 實際上無法查詢班次

Action 基本架構

Action 包含以下幾個部分：

- **後端程式**：這是一個 HTTP 伺服器，ChatGPT 會在判斷需要使用此 action 時透過 HTTP 與後端程式溝通，傳遞必要的資訊給 action，並參考 action 傳回的內容生成回答。
- **API 規格檔 (API specifications)**：詳細描述 action 提供哪些 API 進入點，每個 API 需要的參數傳入方式與資料型別，以及回覆的內容格式。這份文件可以使用 OpenAPI yaml 格式或是 JSON 格式，慣例上使用 yaml 格式命名為 **openapi.yaml**，也沒有強制放置的路徑，後端程式必須依照這份文件實作所有的 API 進入點。

由於需要實作公開在網路上的後端程式，所以我們一樣會採用 Replit 線上開發環境。請先開啟我們事先準備好的範例檔：

```
https://replit.com/@flagtech/GPT4Devstation
```

開啟後複製 (fork) 到你自己的帳號下，由於此專案使用環境變數儲存 TDX 識別碼與密鑰，所以複製後就會提醒你要設定環境變數的內容：

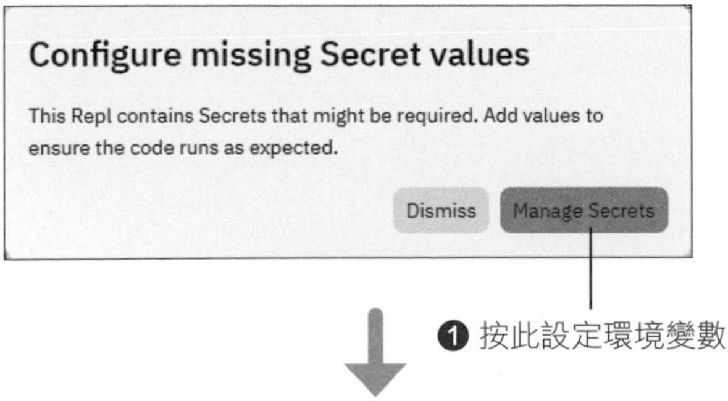

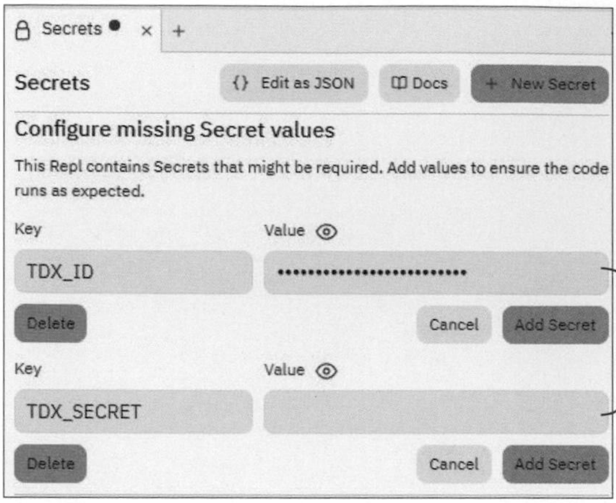

❷ 請依照之前章節的說明填入 TDX 識別碼與密鑰後儲存

這樣就完成了專案的準備工作，接下來我們就一步步來解說完成 action 的個別元件。

API 規格檔

API 規格檔必須以 OpenAPI 的規範描述實際提供哪些 API 服務，以及個別 API 的參數與回覆內容的格式。

Tip

有關 OpenAPI 的規範，可參考 https://spec.openapis.org/oas/v3.1.0。

本例的 API 規格檔內容如下

openapi.yaml

```
openapi: 3.0.1
info:
  title: 台鐵 (台灣鐵路) 簡易 action
  description: 可以讓你指定車站名稱查詢台鐵車站代號的 action
  version: 'v1'
servers:
  - url: [後端程式網址]
paths:
```

▼

```
 9:   /station/{station_name}:
10:     get:
11:       operationId: getStationID
12:       summary: >
13:         依照車站名稱取得台鐵 (台灣鐵路) 車站代號
14:         '0000' 表示沒有這個火車站
15:       parameters:
16:         - in: path
17:           name: station_name
18:           schema:
19:               type: string
20:           required: true
21:           description: 台鐵車站的名稱
22:       responses:
23:         "200":
24:           description: OK
25:           content:
26:             application/json:
27:               schema:
28:                 $ref: '#/components/schemas/getStationIDResponse'
29:
30: components:
31:   schemas:
32:     getStationIDResponse:
33:       type: object
34:       properties:
35:         id:
36:           type: string
37:           description: 車站代號
```

- 第 2~5 是 action 的名稱、説明與版本。
- 第 6~7 行是後端程式的網址，這裡要代入執行之後 Replit 提供給你的網址。
- 第 8 行的 paths 段落就是說明有哪些 API 進入點。
- 第 9 行是本範例唯一的 API 進入點，路徑是 /station/{station_name}，最後的 {station_name} 是用來代入參數，以本例來説，就是代入車站名稱。
- 第 10 行表示此 API 採用 HTTP GET 。

- 第 11 行是此 API 的識別名稱，在 ChatGPT 顯示使用 action 的過程中，就會以此名稱表示使用的 API。
- 第 12~14 行是 API 的功能説明，説明的越清楚，ChatGPT 越能判斷是否可使用此 API 完成任務。

Tip

在 yaml 中可以用 '>' 表示底下多行的文字內容要以空白字元串接起來，方便整齊排列內容較多的文字。

- 第 15 行之後就是這個 API 需要透過路徑傳入的參數，每個參數自成一個項目。
- 第 16~17 行説明此 API 的唯一參數：

欄位	説明
in	參數可透過路徑、查詢字串、表頭傳入，本例 path 表示是透過路徑傳入
name	表示是路徑中的哪一個變數，此例就對應到 station_name
schemma	參數的資料類型，此例就是字串
required	是否為必要參數
description	參數的用途，此例就是傳遞要查詢代號的車站名稱

- 第 22 行開始就是此 API 的回覆，必須針對不同的狀態碼説明。
- 第 23~28 説明狀態碼 200 時回覆的內容格式：

欄位	説明
description	表示狀態碼 200 代表的意義
content	實際回覆內容的格式，本例表示回覆內容是 JSON 格式，詳細內容則是在 components 下 schemas 的 getStationIDResponse 段落中描述

- 第 32~37 就是説明本例唯一的 API 回覆內容的格式，此例表示回覆內容是一個 JSON 物件，內含 id 屬性，值為字串，後端程式會透過這個 id 屬性送回查到的車站代號。

透過 API 規格檔的描述，ChatGPT 就會知道 action 提供有哪些 API, 使用時該傳入哪些參數，如何解譯收到的回覆。實際的流程是 ChatGPT 會先透過 API 規格檔判斷應該使用哪些 API 來完成。API 規格檔的內容應該詳細說明才能協助 ChatGPT 正確判斷，否則辛辛苦苦寫好的 action, ChatGPT 根本不覺得該用它，那就做白工了。

再往下進行之前，也請**記得修改 API 規格檔中第 7 行的後端程式網址**。

請先執行你的 Replit 專案，在自動開啟的 Webview 窗格右上角按一下開新頁面的按鈕：

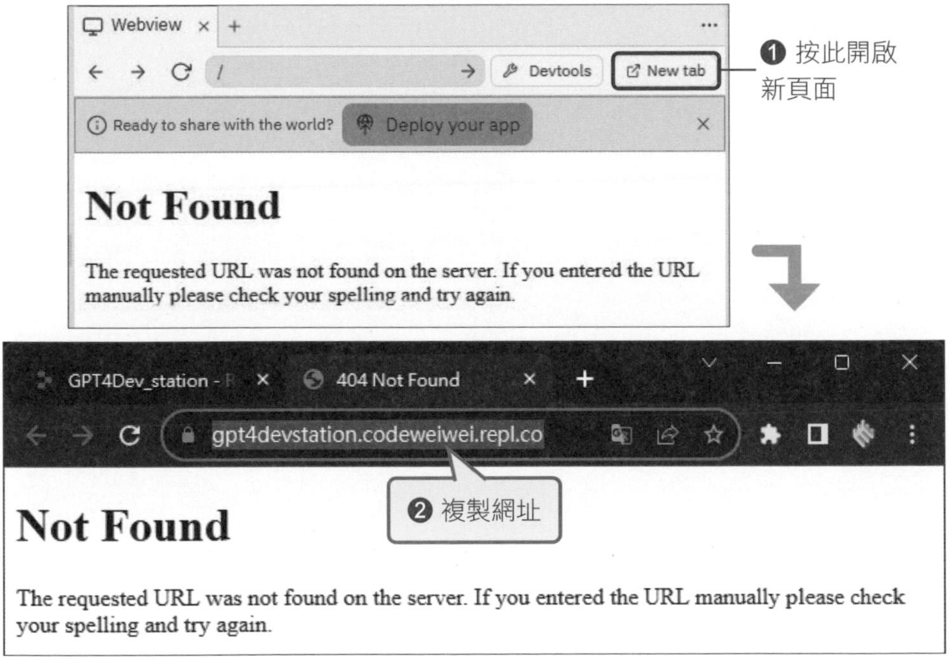

以 gtp4devstation.codeweiwei.repl.co 為例，就要將 API 規格檔中的網址改為：

```
6: servers:
7:   - url: https://gtp4devstation.codeweiwei.repl.co
```

後端程式

現在離 action 可以運作只剩下最後一步了，我們一樣使用 flask 框架撰寫後端程式，並且預先將前一節介紹過的 tdx 套件放入專案內直接使用。底下是本專案的程式碼內容：

Tip

如果自行建立新專案，可以在 Replit 中的**工具**區開啟 **shell**，直接下達 git clone https://github.com/FlagTech/tdx.git 將 tdx 套件複製到專案中。

```
from flask import Flask, send_file
import json
import os
from tdx import TDX

app = Flask(__name__)

api_base_url = ('https://tdx.transportdata.tw/api/basic/v3/'
                'Rail/TRA/')
stations = {}
tdx_client = None

def replace_common_chars(name: str):
    return name.replace('台', '臺')

@app.get("/station/<string:station_name>")
def get_station_id(station_name):
    station_name = replace_common_chars(station_name)
    res = {"id": stations.get(station_name, '0000')}
    return json.dumps(res)

@app.get("/openapi.yaml")
def openapi_spec():
    return send_file("./openapi.yaml", mimetype="text/yaml")

def get_stations():
    global stations
    json_data = tdx_client.get_json(
        f"{api_base_url}Station"
```

```
30:             "?$select=stationName,stationID", )
31:     stations = {}
32:     for station in json_data['Stations']:
33:         station_name = station['StationName']['Zh_tw']
34:         station_id = station['StationID']
35:         stations[station_name] = station_id
36:         print(f'{station_name}:{station_id}')
37:
38: if __name__ == "__main__":
39:     if (os.getenv('TDX_ID') == None
40:         or os.getenv('TDX_SECRET') == None):
41:         print('請設定 TDX_ID 及 TDX_SECRET 環境變數')
42:         exit(-1)
43:     tdx_client = TDX(os.getenv('TDX_ID'), os.getenv('TDX_SECRET'))
44:     get_stations()
45:     app.run(host='0.0.0.0', port=5000)
```

- 第 8~9 行是組合台鐵 API 的基本網址，方便之後程式撰寫。
- 第 10 行的 stations 是稍後會用來蒐集台鐵車站站名與代號的字典。
- 第 14 行是將站名中的 " 台 " 字替換成台鐵資料中使用的 " 臺 " 字。
- 第 17 行就是用來處理查詢車站代號的 API，作法就是到 stations 字典中以車站為索引鍵取值，查詢的車站不存在時就傳回 '0000'，實際傳回的內容要依照前面 API 規格檔中的描述，傳回 JSON 物件。
- 第 22 行是用來傳回 API 規格檔的函式。
- 第 26 行是依照 14-2 節取得車站基本資料，並且製作以車站名稱為索引鍵，車站代號為項目值的字典。
- 第 39 行會在環境變數沒有正確設定時終止程式。
- 第 43~44 行會在後端程式啟動時先取得車站資料建立好字典。

測試 action

請確認已經把 API 規格檔中的後端程式路徑修改好，請特別留意 Replit 內建瀏覽器上網址列內的網址可能沒有開頭的 "https://"，記得自行補上，不然稍後安裝 action 時會出錯。

接著就可以在客製版本的 ChatGPT 中安裝 action 了，請回到 **Configure** 頁次中，往下捲按**創建新動作**鈕：

❶ 按此進入 action 設定頁面

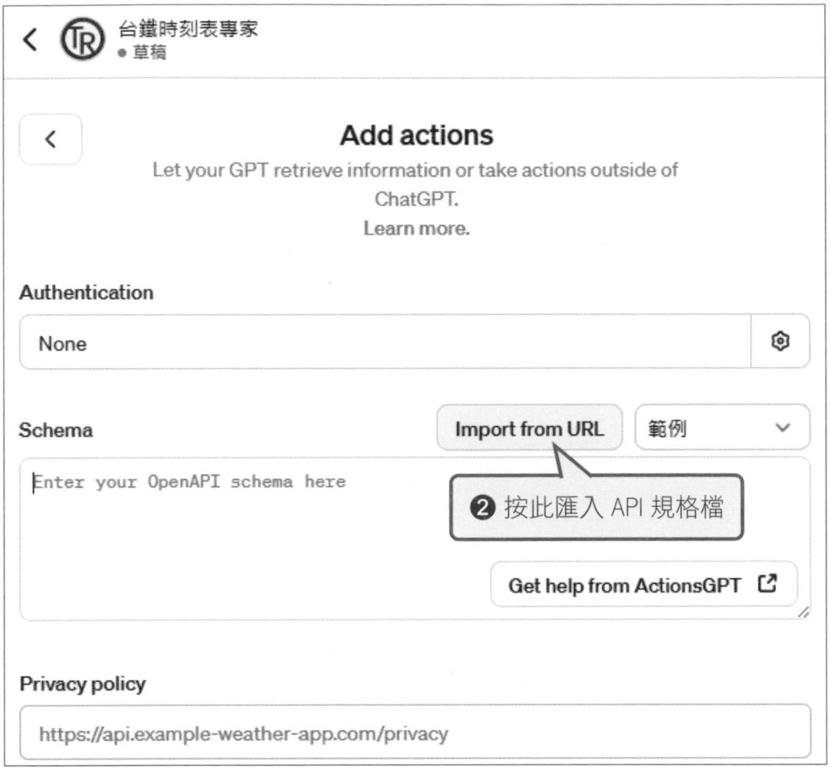

❸ 填入 API 規格檔的網址，如果 Replit 給你的網址是 https://gpt4devstation.codeweiwei.repl.co/，那麼 API 規格檔的網址就是 https://gpt4devstation.codeweiwei.repl.co/openapi.yaml

你也可以將 API 規格檔的內容複製後直接貼入，就不用透過網址匯入了

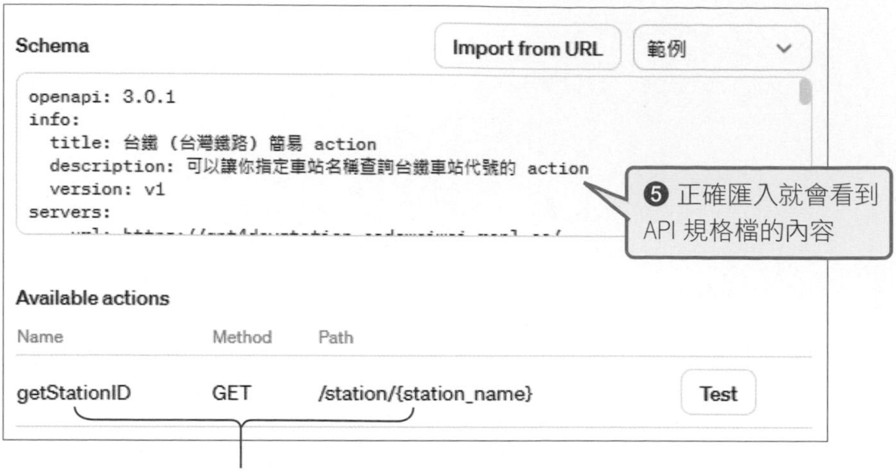

❻ 出現 API 規格檔中描述的 API 識別名稱與 API 路徑

如果匯入後看到紅色的錯誤訊息：

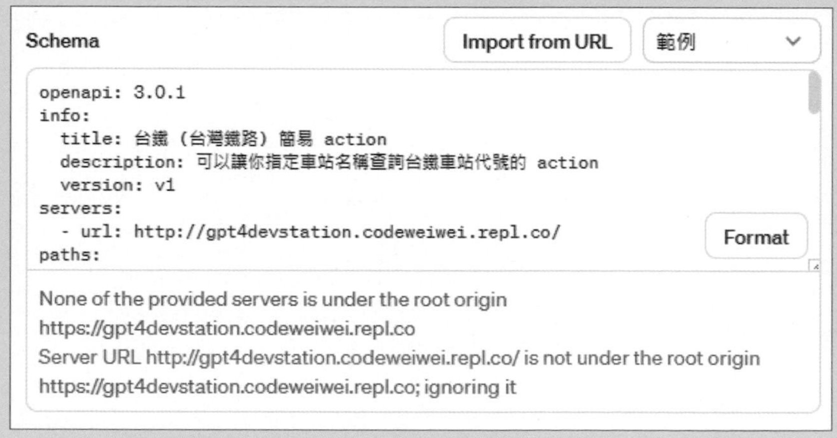

應該就是 API 規格檔中後端伺服器的網址有錯，像是上例圖中就是網址的 https 打成 http 了。

這樣就完成 action 的安裝，接著就可以在右側的 **Preview** 詢問台鐵車站代號的問題了：

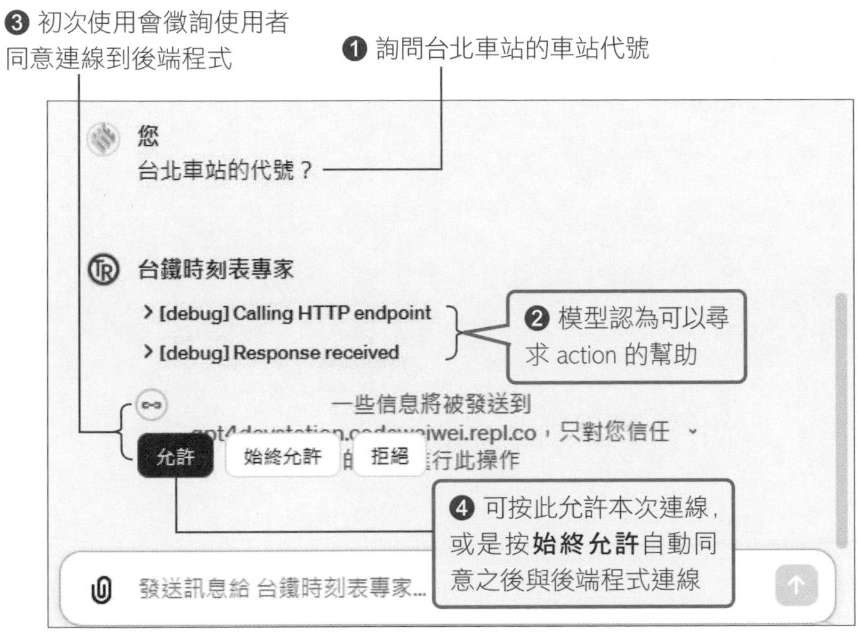

❸ 初次使用會徵詢使用者同意連線到後端程式
❶ 詢問台北車站的車站代號
您
台北車站的代號？
台鐵時刻表專家
> [debug] Calling HTTP endpoint
> [debug] Response received
❷ 模型認為可以尋求 action 的幫助
一些信息將被發送到 gpt4devstation.codeweiwei.repl.co，只對您信任的網站進行此操作
允許
始終允許
拒絕
❹ 可按此允許本次連線，或是按**始終允許**自動同意之後與後端程式連線
發送訊息給 台鐵時刻表專家...

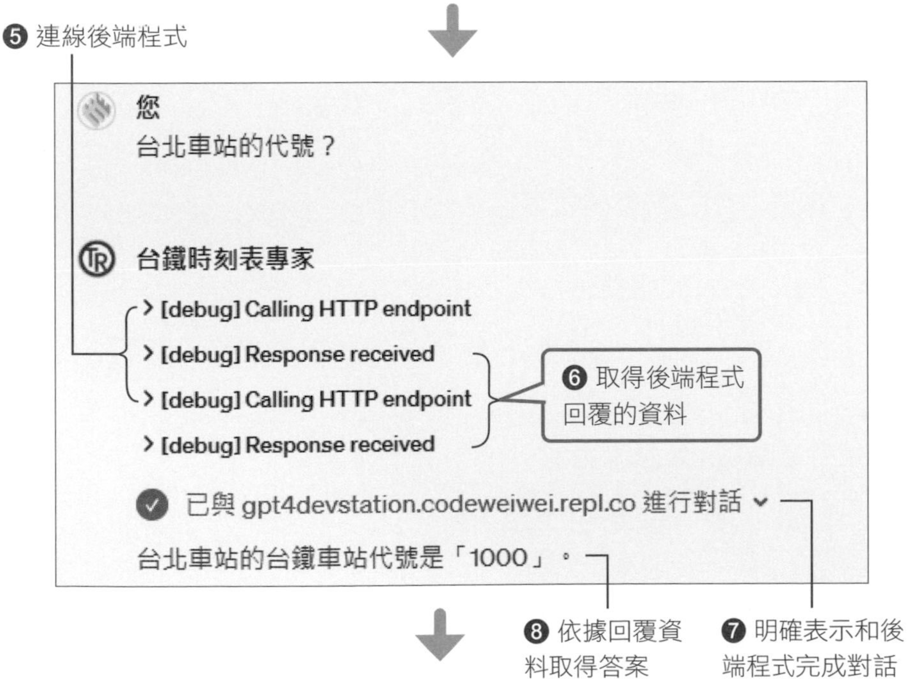

❺ 連線後端程式
您
台北車站的代號？
台鐵時刻表專家
> [debug] Calling HTTP endpoint
> [debug] Response received
> [debug] Calling HTTP endpoint
> [debug] Response received
❻ 取得後端程式回覆的資料
已與 gpt4devstation.codeweiwei.repl.co 進行對話
台北車站的台鐵車站代號是「1000」。
❽ 依據回覆資料取得答案
❼ 明確表示和後端程式完成對話

你可以看到在回覆中會先出現 [debug] 訊息，這可以讓你觀察模型實際上使用了哪些 action 以及 action 的回覆內容，例如：

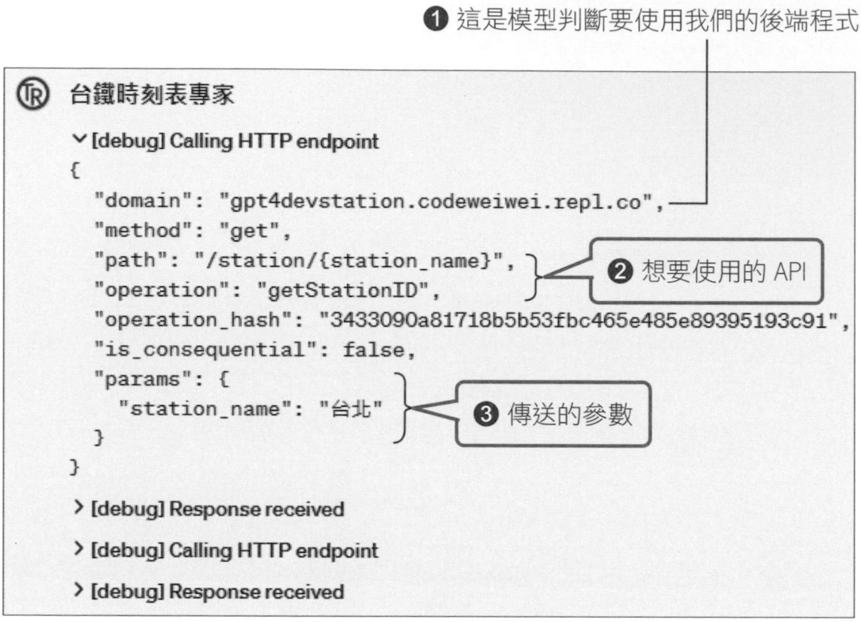

❶ 這是模型判斷要使用我們的後端程式
台鐵時刻表專家
[debug] Calling HTTP endpoint
{
"domain": "gpt4devstation.codeweiwei.repl.co",
"method": "get",
"path": "/station/{station_name}",
"operation": "getStationID",
"operation_hash": "3433090a81718b5b53fbc465e485e89395193c91",
"is_consequential": false,
"params": {
"station_name": "台北"
}
}
❷ 想要使用的 API
❸ 傳送的參數
[debug] Response received
[debug] Calling HTTP endpoint
[debug] Response received

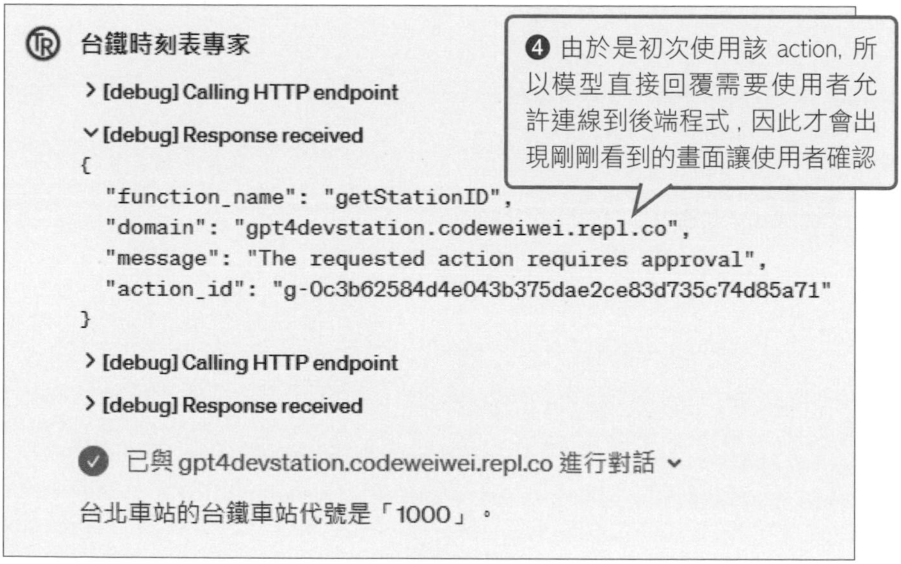

台鐵時刻表專家
❹ 由於是初次使用該 action，所以模型直接回覆需要使用者允許連線到後端程式，因此才會出現剛剛看到的畫面讓使用者確認
[debug] Calling HTTP endpoint
[debug] Response received
{
"function_name": "getStationID",
"domain": "gpt4devstation.codeweiwei.repl.co",
"message": "The requested action requires approval",
"action_id": "g-0c3b62584d4e043b375dae2ce83d735c74d85a71"
}
[debug] Calling HTTP endpoint
[debug] Response received
已與 gpt4devstation.codeweiwei.repl.co 進行對話
台北車站的台鐵車站代號是「1000」。

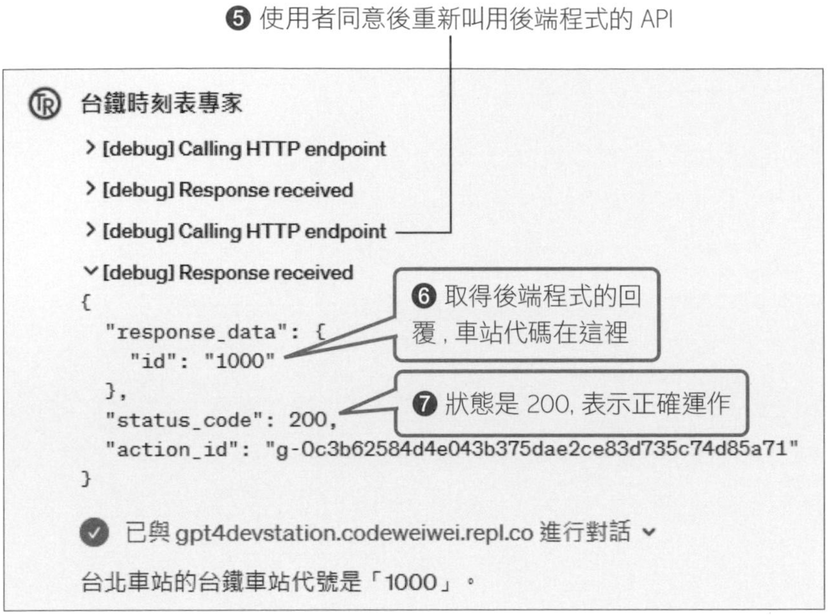
❺ 使用者同意後重新叫用後端程式的 API
台鐵時刻表專家
> [debug] Calling HTTP endpoint
> [debug] Response received
> [debug] Calling HTTP endpoint
∨ [debug] Response received
{
"response_data": {
"id": "1000"
},
"status_code": 200,
"action_id": "g-0c3b62584d4e043b375dae2ce83d735c74d85a71"
}
❻ 取得後端程式的回覆，車站代碼在這裡
❼ 狀態是 200，表示正確運作
已與 gpt4devstation.codeweiwei.repl.co 進行對話
台北車站的台鐵車站代號是「1000」。

透過這樣的方式，ChatGPT 就可以和我們所撰寫的後端程式溝通，使用個別的 API 完成原本它無法做到的事情了。

14-4 加入時刻表查詢功能

有了前面的基礎，我們就可以再進一步，把指定起迄站查詢班次的功能加上去，我們需要完成以下幾件事：

- 修改 API 規格檔，新增可以依照起迄站代號查詢班次的 API 說明。
- 修改後端程式，提供剛剛新增的 API 。

接著，請開啟我們事先準備好的 Replit 專案：

```
https://replit.com/@flagtech/GPT4Devtimetables
```

開啟後請依循相同的步驟複製到自己的帳號下，並設定好 TDX 識別碼以及密鑰。請先執行專案，從內建的瀏覽器取得專案公開的網址。

修改 API 規格檔

我們預定新增一個 API，進入點是 "/timetables/{start_station}/{end_station}"，其中 start_station 與 end_station 分別是起點站與目的地站的車站代號，API 會以 JSON 物件回覆，以下是 API 規格檔中新增的部分：

openapi.yaml

```
openapi: 3.0.1
info:
  title: 台鐵 (台灣鐵路) 簡易 action
  description: >
    可以讓你指定車站名稱查詢台鐵車站代號,
    也可以讓你指定起點車站與目的地車站查詢班次與時間表的 action
  version: 'v1'
servers:
  - url: [後端程式網址]
paths:
  /station/{station_name}:
  ...
  /timetables/{start_station}/{end_station}:
    get:
      operationId: getTimetables
      summary: >
        依照台鐵的起點站與目的地站取得班次與時刻表,
        所有時間都是台灣時區的時間
      parameters:
          - in: path
            name: start_station
            schema:
                type: string
            required: true
            description: 起點站的台鐵車站代號
```

▼

```
          - in: path
            name: end_station
            schema:
                type: string
            required: true
            description: 目的地站的台鐵車站代號
      responses:
        "200":
          description: OK
          content:
            application/json:
              schema:
                $ref: '#/components/schemas/getTimetablesResponse'

components:
  schemas:
    getStationIDResponse:
    ...
    getTimetablesResponse:
      type: object
      properties:
        now:
          type: string
          description: ISO 8601 格式的現在日期時間
        timetables:
          type: array
          items:
            type: object
            properties:
              train_no:
                type: string
                description: 火車班次號碼
              start_station:
                type: string
                description: 起點站車站名稱
              departure_time:
                type: string
                description: 開車時間 (台灣時間)
              end_station:
                type: string
                description: 目的地站車站名稱
              arrive_time:
                type: string
                description: 到站時間 (台灣時間)
          description: 依照到達時間排序好的班次時刻表
```

- 第 31 行是新增的 API, 命名為 getTimetables, 有兩個從路徑輸入的字串參數，分別代表起迄站的車站代號。這個 API 會回覆 JSON 物件，詳細格式描述在 components 的 schemas 下的 getTimetablesResponse 段落：
- 第 66 就是描述新的 API 傳回物件的內容，getTimetablesResponse 有兩個屬性：

屬性	說明
now	以 ISO 8601 格式, 也就是 "YYYY-MM-DDTHH:MM:00+08:00" 這樣的格式表示的目前時間, 日期與時間之間有 "T" 相隔, 最後面是以 ± HH:MM 格式表示的時區, 像是台北時區就是 +08:00 比 UTC 快 8 小時的意思
timetables	這是一個陣列, 陣列中每個項目是一個物件, 代表一班車的資訊, 這個物件的個別屬性名稱及意義都跟我們在 14-2 節時建立的字典一樣

- 請記得要修改後端程式網址，這樣才能讓 action 正確運作。

修改後端程式

後端程式就依照 API 規格檔的修改，增加這個 API 的程式碼，以下是相對應的部分：

```
...(略)
@app.get("/timetables/<string:start_station>/<string:end_station>")
def get_timetables(start_station, end_station):
    now = time.localtime(time.time() +      # 取得 epoch 時間
                         time.timezone +  # 復原成 UTC 時間
                         28800)  # UTC+8 台北時區
    date = f"{now.tm_year}-{now.tm_mon:02d}-{now.tm_mday:02d}"
    json_data = tdx_client.get_json(
        f"{api_base_url}DailyTrainTimetable/OD/"  # 起訖站時刻表網址
        f"{start_station}"  # 起點站
        "/to/"
        f"{end_station}"     # 目的地站
        "/"
        f"{date}")  # 今天日期
    timetables = []  # 蒐集班車資訊
    for timetable in json_data['TrainTimetables']:
        train_no = timetable['TrainInfo']['TrainNo']
        stop_times = timetable['StopTimes']  # 停靠站資訊
```

▼

```
32:         start_station = stop_times[0]['StationName']['Zh_tw']
33:         departure_Time = stop_times[0]['DepartureTime']
34:         end_station = stop_times[1]['StationName']['Zh_tw']
35:         arrive_Time = stop_times[1]['ArrivalTime']
36:         timetables.append({  # 加入班車資訊
37:             'train_no': train_no,  # 車次
38:             'start_station': start_station,  # 起站
39:             'departure_Time': departure_Time,  # 開車時間
40:             'end_station': end_station,  # 訖站
41:             'arrive_Time': arrive_Time  # 到站時間
42:         })
43:     timetables = sorted(
44:         timetables,  # 依照出發時間排序
45:         key=lambda time_table: time_table['departure_Time'])
46:
47:     res = {
48:         # ISO 8601 格式的台灣時區時間
49:         'now': f'{date}'
50:                f'T{now.tm_hour:02d}:{now.tm_min:02d}:00'
51:                f'+08:00',
52:         'timetables': timetables  # 時刻表
53:     }
54:     return json.dumps(res)
55:
56: def replace_common_chars(name: str):
57:     return name.replace('台', '臺')
58:
59: @app.get("/station/<string:station_name>")
60: def get_station_id(station_name):
61:     station_name = replace_common_chars(station_name)
62:     res = {"id": stations.get(station_name, '0000')}
63:     return json.dumps(res)
64:
...(略)
```

- 第 17~19 行是取得目前的台北時間。由於 Replit 的主機並不在台北時區，所以取得時間後，依照主機所在的時區變換回 UTC 時間，然後加上 28800 秒，也就是 8 小時，就可以得到台北時區的時間。
- 第 20 行就可以據此組出符合 TDX API 所需格式的日期部分。
- 第 21~45 行就依照 14-2 節的方式，取得指定起迄站之間車次資訊，再建立一個依照開車時間排序的時刻表。

- 第 47~53 行依據 API 規格檔的說明建立結合現在時間與時刻表的字典，最後在 54 行轉換為 JSON 格式後傳回。

其餘的部分都跟前一個專案一模一樣，可自行參考。

測試 Action

請確認已經改好 API 規格檔中後端程式的路徑，即可重新執行專案，依照前一節的說明安裝 action：

確認安裝完成後即可測試：

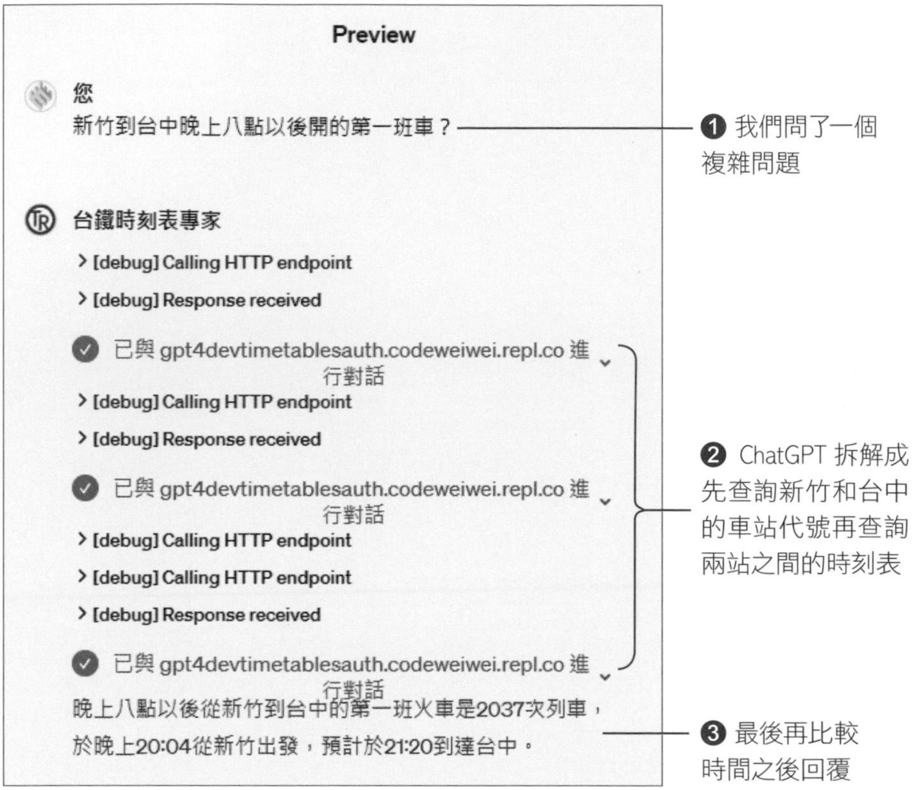
Preview
您
新竹到台中晚上八點以後開的第一班車？
台鐵時刻表專家
[debug] Calling HTTP endpoint
[debug] Response received
已與 gpt4devtimetablesauth.codeweiwei.repl.co 進行對話
[debug] Calling HTTP endpoint
[debug] Response received
已與 gpt4devtimetablesauth.codeweiwei.repl.co 進行對話
[debug] Calling HTTP endpoint
[debug] Calling HTTP endpoint
[debug] Response received
已與 gpt4devtimetablesauth.codeweiwei.repl.co 進行對話
晚上八點以後從新竹到台中的第一班火車是2037次列車，於晚上20:04從新竹出發，預計於21:20到達台中。
❶ 我們問了一個複雜問題
❷ ChatGPT 拆解成先查詢新竹和台中的車站代號再查詢兩站之間的時刻表
❸ 最後再比較時間之後回覆

你可以看到 ChatGPT 並不一定只是單純使用 action, 而是有可能拆解任務之後多次使用 action, 最後才回覆問題。你也可以觀察整個過程，瞭解 ChatGPT 使用 action 的方式。

這樣的運作流程代表著我們不需要撰寫複雜的完整程式，而是作為特定功能的提供者，接著只要使用自然語言，ChatGPT 自己就會依據你下的指令規劃出完整的流程，並依據流程自行選用適當的 action, 最後再回答問題。這很像是我們只要用口語的方式就能寫程式，有點『**自然語言程式設計 (natural language programming)**』的味道了。

儲存客製的 ChatGPT

設計好 action 後，就可以儲存客製的 ChatGPT 請別人協助測試或是公開給大家使用，不過要注意的是，因為 ChatGPT 會將使用者鍵入的資料以 action 指定的 API 格式送給後端程式，這有可能涉及隱私，所以若是要將客製的 ChatGPT 以**只有擁有連結的人**或是**公開**方式儲存，必須在 action 頁面最底下填入你自己制訂的隱私權保護政策頁面網址：

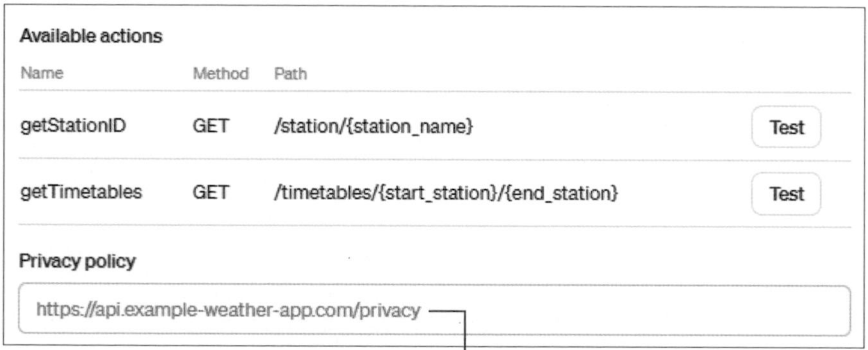

Available actions
Name
Method
Path
getStationID
GET
/station/{station_name}
Test
getTimetables
GET
/timetables/{start_station}/{end_station}
Test
Privacy policy
https://api.example-weather-app.com/privacy

action 的設定頁面這裡一定要填才能公開客製版本的 ChatGPT 給其他人使用

如果沒有填寫隱私權保護政策頁面網址，要以**只有擁有連結的人**或是**公開**方式儲存時就會看到如右的錯誤畫面：

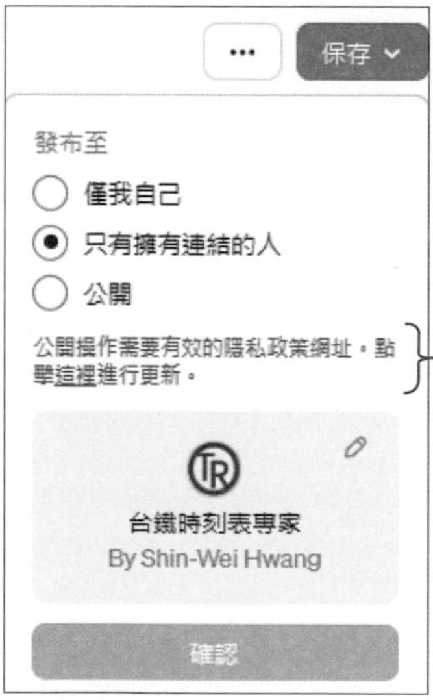

...
保存
發布至
僅我自己
只有擁有連結的人
公開
公開操作需要有效的隱私政策網址。點擊這裡進行更新。
台鐵時刻表專家
By Shin-Wei Hwang
確認

明確指出必須填寫隱私權保護政策網址

14-5 身分驗證 - 使用 API 金鑰

由於 action 的後端程式是公開在網路上，任何人都可以連入，如果不想要浪費資源提供服務給不是從 ChatGPT 送過來的請求，或是你的 action 需要驗證身分後取用個人專屬的資源，就需要在 action 中啟用身分驗證。

action 可以設定右表三種認證方式：

認證方式	説明
None	不驗證身分，後端程式會處理所有連入的請求，而不單單處理 ChatGPT 送來的請求
API Key	以 API 金鑰驗證身分，後端程式可以拒絕沒有驗證通過的的請求，避免浪費資源
OAuth	以 oauth 驗證方式確認使用者身分，只有驗證成功的登入者才可使用後端程式

在這一節中，我們要介紹啟用 API Key 身分驗證的方法。這種作法就是幫 action 指定一個金鑰，並設定以 basic, Bearer 或是自訂表頭的方式讓 ChatGPT 嵌入金鑰跟後端程式溝通，後端程式可以檢查金鑰正確性來決定是否處理請求。本例使用 Bearer 身分驗證。

設定金鑰

請開啟這一節的專案 https://replit.com/@flagtech/GPT4Devtimetablesauth, 複製到你自己的帳號下，依照前面章節的説明，設定環境變數，本節的範例除了要設定 TDX 平台的識別碼與金鑰外，也把要配發給 ChatGPT 的金鑰設定在環境變數中，名稱為 SERVICE_AUTH_K EY：

本例中我們使用簡易的 "12345678" 當成金鑰，實務上你應該使用更混亂難猜的方式。

啟用金鑰

請先執行專案，從內建的瀏覽器網址列取得後端程式的公開網址後，修改 API 規格檔內的後端程式網址，請記得要加上 "https://" 開頭。這樣就可以進行 action 的安裝程序：

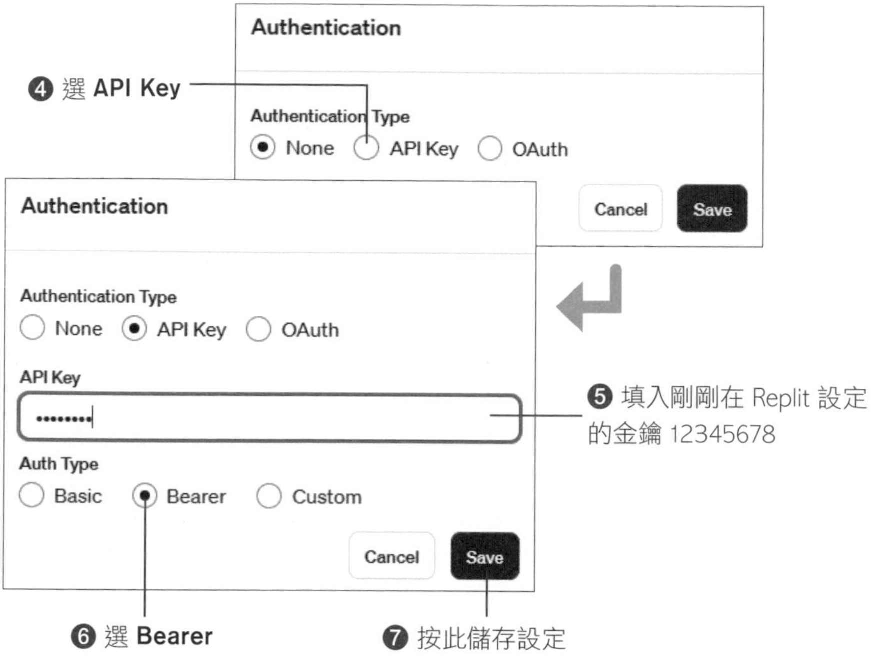

這樣就設定好 action 的認證方式了。

修改後端程式

啟用身分驗證後，也要連同後端程式修改進行身分驗證，否則並不會有任何效用。請依照以下項目分別修改程式碼：

- 由於 Bearer 驗證是透過表頭傳送金鑰，所以要在第 1 行中多匯入 request 物件，藉由它的 headers 屬性取得表頭內容。

```
1: from flask import (Flask, request, send_file)
```

- 接著在第 9 行加入從環境變數讀取配發給 ChatGPT 的金鑰：

```
8: # 取得金鑰
9: _SERVICE_AUTH_KEY = os.getenv('SERVICE_AUTH_KEY')
```

- 然後在 11~13 行加入從表頭中取得金鑰，跟環境變數中記錄的內容比對進行驗證的函式：

```
11: def assert_auth_header():
12:     assert request.headers.get(
13:         "Authorization", None) == f"Bearer {_SERVICE_AUTH_KEY}"
```

這裡的作法很簡單，因為後端程式只對 ChatGPT 服務，因此這裡應該要驗證通過，只要驗證不過就停止程式。實務上你可以在這裡回應 **HTTP 狀態碼 401** 讓請求端知道是驗證沒過。

- 有了上述驗證身分的函式後，就只要在提供個別 API 的地方叫用這個函式驗證身分即可：

```
@app.get("/timetables/<string:start_station>/<string:end_station>")
def get_timetables(start_station, end_station):
    assert_auth_header()
    now = time.localtime(time.time() +  # 取得 epoch 時間
                         time.timezone +  # 復原成 UTC 時間
                         28800)  # UTC+8 台北時區
...(略)
@app.get("/station/<string:station_name>")
def get_station_id(station_name):
    assert_auth_header()
    station_name = replace_common_chars(station_name)
    res = {"id": stations.get(station_name, '0000')}
    return json.dumps(res)
...(略)
```

請特別留意，只有**提供 API 的函式才需要驗證身分**，提供 API 規格檔的函式是在還沒有設定好金鑰的安裝過程中就會執行，如果在這些函式中也驗證身分，就會因為驗證不過無法取得相關檔案導致安裝失敗。

完成上述修改後，請**重新執行後端程式**。

測試 Action

本節的 action 除了啟用身分驗證以外，其餘功能都和前一節的 action 一樣，請參考前一節的說明測試。

14-6 身分驗證 - 串接 Google 帳號

如果你的外掛需要針對個別使用者驗證身分，例如會依據使用者存取專屬的資源，可以改用 OAuth 驗證方式，相關說明可以參考 OpenAI 官方文件：

```
https://platform.openai.com/docs/plugins/authentication/oauth
```

這一節會以串接 Google OAuth2 API 為例，要求使用者必須登入 Google 帳號才能使用我們設計的 action, 有了登入機制後，你就可以取得使用者的 email 或是姓名等相關資訊，或者也可以串接其他 Goole API 設計更豐富的功能。本節主要以如何搭配 action 的認證機制串接 Google 帳號為主，延伸應用部分就留待各位讀者盡情發揮了。

OAuth 認證基本流程

在 action 中使用 OAuth 認證方式，基本流程如下：

step 01 GPTs 發現要使用的 action 需要 OAuth 認證，顯示登入帳號的按鈕。

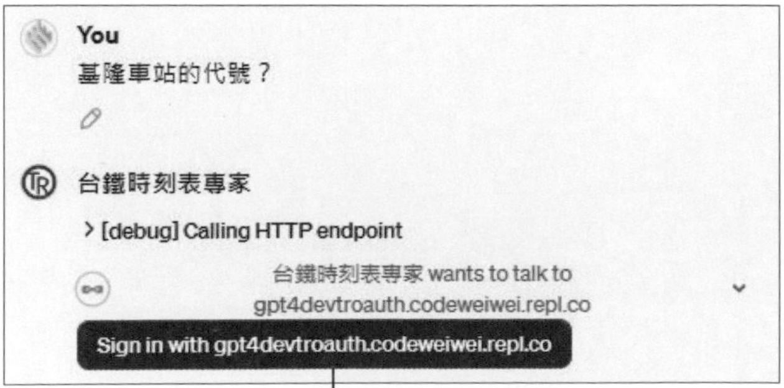

通知使用者要登入帳號才能使用

step 02 如果使用者按下登入的按鈕，GPTs 會依據我們提供的登入頁面網址轉往該頁面讓使用者登入，本例我們會串接 Google 帳號，所以會轉往 Google 帳號的登入頁面：

使用者可選取要登入的 Google 帳號

提醒使用者會傳送哪些資訊給後端程式

step 03 登入帳號後 Google 會把頁面轉回我們另外指定的網址，後端程式的實作必須再將頁面轉回 GPTs 頁面，若登入帳號無誤，就會看到登入成功的提示：

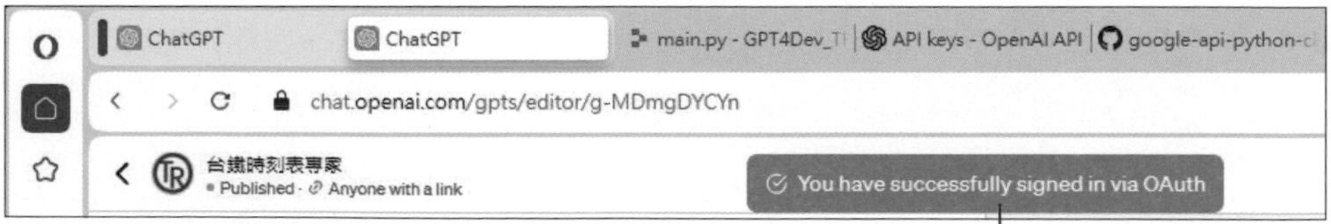

確認經由 OAuth 成功登入

step 04 登入成功若沒有接續執行 action，請再重新提問，和使用 API 金鑰認證一樣，會提醒使用者輸入資料會送往後端程式，要取得允許才能繼續：

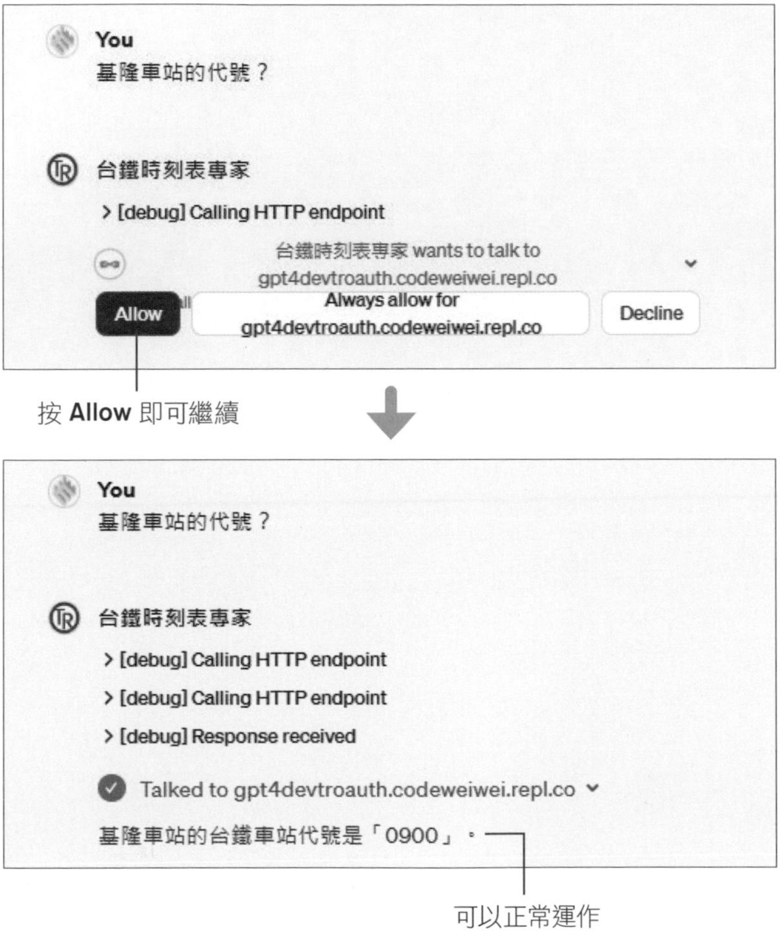

上述過程中，我們必須提供以下資訊：

- 負責**登入**頁面的網址，也就是使用者按下 GPTs 上的登入鈕後要轉去的頁面，這在 action 的設定稱為 **Authorization URL**。
- 用來**接收通知**登入狀況的網址，也就是使用者登入帳戶過程中，Google 通知我們狀態的網址，這在 OAuth 的術語裡面稱為 **Redirect URL**。

- 用來**取得存取令牌 (access token)** 的網址，這在 action 的設定稱為 **token URL**，有這個存取令牌才能讀取使用者的相關資訊。

以下我們就依序先把後端程式跑起來，再把串接 Google 帳號的部分設定好，然後修改 action 的認證方式，最後再解說後端程式跟 Google 登入帳號有關的部分。

執行後端程式

由於 OAuth 認證要設定的內容都跟後端程式有關，請先開啟專案檔：

```
https://replit.com/@flagtech/GPT4DevTRoauth
```

複製專案到自己帳號後，填入 TDX 服務相關的環境變數：

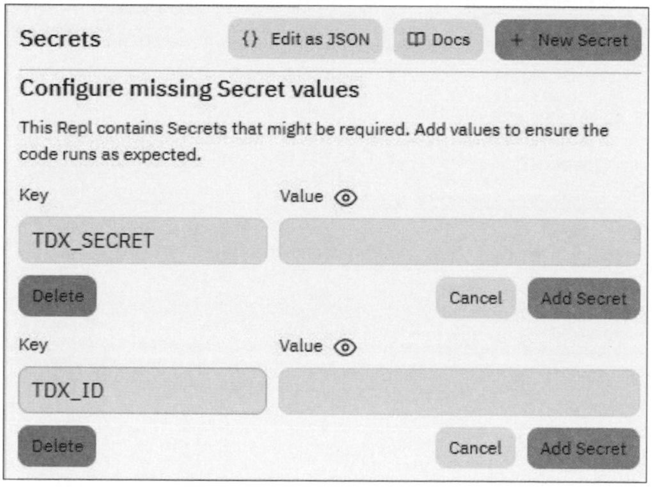

執行後取得公開網址，修改 API 規格檔中的後端程式網址，以下均以 https://gpt4devtroauth.codeweiwei.repl.co/ 為例，請自行替換成你自己專案的公開網址，並記得確認開頭改成 https。

這樣就將後端程式準備好了。

設定串接 Google 帳號

要串接 Google 帳號就要跟之前使用 Google Custom Search API 一樣要建立 Google Cloud 專案：

step 01 請至 Google Cloud Console 網頁建立新專案：

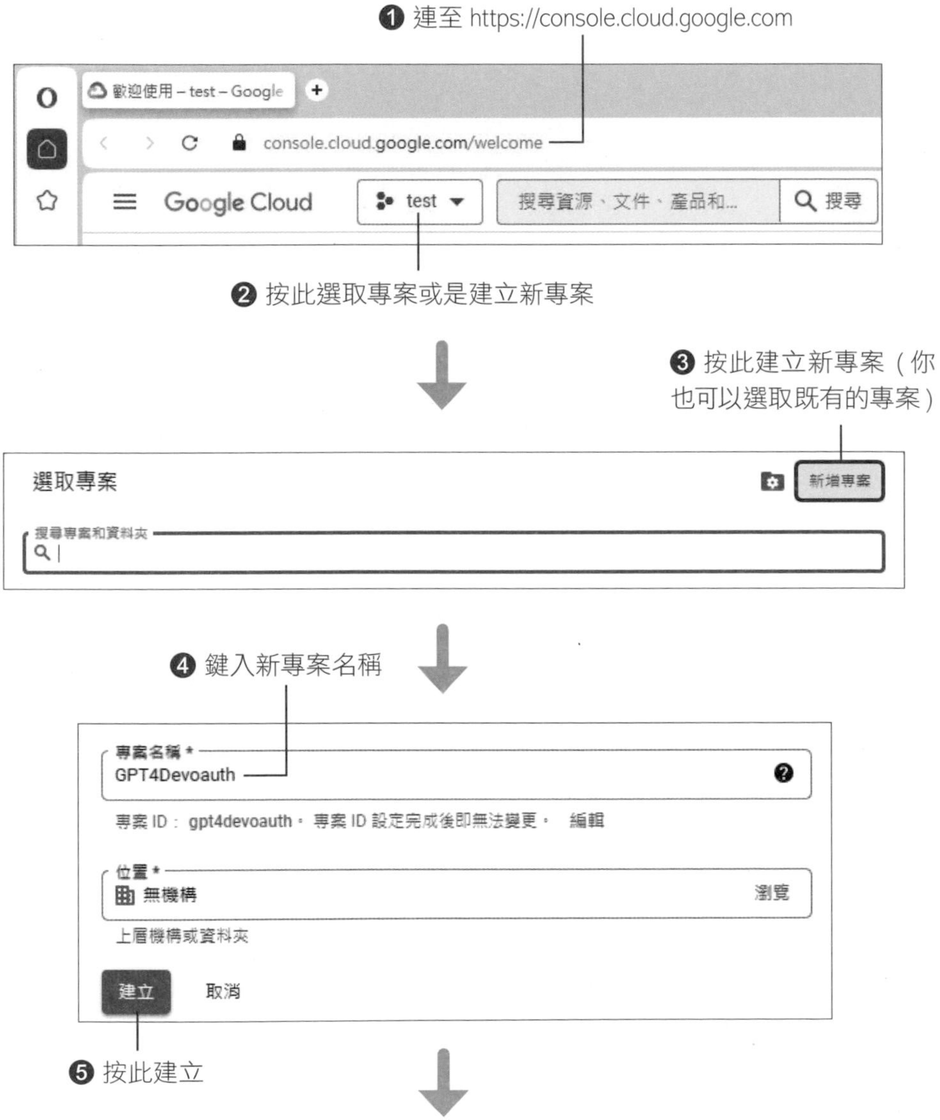

也可以按此選取

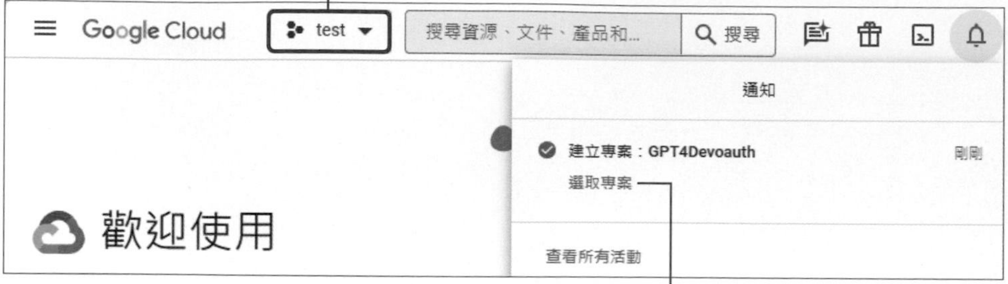

❻ 按此選用剛剛建立的專案

step 02 設定串接 Google 帳號：

❶ 按此進入設定頁面

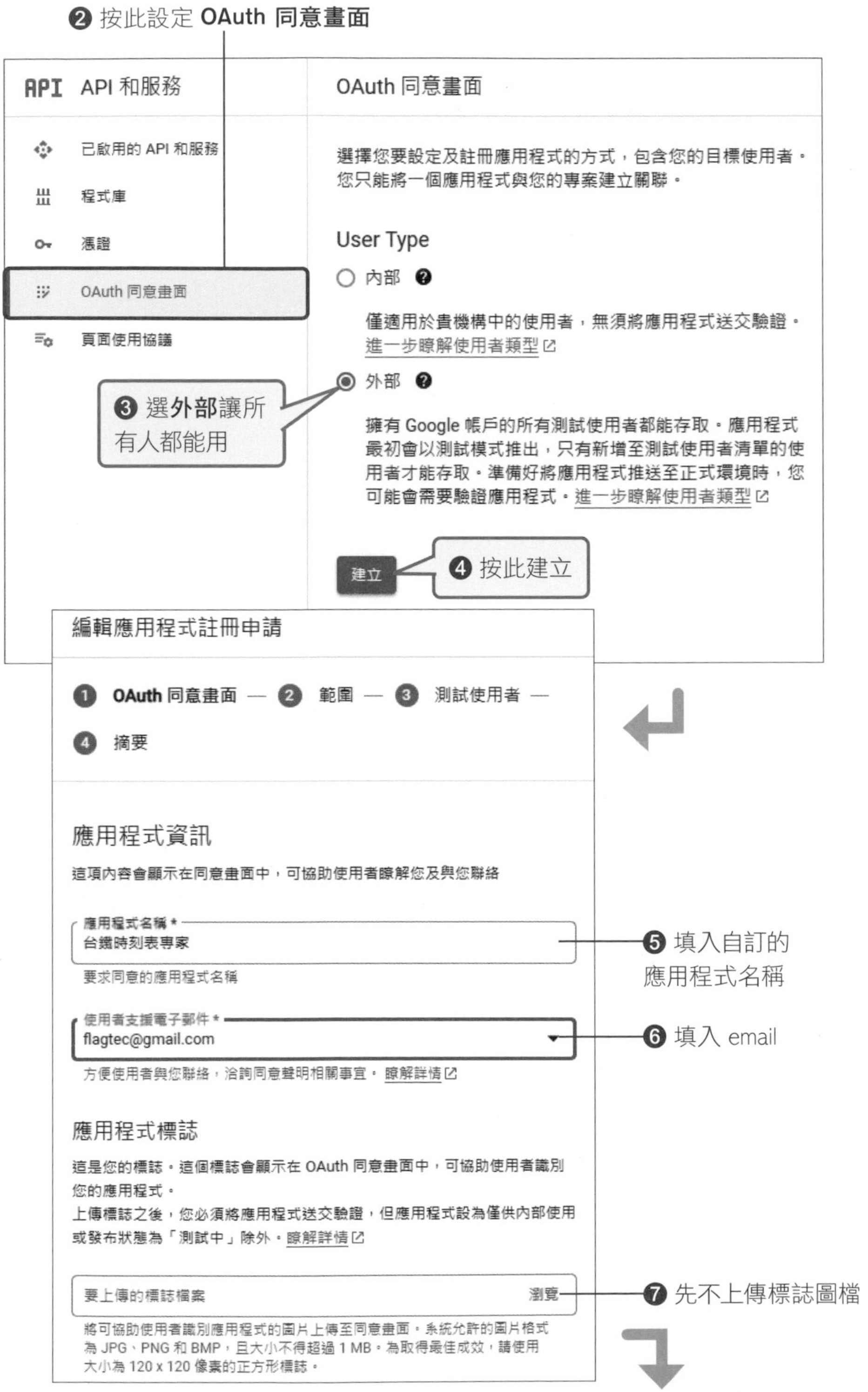

❷ 按此設定 OAuth 同意畫面
API 和服務
已啟用的 API 和服務
程式庫
憑證
OAuth 同意畫面
頁面使用協議
OAuth 同意畫面
選擇您要設定及註冊應用程式的方式，包含您的目標使用者。您只能將一個應用程式與您的專案建立關聯。
User Type
內部
僅適用於貴機構中的使用者，無須將應用程式送交驗證。進一步瞭解使用者類型
外部
擁有 Google 帳戶的所有測試使用者都能存取。應用程式最初會以測試模式推出，只有新增至測試使用者清單的使用者才能存取。準備好將應用程式推送至正式環境時，您可能會需要驗證應用程式。進一步瞭解使用者類型
❸ 選外部讓所有人都能用
建立
❹ 按此建立
編輯應用程式註冊申請
1 OAuth 同意畫面 — 2 範圍 — 3 測試使用者 — 4 摘要
應用程式資訊
這項內容會顯示在同意畫面中，可協助使用者瞭解您及與您聯絡
應用程式名稱 *
台鐵時刻表專家
要求同意的應用程式名稱
❺ 填入自訂的應用程式名稱
使用者支援電子郵件 *
flagtec@gmail.com
方便使用者與您聯絡，洽詢同意聲明相關事宜。瞭解詳情
❻ 填入 email
應用程式標誌
這是您的標誌。這個標誌會顯示在 OAuth 同意畫面中，可協助使用者識別您的應用程式。
上傳標誌之後，您必須將應用程式送交驗證，但應用程式設為僅供內部使用或發布狀態為「測試中」除外。瞭解詳情
要上傳的標誌檔案
瀏覽
❼ 先不上傳標誌圖檔
將可協助使用者識別應用程式的圖片上傳至同意畫面。系統允許的圖片格式為 JPG、PNG 和 BMP，且大小不得超過 1 MB。為取得最佳成效，請使用大小為 120 x 120 像素的正方形標誌。

應用程式網域
為保障您與使用者的安全，Google 只允許應用程式透過 OAuth 使用授權網域。下列資訊會顯示在同意畫面中，供您的使用者查看。
應用程式首頁
https://gpt4devtroauth.codeweiwei.repl.co/
向使用者提供您的首頁連結
應用程式隱私權政策連結
向使用者提供您的公開隱私權政策連結
應用程式服務條款連結
向使用者提供您的公開服務條款連結
授權網域
如要在同意畫面或 OAuth 用戶端的設定中使用網域，必須先在此處預先註冊該網域。如果應用程式需要進行驗證，請前往 Google Search Console 查看網域是否已獲授權。進一步瞭解授權網域限制。
缺少網域：codeweiwei.repl.co
+ 新增網域

❽ 往下捲填入後端程式的網址

❾ 按此新增可使用此認證的網址

授權網域
如要在同意畫面或 OAuth 用戶端的設定中使用網域，必須先在此處預先註冊該網域。如果應用程式需要進行驗證，請前往 Google Search Console 查看網域是否已獲授權。進一步瞭解授權網域限制。
已授權網域 1 *
codeweiwei.repl.co
+ 新增網域
開發人員聯絡資訊
電子郵件地址 *
flagtec@gmail.com
Google 會透過這些電子郵件地址，在專案有任何異動時通知您。
儲存並繼續
取消

❿ 填入後端程式頂層網址，以 Replit 的專案來說，就是從你的使用者名稱開始的部分，本例後端程式網址為 https://gpt4devtroauth.codeweiwei.repl.co/，所以網域就是 codeweiwei.repl.co，不要輸入任何路徑分隔符號

⓫ 填入 email

⓬ 按此儲存

⓭ 不需修改直接按此繼續

Tip

設為外部的應用程式在實際發布前只允許最多 100 位測試使用者。

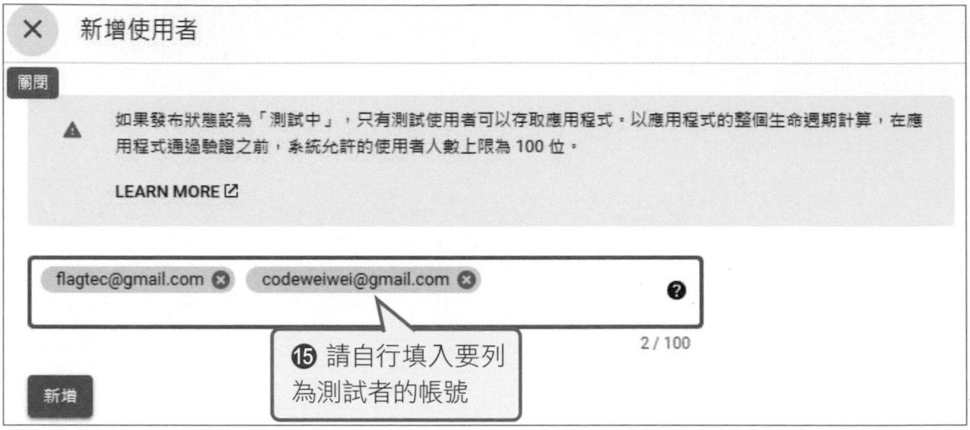

⑯ 確認後按此繼續

Tip

實際測試即使是這裡沒有列的帳戶似乎也可以登入，如果遇到登入時顯示被封鎖，在這裡加入成為測試使用者就可以登入使用了。

step 03 建立憑證：

❷ 按此建立憑證
❸ 選 OAuth 用戶端 ID
API API 和服務
憑證
+ 建立憑證
刪除
還原已刪除的憑證
已啟用的 API 和服務
程式庫
憑證
OAuth 同意畫面
頁面使用協議
建立憑證，以便
API 金鑰
OAuth 2.0
API 金鑰
透過一組簡單的 API 金鑰識別專案，以便查看配額與存取權限
OAuth 用戶端 ID
要求使用者同意您的應用程式存取其資料
服務帳戶
透過自動程式帳戶啟用伺服器間的應用程式驗證機制
請幫我選擇
精靈會詢問幾個問題，協助您決定要使用何種類型的憑證
名稱
建立日期
類型
沒有可顯示的 OAuth 用戶端
❶ 切換到憑證頁次

建立 OAuth 用戶端 ID
用戶端 ID 可讓 Google 的 OAuth 伺服器識別單一應用程式。如果您的應用程式是在多個平台中運作，每個平台都會需要專屬的用戶端 ID。詳情請參閱設定 OAuth 2.0 的說明。進一步瞭解 OAuth 用戶端類型。
應用程式類型 *
網頁應用程式
❹ 選網頁應用程式
名稱 *
網路用戶端 1
您的 OAuth 2.0 用戶端名稱。這個名稱只會用於在控制台中識別用戶端，不會向使用者顯示。
您在下方新增的 URI 網域會自動新增為您在 OAuth 同意畫面中顯示的已授權網域。
已授權的重新導向 URI
可與網路伺服器發出的要求搭配使用
❺ 按此加入稍後讓 Google 通知我們使用者登入狀態的網址
+ 新增 URI
注意：設定可能需要 5 分鐘至數小時才會生效
建立
取消

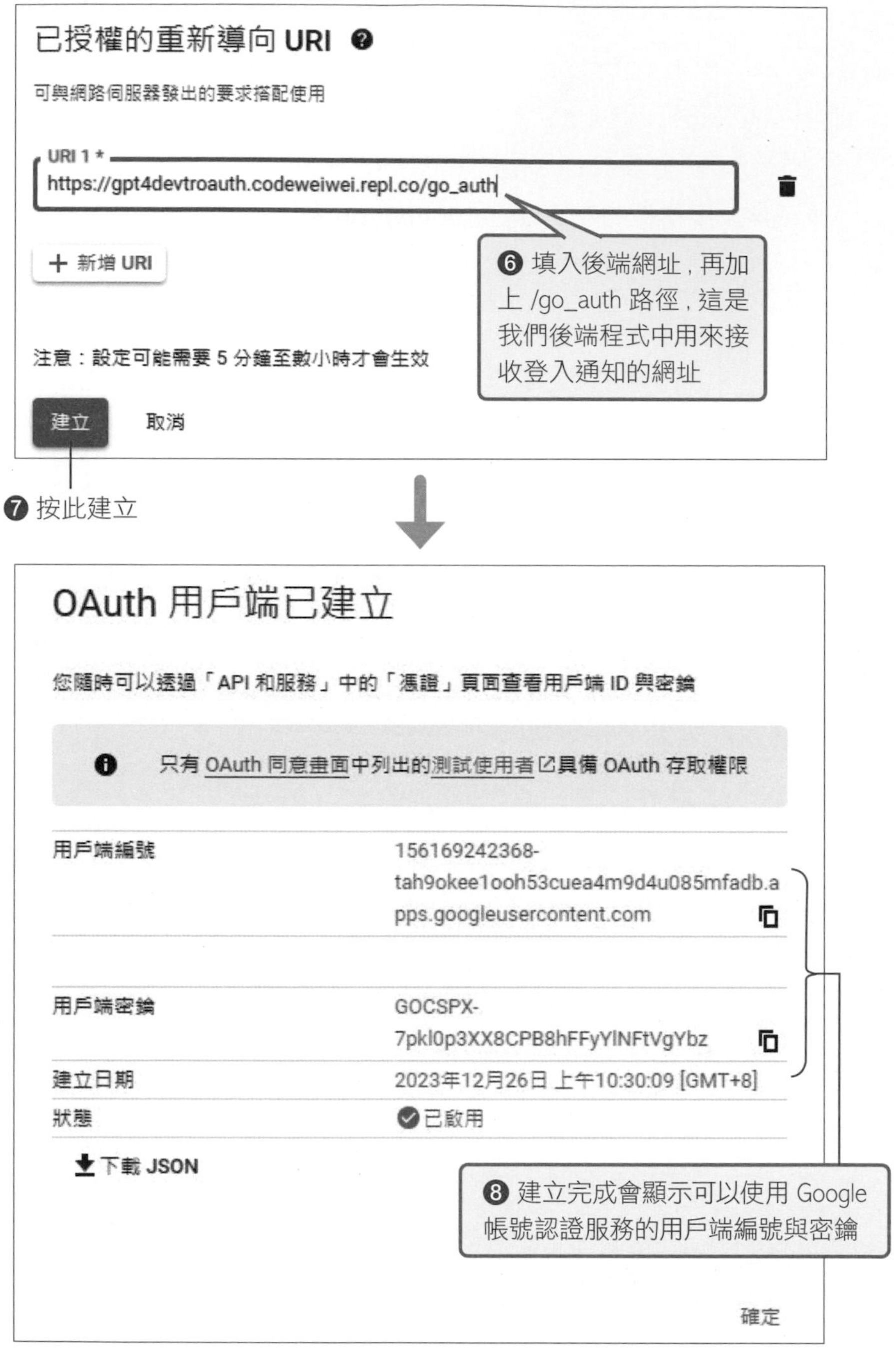

已授權的重新導向 URI
可與網路伺服器發出的要求搭配使用
URI 1 *
https://gpt4devtroauth.codeweiwei.repl.co/go_auth
+ 新增 URI
注意：設定可能需要 5 分鐘至數小時才會生效
建立
取消
❻ 填入後端網址，再加上 /go_auth 路徑，這是我們後端程式中用來接收登入通知的網址
❼ 按此建立
OAuth 用戶端已建立
您隨時可以透過「API 和服務」中的「憑證」頁面查看用戶端 ID 與密鑰
只有 OAuth 同意畫面中列出的測試使用者具備 OAuth 存取權限
用戶端編號
156169242368-tah9okee1ooh53cuea4m9d4u085mfadb.apps.googleusercontent.com
用戶端密鑰
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
建立日期
2023年12月26日 上午10:30:09 [GMT+8]
狀態
已啟用
下載 JSON
確定
❽ 建立完成會顯示可以使用 Google 帳號認證服務的用戶端編號與密鑰

請把畫面留在這裡，稍後在設定 action 認證時會需要使用到這些資訊。

設定 action 認證方式

完成上述設定後，最後一步就是修改 action 的認證方式，請回到客製 ChatGPT 的 action 設定畫面，先匯入 API 規格檔後進入 **Authentication** 交談窗：

> **Tip**
> 請記得要先匯入 API 規格檔，改使用本次的專案。

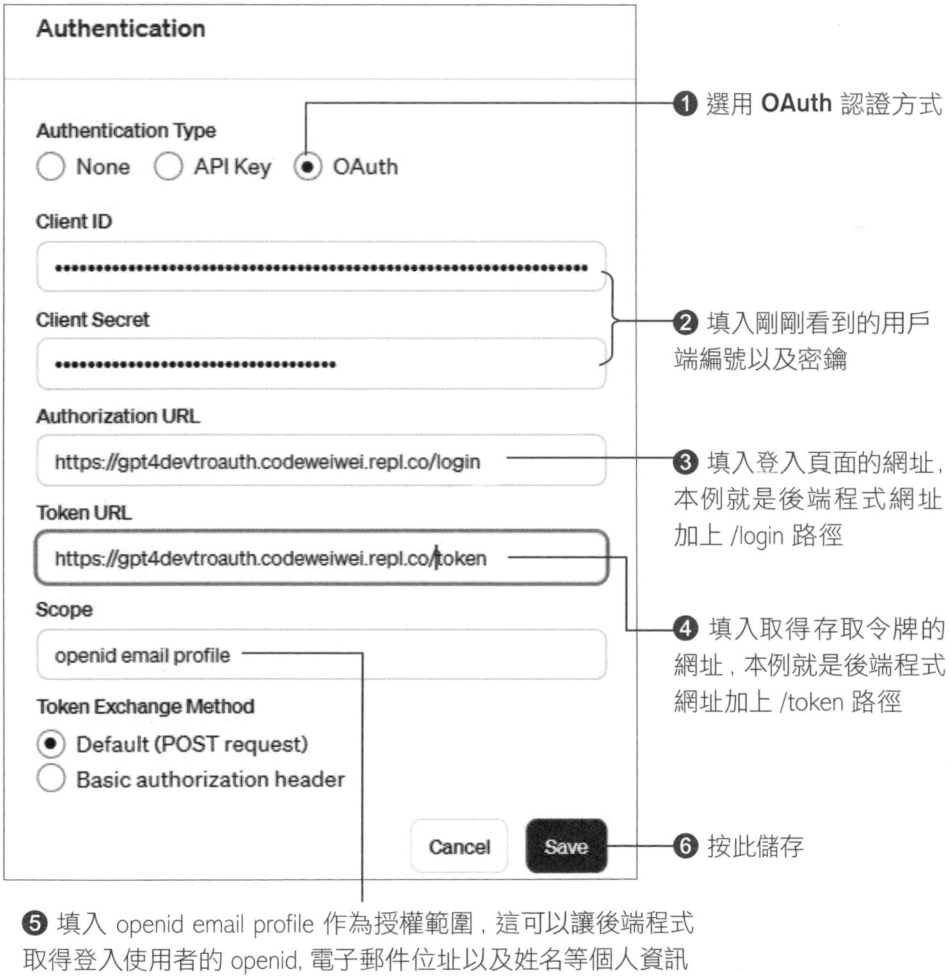

Authentication
Authentication Type
None
API Key
OAuth
Client ID
Client Secret
Authorization URL
https://gpt4devtroauth.codeweiwei.repl.co/login
Token URL
https://gpt4devtroauth.codeweiwei.repl.co/token
Scope
openid email profile
Token Exchange Method
Default (POST request)
Basic authorization header
Cancel
Save
❶ 選用 OAuth 認證方式
❷ 填入剛剛看到的用戶端編號以及密鑰
❸ 填入登入頁面的網址，本例就是後端程式網址加上 /login 路徑
❹ 填入取得存取令牌的網址，本例就是後端程式網址加上 /token 路徑
❺ 填入 openid email profile 作為授權範圍，這可以讓後端程式取得登入使用者的 openid, 電子郵件位址以及姓名等個人資訊
❻ 按此儲存

> **Tip**
> 要注意的是，Authentication URL 以及 Token URL 都要跟你的後端程式網址在同一個根網域底下，如果分屬於不同的根網域下，就會出現錯誤訊息無法儲存。

實際測試

完成以上工作後，就可以測試以 Google 帳號登入才能使用的 action 了，實際畫面已經在這一節開頭展示過，有些帳號可能會看到以下的警示交談窗：

要特別提醒您的是，測試時最好使用英文版介面，否則可能會有無法登入的狀況，看到如下的錯誤訊息：

如果你遇到這樣的狀況，通常只要更改 ChatGPT 的顯示介面語系為英文，就可以正常運作。

後端程式解說

接著，我們就來說明後端程式跟串接 Google 帳號相關的部分，首先是額外匯入的模組：

```
 1: from flask import (Flask, request, send_file, redirect, url_for)
 2: import json
 3: import os
 4: import time
 5: from tdx import TDX
 6: import requests
 7: from werkzeug.exceptions import HTTPException
 8: import sys
 9: from urllib.parse import urlencode
10: 
11: app = Flask(__name__)
12: authorization_url = 'https://accounts.google.com/o/oauth2/auth'
13: token_url = 'https://accounts.google.com/o/oauth2/token'
14: user_info_url = 'https://www.googleapis.com/oauth2/v1/userinfo'
15: openai_redirect_uri = None
16: redirect_uri = None
```

- 第 1 行由於我們需要轉址以及從指定路徑轉成外部可連接網址的功能，所以額外匯入了 redirect 與 url_for 函式。
- 第 7 行為了在發生錯誤時引發例外，匯入了 HTTPException 類別。

- 第 9 行匯入了 urlencode 函式，方便在網址後面加上查詢字串 (query string)。
- 第 12,13 行是實際上 Goolge 負責登入以及派發存取令牌的網址，我們的後端程式會將工作轉交到這兩個網址處理。
- 第 14 行是稍後用來取得登入使用者基本資料的網址。
- 第 15 行是稍後用來記錄傳回登入資訊給 ChatGPT 的網址，以便讓 ChatGPT 獲悉實際登入的結果。
- 第 16 行是稍後用來記錄用來接收 Google 通知登入狀況的網址，也就是 /go_auth 的外部公開路徑。

接著是處理登入頁面的 /login 路徑：

```
18: @app.route("/login")
19: def login():
20:     global openai_redirect_uri, redirect_uri
21:     print(request.args)
22:     state = request.args.get('state')
23:     scope = request.args.get('scope')
24:     client_id = request.args.get('client_id')
25:     openai_redirect_uri = request.args.get('redirect_uri')
26:     redirect_uri = url_for('.go_auth',
27:                            _external=True,
28:                            _scheme='https')
29:
30:     # 轉由 Google 處理並返回到我們包裝 OpenAI 的網址
31:     params = {
32:         "client_id": client_id,
33:         "response_type": "code",
34:         "scope": scope,
35:         "redirect_uri": redirect_uri,
36:         "access_type": "offline",
37:         "prompt": "consent",
38:         "state": state
39:     }
40:     print(f"{authorization_url}?{urlencode(params)}")
41:     return redirect(f"{authorization_url}?{urlencode(params)}")
```

當 ChatGPT 發現需要使用者登入時，會轉址到 Authentication 設定中記錄的 Authentication URL，並且透過查詢字串傳入登入狀態碼 (status)、授權範圍 (scope)、用戶端編號 (client_id) 以及通知 ChatGPT 登入狀態的返回網址 (redirect_uri)，稍後在轉請 Goolge 處理後就會透過該網址將相關資訊送回給 ChatGPT：

- 第 21~25 行就是將這些資訊都先記錄下來。
- 第 26 行藉助 url_for 取得 /go_auth 路徑的對外公開網址。
- 在第 31~41 行我們重新組合這些資訊，轉址到 Goolge 實際顯示登入畫面，其中 33 行表示我們想要取得授權碼 (code)。
- 要注意的是，第 35 行指定 /go_auth 作為 Google 通知登入狀況的網址，而不是讓 Google 直接返回 ChatGPT，這樣我們才能從中處理相關細節。

以下就是 /go_auth 路徑：

```
@app.route("/go_auth")
def go_auth():
    code = request.args.get('code')
    state = request.args.get('state')
    params = {"code": code, "state": state}
    print(f"{openai_redirect_uri}?{urlencode(params)}")
    return redirect(f"{openai_redirect_uri}"
                    f"?{urlencode(params)}")
```

一旦使用者登入正確的帳戶後，Google 就會透過 /login 中設定的返回位址通知後端程式，並從查詢字串傳入授權碼 (code) 與登入狀態 (status)，透過這個授權碼就可以向 Google 索取可取用使用者相關資訊的存取令牌 (token)。這裡我們將相關資訊取出後，再經由之前記錄通知 ChatGPT 登入狀態的返回網址傳送給 ChatGPT。

當 ChatGPT 收到授權碼後，就會向 Authentication 設定中記錄的 Token URL 索取存取令牌，以下就是後端程式中負責這項工作的 /token 路徑：

```python
@app.post("/token")
async def token():
    print('token.......')
    try:
        code = request.form.get('code')
        client_id = request.form.get('client_id')
        client_secret = request.form.get('client_secret')
        print(f"token endpoint: request data = {request.form}")
        data = {
            "code": code,
            "client_id": client_id,
            "client_secret": client_secret,
            # 返回我們的包裝網址處理
            "redirect_uri": redirect_uri,
            "grant_type": "authorization_code"
        }
        response = requests.post(token_url, data=data)
        if response.status_code != 200:
            print("交換令牌出錯:", response.status_code,
                  response.text)
            raise HTTPException(description="交換令牌出錯")

        token_response = response.json()
        if ("access_token" not in token_response
                or "refresh_token" not in token_response):
            print("回應中沒有令牌:", token_response)
            raise HTTPException(description="回應中沒有令牌")

        access_token = token_response.get("access_token")
        headers = {"Authorization": f'Bearer {access_token}'}
        response = requests.get(user_info_url, headers=headers)
        print(response.json())
        return {
            "access_token": access_token,
            "token_type": "bearer",
            "refresh_token":
                token_response.get("refresh_token"),
            "expires_in": token_response.get("expires_in")
        }
    except Exception as e:
        print("交換令牌過程出錯", e, file=sys.stderr)
        raise HTTPException(description="交換令牌過程出錯")
```

ChatGPT 會透過表單資料的方式傳送授權碼 (code)、用戶端編號 (client_id) 與密鑰 (client_secret)：

- 第 56~58 依序取得資訊，在 60~68 行重組資訊後轉到 Google 實際負責配發存取令牌的網址處理。第 66 行表示是以提供授權碼的方式向 Google 索取存取令牌。
- 第 69~78 行是處理轉交 Google 處理有返回，但卻沒有成功得到存取令牌的狀況。
- 第 80~90 行是在成功取得存取令牌時，將相關資訊傳回給 ChatGPT。其中會在 82 行取得登入使用者的資訊顯示在主控台中，你會看到像是以下這樣的資訊：

```
{'id': '115122577735092222776', 'email': 'codeweiwei@gmail.com', 'verified_
email': True, 'name': '黃偉偉', 'given_name': '偉偉', 'family_name': '黃',
'picture': 'https://lh3.googleusercontent.com/a/ACg8ocK4mDCSuDCLhsuFj8x6TS
bov2NOdtmKxV21LzIEh9bB=s96-c', 'locale': 'zh-TW'}
```

透過這些資訊，就可以識別不同的使用者。

- 第 91~93 行是處理轉到 Google 索取令牌發生錯誤的狀況。

一旦成功取得令牌後，ChatGPT 每次向後端程式發出請求時，都會在 Authorization 表頭中以 Bearer 格式附上存取令牌，像是這樣：

```
Authorization: Bearer ya29.a0A...0171
```

只要存取令牌仍有效，每次收到 ChatGPT 的請求時，就可以利用程式中示範的方式取得使用者的資訊，根據不同使用者提供不同的服務或是資料了。

登出帳戶

一旦儲存 ChatGPT 後，如果想要把已經登入 action 的帳戶登出，可以下列步驟完成：

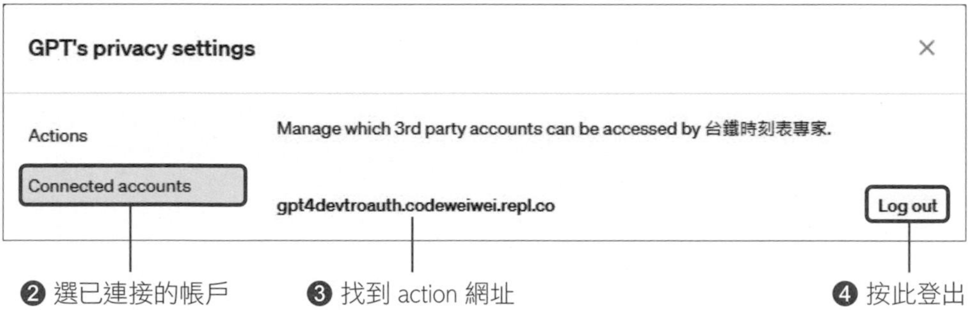

登出後若要再使用 action, 就會要求重新登入。

Tip

這只有在已經儲存發布後的 GPTs 才能使用，測試階段的 GPTs 並沒有登出帳戶的功能。

本書到這裡就一路從 OpenAI API 使用、設計聊天程式、加入外部函式 (function calling) 突破 ChatGPT 限制、AI 生圖、修圖、AI 識圖、建立助理應用 (Assistants API)、語音 / 文字互轉、結合 LINE 聊天機器人、Discord 聊天機器人、股市分析、最後到 action, 期望帶給大家一個好的開始，接下來就是發揮創意，實作自己的應用程式了。

APPENDIX A

微軟 Azure OpenAI API 的差異與注意事項

除了直接付費給 OpenAI 使用 OpenAI API 以外, 如果你是微軟 Azure 的付費用戶, 也可以使用 Azure 平台提供的 OpenAI API, 對於新的功能或是模型, Azure OpenAI API 通常會比 OpenAI 晚一點時間上線, 必須自行確認可使用的功能有哪些。Azure OpenAI API 和 OpenAI 自己提供的 API 在使用上幾乎相同, 不過還是有些微差異, 本附錄就針對這些差異提供說明。

A-1 部署模型

Tip

目前要在 Azure 服務中使用 OpenAI API 需要填寫表單提出申請, 網址為 https://aka.ms/oai/access。

Azure 服務是以資源來區分可使用的服務, 並以資源群組來管理資源。本文假設您已經是微軟 Azure 的用戶, 且已經建立過資源群組, 以下就以如何建立可使用 Azure OpenAI API 的資源開始說明。

建立資源

在建立資源時, 只要搜尋 'openai' 即可找到 Azure OpenAI 服務：

❶ 輸入 "openai"

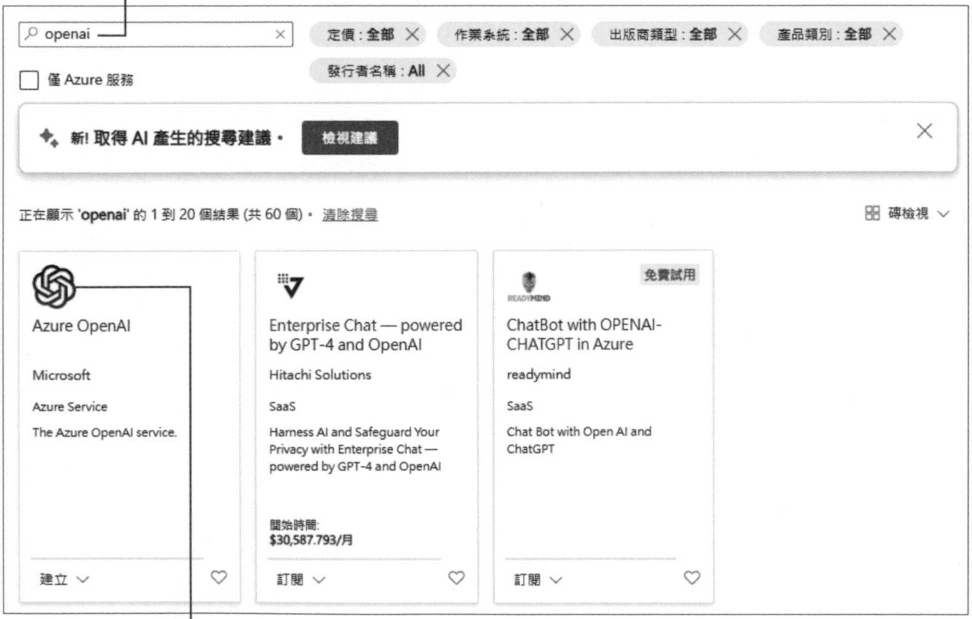

❷ 按一下搜尋到的 Azure OpenAI 服務

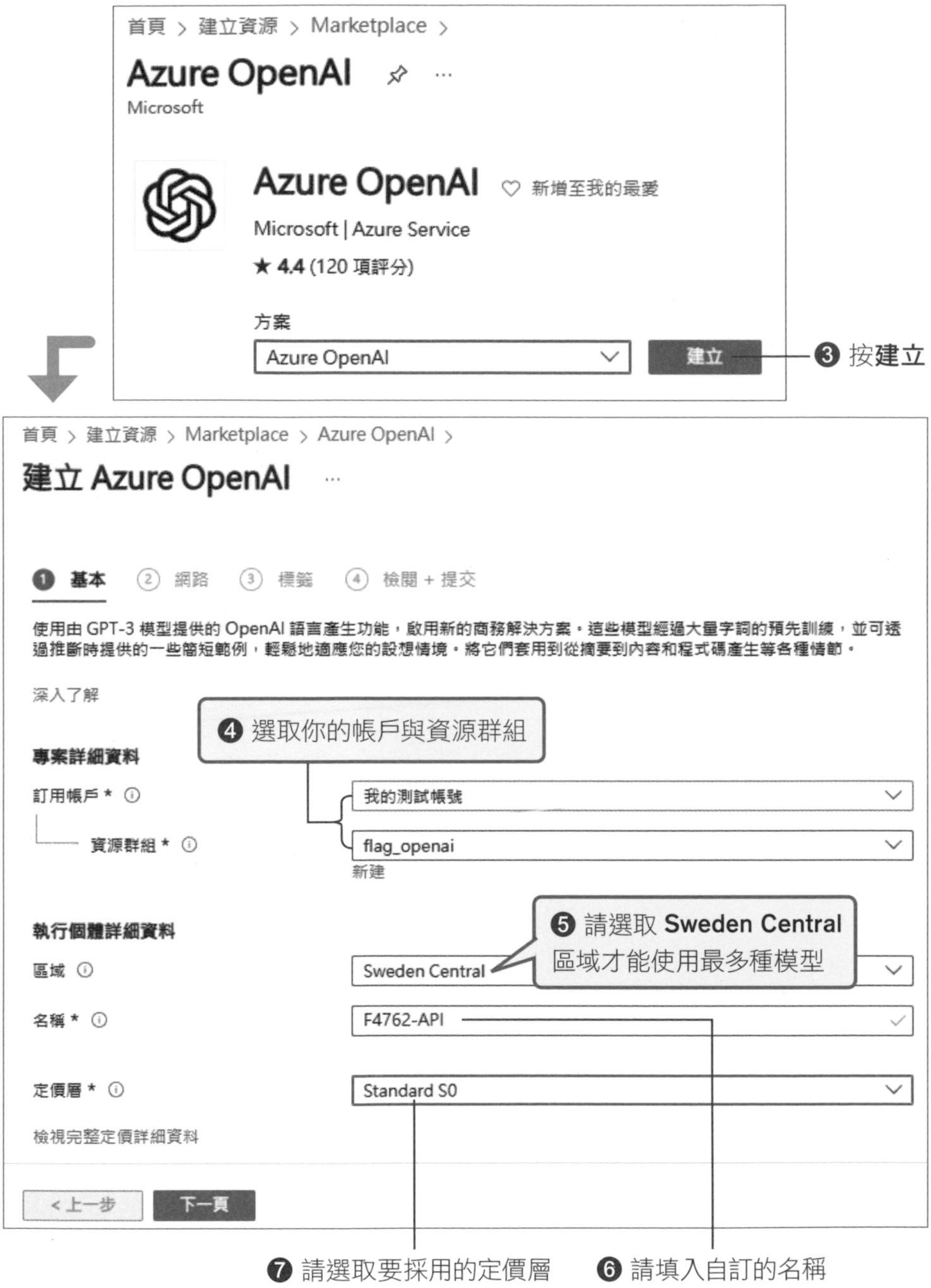

Tip

不同區域可使用的模型種類不同, 目前 Sweden Central 是可使用模型最多種的區域, 詳細資訊可參考 Azure 說明網頁 https://bit.ly/AZ_models。

❾ 選**所有網路**後按**下一頁**

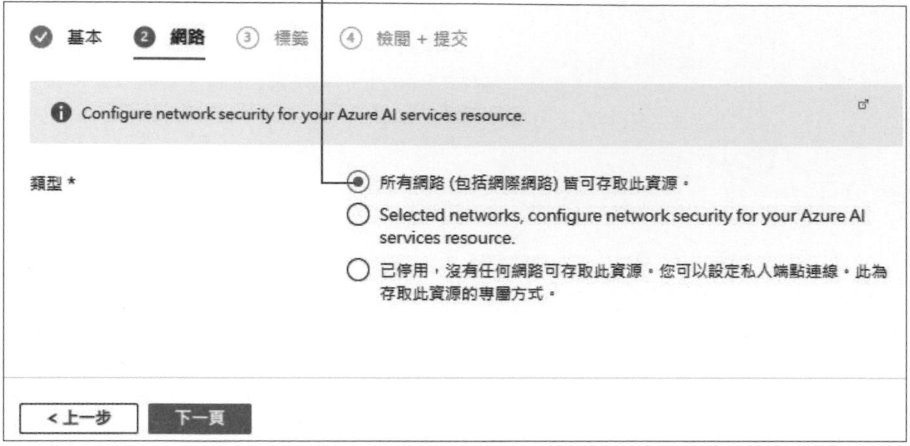

❿ 其餘頁面可直接按下一頁到最後一個步驟按**建立**

您的部署已完成
部署名稱：Microsoft.CognitiveServicesOpenAI-20231219094324
訂用帳戶：我的測試帳號
資源群組：flag_openai
開始時間　：2023/12/19 上午10:00:10
相互關聯識別碼：388eda3c-2a96-4fdd-8bc5-59596d45ed56
部署詳細資料
後續步驟
前往資源
⑪ 確認資源部署完成後請按此前往資源頁面

如此就建立好可使用 Azure OpenAI API 的資源了。

部署模型

要實際使用 Azure OpenAI API, 還需要在資源中部署模型, 請依照以下步驟進行：

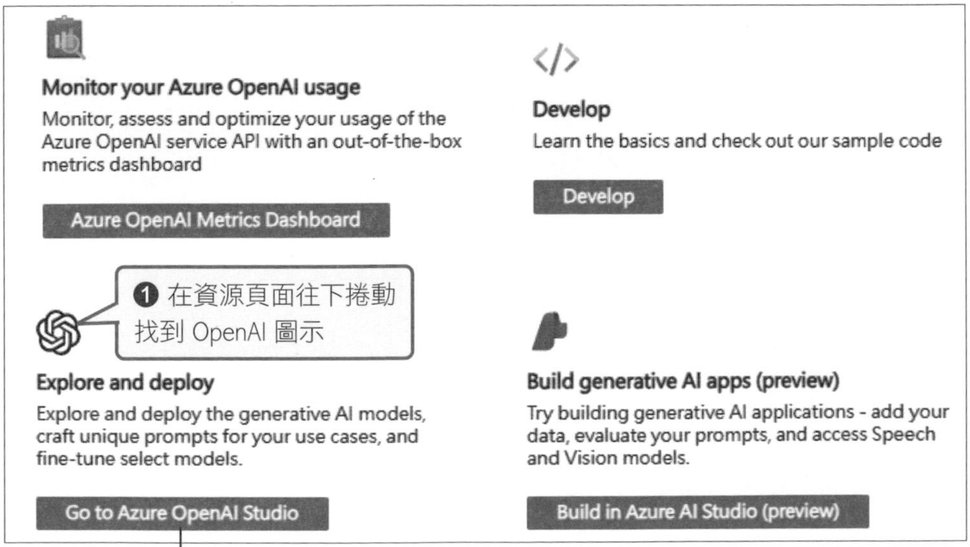

Monitor your Azure OpenAI usage
Monitor, assess and optimize your usage of the Azure OpenAI service API with an out-of-the-box metrics dashboard
Azure OpenAI Metrics Dashboard
Develop
Learn the basics and check out our sample code
Develop
❶ 在資源頁面往下捲動找到 OpenAI 圖示
Explore and deploy
Explore and deploy the generative AI models, craft unique prompts for your use cases, and fine-tune select models.
Go to Azure OpenAI Studio
Build generative AI apps (preview)
Try building generative AI applications - add your data, evaluate your prompts, and access Speech and Vision models.
Build in Azure AI Studio (preview)

❷ 按此前往 **Azure OpenAI Studio**

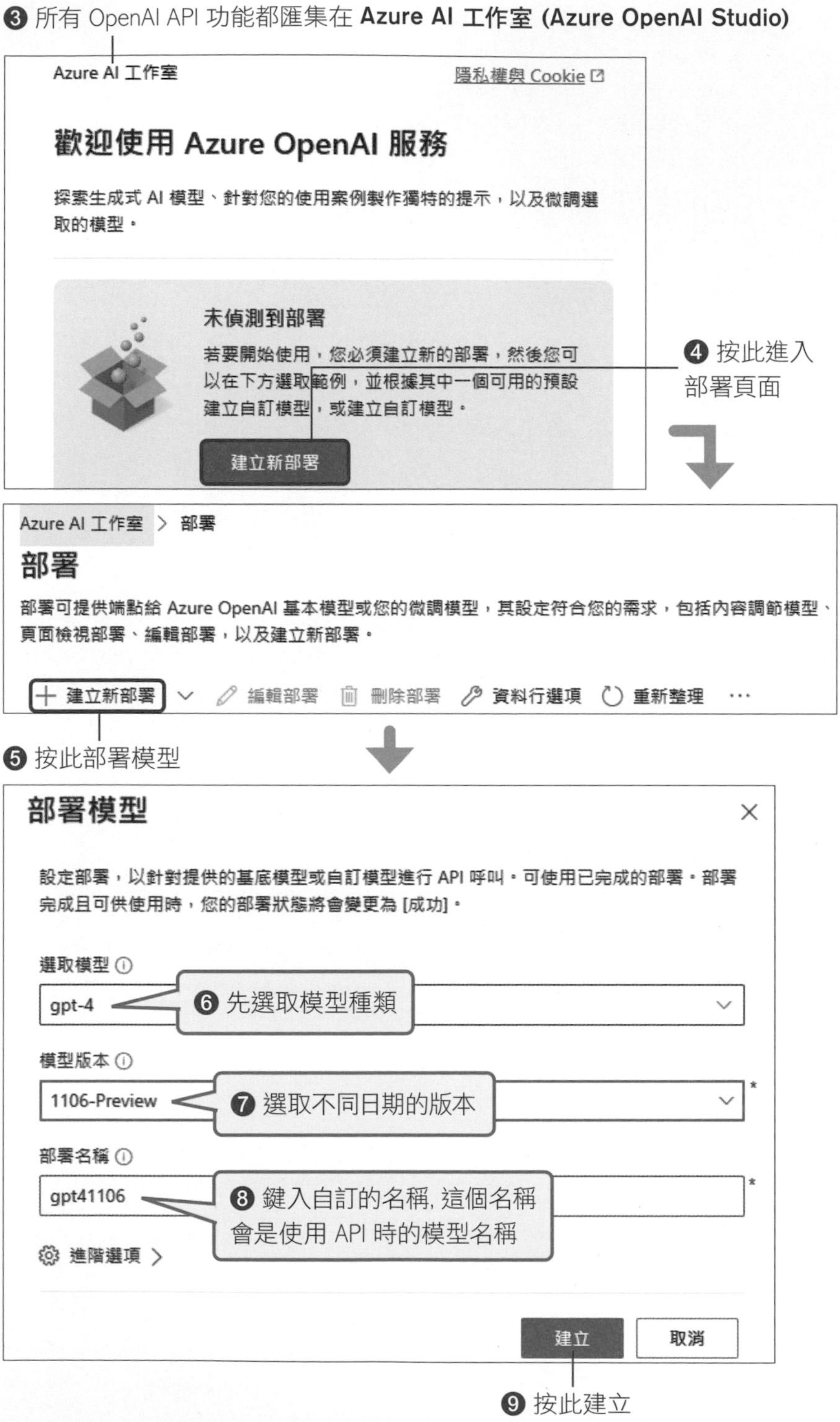
❸ 所有 OpenAI API 功能都匯集在 Azure AI 工作室 (Azure OpenAI Studio)
Azure AI 工作室
隱私權與 Cookie
歡迎使用 Azure OpenAI 服務
探索生成式 AI 模型、針對您的使用案例製作獨特的提示，以及微調選取的模型。
未偵測到部署
若要開始使用，您必須建立新的部署，然後您可以在下方選取範例，並根據其中一個可用的預設建立自訂模型，或建立自訂模型。
建立新部署
❹ 按此進入部署頁面
Azure AI 工作室 > 部署
部署
部署可提供端點給 Azure OpenAI 基本模型或您的微調模型，其設定符合您的需求，包括內容調節模型、頁面檢視部署、編輯部署，以及建立新部署。
建立新部署
編輯部署
刪除部署
資料行選項
重新整理
❺ 按此部署模型
部署模型
設定部署，以針對提供的基底模型或自訂模型進行 API 呼叫。可使用已完成的部署。部署完成且可供使用時，您的部署狀態將會變更為 [成功]。
選取模型
gpt-4
❻ 先選取模型種類
模型版本
1106-Preview
❼ 選取不同日期的版本
部署名稱
gpt41106
❽ 鍵入自訂的名稱, 這個名稱會是使用 API 時的模型名稱
進階選項
建立
取消
❾ 按此建立

Tip

建立資源時選取不同的區域會影響到此頁面可以選用的模型種類與版本，如果發現這裡沒有你想用的模型，請回頭確認建立資源時選取的區域是否提供有該模型。

確認部署成功即可準備進行測試。

使用遊樂場測試部署的模型

Azure OpenAI Studio 同樣提供有遊樂場 (Playground) 可測試部署好的模型，請依照以下步驟測試：

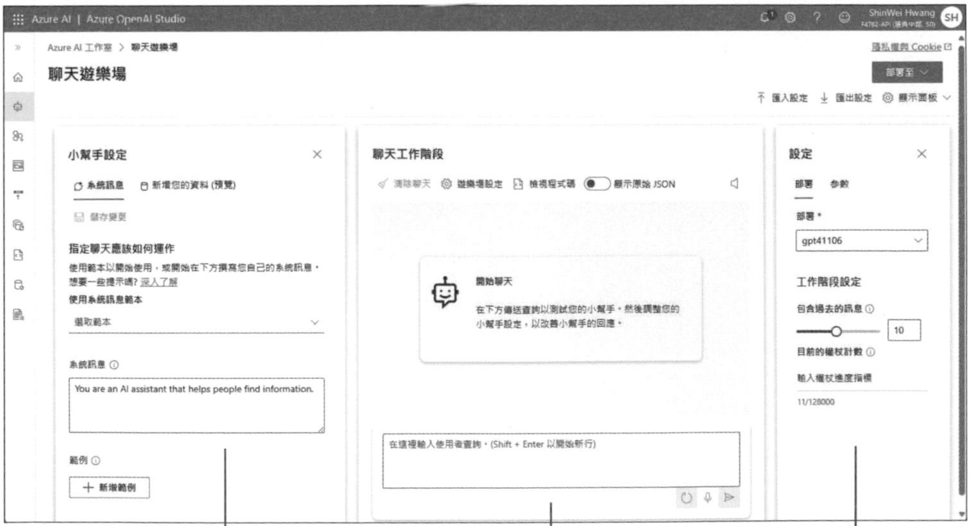

❷ 系統設定區　❸ 測試區　❹ 模型設定區

基本使用方式和 OpenAI 自己提供的 Playground 類似, 這裡不再重複。比較重要的是在測試區中有一個**檢視程式碼**按鈕, 可以告訴我們如何撰寫程式使用 Azure OpenAI API：

❶ 按此顯示程式碼
聊天工作階段
清除聊天
遊樂場設定
檢視程式碼
顯示原始 JSON
範例程式碼
您可以使用下列程式碼開始將目前的提示和設定整合到您的應用程式中
https://f4762-api.openai.azure.com/
python
❷ 選取 Python
1 #Note: The openai-python library support for Azure OpenAI is in preview.
2 #Note: This code sample requires OpenAI Python library version 0.28.1 or lower.
3 import os
4 import openai
6 openai.api_type = "azure"
7 openai.api_base = "https://f4762-api.openai.azure.com/"
8 openai.api_version = "2023-07-01-preview"
9 openai.api_key = os.getenv("OPENAI_API_KEY")
11 message_text = [{"role":"system","content":"You are an AI assistant that helps people find information."}]
13 completion = openai.ChatCompletion.create(
14 engine="gpt41106",
15 messages = message_text,
16 temperature=0.7,
17 max_tokens=800,
18 top_p=0.95,
19 frequency_penalty=0,
20 presence_penalty=0,
21 stop=None
API 端點的基本網址 (https://小寫的資源名稱 . .openai.azure.com/)
API 版本 (不同版本提供的功能不同)
端點
https://f4762-api.openai.azure.com/openai/deployments/gpt41106/chat/co...
索引鍵
API 金鑰 (每個資源都有自己的金鑰)
因此您應該使用環境變數或 Azure Key Vault 之類的祕密管理工具，以避免在應用程式中意外暴露您的金鑰。 深入了解
複製
關閉

請把畫面留在這一頁，其中有幾項稍後撰寫程式時需要填寫的資訊，要測試不同功能時，都可以透過 Playground 快速瞭解應該如何設定參數。

> **Tip**
> 遊樂園左邊會包含目前 Azure OpenAI API 提供的 API 種類，本書撰寫時並**不支援 Assistants API**，微軟已經宣布會支援，但是尚未公布日期。

A-2 建立用戶端物件測試 API

部署好模型後，就可以使用 Azure OpenAI API 了，用法其實和 OpenAI 本身的 API 相同，只是需要設定額外的參數，並且注意幾個不同的差異即可。

為了方便大家測試，你可以開啟附錄專屬的 Colab 筆記本：

```
http://bit.ly/GPT4Dev_chaa
```

這個範例檔案涵蓋了本書前 7 章的主題，但是改成搭配 Azure OpenAI API，也已經針對差異處進行修改。以下內容只會講述其中少數關鍵的部分，並不會一一執行其中的每一個儲存格，其餘部分請自行參考。請先執行前幾個儲存格安裝必要的套件並匯入模組。

建立用戶端物件

在使用 openai 模組時，Azure OpenAI API 的用戶端物件必須改用 AzureOpenAI 類別，而不是原本的 OpenAI 類別：

```
from openai import AzureOpenAI
```

建立用戶端物件時，除了資源的 API 金鑰以外，Azure OpenAI API 還需要設定跟部署的模型有關的其他資訊，這些資訊都可以在剛剛遊樂場中**檢視程式碼**畫面中取得，請執行下一個儲存格建立用戶端物件：

Tip

本例將 API 金鑰儲存在 Colab 的 Secret 中，請先建立名稱為 "AZURE_OPENAI_KEY" 的機密資料，並填入剛剛在遊樂園中看到的 API 金鑰。

```
client = AzureOpenAI(
    api_version='2023-07-01-preview',
    # api_version='2023-12-01-preview',
    azure_endpoint='你的 API 端點基本網址',
    api_key=userdata.get('AZURE_OPENAI_KEY')
)
```

❶ 填入 API 版本

❷ 填入你自己的 API 端點的基本網址

❸ 從 Secret 讀取 API 金鑰

Tip

如果要使用 **dall-e-3** 模型，API_VERSION 要使用最新的 **"2023-12-01-preview"**。

建立好用戶端物件後，使用方法基本上是一樣的，只要注意接下來說明的差異處即可。

預設啟用內容篩選機制

以下使用剛剛建立的用戶端物件進行簡單的測試：

```
reply = client.chat.completions.create(
    model='gpt41106', # 佈署名稱
    messages=[
        {
            "role": "user",
            "content": "你好",
        },
    ],
)
```

請特別留意 model 參數是傳入部署模型時的自訂名稱, 而不是 OpenAI 原本模型的名稱, 以下我們同樣以 rich 模組的 print 來顯示結果：

```
from rich import print as pprint
pprint(reply)
```

結果如下：

```
ChatCompletion(
    id='chatcmpl-8XLFPzIvvXQZpARfUkJZLn43FhZ0J',
    choices=[
        Choice(
            finish_reason='stop',
            index=0,
            logprobs=None,
            message=ChatCompletionMessage(
                content='你好！有什么我可以帮助您的吗？',
                role='assistant',
                function_call=None,
                tool_calls=None
            ),
            content_filter_results={
                'hate': {'filtered': False, 'severity': 'safe'},
                'self_harm': {'filtered': False, 'severity': 'safe'},
                'sexual': {'filtered': False, 'severity': 'safe'},
                'violence': {'filtered': False, 'severity': 'safe'}
            }
        )
    ],
    created=1702957191,
    model='gpt-4',
    object='chat.completion',
    system_fingerprint='fp_50a4261de5',
    usage=CompletionUsage(completion_tokens=18, prompt_tokens=9,
                          total_tokens=27),
    prompt_filter_results=[
        {
            'prompt_index': 0,
            'content_filter_results': {
                'hate': {'filtered': False, 'severity': 'safe'},
                'self_harm': {'filtered': False, 'severity': 'safe'},
                'sexual': {'filtered': False, 'severity': 'safe'},
```

這是針對輸出訊息的內容篩選結果 (指 content_filter_results)

這是針對輸入訊息的內容篩選結果 (指 'content_filter_results')

▼

```
            'violence': {'filtered': False, 'severity': 'safe'}
        }
      }
  ]
)
```

基本輸出結果和使用 OpenAI 本身的 API 一樣，不過多了 **prompt_filter_results** 屬性，而且在每個輸出訊息中也多了 **content_filter_results** 屬性，這兩個屬性都是**內容篩選 (content filtering)** 資訊，它會檢查訊息內容是否有違反 Azure OpenAI 的言論政策，並提供回覆訊息針對仇恨 (hate)、自我傷害 (self_harm，自殘)、性 (sextual)、暴力 (violence) 等面向的檢測結果，每個面向都會依照檢測結果區分嚴重性為 Safe(安全)，Low(低)，Medium(中)，High(高) 等層級，預設以**中度**層級為界，如果送給模型的訊息檢測結果到達中度層級，就會產生錯誤，例如以下是違反暴力政策的錯誤訊息：

錯誤訊息明確告知違反了言論政策

```
BadRequestError: Error code: 400 - {'error': {'message': "The response was filtered due to the prompt triggering Azure OpenAI's content management policy. Please modify your prompt and retry. To learn more about our content filtering policies please read our documentation: https://go.microsoft.com/fwlink/?linkid=2198766", 'type': None, 'param': 'prompt', 'code': 'content_filter', 'status': 400, 'innererror': {'code': 'ResponsibleAIPolicyViolation', 'content_filter_result': {'hate': {'filtered': True, 'severity': 'high'}, 'self_harm': {'filtered': False, 'severity': 'safe'}, 'sexual': {'filtered': False, 'severity': 'safe'}, 'violence': {'filtered': True, 'severity': 'medium'}}}}}
```

這裡可以看到因為涉及高度仇恨
與中等暴力而被過濾掉了

如果是因為生成的內容違反言論政策，你會看到 finish_reason 是 "content_filter"，並且透過相關屬性告知是哪一部分違反政策以及違反的程度，通常不會傳回內容。

Tip

詳細的內容篩選說明與提示訊息範例可參考 Azure 的網頁：https://bit.ly/az_filter。

調整內容篩選層級

內容篩選功能預設就是開啟的，而且無法關閉，如果想要修改內容篩選的層級，例如你希望即使嚴重性是低的，但也要篩選掉，可以依照以下步驟進行：

❻ 按此進入下一步

❼ 可篩選嘗試越獄, 也就是想要讓模型脫離原本開發人員設定行為的提示

❽ 可篩選生成和已知受保護的內容相同的文字

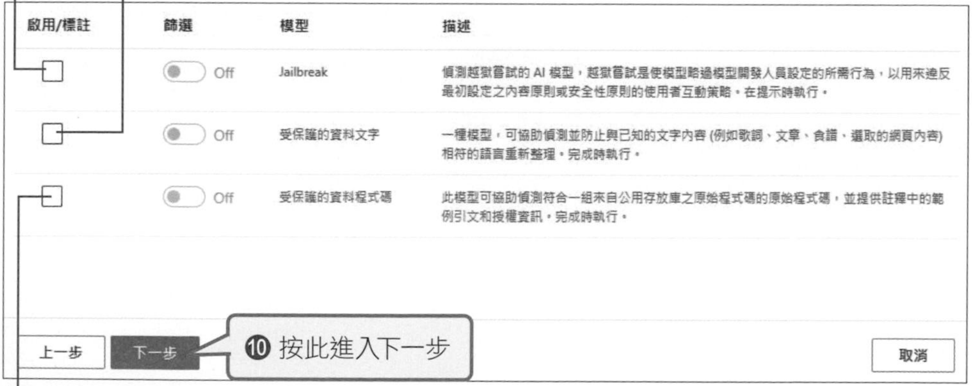

❾ 可篩選生成和已知受保護的程式碼相同的內容

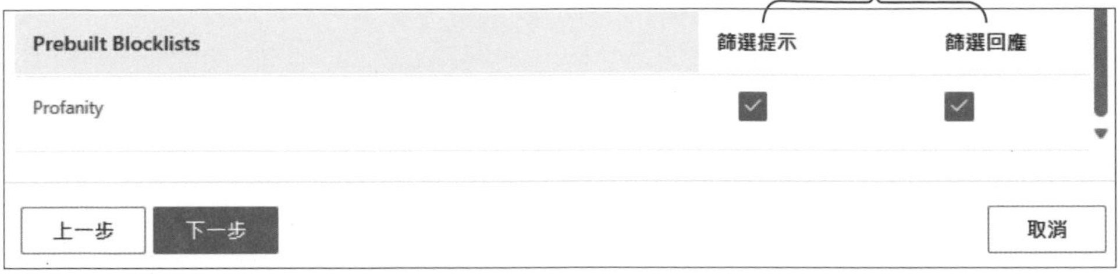

建立完篩選規則後就可以套用到部署的模型, 例如：

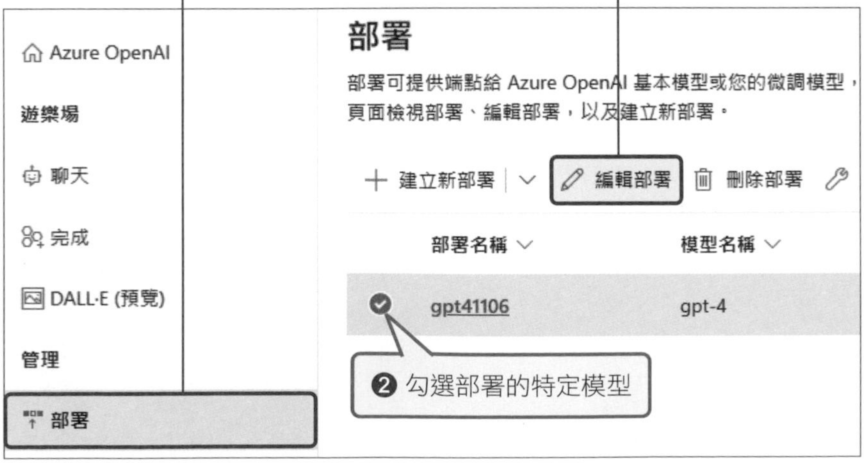

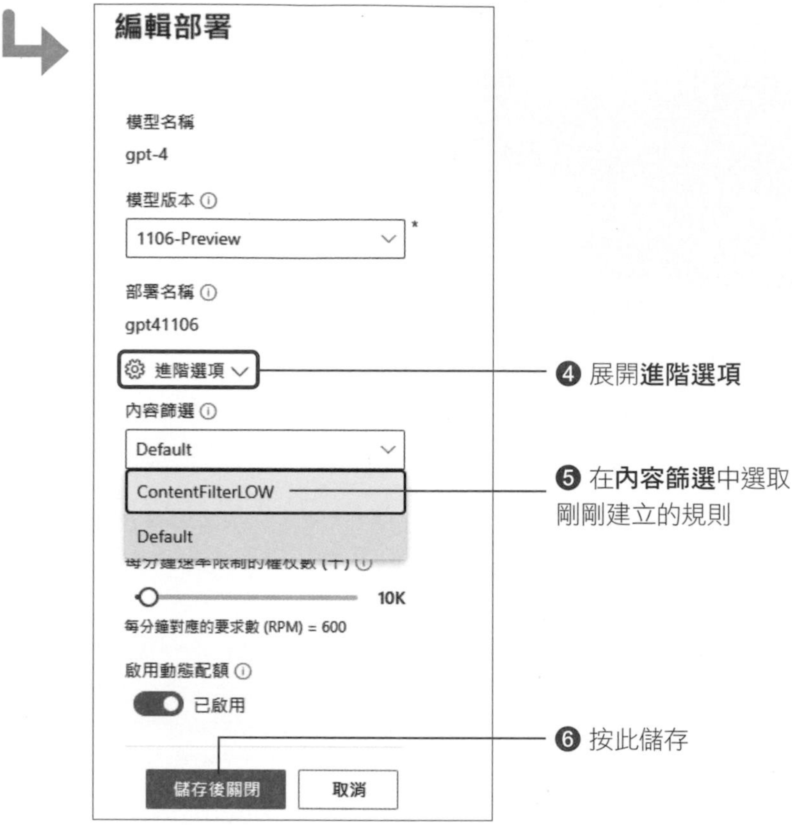

這樣就可以為指定的部署套用新的內容篩選規則了，由於我們將嚴重性都設為 low，所以當送給模型的提示訊息檢測結果嚴重性為 low 時，就會引發錯誤：

```
BadRequestError: Error code: 400 - {'error': {'message': "The response was filtered due to the prompt triggering Azure OpenAI's content management policy. ... 'violence': {'filtered': True, 'severity': 'low'}}}}}
```

因為嚴重性為 low 而被篩選掉

Tip

雖然可以自訂內容篩選的嚴重性層級，但無法關閉內容篩選，你可以在說明頁面內找到申請表單的連結，向 Azure 申請不要實施內容篩選的資格，但這不是申請就一定會獲准。

串流輸出時的注意事項

由於內容篩選機制的關係，使用 Azure OpenAI API 以串流模式生成內容也會有點不同，以底下這個儲存格為例：

```
replies = client.chat.completions.create(
  model="gpt41106",
  messages=[{
    "role": "user",
    "content": "你好"
  }],
  stream=True,
)

for reply in replies:
    pprint(reply)
```

輸出的結果如下：

```
ChatCompletionChunk(
    id='',
    choices=[],
    created=0,
    model='',
    object='',
    system_fingerprint=None,
    prompt_filter_results=[
        {
            'prompt_index': 0,
            'content_filter_results': {
                'hate': {'filtered': False, 'severity': 'safe'},
                'self_harm': {'filtered': False, 'severity': 'safe'},
                'sexual': {'filtered': False, 'severity': 'safe'},
                'violence': {'filtered': False, 'severity': 'safe'}
            }
        }
    ]
)
```

第 1 個片段 choices 屬性是空的串列，沒有任何訊息，只包含內容篩選結果。從第 2 個片段開始就和使用 OpenAI 自己的 API 時一樣了，首先是只有發言角色的訊息：

```
ChatCompletionChunk(
    id='chatcmpl-8XM1XG6SJsdpWHqeyZZoRrTUgzIgL',
    choices=[
        Choice(
            delta=ChoiceDelta(content=None, function_call=None,
                              role='assistant', tool_calls=None),
            finish_reason=None,
            index=0,
            logprobs=None,
            content_filter_results={}
        )
    ],
    created=1702960175,
    model='gpt-4',
    object='chat.completion.chunk',
    system_fingerprint='fp_50a4261de5'
)
```

接著的片段才會有部分內容產生, 並且伴隨有內容篩選結果。要注意的是, 只要內容篩選結果違反正言論政策, 就會立即停止。一般來說, 因為有內容篩選機制, 所以不會是生成一個字就傳回一個字, 而是在生成比較多內容時, 才以串流方式一一傳回, 因此在使用 Azure OpenAI API 時, 你會發現實際串流的效果沒有那麼即時, 通常是一段一段文字整批傳回。

以上就是在使用 Azure OpenAI API 時和使用 OpenAI 本身的 API 時的差異, 如果你要測試本章的 Colab 筆記本, 它會假設你部署了以下這些模型：

	部署名稱	模型名稱	模型版本
✓	gpt41106	gpt-4	1106-Preview
	Dalle3	dall-e-3	3.0
	gpt350613	gpt-35-turbo	0613
	gpt351106	gpt-35-turbo	1106
	gpt4vision	gpt-4	vision-preview

如果你的部署名稱不同, 請在個別儲存格中修改模型名稱。另外請記得不同的資源 API 金鑰不同, 如果因為需要特定的模型而建立不同區域的資源, 就要記得更改 API 金鑰。

ChatGPT 開發手冊

Turbo × Vision 進化版

ChatGPT 開發手冊

Turbo × Vision 進化版